EUL VERLAG

HEINRICH HEINE
UNIVERSITÄT DÜSSELDORF

Sequenzielle Corporate Venture Capital-Investitionen – ein realoptionsbasierter Ansatz

Inauguraldissertation
zur Erlangung des Grades eines Doktors der Wirtschaftswissenschaft

an der Wirtschaftswissenschaftlichen Fakultät
der Heinrich-Heine-Universität Düsseldorf

vorgelegt im Sommersemester 2013

von

Dipl.-Kfm. Bastian Hauschild

Erstgutachter: Univ.-Prof. Dr. Raimund Schirmeister
Zweitgutachter: Univ.-Prof. Dr. Prof. Dr. Christoph J. Börner

Ort und Tag der Disputation: Düsseldorf, den 31.10.2013

D 61

Venture Capital und Investment Banking · Neue Folge, Band 18
Herausgegeben von Prof. Dr. Klaus Nathusius

Dr. Bastian Hauschild

Sequenzielle Corporate Venture Capital-Investitionen

Ein realoptionsbasierter Ansatz

Mit einem Geleitwort von Prof. Dr. Raimund Schirmeister,
Heinrich-Heine-Universität Düsseldorf

EUL VERLAG

Bibliografische Information der Deutschen Nationalbibliothek

Die Deutsche Nationalbibliothek verzeichnet diese Publikation in der Deutschen Nationalbibliografie; detaillierte bibliografische Daten sind im Internet über <http://dnb.d-nb.de> abrufbar.

Dissertation, Heinrich-Heine-Universität Düsseldorf, 2013

D 61

ISBN 978-3-8441-0290-1
1. Auflage November 2013

JOSEF EUL VERLAG GmbH
Brandsberg 6
D-53797 Lohmar
Tel.: +49 (0) 22 05 / 90 10 6-6
Fax: +49 (0) 22 05 / 90 10 6-88
http://www.eul-verlag.de
info@eul-verlag.de

Bei der Herstellung unserer Bücher möchten wir die Umwelt schonen. Dieses Buch ist daher auf säurefreiem, 100% chlorfrei gebleichtem, alterungsbeständigem Papier nach DIN 6738 gedruckt.

Geleitwort

Die Umsetzung einer innovativen Geschäftsidee durch Gründung einer Unternehmung scheitert häufig am fehlenden Kapital. Soweit der oder die Gründer nicht selbst über ausreichende Finanzmittel verfügen oder diese über ihr Netzwerk beschaffen können, mangelt es vor allem an Institutionen, welche bereit und in der Lage sind, derartige hochriskante Engagements einzugehen, auch wenn die Chancen einer erfolgreichen Behauptung der jungen Unternehmung durchaus gegeben sind. Eine interessante Variante zur Problemlösung besteht nun darin, dass die Gründer mit einer etablierten Unternehmung kooperieren, die ihnen neben dem Kapital auch Beratungsleistungen bietet und (Markt-)Kontakte verschafft. Dafür erhält die etablierte Unternehmung Zugang zum (technologischen) Know How der Gründer, ggf. verbunden mit der Möglichkeit einer späteren Akquisition. Dieses als *Corporate Venture Capital (CVC)* bezeichnete Geschäftsmodell ist allerdings schwer zu bewerten, da die vielfältigen Einflussfaktoren erheblichen Unwägbarkeiten unterliegen. Infolgedessen werden Kapitalgeber ihre Beteiligung an den jeweiligen Fortschritt in der Geschäftstätigkeit der jungen Unternehmung anpassen, mithin ihr Engagement nur schrittweise erhöhen. Dies erlaubt vor jeder neuen Finanzierungsrunde die Überprüfung des Engagements, die auch in die Beendigung des Beteiligungsverhältnisses münden kann. Insofern liegt der Gedanke nahe, die jeweils anstehenden bedingten Entscheidungen als *Option* zu interpretieren, mithin die Modellwelt der Finanzoptionen für die Bewertung der CVC-Beziehung nutzbar zu machen. Derartige *Realoptionen* wurden schon recht früh in die betriebswirtschaftliche Diskussion eingeführt und auf die verschiedensten Realinvestitionen bezogen, stoßen jedoch an enge Grenzen, da die Kapitalmarktannahmen, die die Optionspreistheorie zu ihrer weiten Verbreitung geführt haben, hier nur sehr begrenzt zutreffen. Allerdings erlauben derartige Modellanalysen eine systematische Durchdringung der situativen Gegebenheiten, so dass weniger die rechnerische Bewältigung als vielmehr die Erkenntnis der Zusammenhänge von hohem Nutzen sind. Demzufolge erscheint der Gedanke reizvoll, die sukzessive Kapitalbereitstellung durch den CVC-Geber als eine Folge von (Real-)Optionen zu deuten, um so die Vielschichtigkeit der Zusammenhänge besser durchdringen zu können. In diesem Sinne bereichert die vorliegende Monographie die Diskussion zum Corporate Venture Capital um eine weitere Facette, die gleichermaßen für Wissenschaft und Forschung von Interesse ist.

Düsseldorf, im November 2013 Univ.-Prof. Dr. Raimund Schirmeister

Vorwort

Die vorliegende Arbeit entstand während meiner Tätigkeit als wissenschaftlicher Mitarbeiter an der Wirtschaftswissenschaftlichen Fakultät der Heinrich-Heine-Universität Düsseldorf. Besonderer Dank gilt meinem Doktorvater, Herrn Univ.-Prof. Dr. Raimund Schirmeister, Herrn Univ.-Prof. Christoph Börner für die Übernahme des Zweitgutachtens sowie Herrn Univ.-Prof. Dr. Heinz-Dieter Smeets für die Übernahme des Prüfungsvorsitzes im Rahmen der Disputation.

Besonderer Dank gilt auch Prof. Rita G. McGrath von der Columbia University, die mich im Sommersemester 2012 für einen Forschungsaufenthalt an die Columbia Business School, New York, eingeladen hat. Möglich wurde dieser Forschungsaufenthalt erst durch die großzügige finanzielle Förderung der Jürgen Manchot Stiftung, für die ich mich herzlich bedanken möchte. Ebenso danken möchte ich der Konrad-Henkel-Stiftung, die die Präsentation von Auszügen meiner Dissertationsschrift auf der World Finance Conference 2012 und dem Annual Meeting der American Accounting Association 2013 finanziell gefördert hat.

Bei meinen Lehrstuhlkollegen und sonstigen Fakultätsmitgliedern möchte ich mich für das angenehme Arbeitsumfeld bedanken. Herzlicher Dank gilt an dieser Stelle Herrn Prof. Dr. Daniel Reimsbach und Frau Dr. Kerstin Hannen, denen ich zahlreiche fachlich anregende wie amüsante Momente verdanke sowie Herrn Prof. Dr. Rüdiger Hahn für die sehr angenehme Zusammenarbeit während des „Projektes Montéal“. Frau Marina Seibert danke ich für ihre stets offene, herzliche Art im täglichen Umgang und die harmonische Arbeitsatmosphäre am Lehrstuhl.

Bei meiner Familie möchte ich mich für den fortwährenden Rückhalt während meines gesamten Ausbildungsweges bedanken. Insbesondere meinen Eltern, Marlis und Reinhard Hauschild, sowie meiner Schwester Annika Flues und ihrer Familie danke ich dafür, dass ich mir in jeder Situation ihrer vollen Unterstützung gewiss sein kann. Besonders danken möchte ich auch meiner Freundin Lena Himbert für ihre ständigen Aufmunterungen, ihre Gelassenheit und ihr Verständnis in stressigen Phasen der Promotion. Herzlich danken möchte ich auch meiner Patentante Frau Martina Sommer-Stephan und ihrer Familie für die herzliche Gastfreundschaft, die moralische Unterstützung und viele schöne Stunden, nicht nur während meines Forschungsaufenthaltes in New York.

Düsseldorf, im November 2013 Bastian Hauschild

Inhaltsverzeichnis

Abbildungsverzeichnis

Tabellenverzeichnis

Abkürzungsverzeichnis

AG	Aktiengesellschaft
BVK	Bundesverband Deutscher Kapitalbeteiligungsgesellschaften
CAPM	Capital Asset Pricing Model
CVC	Corporate Venture Capital
c.p.	ceteris paribus
DAX	Deutscher Aktienindex
DCF	Discounted Cash Flow
DSS	Decision Support System
EDV	Elektronische Datenverarbeitung
Fn.	Fußnote
FuE	Forschung und Entwicklung
GmbH	Gesellschaft mit beschränkter Haftung
hrsg.	herausgegeben
IP	Intellectual Property (geistige Eigentumsrechte)
Jg.	Jahrgang
M&A	Mergers & Akquisitions (Unternehmensfusionen und -akquisitionen)
NPV	Net Present Value
OR	Operations Research
o.O.	ohne Ort
RoI	Return on Investment
S.	Seite
Sp.	Spalte
Tz.	Textziffer
VC	Venture Capital
Vgl.	Vergleiche
WACC	Weighted Average Cost of Capital (gewogene durchschnittliche Kapitalkosten)
ZfB	Zeitschrift für Betriebswirtschaft

Symbolverzeichnis

B	Kapitalaufnahme/-anlage zum risikolosen Zins bei Bildung des Duplikationsportfolios
C_t	Wert der Kaufoption/Investitionsoption im Zeitpunkt t
d	kleinerer Wachstumsfaktor des multiplikativen Binomialprozesses, der die Wertveränderung des Underlyings ausdrückt
h	Habenzinssatz
k	Anzahl denkbarer Entwicklungszustände am Ende einer Entwicklungsstufe
L	Leverage: Verschuldungsgrad des Duplikationsportfolios
m	Anzahl erworbener Aktien bei Bildung des Duplikationsportfolios
n	Anzahl der betrachteten Perioden
p	risikoneutrale Wahrscheinlichkeit im Binomialmodell
P	Wert der Portfoliooption
q	risikoneutrale Gegenwahrscheinlichkeit im Binomialmodell (p = 1-q)
r	Rendite bzw. Verzinsungsmaßstab
r_f	risikoloser Zinssatz
s	Sollzinssatz
t	Zeitindex (t = 1, 2, …, n)
t^*	Zeitpunkt des Scheiterns eines Portfoliounternehmens
u	größerer Wachstumsfaktor des multiplikativen Binomialprozesses, der die Wertveränderung des Underlyings ausdrückt
V_t	Wert des Underlyings im Zeitpunkt t
y	Anzahl der Knickstellen
z	Anzahl der Stufen einer Verbundoption (z = I, II, ..., z)
α	Anzahl der Realoptionen (Beteiligungen) im Portfolio des CVC-Gebers
β	Anzahl der ausübbaren Realoptionen im Portfolio des CVC-Gebers
δ	Index der jungen Unternehmen: δ = 1, 2, …, α
ρ	Korrelation der Wertentwicklung zweier junger Unternehmen
μ	Rendite einer Finanzinvestition
σ	Standardabweichung
σ^2	Varianz
τ_z	Laufzeit der Option z
χ	Synergiepotenzial zweier junger Unternehmen

I. Grundlegung

1. Bedeutung von CVC für etablierte Unternehmen

Innovationen haben zahlreiche bedeutende Branchen revolutioniert, die zuvor von etablierten Großkonzernen dominiert wurden.[1] So wurde z.B. der Versandhandel in Deutschland mit zunehmender Verbreitung des Internets grundlegend verändert und ist heute durch Online-Anbieter geprägt.[2] Dies führte zu sinkenden Umsätzen etablierter Versandhändler, die erst spät ihre Vertriebsstrukturen auf das Onlinegeschäft umstellten. Der hiermit einhergehende Verlust der Wettbewerbsfähigkeit hatte unter anderem die Insolvenz der Quelle GmbH in 2009 und Neckermann.de GmbH in 2012 zur Folge.[3] Dieses Beispiel verdeutlicht, dass nicht alleine technologische Innovationen, sondern insbesondere auch Geschäftsmodellinnovationen für den langfristigen Erfolg etablierter Unternehmen kritisch sind.[4]

Insbesondere *junge* Wachstumsunternehmen entwickeln vielfach *radikale* Innovationen, die sich fundamental von bereits am Markt vorhandenen Produkten oder Dienstleistungen und Geschäftsmodellen unterscheiden.[5] Bei der Vermarktung neuartiger Technologien und Geschäftsmodellinnovationen realisieren die Wachstumsunternehmen überdurchschnittliche Raten des Umsatzwachstums. Hierdurch werden sie schnell ernstzunehmende Konkurrenten bereits am Markt etablierter Unternehmen.[6]

Am Markt *etablierte* Unternehmen fokussieren ihre Wettbewerbsstrategien häufig auf bereits bekannte Wettbewerber und vernachlässigen den potenziellen Wettbewerb durch

[1] Vgl. Christensen / Bower (1996), S. 197-200; Maula / Keil / Zahra (2013), S. 926-927. Siehe auch Tushman / Anderson (1986); Shane (2001); Hill / Rothaermel (2003); Ansari / Krop (2012).

[2] Vgl. hierzu auch Christensen (1997), der den Online-Einzelhandel als „disruptive" einordnet (S. XXV). Zahlreiche weitere Beispiele finden sich bei Henderson (1993); Bower / Christensen (1995); Christensen / Overdorf (2000); Ansari / Krop (2012).

[3] Vgl. Schlautmann (2009); Stratmann / Schlautmann (2009); Hielscher (2009, 2012). Die starken Umsatzsteigerungen im Onlinegeschäft gingen nicht allein zu Lasten der konventionellen Versandhändler, sondern zunehmend auch des Einzelhandels, der in vielen Segmenten an Bedeutung verliert; vgl. Ludowig (2013).

[4] Siehe auch Chesbrough (2007a). Innovative Geschäftsmodelle weisen z.B. Dell oder Ryanair auf. Dell vertrieb als erstes Unternehmen individualisierte PCs direkt telefonisch oder per Internet. Diese „Disintermediation" des Vertriebs unterschied sich grundlegend von etablierten Wettbewerbern wie z.B. Compaq; siehe hierzu Rafii / Kampas (2002), S. 118; Ansari / Krop (2012), S. 1366. Ryanair steht stellvertretend für Fluglinien, die eine starke Kostenorientierung aufweisen („low-cost carrier"). Ryanair beschränkt sich dabei auf Direktflüge innerhalb Europas und ist mit den Beförderungstarifen ein Wettbewerber sowohl etablierter Fluglinien als auch des Bahnverkehrs geworden; Analysen dieses Geschäftsmodells bieten Kangis / O'Reilly (2003); Barrett (2004); Vlaar / De Vries / Willenborg (2005); Kiani (2009).

[5] Vgl. Shane (2001); Weber / Weber (2007); Keil / Autio / George (2008); Ausführlich zur Definition und Abgrenzung radikaler Innovationen siehe Bourque (2005).

[6] Vgl. Tushman / Anderson (1986), S. 460-461; Cooper / Smith (1992), S. 55-59.

junge Unternehmen.[7] Das tatsächliche Wachstumspotenzial dieser jungen Unternehmen lässt sich in frühen Phasen der Unternehmensentwicklung kaum vorhersehen.[8] Aus diesem Grund wird deren Innovationspotenzial unterschätzt und der hieraus entstehende Wettbewerbsdruck auf das eigene Geschäftsmodell zu spät erkannt.[9] Dies führt dazu, dass radikale Innovationen neuer Wettbewerber zu einer Bedrohung für die Existenz etablierter Unternehmen werden.[10] Die Branchenstruktur und der bestehende Wettbewerb können mithin durch die (radikalen) Innovationen junger Unternehmen nachhaltig verändert werden.

Die Bedeutung unterschiedlicher Kooperationsformen zwischen Unternehmen zur Erschließung *externer* Innovationen hat aus diesem Grund in den letzten Jahren stetig zugenommen.[11] In vielen Branchen hat sich gezeigt, dass etablierte Unternehmen – trotz hoher Budgets für Forschung und Entwicklung (FuE) – nicht alle Innovationen intern entwickeln können, die für die künftige Wettbewerbsfähigkeit entscheidend sind.[12] Strategische Unternehmensbeteiligungen stellen daher ein Instrument dar, um sich insbesondere gegen umfassende technologische Veränderungen abzusichern.[13] Aus diesem Grund erschließen zahlreiche Unternehmen Innovationen sowohl intern durch FuE als auch extern durch Akquisitionen, Joint Ventures oder *Corporate Venture Capital* (CVC).[14]

Corporate Venture Capital-Investitionen (CVC-Investitionen) stellen eine Möglichkeit für etablierte Unternehmen dar, Zugang zum Innovationspotenzial junger Unternehmen zu erhalten. Unter CVC ist der befristete Erwerb einer (Minderheits-)Beteiligung an einem jungen Unternehmen durch ein etabliertes Unternehmen zu verstehen.[15] Anders als bei konventionellem Venture Capital[16] (VC) wird das Beteiligungskapital nicht von einem (reinen) Finanzintermediär bereitgestellt, sondern von einem bereits am Markt

---

[7] Vgl. Christensen / Bower (1996) sowie Maula / Keil / Zahra (2013) und die dort zitierte Literatur.

[8] Insofern muss sich erst noch zeigen, ob es sich um junge *Wachstums*unternehmen handelt.

[9] Vgl. Henderson (1993), S. 267-268; Freese / Keil / Teichert (2007), S. 111-113.

[10] Vgl. Tushman / Anderson (1986); Christensen / Overdorf (2000); Ansari / Krop (2012).

[11] Vgl. Hagedoorn (2002); van de Vrande / Vanhaverbeke / Lemmens (2006); van de Vrande / Vanhaverbeke / Duysters (2009). Die Erschließung externer als auch die externe Verwertung interner Innovationen wird unter dem Stichwort „open Innovation" diskutiert; siehe z.B. Chesbrough (2006, 2012); Vanhaverbeke / van de Vrande / Chesbrough (2008).

[12] Vgl. Quinn (2000), S. 13-14; Witt (2005), S. 263.

[13] Vgl. Nagajaran / Mitchell (1998).

[14] Vgl. anstatt vieler Faems et al. (2010); Hagedoorn / Wang (2012).

[15] Vgl. Rind (1981), S. 172-179; McNally (1995), S. 14-15; Chesbrough (2002), S. 5; Witt / Brachtendorf (2002), S. 681-682; Witt (2005), S. 259-261; Dushnitsky (2012), S. 157-161. CVC wird mithin auch als „Bereitstellung von Venture Capital durch Industrieunternehmen" bezeichnet; Schween (1996), S. 18. Abzugrenzen ist CVC jedoch von Joint Ventures, Spin-outs und Spin-ins sowie internen Projekten zur Unternehmensentwicklung.

[16] Einen Überblick hierzu bieten Sahlman (1990); Cressy (2006); Metrick / Yasuda (2011); Da Rin / Hellmann / Puri (2013).

etablierten (Groß-)Unternehmen, das mit dem Beteiligungserwerb insbesondere *strategische* Ziele verfolgt.[17] Zu diesen strategischen Zielsetzungen gehört insbesondere der Zugang zu (technologischen) Innovationen.

Der CVC-Geber investiert in der Regel parallel in mehrere Beteiligungen, also in ein ganzes CVC-*Portfolio*, das ihm das Innovationspotenzial gleich mehrerer junger Unternehmen eröffnet. CVC stellt mithin ein Instrument dar, mit dem etablierte Unternehmen *systematisch* solche radikalen Innovationen junger Unternehmen zu erschließen versuchen, die sich fundamental von den eigenen als auch anderen am Markt verfügbaren Produkten unterscheiden.[18] Die Ausbringung radikaler Innovation durch junge Unternehmen kann mithin für die Geschäftsmodelle etablierter Unternehmen weitreichende, mitunter existenzbedrohende Konsequenzen haben. Mit CVC versuchen etablierte Unternehmen daher, ihre künftige Wettbewerbsfähigkeit zu sichern.[19] Mit dem Beteiligungserwerb schafft der CVC-Geber eine Möglichkeit des (bevorrechtigten) Zugriffs auf die Innovationen junger Unternehmen, sofern deren Geschäftsmodell für die eigene Wettbewerbsfähigkeit strategische Bedeutung erlangt. Aufgrund dieses Optionscharakters können die Kapitalbeteiligungen als *Realoptionen* betrachtet werden.[20]

Eine Realoption bietet nach einer Initialinvestition („Prämie“) analog zu einer Finanzoption die Möglichkeit, weitere (Real-)Investitionen vorzunehmen („Ausübungspreis“), wenn die Umstände dies vorteilhaft erscheinen lassen.[21] Strategische Unternehmensbeteiligungen eröffnen dem Kapitalgeber insbesondere die *Möglichkeit*, das Beteiligungsunternehmen (schrittweise) zu *akquirieren*.[22] Realoptionen beziehen sich aber, anders als Finanzoptionen, auf *real*wirtschaftliche Investitionen. Dies ist der Fall, wenn ein junges Unternehmen akquiriert und leistungswirtschaftlich integriert wird, um dessen Innovationen zu kapitalisieren. Ob die Möglichkeit zur Akquisition des Unternehmens genutzt wird, hängt einerseits davon ab, wie sich das Wachstumspotenzial des jungen Unternehmens entwickelt und andererseits, inwiefern dies zur Wettbewerbsfähigkeit des Kapitalgebers beitragen kann. Mithin können CVC-Investitionen als Option zur Akqui-

[17] Mitunter wird die Verfolgung strategischer Ziele als definitorisches Merkmal von CVC-Investitionen genannt; vgl. z.B. Dushnitsky (2006), S. 388.

[18] Radikale Innovationen werden aufgrund ihrer fundamentalen Abkehr von bestehenden Leistungen etablierter Unternehmen und Märkten auch als „diskontinuierliche Innovation“ bezeichnet; siehe auch O'Connor (1998). Eine umfassende Charakterisierung des Phänomens findet sich bei Green / Gavin / Aimam-Smith (1995).

[19] Vgl. Weber / Weber (2007), S. 11-13.

[20] Vgl. Hurry / Miller / Bowman (1993); Vanhaverbeke / van de Vrande / Chesbrough (2008); Sahaym / Steensma / Barden (2010); Tong / Li (2011); Ceccagnoli / Higgins / Kang (2011); van de Vrande / Vanhaverbeke (2013). Grundlegend bereits Kogut (1991).

[21] Vgl. grundlegend Myers (1977), S. 163, oder Laux (1993), S. 933-934; Breuer / Gürtler / Schuhmacher (1999), S. 213-214.

[22] Vgl. Kogut (1991); Fischer (1993); Folta / Miller (2002); Xu / Zou / Phan (2010).

sition des jungen Unternehmens betrachtet werden.[23] Kennzeichnend für derartige Realoption ist eine *Folge* von (mindestens) zwei Investitionen, wobei spätere Investitionen von der Entwicklung des „Projektes" abhängen:[24] Bei einem Beteiligungserwerb stellt die Investition für den Erwerb der Unternehmensanteile die Options*prämie*, eine spätere Investition – für die Akquisition des jungen Unternehmens – den *Ausübungspreis* dar. Charakteristisch für solche Realoptionen ist ein zunächst geringerer Ressourceneinsatz im Vergleich zu einer vollständigen Vorabinvestition, bei der der gesamte Investitionsbetrag unmittelbar bereitgestellt wird.[25]

Der Realoptionsansatz wird sowohl zur Analyse von VC- und CVC-Investitionen als auch von FuE angewandt,[26] da sich so die Abhängigkeit künftiger (Investitions-)Entscheidungen von der unsicheren Entwicklung des Innovationsprojektes erklären lässt.[27] Die Analyse von CVC-Investitionen als Realoptionen erlaubt dabei die Berücksichtigung des charakteristisch hohen Ausmaßes an *Unsicherheit*[28] über den Erfolg der jungen Unternehmen. Aus diesem Grunde finden sich in der Literatur vermehrt Vorschläge einer realoptionsbasierten Innovationsstrategie für etablierte Unternehmen, um deren künftige Wettbewerbsfähigkeit sicherzustellen.[29]

Der Realoptionsansatz wird daher in einer Vielzahl von empirischen wie konzeptionellen Arbeiten zur Erklärung und/oder Fundierung strategischer Investitionsentscheidungen angewandt.[30] Bislang fehlt es jedoch an einem *Bewertungsansatz*, der den Anforderungen von CVC-Investitionen sowohl auf Projekt- als auch auf Portfolioebene gerecht wird.

---

[23] Vgl. Hurry / Miller / Bowman (1992), S. 86-87; Hurry (1993), S. 74; Amram / Li / Perkins (2000), S. 41; Reaume (2003), S. 85-86; MacMillan et al. (2008), S. 1; Tong / Li (2011), S. 661-662; Dimitrova (2013), S. 1-14.

[24] Vgl. Majd / Pindyck (1987), S. 7; Bowman / Hurry (1993), S. 773; McGrath / Nerkar (2004), S. 5; McGrath / Ferrier / Mendelow (2004), S. 87; Klingebiel / Adner (2012), S. 4.

[25] Vgl. Klingebiel / Adner (2012), S. 2.

[26] Vgl. exemplarisch McGrath / Nerkar (2004); Li (2008); Tong / Li (2011).

[27] Vgl. anstatt vieler Bettis / Hitt (1995), S. 11-14; Hill / Rothaermel (2003), S. 264.

[28] In der Literatur finden sich Ansätze zu Abgrenzung von Risiko und Unsicherheit; vgl. Knight (1921), S. 19-20; Eisenführ / Weber (2010), S. 23-25, 305-306; Bamberg / Coenenberg / Krapp (2008), S. 19. Nach Ansicht der Autoren liegt Unsicherheit vor, wenn mögliche Umweltzustände bekannt sind, ihnen aber keine Eintrittswahrscheinlichkeiten zugeordnet werden können. Sind diese Eintrittswahrscheinlichkeiten hingegen bekannt, liegt eine Entscheidungssituation unter Risiko vor. Eine solche Unterscheidung erscheint jedoch fragwürdig, da mit der Kenntnis möglicher Umweltzustände zumindest eine gewisse Vorstellung möglicher Eintrittswahrscheinlichkeiten bei den Entscheidern vorliegt; vgl. grundlegend Knight (1921), S. 19-20, 44-48, 197-232, oder auch Schirmeister (1981), S. 8-9. Im Folgenden soll Unsicherheit und Risiko *synonym* verwendet und definiert werden als die Möglichkeit des Abweichens realisierter von geplanten bzw. angestrebten Werten.

[29] Vgl. Bowman / Hurry (1993); Bettis / Hitt (1995); Huchzermeier / Loch (2001); McGrath / MacMillan (2000b); Hill / Rothaermel (2003); Vanhaverbeke / van de Vrande / Chesbrough (2008); Malik (2011); von Ahsen / Heesen (2012).

[30] Einen aktuellen Überblick bieten Driouchi / Bennett (2012).

2. Einordnung in den wissenschaftlichen Bezugsrahmen

Eine *Modellierung* der Realoptionen, die sich aus einem Beteiligungserwerb ergeben, hat das Potenzial, *Erkenntnisfortschritt* zu ermöglichen: Auf explikativer Ebene können Aussagen über wertbestimmende Faktoren sowohl für einzelne Beteiligungen als auch das gesamte CVC-Portfolio bestimmt werden. Präskriptiv lassen sich Investitions*strategien* ableiten, die das Erfolgspotenzial von CVC-Investitionen erhöhen. Um derartige Aussagen über CVC ableiten zu können, beschäftigt sich diese Arbeit mit der *realoptionsbasierten Modellierung sequenzieller CVC-Investitionen.*

Der Wert einer Real*option* besteht in dem *diskretionären* Spielraum, die Entscheidung über weitere Investitionen in Abhängigkeit von der *unsicheren* Wertentwicklung der Beteiligung treffen zu können.[31] Der CVC-Geber staffelt die Bereitstellung des Investitionskapitals für junge Unternehmen, um die Investitionsfolge jederzeit abbrechen und seine Ressourcen in aussichtsreichere Beteiligungen investieren zu können. Realoptionen eignen sich mithin insbesondere zur Bewertung *sequenzieller* CVC-Investitionen. Charakteristisch für zahlreiche sequenzielle Investitionen ist, dass in der Regel erst mit der Vornahme der letzten zur Fertigstellung des Projektes notwendigen Investition eine Realisierung des Optionswertes erfolgt.[32] Dies entspricht hier dem „Exit" durch einen Verkauf der Beteiligung an einem Investor oder eben der Akquisition des jungen Unternehmens durch den CVC-Geber. Bevor es allerdings zu einer Veräußerung der Beteiligung kommt, ist eine Reihe von in der Regel in mehr als zwei Investitionen in die jungen Unternehmen notwendig. Eine solche Zahlungsreihe lässt sich nicht mehr als einfache Realoption interpretieren, sondern als *Verbundoption*, also als Option auf eine Option:[33] So kann beispielsweise eine Folge von drei Investitionen als Option auf eine Realoption interpretiert werden.

Die sequenziellen Investitionen sind mithin als reale (Verbund-)Optionen zu *bewerten.* Insofern erscheint es geboten, ihre Bewertung optionspreistheoretisch zu fundieren. Bei der Bewertung von *Real*optionen wird in der Literatur auf Modelle der *neoklassisch* geprägten Optionspreistheorie zurückgegriffen. Die neoklassische Investitions- und Finanzierungstheorie unterstellt effiziente sowie vollkommene und vollständige Märkte.[34] Die Optionspreistheorie basiert mithin insbesondere auf dem daraus folgenden Prinzip

---

[31] Vgl. exemplarisch Merton (1998), S. 339, der den Wert dieser Flexibilität betont.

[32] Vgl. Majd / Pindyck (1987), S. 7-10; Guler (2007), S. 250-251.

[33] Zur Definition von Verbundoptionen siehe bereits Black / Scholes (1973), S. 651.

[34] Vgl. statt vieler Schmidt / Terberger (1997), S. 55-65; Ross (2002), S. 129-130. Dies ermöglicht ein Denken in Marktgleichgewichten und die Separation unterschiedlicher Entscheidungen (z.B. über Investition und Konsum) bei der Bestimmung von (Markt-) Preisen. Zur umfassenden Charakterisierung der neoklassischen Theorie siehe auch Jansen (2004).

der *Arbitragefreiheit*, das eine präferenzunabhängige Bewertung erlaubt.[35] Die Abwesenheit risikoloser Gewinnmöglichkeiten impliziert zugleich die *Wertadditivität* von Finanztiteln bzw. Vermögensgegenständen.[36] Dies erlaubt die Duplikation des Zahlungsstroms aus der Option mit handelbaren Titeln und damit die Ermittlung eines „fairen" Wertes der Realoption. Die neoklassische Theorie ist mithin geprägt durch ein *deduktives*[37] Vorgehen, bei dem neben explikativen Gleichgewichtsmodellen insbesondere normative Bewertungsmodelle entwickelt werden.

An Grenzen stößt diese Modellwelt jedoch bei der Erklärung der Existenz von Finanzintermediären wie VC-Gesellschaften. Hier greift die Forschung zu VC auf den *Neoinstitutionalismus* zurück, der die Existenz spezialisierter Finanzintermediäre insbesondere durch den Abbau von Informationsasymmetrien und durch die Übernahme weiterer Transformationsfunktionen begründet.[38] Die Märkte für Kapitalbeteiligungen an jungen Unternehmen – diese umfassen mithin VC und CVC – sind als *nicht* vollkommen informationseffizient einzustufen.[39] Der Neoinstitutionalismus liefert mithin ein Theoriefundament, um die *Finanzierungs*beziehung zwischen dem VC-Geber und jungen Unternehmen zu erklären.

Bei CVC handelt es sich jedoch nicht um ein reines Finanzierungsinstrument, sondern um *strategisch* motivierte Investitionen, die in der Literatur mit dem *Resource Based View* erklärt werden:[40] CVC bietet als Kooperationsform zwischen am Markt etablierten und jungen Unternehmen die Möglichkeit zum wechselseitigen Tausch erfolgskritischer *Ressourcen*[41], wodurch die Beziehung für beide Partner eine strategische Bedeutung erlangt.[42] In jungen Unternehmen stellen insbesondere Investitionskapital, Managementkapazitäten oder der Zugang zu Distributionskanälen knappe Ressourcen dar.[43] Mit der Investition eines etablierten Unternehmens profitiert das junge Unternehmen zugleich von der Reputation des Kapitalgebers, was ein starkes *Signal* an Kunden und po-

---

35 Vgl. Cox / Ross / Rubinstein (1979); Rubinstein / Leland (1995); Smith / Nau (1995).

36 Vgl. z.B. Varian (1987), S. 61-62; Ross (2005), Kapitel I.

37 Zum Begriff der Deduktion siehe Raffee (1993), S. 16-17; Schweitzer (2004), S. 73-74.

38 Vgl. Chan (1983); Schmidt (1985); Hartmann-Wendels (1987); Amit / Brander / Zott (1998); Schirmeister / Wippler (1999).

39 Vgl. anstelle vieler Schirmeister / Wippler (1999), S. 204-208; Hauschild (2009), S. 5-9.

40 Vgl. Maula / Murray (2002); Henderson / Leleux (2005); Teng (2007); Dushnitsky / Lavie (2010); Chiu / Liaw / Tseng (2012). Grundlegend auch Das / Teng (2000).

41 Ressourcen ermöglichen den Aufbau nachhaltiger Wettbewerbsvorteile, wenn sie durch Wettbewerber weder imitiert noch substituiert werden können; vgl. Barney (1991), S. 101-103. Zu diesen distinktiven Ressourcen gehören neben Investitionskapital, Managementfähigkeiten oder Unternehmensreputation auch radikale Innovationen und technologisches Know how; vgl. Eisenhardt / Schoonhoven (1996), S. 138-140; Ahuja / Lampert (2001), S. 522.

42 Vgl. Zahra / Allen (2007).

43 Vgl. Ivanov / Xie (2010b), S. 129-133.

tenzielle Geschäftspartner darstellt.[44] Hierdurch eröffnen sich zudem Möglichkeiten zur Kooperation mit anderen Unternehmen, insbesondere *zwischen* den Portfoliounternehmen eines CVC-Gebers.[45] In etablierten Unternehmen mangelt es hingegen insbesondere an einer unternehmerischen Kultur und hieraus entstehenden (radikalen) *Innovationen*, mit denen sich neue Umsatzpotenziale eröffnen können.[46]

Dieser Austausch *komplementärer* Ressourcen kann sich positiv auf den Unternehmenserfolg sowohl etablierter als auch junger Unternehmen auswirken:[47] Empirische Studien belegen, dass etablierte Unternehmen insbesondere dann CVC-Investitionen vornehmen, wenn die eigenen Raten des Umsatzwachstums im Vergleich zu den von Wettbewerbern gering sind.[48] Es zeigt sich aber auch, dass sich durch CVC die Innovationsraten und damit der langfristige Unternehmenserfolg der CVC-Geber tatsächlich steigern lassen.[49] Die jungen Unternehmen profitieren von der Kooperation dadurch, dass sich ihre Erfolgsaussichten verbessern, was sich in geringeren Ausfallquoten als auch höheren Unternehmenswerten äußert.[50] Insofern lässt sich CVC als strategische Kooperationsform zwischen jungen und etablierten Unternehmen mithilfe des Resource Based View erklären.

Zentraler Ansatzpunkt auch dieser Theorie sind Markt*unvollkommenheiten*, insbesondere Imitations- und Transferbarrieren, die den Wert kritischer Ressourcen determinieren.[51] In diesem Sinne weist auch MYERS (1977) darauf hin, dass sich Gewinne bei der Ausübung von Realoptionen nur aufgrund von Marktfriktionen erzielen lassen.[52] Diese

---

44 Vgl. Maula / Murray (2002), S. 168-169; Ivanov / Xie (2010b), S. 133; Chemmanur / Loutskina / Tian (2011), S. 2; Johnson (2013), S. 55-58.

45 Vgl. analog Hsu (2006); Lindsey (2008). Die dabei realisierten Synergien innerhalb von (CVC-)Portfolios wurden bislang bei der Analyse deren Erfolgs vernachlässigt; vgl. analog Wassmer (2010), S. 156-157.

46 Vgl. Ahuja / Lampert (2001), S. 521-530; Alvarez / Barney (2001), S. 139. Die Durchführung eigener FuE ist dabei für etablierte Unternehmen die kaum verzichtbare und regelmäßig realisierte Alternative zu Erschließung externer Innovationen.

47 Zur Bedeutung des Austausches komplementärer Ressourcen in strategischen Kooperationen siehe Dyer / Singh (1998), S. 666-669; Alvarez / Barney (2001), S. 140-141.

48 Vgl. Da Gbadji / Gailly / Schwienbacher (2010), ähnlich auch Higgins / Rodriguez (2006); Gaba / Bhattacharya (2012).

49 Vgl. Dushnitsky / Lenox (2005b); Wadhwa / Kotha (2006). Zahra / Covin (1995) weisen nach, dass sich dieser Effekt erst langfristig in finanziellen Erfolgsgrößen niederschlägt.

50 Vgl. Ivanov / Xie (2010b); Park / Steensma (2012). Ivanov / Xie (2010b) weisen zudem nach, dass der Erfolgsbeitrag von CVC-Gebern höher ist als der von konventionellen VC-Gebern oder in anderen Formen strategischer Allianzen. Die Erfolgsaussichten werden in der Regel in der Wahrscheinlichkeit eines IPO oder einer Akquisition bzw. der Komplementärwahrscheinlichkeit einer Liquidation gemessen. Die Wahrscheinlichkeit eines IPO oder einer Akquisition CVC-finanzierter Unternehmen ist höher; die entsprechende Wahrscheinlichkeit einer Liquidation ist geringer. Zudem zeigt sich, dass CVC-finanzierte Unternehmen im Durchschnitt höhere Bewertungen erzielen als rein VC-finanzierte; siehe hierzu Gompers / Lerner (2000a); Maula / Murray (2002); Chemmanur / Loutskina / Tian (2011).

51 Vgl. grundlegend Barney (1986, 1991) oder übersichtsartig Börner (2000), S. 689-690.

52 Vgl. Myers (1977), S. 163-164.

Unvollkommenheiten verletzen aber zentrale Annahmen der neoklassischen Bewertungs*methodik* und sind somit bei der Bewertung der Realoptionen zu beachten. Insbesondere die Duplikation von Zahlungsströmen, die auf Arbitragefreiheit basiert, stößt bei heterogenen Bewertungsobjekten an Grenzen; speziell zur Bildung des Duplikationsportfolios von *Real*optionen mangelt es an handelbaren Finanztiteln, die zur Nachbildung des unsicheren Zahlungsstroms geeignet sind.[53] Eine konsistente Anwendung der Optionspreistheorie auf Realinvestitionen erfordert mithin eine Berücksichtigung der Implikationen, die sich aus Marktunvollkommenheiten ergeben. Die Ableitung dieser Implikationen stellt ein *Erkenntnisziel* dieser Arbeit dar.

Die *Modellierung*[54] erfolgt dabei unter Zugrundelegung neoklassischer Modellansätze, wobei deren Grenzen bei der Interpretation zentraler Modellaussagen im Anwendungskontext von CVC-Investitionen berücksichtigt werden.[55] Die Annahmen und Erkenntnisse dieser modelltheoretischen Analyse werden dabei vor dem Hintergrund *empirischer* Erkenntnisse reflektiert:[56] Einerseits werden die Kernannahmen der neoklassischen Investitions- und Finanzierungstheorie anhand der empirischen Forschung zur Finanzierung junger Unternehmen hinterfragt und untersucht, wie sich mögliche Abweichungen auf den Wert von Realoptionen auswirken können. Andererseits werden aus dem hier entwickelten Modell ableitbare Investitionsstrategien den Ergebnissen realoptionspreistheoretisch fundierter Studien gegenübergestellt.

Aus den Abweichungen von dem Postulat vollkommener und vollständiger Märkte sowie der Komplexität des Bewertungsproblems ergeben sich Grenzen einer möglichst exakten Bewertung von Realoptionen.[57] Der Gehalt der optionspreistheoretischen Modellierung des Beteiligungserwerbs an jungen Unternehmen ist daher insbesondere in der *Strukturierung* des Investitionsproblems zu sehen. Die Modellierung weist insofern Bezüge zur *heuristischen* Planung auf. Damit wird zugleich der *Anwendungs*nutzen des in dieser Arbeit entwickelten Modells in komplexen Entscheidungssituationen sicherge-

---

53 Vgl. anstelle vieler Staum (2006).

54 Siehe zum Begriff der Modellierung Bretzke (1980), S. 15-16, der Modellierungstechniken als „Methoden, deren Anwendung zu einer entscheidbaren Problemdefinition führen soll" beschreibt. Als Kernaufgabe der Modellierung wird dabei die Entwicklung einer (situativen) Problem*struktur* gesehen, die als Grundlage für Entscheidungsmodelle dient. Zum konstruktivistischen Modellbegriff siehe auch Gaitanides (1979), S. 15-30; Herrmann (1993), S. 665.

55 Abzugrenzen von neoklassischen (präferenzfreien) Modellen sind insbesondere nutzenbasierte Bewertungsmodelle, die die Risikonutzenfunktion des Investors zur Grundlage der Bewertung machen. Einen Überblick über diese Ansätze findet sich bei Henderson / Hobson (2009).

56 Diese Vorgehen ist insofern als hypothetisch-deduktiv zu charakterisieren, vgl. Raffee (1993), S. 17.

57 Bowman / Moskowitz (2001) stellen fest, dass die Annahmen der Optionspreistheorie in fast allen strategischen Entscheidungssituation verletzt sind, weswegen die Autoren den heuristischen Gehalt optionspreistheoretischer Modelle hervorheben.

stellt.[58] Das realoptionsbasierte Modell erlaubt bei der Bewertung die explizite Einbeziehung der Flexibilität, über die weitere Bereitstellung von Ressourcen in Abhängigkeit der künftigen Entwicklung entscheiden zu können. Diese *explizite* Bewertung ist in Entscheidungssituationen unmittelbar relevant, weil der Wert dieser Flexibilität von Entscheidern *intuitiv*, also ohne ihn rechnerisch zu ermitteln, oftmals falsch eingeschätzt wird. Verschiedene Autoren belegen in experimentellen Studien, dass Entscheidungsträger betriebliche Realoptionen systematisch falsch bewerten.[59] Zudem zeigt sich in archival-empirischen Studien, die in statistischen Zusammenhangsanalysen die Investitionsentscheidungen konventioneller VC-Gebern untersuchen, dass deren tatsächliches von dem theoretisch optimalen Entscheidungsverhalten abweichen.[60] Der realoptionsbasierte Bewertungsansatz dieser Arbeit hat insofern das Potenzial, die Entscheidungen von CVC-Gebern um kognitive Verzerrungen und intuitive Fehleinschätzungen zu korrigieren.[61]

3. Gang der Analyse

Die folgende Analyse gliedert sich, neben der einleitenden Grundlegung und dem abschließenden Fazit, in drei Hauptkapitel. Das erste Hauptkapitel dient der Ableitung und Fundierung der Bewertungs*methodik* für CVC-Investitionen. Das Investitionsproblem des CVC-Gebers stellt den Untersuchungsgegenstand dieser Arbeit dar, zu dessen Strukturierung Anleihen aus der Optionspreistheorie entnommen werden. Der Optionscharakter sequenzieller Investitionen kann mithin unter Rückgriff auf Bewertungsmodelle für Finanzoptionen analysiert werden. Aus den strategischen Zielsetzungen des CVC-Gebers ergibt sich jedoch die Notwendigkeit zur Modifikation dieser Modelle.

Eine Bewertung von Realoptionen erfordert den Rückgriff auf Bewertungsmodelle für Finanzoptionen. Bevor jedoch deren Übertragung auf Realinvestitionen vorgenommen wird, ist die Zulässigkeit dieses Vorgehens zu hinterfragen. Bei der Anwendung der optionspreistheoretischen Bewertungsmethodik auf Realinvestitionen ist die Diskrepanz

[58] Damit wird der Auffassung verschiedener Autoren gefolgt, die das Erkenntnis- und Anwendungsnutzen des Realoptionsansatzes als Heuristik hervorheben, vgl. z.B. Bowman / Moskowitz (2001); Miller / Waller (2003); Nippa / Petzold (2003); Kogut / Kulatilaka (2003; 2004); McGrath / Ferrier / Mendelow (2004); Alessandri et al. (2004); Triantis (2005); Li et al. (2007).

[59] Vgl. z.B. Howell / Jägle (1997); Miller / Shapira (2004); Ford / Lander (2011).

[60] Vgl. Zacharakis / Shepherd (2001); Birmingham / Busenitz / Arthurs (2003); Guler (2007); Steinkühler (2010). Konventionelle VC-Geber werden aufgrund ihrer stark erfolgsabhängigen Vergütungsstruktur als idealtypisch *rationale* Investoren charakterisiert und mithin als Referenzmaßstab für die Beurteilung des Investitionserfolgs in junge Unternehmen angesehen. In den genannten empirischen Studien zeigt sich jedoch, dass (selbst) VC-Geber häufiger und länger in Portfoliounternehmen investieren als optimal ist. Siehe hierzu auch Gaba / Meyer (2008); Hill et al. (2009).

[61] Vgl. grundlegend zum „Debiasing" Larrick (2004).

zwischen dem Ideal eines vollkommenen und vollständigen Marktes einerseits und den Märkten für Beteiligungskapital an jungen Unternehmen andererseits zu berücksichtigen. Hieraus werden Einschränkungen bei der Interpretation der ermittelbaren Realoptionswerte abgeleitet: Es können lediglich *Wertobergrenzen* für die Realoptionen unter der Annahme vollkommener und vollständiger Märkte berechnet werden, weil die betrachteten Realoptionen nicht vollkommen exklusiv und nur eingeschränkt handelbar sind. Beides mindert den Wert der Realoptionen. Die Nicht-Additivität der Optionen auf dasselbe Underlying erfordert zudem die Bewertung der Investitionssequenz als *Verbundoption*: Eine isolierte Bewertung der einzelnen Optionsrechte der Investitionssequenz scheitert daran, dass diese nicht einfach addiert werden können, um den *Gesamtwert* der Realoption zu ermitteln. Die Modellierung von Zahlungsströmen als Verbundoption erlaubt hingegen die Bewertung einer beliebigen Sequenz von Investitionen.

Das zweite Hauptkapitel widmet sich der Entwicklung eines *Bewertungsmodells* für die optionsartigen Rechte, die sich aus der Beteiligung ergeben. Zur Strukturierung der sequenziellen CVC-Investitionen wird ein binomiales Optionspreismodell gewählt. Bei der anschließenden Bewertung werden explizit die Duplikationsportfolios des Zahlungsstroms gebildet. Dies erlaubt weitere Einsichten in die Bewertung der Realinvestitionen, bei der die Prämissen der Bewertungsmodelle für Finanzoptionen *nicht* erfüllt sind.

Realoptionen werden bereits als Methodik zur Bewertung von Unternehmensbeteiligungen herangezogen.[62] In bisherigen Studien stellt die Investition für den Erwerb der Beteiligung die Optionsprämie dar, während der Kaufpreis für den Erwerb der ausstehenden Anteile den Ausübungspreis repräsentiert. Die Investitionen in ein junges Unternehmen werden jedoch in der Realität in mehr als diese beiden Zahlungen gestaffelt. Mithin gilt es ein Bewertungsmodell zu entwickeln, das die Bewertung einer (beliebigen) Folge mehrerer Investitionen erlaubt. Um diese Aufgabe zu lösen, wird das *binomiale* Optionspreismodell von Cox / Ross / Rubinstein (1979) zur Bewertung von Verbundoptionen erweitert. Mithin werden die Annahmen neoklassischer Modelle für die eigene Modellgenese „genutzt“, anschließend aber deren Begrenzungen bei der Anwendung auf CVC-Investitionen berücksichtigt.

Hierbei wird gezeigt, dass die bestehende Bewertungsmethodik für Verbundoptionen signifikant vereinfacht werden kann, indem die Anzahl der notwendigen Bewertungsschritte reduziert wird, ohne aber restriktivere Prämissen zu setzen. Diese methodische Vereinfachung der Bewertung erlaubt zugleich die Ableitung modellbasierter Aussagen

62 Vgl. exemplarisch Kogut (1991); Chi (2000); Folta / Miller (2002); Reuer / Tong (2005); Belderbos / Zou (2009); Tong / Li (2011).

über den Einfluss der Staffelung von Investitionen auf die Irreversibilität des gesamten Projektes. Hierzu wird der *Verschuldungsgrad* des Duplikationsportfolios einer Verbundoption eingeführt, der den Anteil der Optionsprämie am Wert der Duplikationsportfolios darstellt und als „Eigenkapitalquote" mithin die *Irreversibilität* einer eingeschlagenen Investitionsstrategie repräsentiert.

Bei der Anwendung des Verbundoptionsmodells auf strategische CVC-Investitionen wird zunächst eine situative *Spezifikation* der Optionspreisparameter notwendig.[63] In diesem Zusammenhang wird das *Underlying* konkretisiert, also ob eine Kaufoption auf das gesamte Unternehmen oder nur auf dessen (technologische) Innovation besteht. Diese Abgrenzung wird einerseits bei der Schätzung der Parameter zur Modellanwendung relevant. Andererseits kann eine Diskrepanz der Wertentwicklung beider Objekte bestehen, da die Entwicklung einer Innovation nicht mit der eines nachhaltigen Geschäftsmodells gleichzusetzen ist. Die Festlegung des Underlyings wird daher anhand der Ziele des CVC-Gebers vorgenommen, die er mit seiner Beteiligungsstrategie verfolgt. Darüber hinaus ist die Anzahl der *Investitionsrunden* in das junge Unternehmen zu bestimmen; diese Größe wird in der Arbeit als modell*exogener* Parameter eingeführt und anhand empirischer Erkenntnisse fundiert. Die CVC-Investitionen werden dann als *dreistufige* Verbundoption modelliert. Hierdurch wird zugleich die Ermittlung eines *isolierten* (Projekt-)Wertes der Realoption und der wertrelevanten Einflussgrößen möglich.

Der CVC-Geber investiert jedoch in ein ganzes *Portfolio* von Beteiligungen junger Unternehmen. Innerhalb dieses Portfolios bestehen finanz- und realwirtschaftliche *Interdependenzen*, sodass die Werte der Beteiligungen wiederum nicht-additiv sind. Diese Interdependenzen ergeben sich sowohl aus *Synergien* des CVC-Gebers bei der Betreuung von Unternehmen verwandter Branchen als auch zwischen den Portfoliounternehmen. Daher ist der Wert einer Beteiligung nicht allein anhand der bilateralen Beziehung zwischen dem CVC-Geber und dem jungen Unternehmen zu beurteilen, sondern auf *Portfolioebene*. Es stellt sich mithin die Aufgabe, diese Interdependenzen einer systematischen Analyse zu unterziehen, um wertbestimmende Faktoren eines CVC-Portfolios ableiten zu können

[63] Das Modell weist insofern Bezüge zum *situativen Ansatz* auf; dieser geht von der Annahme aus, „dass es keine universelle Struktur gibt, die sich in allen Situationen als effizient erweist" (Kieser / Walgenbach (2010), S. 40). Der ursprünglich aus der Organisationstheorie stammende Ansatz besagt im Wesentlichen, dass situative (Kontext-)Faktoren die Eignung von (Erklärungs-)Modellen bestimmen; vgl. grundlegend Staehle (1976); Segler (1981). Dieser Grundgedanke wurde bereits frühzeitig auf weitere Anwendungsbereiche wie die Unternehmensplanung oder Entscheidungstheorie übertragen und daraufhin die Entwicklung situationsspezifischer Modelle empfohlen; Staehle (1976), S. 43-44; Raffee (1993), S. 38-40.

Realwirtschaftliche Interdependenzen begründen zugleich den Erfolg von *Spezialisierungs*strategien im Vergleich zu einer reinen Diversifikation des Portfolios: Der CVC-Geber kann daher Investitionsentscheidungen nicht allein anhand der isolierten Optionswerte treffen, sondern muss hierbei *Verbundeffekte* berücksichtigen. Die Strukturierung eines CVC-Programms als Realoptionsportfolio ist daher Gegenstand des dritten Hauptkapitels. Die Nicht-Additivität der Optionsrechte *innerhalb* eines Investitionsprojektes erfordert eine Bewertung der CVC-Investitionen als Verbundoption; aufgrund der Interdependenzen *zwischen* den Verbundoptionen und die daraus resultierende Nicht-Additivität wird die Strukturierung der Beteiligungen als *Realoptionsportfolio* notwendig.

Ursache von Interdependenzen innerhalb des Portfolios ist neben Synergien insbesondere die Konkurrenz der jungen Unternehmen um *knappe* (finanzielle) Ressourcen des CVC-Gebers. Denkbar ist beispielsweise, dass der CVC-Geber in alternative Technologien investiert, von denen er lediglich eine bis zur Marktreife finanzieren möchte. Freiwerdende Ressourcen aus einem scheiternden Unternehmen sind dann zur Reallokation in andere Investitionsmöglichkeiten verfügbar.

Für die Zusammenstellung und dynamische Anpassung wird mithin eine Modellierung des Portfolios benötigt, die diese Interdependenzen sowie die Ausfallrate der jungen Unternehmen berücksichtigt. Aktuell konstatieren VON AHSEN / HEESEN (2012) daher einen „Forschungsbedarf im Hinblick auf die Weiterentwicklung von Instrumenten, die eine Bewertung von Innovationsportfolios ermöglichen. Dabei müssen die Instrumente besonders interdependente Innovationsprojekte berücksichtigen.“[64] Die Portfoliotheorie[65] erfasst realwirtschaftliche Verbundeffekte nicht: Zusammenhänge zwischen *unbedingten* Finanzkontrakten werden lediglich über deren *Korrelation* erfasst; die Ausfallwahrscheinlichkeit eines signifikanten Teils des Portfolios und die Möglichkeit zur Reallokation von Ressourcen wird nicht explizit berücksichtigt. Stattdessen wird auf der Annahme vollkommener und vollständiger Märkte eine Investition in das Marktportfolio, also eine rein *passive* Diversifikationsstrategie begründet.

Wird die *Ausfallrate* junger Unternehmen als Ausgangpunkt zur Strukturierung des Realoptionsportfolios herangezogen, dann kann das gesamte Portfolio als Option zur *selektiven* Ausübung der wertvollsten Realoptionen aufgefasst werden. Diese von ANAND / ORIANI / VASSOLO (2007) für Realoptionen entwickelte Idee wird aufgegriffen und der Modellierung des CVC-Portfolios zugrunde gelegt. Dies erlaubt Aussagen über den

64 von Ahsen / Heesen (2012), S. 457.

65 Hier wird insbesondere auf das von Markowitz (1952) entwickelte μ-σ-Prinzip, das CAPM sowie das intertemporale CAPM abgestellt.

Einfluss der Portfoliogröße und die Korrelation der Realoptionen auf den Wert des gesamten Portfolios, wobei sich bereits abweichende Implikationen im Vergleich zur Portfoliotheorie ergeben.

In dieser Arbeit erfolgt eine Integration des zuvor entwickelten Verbundoptionsmodells und damit eine *Erweiterung* der Betrachtung auf *mehrere* Perioden. Zudem wird der Einfluss von *Synergien* zwischen zwei Portfoliounternehmen berücksichtigt, die nicht bereits von deren Korrelation erfasst werden. Synergien zwischen zwei Portfoliounternehmen haben einen positiven Einfluss auf den Portfoliowert. Diese positiven Verbundeffekte lassen sich optimal ausschöpfen, wenn beide jungen Unternehmen eine erfolgreiche Entwicklung aufweisen, also eine tendenziell *positive* Korrelation.[66] Dieser synergiebedingte positive Einfluss kann den negativen Einfluss der Korrelation auf den Portfoliowert überkompensieren. Ergänzend werden die *Risiko*wirkungen der Portfoliobildung untersucht, die aufgrund der Staffelung der Investitionen von denen unbedingter Finanzkontrakte abweichen.

CVC-Geber werden aufgrund strategischer Erwägungen das Portfolio an Beteiligungen auf die eigene sowie verwandte Branchen *fokussieren*. Damit bestehen sehr enge Grenzen, das Portfolio zu diversifizieren. Vielmehr werden viele Portfoliounternehmen aufgrund dieses strategischen Fits zum CVC-Geber eine *positive* Korrelation aufweisen. Bei dieser Portfoliostrategie werden die realisierbaren Synergien als signifikante Werttreiber des CVC-Portfolios identifiziert. Die Berücksichtigung des Einflusses von Synergien auf den Portfoliowert erscheint mithin unerlässlich.

Im Rahmen der Portfoliobildung wird zudem gezeigt, dass sich das *Risiko* sequenzieller Investitionen erheblich von dem unbedingter Finanzkontrakte unterscheidet: Das Risiko des CVC-Gebers ist auf das investierte Kapital beschränkt, da über weitere Investitionen in das junge Unternehmen in Abhängigkeit von dessen Wertentwicklung entschieden werden kann. Im Falle einer negativen Wertentwicklung werden keine weiteren Investitionen vorgenommen. Hierdurch ist die Varianz positiv korrelierter Realoptionen geringer als bei unbedingt finanzierten Projekten; deren *Diversifikationspotenzial* im CVC-Portfolio ist mithin größer als im Kontext der Portfoliotheorie zu erwarten wäre.

Aufgrund der aufgezeigten Interdependenzen zwischen den Beteiligungen hat die Zusammenstellung kritischen Einfluss auf den Wert des CVC-Portfolios. Es zeigt sich, dass die *Konfiguration* des CVC-Portfolios dessen Wert stärker beeinflusst als allein die

---

66 Mit der Insolvenz oder Liquidation eines jungen Unternehmen entfällt hingegen das gemeinsame Synergiepotenzial.

Anzahl der Beteiligungen oder das insgesamt investierte Kapital.[67] Es bedarf mithin eines Modellrahmens, der die Ableitung wertbestimmender *Faktoren* von CVC-Portfolios und darauf basierend eine effektive Allokation von Ressourcen erlaubt. Zu den wichtigsten konstitutiven Entscheidungen in diesem Zusammenhang gehört die Wahl der *Branchen* der Portfoliounternehmen, die zugleich deren Synergiepotenzial determinieren. Zudem bestimmt neben der Branche auch die *Entwicklungsphase* die Erfolgsaussichten eines jungen Unternehmens und damit den Anteil der ausübbaren Realoptionen. Die Ausführungen kulminieren daher in einer Ableitung denkbarer *Portfoliostrategien* für CVC-Programme.

Die Analyse endet mit einem kurzen Fazit, das wesentliche Ergebnisse dieser Arbeit reflektiert und deren Beitrag zum aktuellen Stand der Forschung einordnet. Der Gang der Analyse lässt sich mithin wie in Abbildung 1 skizziert darstellen.

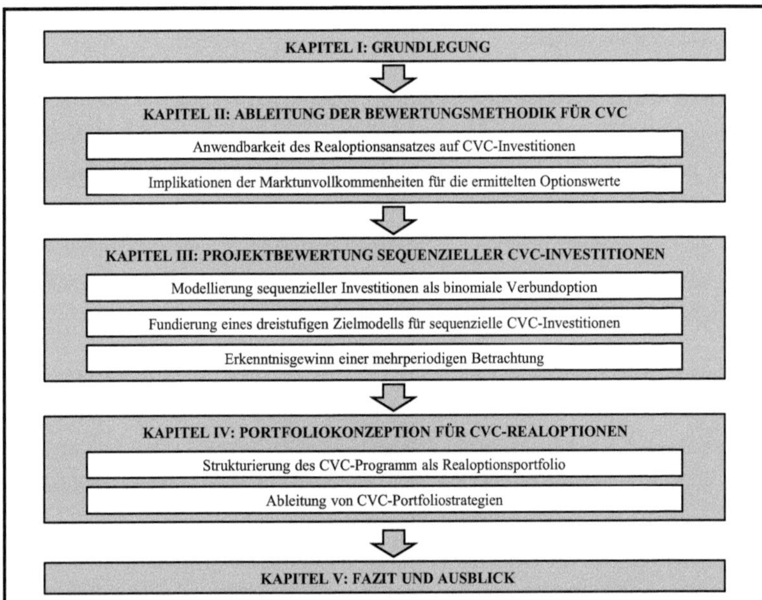

Abbildung 1: Gang der Analyse

Anhand dieses Gangs der Analyse soll eine Einordnung der in dieser Arbeit entwickelten Modellierungsansätze erfolgen. Das im zweiten Hauptkapitel entwickelte Modell zur Bewertung von Verbundoptionen formuliert mathematische Gleichungen, anhand derer sich ein theoretisch „fairer“ Wert für ein Projekt errechnen lässt. Damit erfüllt der

---

67 Dies zeigt sich exemplarisch in den Studien von Wadhwa / Kotha (2006); Lin / Lee (2011).

Ansatz die Charakteristika eines *quantitativen* (Bewertungs-)*Modells*, dessen Anwendung Aussagen über den theoretisch fairen Wert der Verbundoption zulässt.[68] Die Ausführungen des dritten Hauptkapitels zur Portfoliobetrachtung beschränken sich hingegen auf eine Darstellung der zentralen wertbestimmenden Faktoren des CVC-Portfolios. Diese Analyse weist damit nicht die formale Präzision des zweiten Hauptkapitels auf, da eine analytische Bestimmung des Portfoliowertes positiv korrelierter Verbundoptionen in einem quantitativen Modell nicht möglich ist.[69] Aus der Portfoliobetrachtung wird jedoch ein *Strukturmodell*[70] abgeleitet, das die Beziehungen zwischen den Portfolioparametern abbildet. Damit bietet es einen „*konzeptionellen Rahmen*"[71] zur Analyse der wertbestimmenden Faktoren von CVC-Portfolios. Das Vorgehen weist insofern einen heuristischen Gehalt auf und zielt darauf ab, den praktischen Anwendungsnutzen zu gewährleisten.

68 Zum Begriff des Modells in der Betriebswirtschaftslehre vgl. Schweitzer (2004), S. 75; Shapira (2011), S. 1314.

69 Vgl. Laamanen (2000); van Bekkum / Pennings / Smit (2009).

70 Ein *Strukturmodell* stellt einen Teil eines *Strukturgleichungsmodells* dar. Auch als „inneres Modell" bezeichnet dient es der Hypothetisierung der Zusammenhänge zwischen endogenen und exogenen Variablen, die dann in einem *Messmodell* überprüft werden können. Weiterführend zum Begriff des Strukturmodells siehe Götz / Liehr-Gobbers (2004), S. 716-717; Weiber / Mühlhaus (2010), S. 31-34.

71 Shapira (2011), S. 1314-1315, der zwischen Theorie, Modell und konzeptionellem Rahmen („conceptual framework") nach absteigenden Ansprüchen an die Präzision und Formalisierung bei der Erklärung und Prognose empirischer Phänomene unterscheidet. Ein (konzeptioneller) Analyserahmen versucht in größerem Ausmaß, die Komplexität realer Entscheidungssituationen abzubilden als Modelle. Dies äußert sich in einer größeren Anzahl betrachteter Variablen und deren interdependenten Einflüssen auf die Vorteilhaftigkeit (unternehmerischer) Entscheidungen. Ein konzeptioneller Analyserahmen erlaubt zugleich die Organisation empirischer Beobachtungen in falsifizierbare Aussagen(-systemen) im Popper'schen Sinn; dabei kommen sie vielfach ohne das Setzen (stark) simplifizierender Annahmen aus. Siehe hierzu grundlegend Popper (2005, Kapitel 3 und 4) oder auch Porter (1991), S. 97-98; Buckley / Casson (1998), S. 22-25.

II. Strategische CVC-Investitionen als Realoptionen

1. Eignung des Realoptionsansatzes zur Bewertung von CVC-Investitionen

a. Strategische Bedeutung von CVC

(i) Dominanz strategischer Zielsetzungen

CVC-Investitionen haben in den bedeutenden Volkswirtschaften – exemplarisch seien hier die USA, Japan, Deutschland und England genannt – eine unstete Entwicklung genommen.[72] Dies äußert sich in stark *zyklischen* Schwankungen der Investitionsvolumina, die einen ähnlichen Verlauf aufweisen wie primär finanziell orientierte Aktivitäten von VC-Gesellschaften. Seit den 1990er Jahren haben sich zunehmend auch deutsche Großkonzerne entschlossen, systematisch (strategische) Beteiligungen an jungen Unternehmen zu erwerben.[73] Ein beträchtlicher Teil dieser CVC-Programme wurde jedoch nach kurzer Zeit wieder eingestellt.[74] Somit bestehen nicht nur starke Schwankungen in den bereitgestellten Summen, sondern auch in der grundsätzlichen Bereitschaft etablierter Unternehmen, in junge Unternehmen zu investieren. Nur wenige von den etablierten Unternehmen betreiben CVC-Programme über einen längeren Zeitraum und erzielen hierbei nennenswerte Erfolge.

Um eine *Beurteilung* des Erfolgs von CVC-Programmen vornehmen zu können, ist eine Identifizierung und Spezifikation der Ziele von CVC-Programmen notwendig. Die unstete Entwicklung der CVC-Aktivitäten wirft einerseits die Frage auf, mit welchen *Zielsetzungen* CVC-Programme aufgelegt werden und andererseits, wie sie auf Basis daraus abgeleiteter Kriterien *beurteilt* werden können. Die erste Frage – nach den mit der Initialisierung von CVC-Programmen verbundenen Zielen – ist Gegenstand zahlreicher, überwiegend empirischer Untersuchungen. Diese kommen zu dem Ergebnis, dass *strategische* Zielsetzungen rein finanzielle Interessen dominieren.[75] Unter strategischen Zielsetzungen lassen sich solche Einzelziele subsummieren, bei denen eine Wertrealisierung über den Leistungsprozess des CVC-Gebers erfolgt.[76] Exemplarisch seien die

---

72 Vgl. McNally (1997); Gompers (2002); Weber (2005); Hasegawa (2011).

73 Zu den Unternehmen des DAX 30, die ein CVC-Programm initiierten, gehören u.a. Bayer, BASF, BMW, Daimler (früher DaimlerChrysler), Deutsche Telekom, E.ON, Henkel, Infineon, Merck, Metro, RWE, SAP und Siemens. Zuletzt entschloss sich im Jahr 2011 mit Adidas ein weiterer DAX-Konzern dazu, ein strategisches CVC-Programm aufzulegen. Da Gbadji / Gailly / Schwienbacher (2011) berichten zudem, dass ca. 20% der Fortune 500 Unternehmen ein CVC-Programm aufweisen.

74 Vgl. Burgelman / Välikangas (2005). Zu den eingestellten Programmen der DAX 30-Unternehmen gehören die von Bayer, Daimler, E.ON, Henkel, Infineon und Metro.

75 Vgl. z.B. Maula (2007); Dushnitsky (2012) und siehe Tabelle A1 im Anhang.

76 Vgl. z.B. De Clercq et al. (2006), S. 94.

Erschließung radikal neuer Innovationen, die Steigerung der Nachfrage nach eigenen Produkten oder der (schnellere) Zugang zu neuen Wachstumsmärkten genannt.[77]

Von diesen strategischen Erwägungen zu unterscheiden sind rein *finanzielle* Zielsetzungen, wie sie von konventionellen VC-Gebern formuliert werden. Im Vordergrund stehen insbesondere die Erzielung einer hohen Kapitalverzinsung und die Realisierung der Wertsteigerung durch die Veräußerung von Beteiligungen, die mit der Freisetzung liquider Mittel verbunden ist. Das Erreichen der strategischen Ziele zeigt sich zwar ebenfalls in der Veränderung finanzwirtschaftlicher Größen wie Umsatz und Gewinn; diese Kennzahlen verbessern sich aber aufgrund von Zuwächsen im *Leistungsprozess* des Unternehmens und nicht durch eine Veräußerung des jungen Unternehmens.

Diese Unterscheidung zwischen strategischen und finanziellen Zielen liegt vielen explorativ-empirischen Untersuchungen zugrunde, deren Gegenstand die Erfassung der mit der Initiierung von CVC-Programmen verfolgten Motive ist. Einen umfassenden Überblick über diese Studien gibt Tabelle A1 im Anhang. Die empirischen Studien belegen weit überwiegend die Dominanz strategischer gegenüber rein finanziellen Zielsetzungen.[78] Finanzielle Ziele werden jedoch vielfach als Sekundärziele genannt und können mithin als Nebenbedingung der strategischen Ziele interpretiert werden.[79]

Zwischen dem Erreichen strategischer und finanzieller Ziele muss nicht zwangsläufig ein Konflikt bestehen.[80] Aus den strategischen Zielsetzungen ergeben sich jedoch andere Implikationen für die Investitions*strategie* des CVC-Gebers als bei einer primär finanziellen Orientierung.[81] Ein Konzept zur Bewertung strategischer CVC-Investitionen muss daher an den mit ihnen verfolgten Zielsetzungen anknüpfen. Die wichtigsten strategischen Einzelziele lassen sich zusammenfassen in zwei Kategorien: Dem *Zugang* (1) zu (radikal) neuen Technologien („window on technology“)[82] und Innovationen[83], hier-

---

[77] Eine konzeptionelle Fundierung derartiger strategischer CVC-Investitionen findet sich z.B. bei Hellmann (2002); Riyanto / Schwienbacher (2006); Norbäck / Persson (2009); Arping / Falconieri (2010).

[78] Die Studie der Europäische Kommission (2001), S. 5, geht gar soweit und nennt die strategische Ausrichtung von CVC-Programme als ein definitorisches Merkmal: „CVC can be described as 'the targeted use of capital to support external technology development'.“

[79] Kritisch hierzu Keil / McGrath / Tukiainen (2009), die die Beurteilung von Corporate Venturing-Investitionen (ausschließlich) anhand finanzieller Kennzahlen ablehnen.

[80] Vgl. Kang / Nanda (2011); Dauderstädt (2013).

[81] Vgl. Dushnitsky / Lenox (2006).

[82] Vgl. Winters / Murfin (1988), S. 208, 212; ähnlich auch McNally (1997), S. 85-88; Witt / Brachtendorf (2002), S. 682-687; Weber / Weber (2007), S. 12; MacMillan et al. (2008), S. 9; van de Vrande / Vanhaverbeke / Duysters (2011b), S. 974-976.

[83] Innovationen sollen hier in Anlehnung an Gemünden / Salomo (2006), S. 2491, verstanden werden als „das Ergebnis eines kreativen Prozesses [...], der zu einer qualitativ neuartigen Zweck/Mittel-Kombination führt, die von einer Organisation erstmalig auf dem Markt oder im Betrieb (Produktion oder Administration) eingeführt wird.“ Der Begriff umfasst also nicht ausschließlich (physische) Produkte, sondern auch Dienstleistungen sowie prozessuale, organisatorische Neuerungen.

unter fallen sowohl Produktinnovationen als auch innovative Geschäftsmodelle[84], sowie (2) zu neuen (Wachstums-)Märkten („window on new market opportunities“[85]).[86]

Diese Nennungen lassen sich dem Fundamentalziel der Sicherung bestehender und insbesondere der *Erschließung* neuer Erfolgspotenziale unterordnen.[87] CVC-Programme tragen aus Sicht der *strategischen* Unternehmensplanung zur Sicherung des Fortbestands etablierter Unternehmen bei. Teil der strategischen Unternehmensplanung ist auch die Analyse und Prognose relevanter Umweltänderungen und sich daraus ergebender Innovationspotenziale,[88] die mithilfe von CVC-Investitionen erfasst werden können.[89] Mitunter wird CVC auch als Instrument zum „Austesten“ des Marktpotenzials neuartiger Innovationen genutzt.[90]

Die Erfolgspotenziale junger Unternehmen ergeben sich häufig aus den für etablierte Unternehmen relevanten *Umweltänderungen*, die in technologischem Wandel und Fortschritt, der (De-)Regulierung von Märkten oder Nachfrageverschiebungen aufgrund veränderter Kundenbedürfnisse bestehen können.[91] Ziel des CVC-Gebers ist es insofern auch, an der Entwicklung dieser jungen Unternehmen zu partizipieren, um damit auf die relevanten Umweltänderungen reagieren zu können. Etablierte Unternehmen können so Trends in ihrer technologischen Umwelt bereits frühzeitig erfassen und versuchen, sie aktiv zu ihrem eigenen Vorteil zu beeinflussen.[92]

Ein solches „Technology Hedging“ erscheint umso wichtiger, als sich in verschiedenen Branchen zeigt, dass Unternehmen nicht alle Technologien intern erforschen und entwickeln können, die für die Wettbewerbsfähigkeit relevant werden.[93] Dies gilt insbesondere für Unternehmen aus forschungsintensiven und Hochtechnologie-Branchen, in denen ein hoher Innovationsdruck besteht. Durch die Beteiligungen an jungen Unternehmen können etablierte Unternehmen, die mit älteren Technologien in reifen Märkten vertre-

---

84 Zum Begriff der Geschäftsmodellinnovation siehe Gambardella / McGahan (2010) und McGrath (2011).

85 Ernst & Young (2009), S. 6.

86 Vgl. Narayanan / Yang / Zahra (2009), S. 61.

87 Vgl. Narayanan / Yang / Zahra (2009), S. 63. Wird mit CVC-Programmen der Zugang zu neuartigen Technologien, Innovationen und Märkten verfolgt, dient dies eher der Erschließung neuer als dem Erhalt bereits bestehender Erfolgspotenziale.

88 Vgl. z.B. Kreikebaum (1997), S. 20-21.

89 Vgl. Maula / Keil / Zahra (2013).

90 Vgl. Ceccagnoli / Higgins / Kang (2011).

91 Vgl. implizit McNally (1997), S. 85-86, oder auch Keil (2000), S. 1-3.

92 Vgl. Seeliger (2004), S. 14-15.

93 Vgl. Brown / Eisenhardt (1997), S. 25-32; Fey / Birkinshaw (2005), S. 600-601; Witt (2005), S. 263. Hatfield / Tegarden / Echols (2001) formulieren gar “Hedging” als eine “Technology Strategy”, bei der simultan in konkurrierende Technologien investiert wird; ähnlich auch Courtney / Kirkland / Viguerie (1997).

ten sind, neue Wachstumspotenziale erschließen und so die künftige Wettbewerbsfähigkeit sichern. So hebt bereits RIND (1981) – neben Akquisitionen und Joint Ventures – die Bedeutung von CVC als Instrument der *Unternehmensentwicklung* hervor.[94]

Die Erfolgsbeurteilung der Investitionen in junge Unternehmen ist also primär anhand strategischer Erwägungen vorzunehmen. Das *Risiko*profil der Beteiligungen wird insbesondere durch die Branche und das *Entwicklungsstadium* des jungen Unternehmens determiniert. Dabei steht der CVC-Geber vor der Frage, in welcher Phase der Unternehmensentwicklung er investiert. Die *Entwicklung* junger, (C)VC-finanzierter Unternehmen erfolgt *sukzessive* und lässt sich idealtypisch in drei bis fünf distinktive Entwicklungsphasen einteilen.[95] Die Kriterien für die Abgrenzung dieser Phasen sind in der Regel der Kapitalbedarf, phasenspezifische Risiken sowie die jeweiligen Kernaufgaben des Managements. Die Kriterien werden gleichermaßen zur Beurteilung des Fortschritts der Geschäftsmodellentwicklung herangezogen, anhand der über die Bereitstellung weiteren Investitionskapitals entschieden wird.

Abbildung 2 zeigt exemplarisch eine in der Literatur häufig zu findende fünfstufige Strukturierung der Entwicklungsphasen.[96] Diese gliedert sich in die Seed-Phase, in der es primär um die Entwicklung eines Produkt- bzw. Dienstleistungskonzeptes geht. In der darauffolgenden Start-Up-Phase erfolgt die Markteinführung, während in der Expansionsphase eine Marktdurchdringung angestrebt wird. Charakteristisch für die anschließende Bridge-Phase sind die Finanzierung weiteren Wachstums und die Vorbereitung der Veräußerung der Beteiligung in der Exit-Phase.

In den Entwicklungsphasen junger Unternehmen wird sukzessive ein *Geschäftsmodell* entwickelt, das die nachhaltige Erzielung von Umsätzen und Gewinnen zum Ziel hat und so den Fortbestand des Unternehmens sichert.[97] Das Geschäftsmodell ist üblicherweise in einem *Business Plan* darzustellen, der dem (C)VC-Geber als Grundlage für

---

94 Dies zeigt sich auch in jüngeren empirischen Untersuchungen; vgl. z.B. Wagner (2011). Siehe auch Bleicher / Paul (1987).

95 Im Folgenden wird eine *idealtypische* Entwicklung junger Wachstumsunternehmen beschrieben. Die identifizierten Phasen werden keineswegs immer sukzessive durchlaufen und sind mitunter nicht eindeutig abgrenzbar. Das Phasenmodell hat jedoch einen hohen heuristischen Erklärungsgehalt und ist empirisch fundiert. Empirisch untersuchen die sukzessive Entwicklung junger Wachstumsunternehmen u.a. Ruhnka / Young (1987, 1991); Kazanjian / Drazin (1989, 1990); Bhave (1994). Modelltheoretische Ausführungen finden sich bei Webster (1976); Gartner (1985); Scott / Bruce (1987). Überblickartig auch Schefczyk (2006), S. 24-25. Es wird davon ausgegangen, dass deren grundlegende Ergebnisse weitgehend übertragbar sind auf CVC-finanzierte Portfoliounternehmen.

96 Vgl. exemplarisch zur Strukturierung des Entwicklungsprozesses junger Wachstumsunternehmen Schefczyk (2006), S. 24-25; Hauschild (2009), S. 17-23, und die dort jeweils zitierte Literatur.

97 Vgl. Gambardella / McGahan (2010), S. 263.

seine Investitionsentscheidung dient. Als Kernpunkte dieser Geschäftsmodellplanung gelten die (potenziellen) Erlösquellen und deren Sicherung im Wettbewerb.[98]

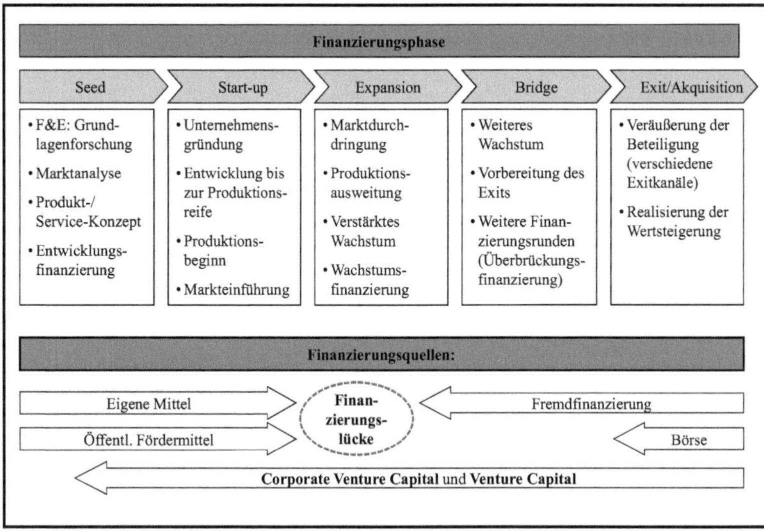

Abbildung 2: Entwicklungsphasen junger Unternehmen[99]

Welche (strategische) Bedeutung ein Portfoliounternehmen für die Unternehmensentwicklung des CVC-Gebers erlangt, hängt aber nicht allein von der Fähigkeit ab, ein tragfähiges Geschäftsmodell zu etablieren. Entscheidend ist auch, inwiefern das Geschäftsmodell des jungen Unternehmens zu dem des etablierten Unternehmens passt („Fit“[100]).[101] Ein junges Unternehmen ist dann (potenziell) relevant für ein etabliertes Unternehmen, wenn aufgrund eines *substitutionalen* Leistungsspektrums eine Wettbewerbsbeziehung zum etablierten Unternehmen besteht oder sich beide Unternehmen durch *komplementäre* Leistungsangebote ergänzen.[102]

---

[98] Vgl. Chesbrough (2007a), S. 12-13; McGrath (2010), S. 248-252.

[99] In Kapitel III erfolgt eine Synthese der unterschiedlichen, in der Literatur zu findenden Abgrenzungen der Entwicklungsphasen, auf der die Modellgenese aufbaut.

[100] Hardymon / DeNino / Salter (1983), S. 118. In der Literatur wird dieser Einflussfaktor unterschiedlich als „relatedness“ (Sorrentino / Williams (1995)), „fit“ (Amit / Thornhill (2001)) oder auch „relational fit“ (Weber / Weber (2007)) bezeichnet.

[101] Vgl. auch Keil / Maula / Zahra (2004); die Autoren unterscheiden zwischen der „core business relatedness“, also dem Fit des Ventures mit dem Geschäftsmodell des etablierten Unternehmens, sowie der „venture relatedness“, die den Fit eines jungen Unternehmens zu den anderen Portfoliounternehmen des CVC-Gebers beschreibt. Diese Unterscheidung wird in dieser Arbeit bei der Portfoliobetrachtung (Kapitel IV) aufgegriffen.

[102] Vgl. Hellmann (2002); Masulis / Nahata (2009). Ein *Beispiel* für die Investition eines CVC-Gebers in ein konkurrierendes Unternehmen stellt die Beteiligung von Google Ventures an dem Startup Hubspot dar: Hubspot hilft als Suchmaschinen-Optimierer Unternehmen, bei Suchanfragen auf den Webseiten

Eine Befragung deutscher CVC-Geber von WITT / BRACHTENDORF (2002) zeigt, dass diese weit überwiegend (zu 60%) Unternehmen fördern, die komplementäre Technologien entwickeln.[103] Dies wird hier auch als „verwandtes Nicht-Kerngeschäft“[104] bezeichnet. Die Ergänzung der eigenen durch komplementäre Geschäftsaktivitäten dient als Quelle künftigen Wachstums und der Erschließung neuer Erfolgspotenziale. Weitere 35% der CVC-Investitionen fließen in Unternehmen, die direkt im Kerngeschäft der CVC-Geber aktiv sind (substitutionale Technologien).[105] Die so mögliche Kontrolle potenzieller Wettbewerber dient vornehmlich dem Erhalt und Ausbau bereits bestehender Erfolgspotenziale. Bei der Bewertung der Portfoliounternehmen sind diese Wertpotenziale aus Synergien und Marktmachteffekten zu berücksichtigen.[106] Derartige Synergien bestehen nicht nur zwischen dem CVC-Geber und einem jungen Unternehmen, sondern auch *zwischen* den Unternehmen im Portfolio des CVC-Gebers.[107]

Lediglich 5% der befragten Unternehmen investieren in Gründungsunternehmen ohne jeglichen Bezug zum Kerngeschäft und spielen somit eine untergeordnete Rolle. Diese bieten zwar das höchste *Diversifikations*potenzial, jedoch auch das geringste Synergiepotenzial mit dem bestehenden Geschäftsfeldportfolio etablierter Unternehmen. Damit entsteht durch eine mögliche Akquisition eines Portfoliounternehmens kein direkter Mehrwert im Vergleich zu einer Veräußerung der Beteiligung an einen Finanzinvestor. Lediglich die Risikowirkungen der Diversifikation – beispielsweise eine Verringerung der Kapitalkosten – sind bei der Bewertung zu berücksichtigen. Aufgrund der geringen praktischen Relevanz werden derartige diversifizierende CVC-Investitionen hier nicht weiter betrachtet. Im Rahmen dieser Arbeit erfolgt stattdessen eine Fokussierung auf *strategische* CVC-Programme etablierter Unternehmen, die den Ausbau bestehender und insbesondere die Erschließung neuer Erfolgspotenziale durch Investitionen in junge Unternehmen zum Ziel haben. Empirische Untersuchungen zeigen, dass durch CVC-Programme das Portfolio technischer Kompetenzen tatsächlich ausgebaut werden kann.[108]

---

von Google unter den ersten Treffern zu erscheinen. Diese Dienstleistung stellt ein Substitut für Werbeanzeigen dar, mit denen Google primär Umsatzerlöse erzielt; beide Unternehmen konkurrieren also um Werbeetats. Mit der Beteiligung partizipiert Google jedoch an der Wertentwicklung seines Wettbewerbers; siehe hierzu auch Hohensee (2012).

[103] Diese Ergebnisse werden durch die Studien von Keil / Autio / George (2008), Masulis / Nahata (2009) und Battistini / Hacklin / Baschera (2013) tendenziell bestätigt.

[104] Witt / Brachtendorf (2002), S. 687.

[105] Vgl. Witt / Brachtendorf (2002), S. 687.

[106] Vgl. grundlegend Coenenberg / Sautter (1988); Dirrigl (1994); Johnson (2006); Kalayci / Sommer (2012).

[107] Vgl. Lindsey (2008), die nachweist, dass insbesondere innerhalb des Portfolios von (C)VC-Gebern Kooperationen zwischen jungen Unternehmen erfolgen; siehe auch Kapitel IV.

[108] Vgl. z.B. Lai / Chiu / Liaw (2010).

Für CVC-Geber bestehen insofern zwei Möglichkeiten zur Realisierung der Wertsteigerung der jungen Unternehmen: Zum einen kann er das Portfoliounternehmen *akquirieren* und in den eigenen Konzern integrieren.[109] Dies dient der Erschließung neuer Erfolgspotenziale. In empirischen Studien zeigt sich, dass der Aufbau sogenannter Akquisitionsoptionen, also der Möglichkeit zum Erwerb und Integration des jungen Unternehmens, vielfach explizit als Ziel formuliert wird.[110] Die Wertrealisierung erfolgt über Umsatz- und Gewinnwachstum,[111] äußert sich mithin in finanzwirtschaftlichen Größen. Die Wertsteigerung wird jedoch, anders als bei einer Veräußerung des Portfoliounternehmens, über den Leistungsprozess des Unternehmens realisiert.

Zum anderen kann der CVC-Geber den Wert der Beteiligung an einem jungen Unternehmen auch über den „Exit" realisieren, also durch eine *Veräußerung* der Beteiligung an (strategische) Investoren oder einen Börsengang. Der Verkauf der Beteiligung bedeutet dabei nicht zwangsläufig, dass es sich aus Sicht des CVC-Gebers um eine Fehlinvestition handelt.[112] Vielmehr wird deutlich, dass etablierte Unternehmen so auch an Wachstumschancen *partizipieren* und sich auch gegen unvorteilhafte Technologietrends *absichern* können,[113] die unter Umständen das eigene Geschäftsmodell bedrohen.[114] Im Falle einer Veräußerung des Portfoliounternehmens erfolgt die Realisierung der Wertsteigerung über den direkten Zufluss liquider Mittel in Höhe des Kaufpreises. Die frei werdenden Ressourcen können dann z.B. in die Erschließung neuer Innovationspotenziale investiert werden.

Bei der Bewertung von CVC-Investitionen sind im Folgenden die Risiken sowohl hinsichtlich der Wertentwicklung der jungen Unternehmen – im ungünstigsten Fall entwickelt sich die Beteiligung zu einem Totalverlust[115] – als auch bezüglich der künftigen strategischen Relevanz für den CVC-Geber zu berücksichtigen. Risikoreduzierend wirkt die *Flexibilität* des CVC-Gebers, auf (unerwünschte) Entwicklungen reagieren zu kön-

---

[109] Vgl. Laamanen (1999); Maula / Murray (2000); Benson / Ziedonis (2009). Maßgeblich für die Entscheidung über Akquisition oder Desinvestition des Portfoliounternehmens ist u.a. die bereits angesprochene Relevanz für das Geschäftsmodell des CVC-Gebers; vgl. Wagner (2010).

[110] Siehe Übersichtstabelle A1 im Anhang und vgl. Siegel / Siegel / MacMillan (1988), S. 236; Sykes (1990), S. 41; Schween (1996), S. 173; von Daniels / Leker / Seeliger (2002), S. 309; Röper (2004), S. 315-317; Weber (2005), S. 39; Ernst & Young (2009), S. 6.

[111] Produkt- und Dienstleistungsinnovationen zielen auf die Generierung zusätzlicher Erlöse ab; mit Prozessinnovationen werden hingegen Effizienzsteigerungen und damit Kostensenkungen verfolgt; in beiden Fällen ist ein Anstieg der Gewinne zu erwarten.

[112] Vgl. Keil / Tukiainen / McGrath (2009), S. 601-602; Ceccagnoli / Higgins / Kang (2011), S. 6-7.

[113] Vgl. Hurry / Miller / Bowman (1992), S. 86-87; Hatfield / Tegarden / Echols (2001), S. 64-65. Mason / Merton (1985) bezeichnen diese Absicherung mithilfe von Wachstumsoptionen auch als "strategic insurance" (S. 35).

[114] Vgl. Seeliger (2004), S. 14-15; Henderson / Leleux (2005), S. 75.

[115] Zur Insolvenz und Liquidation von VC-finanzierten Portfoliounternehmen siehe Hilverkus / von Rosenberg (2003). Die Insolvenz eines Portfoliounternehmens führt i.d.R. zu einem vollständigen Verlust des investierten Kapitals; vgl. auch Lauterbach / Schweizer (2006).

nen: Zum einen kann er durch nicht-monetäre Leistungen, wie z.B. die Beratung und Unterstützung des Managements, direkt Einfluss auf die Geschäftsmodellentwicklung des jungen Unternehmens nehmen und dessen Erfolgsaussichten erhöhen. Zum anderen kann er durch die (weitere) Bereitstellung finanzieller Ressourcen die Höhe der Kapitalbindung in Abhängigkeit von der Entwicklung des Unternehmens steuern. Um den Erfolg einzelner CVC-Investitionen wie auch ganzer CVC-Programme beurteilen und vorteilhafte Investitionsstrategien ableiten zu können, bedarf es somit eines Bewertungsansatzes, der den strategischen Charakter von CVC-Investitionen berücksichtigt. Der Beteiligungserwerb an jungen Unternehmen ist mithin als explorativ zu charakterisieren, da er auf die Suche, Entdeckung und Erschließung neuer Innovationspotenziale abzielt.

(ii) Explorativer Charakter von CVC-Investitionen

Die Analyse des Beitrags von CVC zum langfristigen Unternehmenserfolg richtet sich nach den spezifischen Rendite-Risiko-Charakteristika von CVC-Investitionen. Hierbei sind explorative und exploitative CVC-Investitionen zu unterscheiden.[116] Diese Abgrenzung stammt ursprünglich aus Theorien des organisationalen Lernens: *Explorative* Tätigkeiten beziehen sich auf die Suche, Entdeckung und Erschließung *neuer* Kompetenzen; dahingegen umfassen *exploitative* Aktivitäten eher die Auswahl, Implementierung und Verfeinerung *bestehender* Fähigkeiten.[117] *Exploitative* Corporate Venturing-Strategien zielen also ab auf die Nutzung bestehender (technologischer) Kompetenzen oder deren Anwendung in neuen, aber verwandten (Produkt-)Märkten, um höhere Umsätze zu erzielen.[118] Ihr Beitrag zum Unternehmenserfolg ist damit insbesondere in dem schnelleren Zugang zu neuen Märkten, in der Verwertung bereits im Unternehmen vorhandener Technologien sowie in dem Schließen von „Lücken" im Leistungsportfolio etablierter Unternehmen zu sehen.[119] Damit tragen exploitative Strategien bereits *kurzfristig* zur Verbesserung des Unternehmenserfolgs bei.[120] Als Beispiele für exploitative CVC-Investitionen können jene Beteiligungen an jungen Unternehmen angeführt werden, die mit Zielsetzungen wie der „optimalen Ausnutzung unternehmenseigener Res-

[116] Vgl. Keil (2000); Hill / Birkinshaw (2008); Williams / Lee (2009); Reimsbach / Hauschild (2012, 2013).

[117] Vgl. grundlegend March (1991); übersichtsartig Lavie / Stettner / Tushman (2010). Diese Begrifflichkeiten haben sich seitdem auch bei der Analyse von Corporate Venturing-Aktivitäten etabliert; vgl. z.B. Schildt / Maula / Keil (2005); Hill / Birkinshaw (2008); Ahuja / Lampert / Tandon (2008); Gaba / Bhattacharya (2012); Reimsbach / Hauschild (2012).

[118] Vgl. Covin / Miles (2007), S. 183.

[119] Vgl. Keil (2000), S. 87-91; Gaba / Bhattacharya (2012), S. 180.

[120] Vgl. March (1991), S. 73; Keil (2000), S. 86.

sourcen“[121] oder der „Verwertung nicht-strategischen IP-Know-Hows“[122] durchgeführt werden.[123]

Eine solche primär exploitative Orientierung von CVC-Programmen ist grundsätzlich denkbar.[124] Ein Blick auf die von CVC-Gebern genannten Ziele zeigt aber deren überwiegend *explorative* Ausrichtung.[125] Mit dem Beteiligungserwerb an jungen Unternehmen wird insbesondere die Erschließung *neuer* Erfolgspotenziale verfolgt. Mit explorativen Corporate Venturing-Aktivitäten wird insofern der Zugang zu radikal neuen Technologien und Innovationen angestrebt, die bislang nicht im Unternehmen vorhanden sind.[126] So können intern nicht vorhandene bzw. entwickelbare (technologische) Kompetenzen extern erworben werden,[127] beispielsweise durch die Akquisition junger Unternehmen.[128] Es besteht insofern ein „Markt“ für technologische Innovationen.[129] Dieser Zugang zu neuen Technologien und (Geschäftsmodell-)Innovationen junger Unternehmen stellt das primäre Motiv von CVC-Programmen dar. CVC-Programme sind insofern aufgrund der mit ihnen verfolgten Zielsetzungen als (primär) explorativ zu klassifizieren.[130]

Unabhängig vom gesamten Kapitalbedarf während der Beteiligungsphase erfordern (sequenzielle) CVC-Investitionen *zunächst* – also für den Erwerb der Beteiligung – vielfach einen geringeren *Kapitaleinsatz* zur Erschließung neuer Technologien als er durch eigene FuE im etablierten Unternehmen erforderlich würde.[131] Bei einer vorerst nur *anteiligen* Finanzierung muss also nur ein entsprechend geringerer Anteil der Projektausgaben, die analog eigenen FuE-Ausgaben gegenüberstehen, finanziert werden. Der zunächst verminderte Kapitaleinsatz resultiert also aus der Syndizierung der Investition mit anderen Kapitalgebern und dem Gründer.[132] Mit der Akquisition eines jungen Un-

[121] von Daniels / Leker / Seeliger (2002), S. 309.

[122] Witt / Brachtendorf (2002), S. 686.

[123] Konkrete Beispiele für exploitativ ausgerichtete CVC-Programme finden sich bei Hill / Birkinshaw (2008), S. 427-428.

[124] Vgl. Napp / Minshall (2011), S. 30-35.

[125] Vgl. Schildt / Maula / Keil (2005), S. 508; Basu / Wadhwa / Phelps (2011), S. 155; van de Vrande / Vanhaverbeke / Duysters (2011b), S. 984; Maula / Keil Zahra (2013), S. 942.

[126] Vgl. Wadhwa / Kotha (2006), S. 830; Teng (2007), S. 120.

[127] Vgl. Covin / Miles (2007), S. 193-194; Williams / Lee (2009), S. 233.

[128] Vgl. Hurry / Miller / Bowman (1992); Wagner (2011). Bruno / Cooper (1982) und Bruno / McQuarrie / Torgrimson (1992) zeigen in diesem Sinne anhand von Langzeitstudien, dass ein erheblicher Teil junger, technologiebasierter Unternehmen von etablierten Unternehmen akquiriert wird.

[129] Vgl. Chesbrough (2007b), der die sich hieraus ergebenden Implikationen für die Innovationsstrategie etablierter Unternehmen betont; ähnlich auch Rigby / Zook (2002).

[130] Vgl. van de Vrande / Lemmens / Vanhaverbeke (2006), S. 348; Basu / Phelps / Kotha (2011), S. 153.

[131] Vgl. Basu / Wadhwa / Kotha (2011), S. 155. Dass CVC eine „effiziente Alternative zu eigener F+E“ darstellt, zeigt sich auch in der Befragung deutscher CVC-Geber durch Weber (2007), wo dieses Ziel am zweithäufigsten genannt wurde; ähnliche Ergebnisse präsentiert auch bei Kann (2000).

[132] Zur Syndizierung von CVC-Investitionen, siehe z.B. Anokhin et al. (2011).

ternehmens, das eine erfolgsversprechende Innovation hervorgebracht hat, steigt der Kapitalbedarf allerdings an, so dass eine generelle Aussage über den unterschiedlichen, jeweils kumulierten Investitionsbedarf für CVC und interne FuE nicht möglich ist.

Junge Unternehmen weisen allerdings eine ungleich höhere *FuE-Produktivität*[133] auf als etablierte Unternehmen, d.h., mit dem gleichen Forschungsbudget sind junge Unternehmen in der Lage, erheblich mehr Innovationen zu generieren. KORTUM / LERNER (2000) untersuchen den Zusammenhang zwischen den FuE-Investitionen etablierter und junger Unternehmen sowie deren hierdurch hervorgebrachte Innovationen. Dabei kommen sie zu dem Ergebnis, dass jungen Unternehmen mit vergleichbaren FuE-Budgets einen ca. dreimal so hohen Innovationsoutput generieren wie etablierte Unternehmen.[134] Die Ergebnisse von KORTUM / LERNER (2000) werden durch eine Vielzahl weiterer empirischer Untersuchungen gestützt.[135] Etablierte Unternehmen können sich mithin durch den Erwerb von Beteiligungen an jungen Unternehmen deren höhere FuE-Produktivität zunutze machen und eigene FuE-Aktivitäten kostengünstig auslagern.[136] RODRIGUEZ / HIGGINS (2006) weisen in diesem Zusammenhang nach, dass die Akquisition externer Innovationen durch etablierte Unternehmen zunimmt, wenn deren eigene FuE-Produktivität sinkt.[137]

Diese höhere FuE-Produktivität bei der Ausbringung von Innovationen wird auf eine unternehmerische Kultur, größere Entscheidungsautonomie und die Anreizstrukturen in jungen und deutlich kleineren Unternehmen zurückgeführt.[138] Um diese innovationsfreundlichen Strukturen aufrecht zu erhalten, beschränken CVC-Geber ihr Engagement

133 Zur Messung der FuE-Produktivität wird eine „Output"-Größe, wie z.B. die Anzahl hervorgebrachter Patente oder der Umsatzanteil neueingeführter Innovationen ins Verhältnis gesetzt zu den Ausgaben für FuE oder der Anzahl an Mitarbeitern im FuE-Bereich des Unternehmens; die Qualität der hervorgebrachten Innovationen wird bei diesem Vorgehen allerdings nur eingeschränkt erfasst.

134 Der Innovationsoutput wird dabei anhand der Patente gemessen, wobei in dem Regressionsmodell für die Qualität, und damit den Wert der Patente kontrolliert wird. Darüber hinaus wird sichergestellt, dass die höhere Patentierungsquote nicht allein auf das Ausnutzen technologischer Nischen zurückzuführen ist.

135 Vgl. beispielsweise Bound et al. (1984); Link / Rees (1990); Jensen (1993, Abschnitt VII); Kortum / Lerner (1998); Popov / Rosenboom (2012); Revilla / Fernandez (2012). Koberg / Detienne / Heppard (2003) weisen zudem einen negativen Zusammenhang zwischen Unternehmensgröße und -alter und der Häufigkeit der Ausbringung einer radikalen Innovation nach; junge Unternehmen entwickeln also zudem häufiger *radikale* Innovationen.

136 Vgl. Kann (2000), S. 91; Dix / Gandelman (2007), S. 218-221. Als Beispiel hierfür kann die pharmazeutische Industrie angeführt werden, in der etablierte Pharmaunternehmen einen erheblichen Teil der FuE-Leistungen von jungen Biotechnologieunternehmen erwerben; siehe hierzu auch Hagedoorn (2002); Reaume (2003); Higgins / Rodriguez (2006); Patzelt / Schweizer / Behrens (2012); von Krogh et al. (2012).

137 Speziell für die Verbreitung von CVC-Investitionen weist dies Dimitrova (2013) nach. Zu einem tendenziell ähnlichen Ergebnis kommen auch Ceccagnoli et al. (2010).

138 Vgl. Freeman / Engel (2007), S. 95-105; Engel (2011), S. 36-38; Hagedoorn / Wang (2012), S. 1073; grundlegend auch Griliches (1990).

in der Regel auf eine *Minderheitsbeteiligung* an einem jungen Unternehmen.[139] Mit explorativen CVC-Investitionen können etablierte Unternehmen mithin *Innovationsbarrieren* im eigenen Unternehmen überwinden.[140] Zu diesen Innovationshemmnissen zählen beispielsweise routinierte Arbeitsabläufe, die Kreativität und die Schaffung neuer Strukturen hemmen, sowie fehlende Anreize zu unternehmerischem Handeln.[141] Empirische Untersuchungen zeigen, dass der Autonomiegrad von Unternehmen oder Geschäftseinheiten für den Erfolg explorativer Innovationen entscheidend ist.[142] Auch wenn mit dem Beteiligungserwerb einer Minderheitsbeteiligung Einfluss- und Kontrollrechte für den CVC-Geber verbunden sind, so verbleibt doch zumindest in der FuE-Abteilung des jungen Unternehmens eine gewisse Entscheidungsautonomie erhalten. Mit dem Erwerb eines *Minderheitsanteils* an jungen Unternehmen wird insofern versucht, die innovationsfreundlichen Strukturen aufrecht zu erhalten, was bei einer unmittelbaren Akquisition (und Integration) in einer frühen Phase der Unternehmensentwicklung kaum möglich ist.[143]

Das Ziel junger *Unternehmen* ist die Kommerzialisierung der Innovationen, d.h. die Realisierung des Umsatz*potenzials*, wobei im Verlauf dieses Prozesses die Werthaltigkeit des Geschäftsmodells durch Markttransaktionen abschätzbar wird.[144] Wachstumsunternehmen zeichnen sich durch ein hohes *organisches* Wachstum aus, das nicht (ausschließlich) auf Akquisitionen beruht.[145] Das Wachstum junger Unternehmen ist vielmehr häufig auf die Schaffung eines eigenen Marktes für neuartige Produkte, Dienstleistungen oder innovative Geschäftsmodelle zurückzuführen.

Junge Unternehmen kennzeichnet, dass ihre Geschäftsmodelle noch *unerprobt* und ihre Erfolgsaussichten daher schwer abzuschätzen sind. Der CVC-Geber investiert häufig zu einem Zeitpunkt, in dem die Überprüfung des prognostizierten Umsatzpotenzials der Innovation durch erste Markttransaktionen noch bevorsteht. Ein Teil der jungen Unter-

---

[139] Vgl. Schildt / Maula / Keil (2005), S. 508, sowie allgemein Ouimet (2013).

[140] Vgl. Keil / Autio / George (2008); Lantz / Sahut / Teulon (2011).

[141] Vgl. z.B. Ahuja / Lampert (2001), S. 523-530.

[142] Vgl. Schildt / Maula / Keil (2005). Jansen / Van Den Bosch / Volberda (2006) betrachten den Einfluss der (Sub-)Konstrukte „Zentralisierung" und „Formalisierung" und zeigen, dass beide einen negativen Einfluss auf den Grad explorativer Aktivitäten in Unternehmen haben. Bower / Christensen (1995) empfehlen in etablierten Unternehmen sogar explizit die Ausgliederung unabhängiger Organisationseinheiten zur Entwicklung radikaler Technologien (S. 52).

[143] Vgl. grundlegend Ouimet (2013); in der Studie wird empirisch nachgewiesen, dass der Erhalt der Anreizstrukturen ein entscheidendes Motiv für den Erwerb lediglich einer Minderheitsbeteiligung gegenüber einer vollständigen Integration des Beteiligungsunternehmens ist. Siehe hierzu auch Zaheer / Castaner / Souder (2013).

[144] Das Wachstum von Unternehmen wird gemeinhin in Veränderungsraten des Umsatzes gemessen; alternative Messgrößen sind die Mitarbeiterzahl, der Gewinn oder die Bilanzsumme. *Junge* Unternehmen erzielen aber manchmal erst nach einer jahrelangen FuE-Phase erste Umsätze, weswegen hier auf das Umsatz*potenzial* rekurriert wird.

[145] Vgl. Bernstein (1956), S. 88; Rudolf / Witt (2002), S. 19-22.

nehmen scheitert bei der Entwicklung eines tragfähigen Geschäftsmodells und wird liquidiert, während andere nachhaltigen Erfolg haben. Der Innovationserfolg der Portfoliounternehmen ist also hochgradig *unsicher.*[146] Die etablierten Unternehmen können ihr Risiko[147] jedoch auf das Beteiligungskapital begrenzen.[148] Weitere Investitionen werden erst vorgenommen, wenn das künftige Erfolgspotenzial aus Sicht des etablierten Unternehmens positiv eingeschätzt wird. Der verminderte Kapitaleinsatz erlaubt es dem CVC-Geber, gleich in ein ganzes *Portfolio* junger, innovativer Unternehmen zu investieren.[149]

Durch eine Vielzahl kleinerer Investitionen kann der CVC-Geber eine ausreichende Vielfalt in den Resultaten des unsicheren Entwicklungsprozesses junger Unternehmen sicherstellen und so die Chance erhöhen, dass letztlich wenigstens eines zum Erfolg des etablierten Unternehmens beiträgt.[150] Mit dem Erwerb der Beteiligung erhält der CVC-Geber Einblicke in das junge Unternehmen, zugleich erwirbt er Einfluss und Kontroll*rechte.*[151] Damit hat er während der Beteiligungsphase die Möglichkeit, ein „Screening" von Innovationen der Portfoliounternehmen vorzunehmen, um über eine spätere Akquisition des Portfoliounternehmens zu entscheiden.[152]

Die Dauer der Beteiligungsphase ist stark branchenabhängig und wird maßgeblich durch die Entwicklungszeit einer technologischen Innovation oder eines innovativen Geschäftsmodells bestimmt. So ist die Beteiligungsphase beispielsweise bei jungen Biotechnologieunternehmen deutlich länger als bei Unternehmen der Informations- und Kommunikationstechnologiebranche.[153] Nach der Beteiligungsphase erfolgt in der Regel ein „Exit" der Beteiligung, d.h., die Anteile an dem jungen Unternehmen werden an einen Investor oder über einen Börsengang veräußert. Anteile erfolgloser Unternehmen

---

146 Vgl. Roberts (1980), S. 134; Greve (2007), S. 949; Yamakawa / Yang / Lin (2011), S. 293.

147 Das *Risiko* eines CVC-Investitionsprojektes wird hier definiert als der maximal mögliche Verlust; zur materiellen Fundierung des hier gewählten Risikobegriffs siehe die Ausführungen in III.1.a.

148 Vgl. Folta (1998), S. 1012; Reuer / Leiblein (2000), S. 205; van de Vrande / Vanhaverbeke / Duysters (2011b), S. 976.

149 Vgl. Hurry / Miller / Bowman (1992); McGrath / Keil (2007); Keil / Autio / George (2008); Lin / Lee (2011). In diesem Sinne auch Brown / Eisenhardt (1997); Courtney / Kirkland / Viguerie (1997) sowie McGrath (2012).

150 Vgl. Brown / Eisenhardt (1997), S. 3; Folta (1998), S. 1008-1012. McGrath (2001) charakterisiert daher explorative Strategien als „variance-seeking" (S. 118-119).

151 Vgl. Cumming (2006a).

152 Reaume (2003) betont zudem, dass die Erreichung strategischer Ziele – der spätere Zugriff auf die Innovationen des jungen Unternehmens, z.B. durch dessen Akquisition und Integration – zunächst unabhängig von der Höhe der Beteiligung ist (S. 84).

153 Cassimon et al. (2004) berichten in diesem Zusammenhang, dass die durchschnittliche Entwicklungszeit eines medizinischen Wirkstoff in Biotechnologieunternehmen 14,2 Jahre beträgt, wobei diese seit 1970 (11,6 Jahre) deutlich angestiegen ist. Die Entwicklungszeit bestimmt bei Biotechnologieunternehmen maßgeblich, zu welchem Zeitpunkt eine Akquisition oder Lizenzierung der Innovation erfolgt. Bei jungen Software- und Internetunternehmen sind die Entwicklungszyklen deutlich kürzer, somit auch tendenziell die Beteiligungsphase.

werden vom Gründer zurückgekauft oder, falls sich kein Käufer findet, liquidiert. CVC-Geber lassen sich vielfach Mitspracherechte bei der Wahl des Exitkanals einräumen, was die Entscheidungsautonomie des Gründers über die weitere Entwicklung des Unternehmens einschränkt.[154] Eine Besonderheit von CVC ist, dass der CVC-Geber die Beteiligung nicht zwangsläufig veräußert, sondern auch die Möglichkeit hat, das gesamte Unternehmen zu *akquirieren* und zu integrieren.[155] Die Möglichkeit wird der CVC-Geber insbesondere dann wählen, wenn ein junges Unternehmen das eigene Geschäftsmodell ergänzt oder potenziellen Wettbewerb bringt. Dem CVC-Geber eröffnet sich aufgrund seiner Beteiligungen somit ein „window on technology"[156], also ein möglicher Zugang zu extern entwickelten technologischen Innovationen und neuartigen Geschäftsmodellen.

CVC bietet also für etablierte Unternehmen eine Option zur Erschließung externer Innovationen von jungen Unternehmen. Die Kontroll- und Mitspracherechte schränken allerdings die Entscheidungsautonomie des *Gründers* ein. Dieser wird sich nur auf die Finanzierung durch ein etabliertes Unternehmen einlassen, wenn die sich hieraus ergebenden Vorteile für ihn überwiegen.[157] Empirische Studien lassen den Schluss zu, dass die Entscheidung des Gründers für einen CVC-Geber anstelle eines konventionellen VC-Gebers bewusst erfolgt: In Befragungen zeigt sich, dass für Gründer die zu erwartende (Management-) Unterstützung bei der Entwicklung des Geschäftsmodells durch den Financier das wichtigste Auswahlkriterien ist.[158] CVC-Geber können durch eine enge Betreuung die Erfolgsaussichten der jungen Unternehmen verbessern; die Betreuung durch CVC-Geber steigert dabei den Erfolg junger Unternehmen stärker, als dies bereits konventionelle VC-Geber vermögen.[159] Die Vorzüge einer Finanzierung durch einen CVC-Geber sind gegen die damit verbundenen Einschränkungen abzuwägen, wo-

---

[154] Ein vertraglich fixiertes Optionsrecht besteht aber nur in Ausnahme fällen; hierauf wird in Abschnitt III.2.a.ii eingegangen.

[155] Vgl. z.B. Hagedoorn / Sadowski (1999); Maula / Murray (2002); Benson / Ziedonis (2009); Graebner / Eisenhardt / Roundy (2010).

[156] Winters / Murfin (1988), S. 208.

[157] Phillips / Zhdanov (2013) finden empirische Evidenz für die These, dass ein aktiver M&A-Markt für junge Unternehmen positive Anreize für Gründer zur Entwicklung junger Unternehmen und zur Durchführung von FuE setzt; insofern scheint der Verkauf junger FuE-intensiver Unternehmen an strategische Investoren zumindest bei deren Gründung eine interessante Option darzustellen.

[158] Dies zeigt sich einerseits in den Befragungen deutscher Gründer von Reimer / Momsen / Quauke (2012); zu ähnlichen Ergebnissen kommt auch Smith (2001); kritisch hierzu Bengtsson / Wang (2010). Andererseits belegen archival-empirische Studien, dass Gründer eine niedrigere Bewertung akzeptieren, wenn es sich um einen Investor mit einer hohen Reputation bei der Betreuung von jungen Unternehmen handelt; vgl. Hsu (2004); Sorensen (2007). Neben der unmittelbaren Verbesserung der Erfolgsaussichten durch die Unterstützung des Managements des jungen Unternehmen signalisiert die Förderung durch einen angesehenen CVC-Geber die „Qualität" des jungen Unternehmens; hierdurch können Informationsasymmetrien zu Kunden oder Arbeitnehmern abgebaut werden; vgl. grundlegend Megginson / Weiss (1991).

[159] Vgl. statt vieler Ivanov / Xie (2010b); Park Steensma (2012).

bei die finale Entscheidung für oder gegen CVC auch von den persönlichen Merkmalen der Gründer abhängt.[160]

Etablierte Unternehmen können also mit dem Beteiligungserwerb an jungen Unternehmen *Optionen* auf den Zugang zu einer Bandbreite verschiedener Innovationen erlangen.[161] Der CVC-Geber kann insofern auch in konkurrierende Technologien investieren, von denen letztendlich nur eine implementiert wird.[162] Auf diesem Weg kann er sich gegen (unvorteilhafte) Technologietrends absichern.[163] CVC-Investitionen lassen sich insofern als „Experimentieren mit neuen Alternativen"[164] außerhalb des eigenen Unternehmens und mithin als explorativ charakterisieren.[165]

Das explorative *Potenzial* von CVC-Programmen, verstanden als die Fähigkeit zur Erschließung neuartiger Innovationen, wird beeinflusst durch den Grad der Übereinstimmung der technologischen Kompetenzbasis des etablierten Unternehmens und der jungen Unternehmen:[166] Je stärker sich die Kompetenzen überschneiden, desto geringer ist das Potenzial zum Erwerb (radikal) neuer Technologien.[167] CVC-Geber können zur Erschließung neuer Technologien mit jungen Unternehmen „experimentieren", die nicht zwangsläufig einen direkten Bezug zur eigenen Kompetenzbasis des etablierten Unternehmens aufweisen.[168] Ein solches Austesten des Marktpotenzials ist nicht auf technologische Innovationen beschränkt, sondern auch bei der (Weiter-)Entwicklung innovativer Geschäftsmodelle entscheidend.[169] Die Erprobung von Geschäftsmodellinnovationen und deren Belastbarkeit im Wettbewerb kann auch eine Grundlage für die (weitreichende) Anpassung etablierter Geschäftsmodelle bieten.[170] Damit dieses Experimentie-

---

160 Kritisch zur Wahrnehmung von CVC-Gebern durch Gründer auch Bengtsson / Wang (2010); siehe in diesem Zusammenhang auch Bengtsson / Hsu (2012).

161 Vgl. Hurry / Miller / Bowman (1992), S. 86; Keil (2000), S. 102-105; Reuer / Leiblein (2000), S. 205. Van de Vrande / Lemmens / Vanhaverbeke (2006) bezeichnen die Initialinvestitionen in ein junges Unternehmen deshalb als „creation of an option" (S. 352).

162 Vgl. Goldenberg (2010).

163 Vgl. Mason / Merton (1985), S. 35; Wernerfelt / Karnani (1987), S. 190; Hurry / Miller Bowman (1992), S. 86-87; Hatfield / Tegarden / Echols (2001), S. 64; Hoffmann (2007), S. 831-832. Grundlegend hierzu Miller (1998).

164 March (1991), S. 85 („experimentation with new alternatives").

165 Vgl. McGrath / Keil (2007), S. 129. Keil / Autio / George (2008) bezeichnen CVC-Investitionen aus diesem Grund auch als „disembodied experimentation".

166 Diese Distanz zwischen der technologischen Kompetenzbasis des etablierten Unternehmens und des jungen Unternehmens beeinflusst die Wahl der Kooperationsform; je höher sie ist, desto eher wird eine Low Commitment-Strategie wie CVC gegenüber anderen Kooperationsformen gewählt; vgl. Roberts / Berry (1985), S. 9-13; Folta (1998), S. 1012; van de Vrande / Lemmens / Vanhaverbeke (2006), S. 356-357; van de Vrande / Vanhaverbeke / Duysters (2011a, b).

167 Als empirischen Belege vgl. Schildt / Maula / Keil (2005); Keil et al. (2008); van de Vrande / Vanhaverbeke / Duysters (2011b).

168 Vgl. Lavie / Stettner / Tushman (2010), S. 114.

169 Vgl. McGrath (2010), S. 253-256.

170 Vgl. z.B. Gambardella / McGahan (2010); Ceccagnoli / Higgins / Kang (2011).

ren allerdings tatsächlich *wertschaffend* ist, müssen die jungen Unternehmen einen Fit zu dem Geschäftsmodell des etablierte Unternehmens aufweisen.[171]

Charakteristisch für Explorativinvestitionen ist zugleich ein höheres *Risiko*: Während exploitative Investitionen bereits kurzfristig zu einer Verbesserung des Unternehmenserfolgs beitragen können, brauchen explorative Strategien zur Erfolgsrealisierung einen längeren *Zeithorizont* und sind deutlich *unsicherer*.[172] Dennoch belegen Studien wie die von ZAHRA / COVIN (1995), dass Corporate Venturing-Aktivitäten *langfristig* zu einer Verbesserung von Profitabilität und Wachstum etablierter Unternehmen beitragen können.[173] Zudem besteht selbst im Falle einer erfolgreichen Geschäftsmodellentwicklung Unsicherheit über den „Fit" des jungen Unternehmens zum Geschäftsmodell des CVC-Gebers.[174]

Aufgrund des zunächst geringen und gestaffelten Kapitaleinsatzes im Vergleich zu anderen Formen des Corporate Venturings lassen sich CVC-Investitionen auch als „*Low Commitment*"[175]-Strategien bezeichnen.[176] Das Commitment drückt das Ausmaß oder die Höhe (vollkommen) irreversibler Investitionen aus, die im Misserfolgsfall bzw. bei Abbruch des Investitionsprojektes einen (Total-)Verlust darstellen; der Grad des Commitment von CVC-Investitionen spiegelt sich mithin in den bereitgestellten Ressourcen wieder.[177] Das Commitment drückt insofern den Grad der „Unumkehrbarkeit" einer Strategie aus.[178] Ein hohes Commitment hat zur Folge, dass auch bei zunächst hohen Verlusten weiter in das Investitionsprojekt investiert wird und schränkt mithin die Flexibilität des Unternehmens ein.[179]

Das Ausmaß der notwendigen Ressourcenbereitstellung von CVC zeigt sich im Vergleich mit anderen Formen des Corporate Venturing (siehe Abbildung 3). Dabei ist unter Corporate Venturing ein Prozess zur Schaffung neuartiger, innovativer Geschäfts-

---

171 Dies engt zugleich das Spektrum möglicher Portfoliostrategien ein; siehe Abschnitt IV.3.

172 Vgl. March (1991), S. 73; Greve (2007), S. 945-949; Voss / Sirdeshmukh / Voss (2008), S. 147-148.

173 Aus diesem Grunde kritisieren McGrath / Venkataraman / MacMillan (1992) die Beurteilung von Corporate Venturing-Aktivitäten anhand kurzfristig orientierter Finanzkennzahlen.

174 Vgl. Schildt / Maula / Keil (2005), S. 498.

175 Klingebiel / Adner (2012), S. 2.

176 Vgl. Roberts (1980), S. 135-136; van de Vrande / Lemmens / Vanhaverbeke (2006), S. 355. Zur Charakterisierung von Low Commitment-Strategien vgl. Galbraith / Schendel (1983).

177 Vgl. z.B. Roberts (1980), S. 135-136. Ähnlich begründet auch Jacob (1982) den Zusammenhang zwischen Flexibilität und Kapitalbindung. Das Commitment zu einer eingeschlagenen Strategie kann auch durch (langfristige) Verträge oder öffentliche Versprechungen begründet sein und ist weiter gefasst als die (reine) Kapitalbindung; siehe hierzu auch Sull (2003), S. 84-91, der Commitment definiert als „any action taken in the present that binds an organization to a future course of action" (S. 84).

178 Vgl. Johanson / Vahlne (1977), S. 27; Ghemawat (1991), S. 13.

179 Vgl. Dalziel (2009), S. 402-404.

modelle für etablierte Unternehmen zu verstehen, bei dem die Geschäftsmodellentwicklung in einer eigenständigen organisatorischen Einheit erfolgt.[180] Beim *internen* Corporate Venturing verbleibt diese Einheit innerhalb des etablierten Unternehmens, wie z.B. bei einem Spin-in oder internen Projekten zur Unternehmensentwicklung.[181] Aufgrund der damit einhergehenden Fokussierung auf bereits innerhalb des Unternehmens vorhandene Ressourcen lässt sich jedoch vermuten, dass das Potenzial zur Ausbringung fundamental neuartiger Innovationen begrenzt ist.[182]

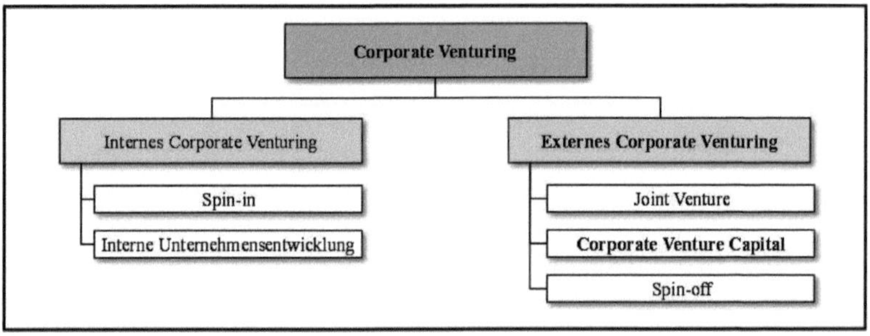

Abbildung 3: Einordnung von CVC in das Spektrum von Corporate Venturing-Aktivitäten[183]

Beim *externen* Corporate Venturing hingegen wird das innovative Geschäftsmodell in einem organisatorisch *eigenständigen* Unternehmen gestaltet. Dieses Unternehmen entwickelt eine eigene Ressourcenbasis und weist daher ein Innovationspotenzial auf, das sich von dem etablierter Unternehmen fundamental unterscheiden kann.[184] Bei CVC wird diese Geschäftsmodellidee bereits extern entwickelt, weshalb CVC-Beteiligungen ein höheres Potenzial zur Erschließung (radikal) neuartiger Geschäftsmodelle bieten als Joint Ventures oder Spin-offs.[185] Dem größeren Innovationspotenzial steht allerdings ein erhöhtes Risiko gegenüber, dass die jungen Unternehmen letztendlich keinen Fit zum Geschäftsmodell des etablierten Unternehmen aufweisen.

[180] Vgl. Sharma / Chrisman (1999), S. 19; Miles / Covin (2002), S. 22-23; Reimsbach / Hauschild (2012), S. 71-73.

[181] Zur Abgrenzung internen und externen Corporate Venturings siehe insbesondere Miles / Covin (2002).

[182] Vgl. z.B. Miles / Covin (2002); Williams / Lee (2009); Michl / Gold / Picot (2012).

[183] Quelle: Eigene Darstellung in Anlehnung an Keil (2000), S. 68; Narayanan / Yang / Zahra (2009), S. 59; ähnlich auch Gaisbauer 2006, S. 176. Bei einem Spin-in wird eine extern entwickelte Innovation durch ein etabliertes Unternehmen intern verwertet. Ein *Joint Venture* stellt eine eigenkapitalbasierte Kooperationsform von zwei oder mehr etablierten Unternehmen mit dem Ziel dar, gemeinsam Produkte zu entwickeln oder zu vertreiben. Bei einem *Spin-off* wird eine intern entwickelte Geschäftsidee durch die Mitarbeiter des etablierten Unternehmens in einem eigenständigen Unternehmen (weiter-)entwickelt; eine solche Ausgründung wird insbesondere zur externen Verwertung intern generierter Innovationen eingesetzt.

[184] Vgl. Teng (2007); Covin / Miles (2007); Hill / Birkinshaw (2008).

[185] Vgl. hierzu insbesondere die empirische Studie von Schildt / Maula / Keil (2005).

Insofern bieten CVC-Investitionen größere *Flexibilität*, auf unvorhergesehene Umweltänderungen reagieren zu können, als stärker integrierte Kooperationsformen zur Erschließung externer Innovationen.[186] Aufgrund der – verglichen mit anderen Alternativen – geringen Initialinvestition kann der CVC-Geber die Kooperation schneller beenden als bei einem Joint Venture oder einer direkten Akquisition des jungen Unternehmens. Der Wert dieser Flexibilität von CVC ist in besonders *dynamischen*, volatilen Branchen als relevant einzustufen, in denen ein hoher Innovationsdruck herrscht. Empirische Studien zeigen, dass insbesondere in diesen Branchen CVC-Investitionen vorgenommen werden.[187]

Obschon CVC-Investitionen die dargelegten Vorteile bieten, können etablierte Unternehmen aus einer Reihe von Gründen eigene FuE-Aktivitäten nicht vollständig durch die Akquisition externer Innovationen, wovon CVC einen Teilaspekt repräsentiert, substituieren. Deutlich wird vielmehr, dass CVC-Investitionen interne FuE *ergänzen* können, mithin also eine *komplementäre* Beziehung besteht.[188] Eine vollständige Auslagerung ist zum einen zwangsläufig mit dem Verlust eigener Kernkompetenzen – und damit auch von Wettbewerbsvorteilen – verbunden.[189] FuE-Aktivitäten des Kerngeschäfts etablierter Unternehmen, die durch eine hohe *Firmenspezifität* charakterisiert sind, lassen sich zudem kaum durch CVC substituieren.[190] Zum anderen wird mit der Durchführung eigener FuE die Fähigkeit entwickelt, neue externe (technologische) Innovationen zu erkennen, bewerten und im eigenen Unternehmen zu implementieren.[191] Eigene FuE wird mithin zur *Voraussetzung* für die erfolgreiche Akquisition externer Innovationen.[192] Zudem steigen mit zunehmender Erschließung externen Know Hows durch Akquisitionen die Transaktions- und Koordinationskosten erheblich an.[193] Entsprechend ist

[186] Vgl. van de Vrande / Lemmens / Vanhaverbeke (2006); van de Vrande / Vanhaverbeke / Duysters (2009); Tong / Li (2011). Grundlegend hierzu auch Folta / Leiblein (1994); Folta (1998); Folta / Miller (2002). *Flexibilität* wird hier definiert als Möglichkeit zur unmittelbaren Reallokation von Ressourcen als Reaktion auf Umweltänderungen; vgl. z.B. Buckley / Casson (1998), S. 23; Belderbos / Zou (2007), S. 1097.

[187] Dies zeigt sich in empirischen Studien von van de Vrande / Vanhaverbeke / Duysters (2009); Sahaym / Steensma / Barden (2010); Basu / Phelps / Kotha (2011); Kim / Gopal / Hoberg (2012). Zur theoretischen Fundierung dieser Aussage siehe Fulghieri / Sevilir (2009a). Zu diesen Branchen gehören insbesondere Informations- und Kommunikationstechnologie, Pharmaindustrie und Biotechnologie sowie Elektronik- und Automobilbau; siehe hierzu Weber (2005), S. 22-23; Gao (2011), S. 66; Dushnitsky (2012), S. 166-167; Cardenas et al. (2012), S. 1-6. Hierbei zeigen sich keine nennenswerten regionalen Unterschiede; siehe auch z.B. Röper (2004).

[188] Vgl. Grundlegend Cassiman / Veugelers (2006); Schmiedeberg (2008).

[189] Vgl. Bettis / Bradley / Hamel (1992); in diesem Sinne betont auch Barney (1986), dass der Bezug von (strategischen) Ressourcen auf Märkten nicht den Aufbau von Wettbewerbsvorteilen erlaubt, da diese Möglichkeit anderen Marktteilnehmern ebenfalls offensteht.

[190] Vgl. Schmiedeberg (2008), S. 1492-1493; Berchicci (2013), S. 118.

[191] Vgl. grundlegend Cohen / Levinthal (1990), die diese Fähigkeit als „absorptive capacity" bezeichnen; ähnlich auch Rosenberg (1990); Schmiedeberg (2008); Escribano / Fosfuri / Tribo (2009).

[192] Vgl. Berchicci (2013).

[193] Vgl. Berchicci (2013), S. 117-119.

eine zu starke Fokussierung auf externe Innovationen mit einer abnehmenden, mitunter sogar negativen Grenzrentabilität der Investitionen verbunden.[194] Mithin gilt es, eine gewisse *Balance* zwischen der Erschließung interner und externer Innovationen zu finden.[195]

CVC-Investitionen erfordern also den (zunächst) geringsten Einsatz von Kapital und Managementressourcen, sowohl im Vergleich zu eigenen FuE-Bemühungen als auch im Vergleich zu anderen Formen des externen Corporate Venturings, wie z.B. Akquisitionen oder Joint Ventures.[196] Das Commitment sequenzieller CVC-Investitionen ist zu Beginn gering und steigt erst bei Durchführung weiterer Investitionen und Beratungen, wenn das junge Unternehmen hinreichenden Erfolg verspricht.[197] Der Vorteil von sequenziellen Explorativinvestitionen ist mithin in dem (zunächst) geringen Commitment zu sehen; das Risiko für den etablierten CVC-Geber ist entsprechend geringer als bei anderen Formen des (externen) Corporate Venturings.[198]

Der Vergleich von CVC mit anderen Formen des (externen) Corporate Venturings und interner FuE macht zugleich deutlich, dass der Erfolg des CVC-Programms nicht gleichzusetzen ist mit dem der Portfoliounternehmen.[199] Auch wenn Portfoliounternehmen scheitern, können die hiermit verbundenen Verluste niedriger ausfallen, als wenn das Innovationsvorhaben analog intern umgesetzt würde; in diesem Fall ist die CVC-Investition dennoch positiv zu beurteilen.[200] Eine Reduktion des Risikos erfolgt bei CVC-Investitionen durch die gestaffelte Kapitalbereitstellung. Der Anreiz für CVC-Geber, sequenziell zu investieren, und damit das Commitment in jene Entwicklungsphasen hinauszuzögern, in denen der Erfolg des jungen Unternehmens besser abschätzbar ist, steigt dabei mit zunehmender *Unsicherheit*.[201] Der Erfolg explorativer Low Commitment-Strategien zeigt sich insbesondere in dynamischen Branchen, in denen eine Vielfalt neuartiger Technologien die Produkte und Dienstleistungen etablierter Un-

---

[194] Vgl. Wadhwa / Kotha (2006); Frankort / Hagedoorn / Letterie (2012); Berchicci (2013).

[195] Siehe auch Lerner (2012), S. 113-177.

[196] Vgl. Robert / Berry (1985), S. 7; Brown / Eisenhardt (1997), S. 25; Folta (1998), S. 1007-1008; Schildt / Maula / Keil (2005), S 508; van de Vrande / Lemmens / Vanhaverbeke (2006), S. 355; Keil / Autio / George (2008), S. 1501.

[197] Vgl. van de Vrande / Lemmens / Vanhaverbeke (2006), S. 350.

[198] Vgl. Folta (1998), S. 1023-1025; Basu / Phelps / Kotha (2011), S. 155. Siehe auch Bowman / Hurry (1993), S. 767-770. In der Literatur zu Realoptionen werden Investitionssequenzen auch als „options to defer (commitment)“ bezeichnet; vgl. z.B. Trigeorgis (1996), S. 2; Folta / Johnson / O'Brien (2006), S. 433.

[199] Vgl. Hurry / Bowman / Miller (1992), S. 88.

[200] Siehe hierzu auch Sitkin (1992); McGrath (1999). Möglich ist allerdings nur ein hypothetischer Vergleich mit den *prognostizierten* Kosten einer internen Entwicklung, da die etablierten Unternehmen in der Regel nicht beide Alternativen parallel durchführen.

[201] Vgl. Folta (1998), S. 1010-1011; Li / Li (2010), S. 1551.

ternehmen obsolet werden lassen (können).[202] Insbesondere in dynamischen Branchen, in denen eine Vielzahl von (technologischen) Innovationen hervorgebracht wird – hierzu sind insbesondere forschungsintensive und Hochtechnologie-Branchen zu zählen –, haben etablierte Unternehmen Probleme, ihre Geschäftsmodelle an diese Marktveränderungen anzupassen.[203] In diesen Branchen wird de facto stärker von dem Instrument CVC zur Erschließung externer Innovationen Gebrauch gemacht.[204]

Etablierte Unternehmen können mithin über externe Formen des Technologiezugangs Innovationen erschließen und sich so flexibel an dynamische Marktveränderungen anpassen.[205] Verglichen mit anderen Formen des externen Technologiezugangs weisen CVC-Investitionen ein hohes Potenzial zur Erschließung explorativer Innovationen auf.[206]

b. Bewertung von Flexibilität als Kennzeichen optionspreistheoretischer Ansätze

CVC-Programme sind aufgrund ihrer strategischen Zielsetzungen – der Erschließung neuer Erfolgspotenziale – als explorativ zu charakterisieren. Sie stellen also in hohem Maße *unsichere* Investitionen dar, bieten aber zugleich die Flexibilität, auf unsichere Entwicklungen reagieren zu können. Als Maßnahme zur Risikoreduktion wird das Kapital sukzessive durch den CVC-Geber bereitgestellt (sogenanntes *Staging*).[207] Die Folgeinvestitionen in ein junges Unternehmen werden dabei vom Erreichen vorher vereinbarter Entwicklungsziele abhängig gemacht. Der Kapitalgeber kann insofern in jeder Finanzierungsrunde erneut über weitere Investitionen in das Portfoliounternehmen entscheiden. Es handelt sich bei CVC-Investitionen also um *sequenzielle* Investitions*ent-*

---

202 Vgl. Cooper / Smith (1992); Sorensen / Stuart (2000); Hill / Rothaermel (2003). Derart dynamische Branchen werden auch als „high-velocity environments" bezeichnet (z.B. Brown / Eisenhardt (1997), S. 2).

203 Vgl. Bower / Christensen (1995); Christensen / Overdorf (2000); Sorensen / Stuart (2000).

204 Vgl. Sahaym / Steensma / Barden (2010); Basu / Phelps / Kotha (2011).

205 Vgl. Bower / Christensen (1995), S. 51; Christensen / Overdorf (2000), S. 75-76; Hoffmann (2007), S. 832; Greve (2007), S. 949; Bonesso / Comacchio / Pizzi (2011), S. 574. CVC-Investitionen werden dabei keineswegs nur in High Tech-Branchen vorgenommen; zuletzt wurde CVC vermehrt auch von Konsumgüterhersteller eingeführt; vgl. van Rensburg (2013). Mit Bilfinger Berger (Baukonzern) und Evonik (Chemieunternehmen) investierten in den letzten Jahren zwei traditionelle Industrieunternehmen in CVC.

206 Vgl. Schildt / Maula / Keil (2005), S. 508; van de Vrande / Vanhaverbeke / Duysters (2011b), S. 976-977.

207 Vgl. stellvertretend für viele Gompers (1995); Dai (2011); Tian (2011).

scheidungen.[208] Um konsistente und optimale (sequenzielle) Investitions*strategien*[209] ableiten zu können, wird ein Verfahren benötigt, das die spezifischen Eigenschaften von CVC-Investitionen bei deren Bewertung berücksichtigt. Zu den bewertungsrelevanten Eigenschaften gehört einerseits das hohe Ausmaß an *Unsicherheit* von CVC-Investitionen, andererseits gilt es der *Flexibilität* einen Wert beizumessen. Diesen Anforderungen werden die verschiedenen Investitionsbewertungsverfahren in unterschiedlichem Maße gerecht (siehe hierzu Abbildung 4).

Die *Kapitalwertmethode* ist zwar in der Lage, unterschiedliche Ausmaße an Unsicherheit zu berücksichtigen, kann jedoch die Handlungsflexibilität eines sequenziellen Investitionsprojektes nur *indirekt* bestimmen.[210] Die Ermittlung der optimalen Lösung für ein sequenzielles Entscheidungsproblem erfordert die Bewertung aller denkbaren Alternativen, um jene zu bestimmen, die den höchsten Kapitalwert (oder Endwert) aufweist. Zudem wird bei Eintreffen neuer Informationen eine erneute Bestimmung des Kapitalwerts notwendig, wodurch der Bewertungs*aufwand* schnell zunimmt.[211] Dies gilt gleichermaßen für auf diesem Bewertungsalgorithmus aufbauende Sensitivitätsanalysen oder simulationsbasierte Verfahren (wie eine Monte-Carlo-Simulation).

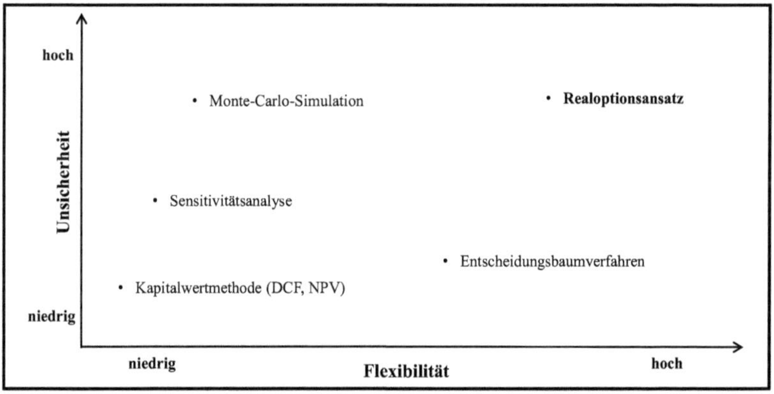

Abbildung 4: Realoptionsansatz versus klassische Investitionsbewertungsverfahren[212]

---

[208] Vgl. zum Begriff sequenzieller Investitionsentscheidungen Friedl (2001), S. 19-25. Dort werden die Mehrstufigkeit des Investitionsprozesses und die zeitliche Interdependenz der Entscheidungen über weitere Investitionsauszahlungen als konstituierende Merkmale genannt.

[209] Unter einer Investitionsstrategie ist eine Folge von Investitionsentscheidungen zu verstehen.

[210] Der Wert der Flexibilität kann als Residuum aus dem gesamten (Markt-)Wert eines Projektes und dem (starren) DCF-Wert ermittelt werden; dieses Vorgehen findet sich insbesondere bei kapitalmarktorientierten Studien zur Unternehmensbewertung; siehe z.B. Ottoo (1998, 2000).

[211] Vgl. statt einer Vielzahl Laux (1993), S. 935.

[212] Quelle: Eigene Darstellung in Anlehnung an Hommel / Lehmann (2001), S. 121. Ähnlich auch Adner / Levinthal (2004a), S. 76.

Jene Verfahren, die Unsicherheit und Handlungsspielräume bei sequenziellen Entscheidungsproblemen explizit abbilden, fallen in den Bereich *flexibler* (Investitions-)*Planung*[213]. Hierzu zählt insbesondere das *Entscheidungsbaumverfahren*[214], bei dem es sich um eine Methode zur Darstellung und Bewertung von Entscheidungsfolgen handelt. Das Entscheidungsbaumverfahren ermöglicht das Fällen bedingter Entscheidungen, d.h., es werden zukünftige (Re-)Aktionen festgelegt, deren Realisierung von dem Eintreten unsicherer Umweltzustände abhängig gemacht wird. Um die finanziellen Konsequenzen einer Entscheidung bewerten zu können, wird in der Regel die Kapitalwertmethode als Bewertungsverfahren herangezogen.[215] Dann kann mit dem Roll-back-Verfahren[216] ausgehend von der Alternative mit dem höchsten denkbaren Endzustand die (bedingte) optimale Entscheidungsfolge getroffen werden.[217] Das Entscheidungsbaumverfahren ist damit zur Bewertung sequenzieller Entscheidungen geeignet. Der Wert einzelner optionsgleicher Rechte ist bei Anwendung des Entscheidungsbaumverfahrens nur indirekt bestimmbar, z.B. durch den Vergleich der Bewertungsergebnisse bei flexibler und bei starrer Planung; [218] der Wert der Flexibilität wird also wiederum nur mittelbar erfasst.

Der Vorzug des *Realoptionsansatzes* ist dahingegen darin zu sehen, dass *explizit* der Wert der Flexibilität ermittelt wird, zukünftige Entscheidungen über die Bereitstellung in Abhängigkeit von der Entwicklung des jungen Unternehmens treffen zu können.[219] Anhand einer erwarteten Verteilung der Wertentwicklung eines Investitionsprojektes lassen sich mithin unterschiedliche (Real-)Optionen bewerten. Insbesondere bei der Vornahme sequenzieller Investitionen in junge Unternehmen wird der *Optionscharakter* des Investitionsprozesses ersichtlich.[220] In jeder Runde kann der CVC-Geber erneut frei über weitere Investitionen in das Portfoliounternehmen entscheiden. Eine Folgefinanzierung kommt nur bei der vorteilhaften Entwicklung des Unternehmens in Betracht.

[213] Zum Begriff der flexiblen Planung vgl. Laux (1971), Hax / Laux (1972) sowie kritisch Schneider (1971, 1972) oder überblickartig Kopel (2006).

[214] Zum Entscheidungsbaumverfahren („Decision Tree Analysis“) siehe Magee (1964a, b) oder überblickartig Bamberg / Coenenberg / Krapp (2008), S. 239-264.

[215] Vgl. exemplarisch Magee (1964b) oder Götze / Bloech (2008), S. 387-395.

[216] Siehe zum Roll-back-Verfahren auch Magee (1964a), S. 132-135; Franke / Hax (2009), S. 291-292; Eisenführ / Weber / Langer (2010), S. 286-288. Beim Roll-back-Verfahren werden zunächst die Ergebnisse am Ende des Planungshorizontes bewertet; darauf aufbauend werden die Ergebnisse des vorgelagerten Entscheidungsknotens ermittelt und jene Alternative gewählt, die den höchsten Erwartungsnutzen stiftet. Hierzu ist allerdings eine Bestimmung der (subjektiven) Eintrittswahrscheinlichkeiten unsicherer Umweltzustände notwendig. Dieses Vorgehen wird wiederholt angewendet, bis jene Alternative in $t = 0$ identifiziert ist, die den höchsten Erwartungsnutzen stiftet.

[217] Vgl. Bamberg / Coenenberg / Krapp (2008), S. 253-259.

[218] Vgl. zu diesem Vorgehen beispielhaft Sahlman (1988).

[219] Vgl. Laux (1993), S. 933; Meise (1998), S. 6-11; Copeland / Antikarov (2001), S. 5-24 oder Adams / Rudolf (2009), S. 361-367. Kritisch hierzu Emery et al. (1978).

[220] Vgl. Sahlman (1988), S. 27-36; Gompers (1995), S. 1461-1467 oder auch Davis / Schachermayer / Tompkins (2004), S. 78.

Das Engagement in dem jungen Unternehmen kann mithin jederzeit beendet werden, was natürlich unabhängig vom zugrunde gelegten Modell möglich ist.[221] Allerdings macht eine optionspreistheoretische Modellierung hierbei deutlich, dass bei einer ungünstigen Entwicklung des „Projektes" die Option wertlos werden kann, die Optionsprämie also zum (Total-)Verlust wird. Dies ist insbesondere bei in hohem Maße unsicheren Investitionen der Fall. Eine optionspreistheoretische Modellierung bietet sich also an, wenn ein signifikantes Ausfallrisiko des Projektes besteht.

Die *sequenziellen* Investitionen in junge Unternehmen bieten dabei die Flexibilität, auf (unerwünschte) Entwicklungen mit dem Abbruch der Investitionsfolge reagieren zu können. Unmittelbar ersichtlich wird bei der Modellierung einer Investitionsgelegenheit als Real*option*, dass eine steigende Volatilität des Underlyings einen positiven Einfluss auf den Wert der Realoption hat.[222] Die Verluste aus der (Real-)Option sind auf die geleistete(n) Optionsprämie(n) begrenzt, so dass der Inhaber der Realoption von den mit einem Ansteigen der Volatilität verbundenen stärker positiven Veränderungen profitiert.[223] Dieser positive Einfluss des Risikos ist mithin durch die Staffelung der Investitionen bedingt.

Sequenzielle CVC-Investitionen lassen sich insofern als *Realoptionen* strukturieren, wie sie MYERS (1977) definiert. In seiner grundlegenden Studie werden die Wachstumspotenziale einer Unternehmung als Realoptionen betrachtet. Nach MYERS (1977) setzt sich mithin der Gesamtwert eines Unternehmens aus dem Realvermögen, das sich bereits im Besitz des Unternehmens befindet, und Real*optionen* zusammen, die er als Möglichkeit bzw. Recht zur Durchführung zukünftiger, vorteilhafter Investitionen definiert: *„...real options, which are opportunities to purchase real assets on possibly favorable terms."*[224] Realoptionen stellen also die Möglichkeit dar, künftige Investitionen vorzunehmen, wenn sich der Wert eines unsicheren Projektes vorteilhaft entwickelt.

Anwendbar ist der Realoptionsansatz mithin, wenn unter Unsicherheit und bei vorhandenen Handlungsspielräumen über (teilweise) *irreversible* Investitionen zu entscheiden ist.[225] Entscheidungen über irreversible Investitionen liegen vor, wenn es nicht möglich

---

[221] Vgl. analog für VC-Finanzierungen Kaplan / Strömberg (2003), S. 302-306.

[222] Dieser Zusammenhang wurde ursprünglich für das Modell von Black / Scholes (1973) gezeigt; bei einer entsprechenden Überleitung der Parameter in das Binomialmodell (siehe hierzu Cox / Ross / Rubinstein (1979), S. 249, oder Omberg (1987), S. 465) zeigt sich dieser Zusammenhang analog auch im Binomialmodell.

[223] Kritisch hierzu Mölls / Willershausen / Krag (2007), die zeigen, dass dieser Zusammenhang nicht gilt, wenn sich durch die Veränderung der Volatilität auch der (Erwartungs-)Wert des Underlyings ändert.

[224] Myers (1977), S. 163.

[225] Vgl. stellvertretend für viele Dixit / Pindyck (1994), S. 6-7; Lander / Pinches (1998), S. 537-538; Copeland / Antikarov (2001), S. 13-21.

ist, die Investitionsausgabe durch eine Verwertung[226] des Vermögengegenstandes (vollständig) wiederzuerlangen.[227] CVC-Investitionen sind als in hohem Maße irreversibel anzusehen, weil es keinen hinreichend liquiden Markt für die Beteiligungen an jungen Unternehmen gibt. Die Beteiligungen können kurzfristig kaum oder nur mit erheblichen Bewertungsabschlägen veräußert werden. Die Liquidation des Unternehmens als Alternative zu einer Veräußerung ist gewöhnlich mit erheblichen Verlusten verbunden.[228] Ein möglicher Verlust ist aber – sollte das Portfoliounternehmen kein tragfähiges Geschäftsmodell entwickeln können – auf die Ausgaben für den Erwerb der Beteiligung begrenzt.[229] Diese (zunächst) geringe Investition für den Beteiligungserwerb kann als irreversible „Optionsprämie“ zum Aufbau der realen Option aufgefasst werden.[230] Die späteren Investitionen bei einer Akquisition lassen sich entsprechend als Ausübungspreis deuten.

Mit dem Ziel einer Bewertung sequenzieller (Investitions-)Entscheidungen weist der Realoptionsansatz Parallelen zum Entscheidungsbaumverfahren und der darauf basierenden flexiblen Investitionsplanung auf. Die Verfahren bauen grundsätzlich auf den gleichen Annahmen auf und kommen bei Zugrundelegung der gleichen Prämissen zu *identischen* Ergebnissen.[231] Damit soll das Entscheidungsbaumverfahren dem Realoptionsansatz nicht als unvereinbar gegenübergestellt werden; vielmehr sind die Vorteile der Verwendung des Realoptionsansatzes gegenüber einer konsistenten Anwendung des Entscheidungsbaumverfahrens in dessen Übersichtlichkeit und des geringeren Rechenaufwandes insbesondere in *komplexen* Entscheidungssituationen zu sehen.[232] FISCHER /

---

[226] Zu denken ist z.B. an den Verkauf des Vermögensgegenstandes oder dessen Zuführung in eine alternative Verwendung.

[227] Pindyck (1991) nennt als *Ursachen* für die Irreversibilität von Investitionen deren Spezifität (bzgl. Unternehmen oder Branchen), Informationsasymmetrien auf Sekundärmärkten („lemons problem“; vgl. Akerlof (1970)) und (Beschaffungs-)Nebenkosten des Investitionsobjektes (S. 1111).

[228] Vgl. Lauterbach / Schweizer (2006).

[229] Aus diesem Umstand resultiert das für Optionen typische asymmetrische Auszahlungsprofil: Mit Kaufoptionen sind unbegrenzte Gewinne bei begrenztem Verlustpotenzial möglich.

[230] Als Beispiel für irreversible Investitionen mit Optionscharakter werden häufig auch Ausgaben für FuE angeführt. Diese stellen eine Option auf die anschließende Kommerzialisierung der Forschungsergebnisse dar, z.B. durch die Vergabe von Lizenzen oder die direkte Vermarktung von Innovationen. Die Entscheidung über Ausgaben für FuE kann nicht ohne weiteres rückgängig gemacht werden und ist als zumindest teilweise irreversibel anzusehen; vgl. beispielweise Huchzermeier / Loch (2001); Benninga / Tolkowsky (2002); Trang / Takezawa / Takezawa (2002); Hartmann / Hassan (2006). Weitere Beispiele für (teilweise) irreversible Investitionen stellen Ausgaben für die Markterschließung (vgl. Dixit / Pindyck (1995), S. 109) dar. FuE und eigene Markterschließungsbemühungen kommen bei den identifizierten strategischen Zielen als Alternativen zu CVC in Betracht.

[231] Vgl. Ballwieser (2002), S. 188-190. Die Bedingungen, unter denen die flexible Planung und der optionspreistheoretische Ansatz zum gleichen Ergebnis kommen, untersuchen Smith / Nau (1995); Breuer / Gürtler / Schuhmacher (1999); Fischer / Hahnenstein / Heitzer (1999).

[232] Vgl. z.B. Smith / Nau (1995); Trigeorgis (1996), Kapitel 2; Copeland / Antikarov (2001), Kapitel 4. Der Realoptionsansatz kommt ohne eine aufwendige Bestimmung phasenspezifischer, risikoadjustierter Zinssätze und (subjektiver) Eintrittswahrscheinlichkeiten für unterschiedliche Szenarien aus, die zur Ermittlung des (flexiblen) Kapitalwertes benötigt werden. Zum Problem werden hier vielmehr die

HAHNENSTEIN / HEITZER (1999, S. 1226) betonen in diesem Zusammenhang das „heuristische Potenzial“ des Realoptionsansatzes bei der praktischen Anwendung gegenüber anderen Verfahren.[233]

Bei der Anwendung des Realoptionsansatzes kann zur Modellierung von Entscheidungsproblemen auf Bewertungsmodelle für Finanzoptionen zurückgegriffen werden. Realoptionen beziehen sich aber – im Gegensatz zu Finanzoptionen – auf den *leistungswirtschaftlichen* Bereich eines Unternehmens.[234] Eine Ausübung der Realoption erfolgt nur, wenn die Umstände eine positive Differenz aus dem Wert des Investitionsprojektes und den notwendigen Investitionen erwarten lassen.[235] Bei der Identifikation realer Optionen kann der künftige Investitionsbetrag für den Erwerb eines Vermögenswertes oder die Fertigstellung eines Investitionsprojektes als Ausübungspreis aufgefasst werden.[236] Bei sequenziellen CVC-Investitionen lassen sich im Falle der Akquisition des jungen Unternehmens der (verbleibende) Kaufpreis oder im Falle eines Technologieerwerbs die hierbei entstehenden Kosten als Ausübungspreis interpretieren.[237] Die *inhaltliche* Abgrenzung von Realoptionen und die darauf basierende Konkretisierung der *Optionsparameter* werden mithin zur Kernaufgabe einer realoptionsbasierten Investitionsbewertung.[238]

Wie MYERS (1977) ausführt, ist das Vorliegen wertvoller Realoptionen, die das Erzielen von Ausübungsgewinnen erlauben, nur möglich aufgrund der *Friktionen* des realwirtschaftlichen Sektors.[239] Als wesentlichen Unterschied im Vergleich zu Finanzoptionen führt er die *Spezifität* von Realoptionen an.[240] Junge Unternehmen, in die der CVC-Geber investiert, sind durch einen hohen Anteil idiosynkratischer Risiken sowie intan-

---

Abgrenzung der Realoptionen und die Ableitung bewertungsrelevanter Optionsparameter. Zu den Vorteilen optionspreistheoretischer Bewertungsverfahren im Vergleich zu Discounted Cash Flow-Modellen siehe auch Paddock / Siegel / Smith (1988), S. 482-483, 493-494.

233 In diesem Sinne auch Nippa / Petzold (2003).

234 Vgl. Laux (1993), S. 934.

235 Die gewählte Definition ist abgeleitet aus der von Finanzoptionen; diese verbriefen das Recht, einen bestimmten Vermögengegenstand zu einem vorher festgelegten Ausübungspreis innerhalb eines festgelegten Zeitraums (amerikanische Option) oder zu einem bestimmten Zeitpunkt (europäische Option) zu erwerben.

236 Vgl. Myers (1977), S. 155.

237 Ausführlich wird hierauf in Abschnitt III.2. eingegangen.

238 So betont auch Bretzke (1993) die Notwendigkeit der Berücksichtigung der *strategischen*, mit dem Unternehmenserwerb verbundenen Ziele bei einer Bewertung in dynamischen Märkten, da die Wahl des Bewertungskalküls und die Operationalisierung der Bewertungsparameter hierauf aufbaut.

239 Bei perfekt kompetitiven Faktor- und Produktmärkten (sofern sie sich im langfristigen Gleichgewicht befinden) gibt es keine Investitionsprojekte, die einen positiven Kapitalwert aufweisen und damit einen „Ausübungsgewinn“ ermöglichen; vgl. Myers (1977), S. 163; ähnlich auch Barney (1986). Bei vollkommenen Kapitalmärkten sind positive Kapitalwerte also nur möglich, wenn die Gütermärkte unvollkommen sind. Auf die Bewertungsprobleme, die sich aus diesen Unvollkommenheiten ergeben, wird in II.2.a. weiter eingegangen.

240 Vgl. Myers (1977), S. 163.

gibler und spezifischer Investitionen gekennzeichnet.[241] Aufgrund dessen fehlt es an einem effizienten und liquiden Markt für Beteiligungen an diesen jungen Unternehmen. Aus der Spezifität resultieren mithin Friktionen beim Handel oder gar das Fehlen eines Marktes für (strategische) Ressourcen.[242]

Aus diesen *Marktunvollkommenheiten* ergeben sich unmittelbar Implikationen für die realoptionsbasierte Bewertung von CVC-Investitionen, die auf arbitragebasierten Bewertungsmodellen für Finanzoptionen basiert.[243] Bei der Bewertung von Realoptionen wird trotz der genannten Unterschiede auf diese Bewertungs*modelle* für Finanzoptionen zurückgegriffen.[244] Auf deren Grundlage wurde eine Vielzahl unterschiedlicher Anwendungen zur Bewertung von spezifischen Realoptionen entwickelt, wie beispielsweise Wachstumsoptionen, Abbruchoptionen oder Anpassungsoptionen, wie sie auch zur Bewertung sequenzieller Investitionen herangezogen werden.[245] Damit hat sich der Anwendungsbereich von Realoptionen erheblich ausgeweitet und weist inzwischen Schnittmengen zur dynamischen Investitionsrechnung[246] oder der Unternehmensbewertung[247] auf.

Der Realoptionsansatz weist in diesem Anwendungskontext nicht nur den konzeptionellen Vorzug auf, den Wert von Entscheidungsflexibilität explizit ermitteln zu können, sondern erlaubt auch die Deutung *empirischer* Phänomene. Dies zeigt sich zum einen bei der Erklärung des Marktwertes von Unternehmen in einem volatilen, dynamischen Umfeld, in dem der Wert von Handlungsflexibilität besonders hoch einzuschätzen ist.[248] Zum anderen lässt sich mithilfe des Realoptionsansatzes auch die Wahl zwischen – insbesondere in Bezug auf die Flexibilität – unterschiedlichen (Organisations-)Formen der Erschließung externer Innovationen erklären.[249] Der Realoptionsansatz erscheint inso-

---

241 Vgl. statt vieler Hauschild (2009), S. 5-7, und die dort zitierte Literatur.

242 Vgl. z.B. Chi (1994), S. 273.

243 An den Finanzmärkten kann diese Annahme eher aufrechterhalten werden, da hier Informationsasymmetrien und Transaktionskosten geringer als auf realwirtschaftlichen Märkten sind. Die Effizienz von Finanzmärkten wird insbesondere mit der Verbreitung von Informations- und Kommunikationstechnologie sowie Wettbewerb unter den Börsenplätzen begründet; vgl. Picot / Bortenlänger / Röhrl (1996).

244 Überblickartig Sundaresan (2000), Abschnitte I und VI; Broadie / Detemple (2004).

245 Einen Überblick hierzu und über die weiterführende Literatur geben Dixit / Pindyck (1994), Trigeorgis (1996) sowie Copeland / Antikarov (2001).

246 Einen Vergleich des Realoptionsansatzes mit dynamischen Verfahren der Investitionsbewertung findet sich bei Baecker / Hommel / Lehmann (2003). Die Bedeutung von Realoptionen im Controlling untersuchen Pritsch / Weber (2001).

247 Die Methoden einer realoptionsbasierten Unternehmensbewertung zeigen z.B. Copeland / Koller / Murrin (2005), Kapitel 20; Ballwieser (2002); Peemöller / Beckmann (2009).

248 Vgl. z.B. Ottoo (2000); Schwartz / Moon (2000, 2001); De Andres-Alonso / Azofra-Palenzuela / De La Fuente-Herrero (2005); Oriani (2007); Alessandri / Lander / Bettis (2007); Grullon / Lyandres / Zhdanov (2012).

249 Vgl. Folta (1998); Villalonga / McGahan (2005); van de Vrande / Vanhaverbeke / Duysters (2009); Sahaym / Steensma / Barden (2010); Tong / Li (2011); Billitteri / Lo Nigro / Perrone (2013). Von In-

fern also qualifiziert, das Investitionsproblem des CVC-Gebers zu strukturieren, da sich der Wert explorativer CVC-Investitionen erst bei Anwendung der Realoptionspreistheorie zu deren Bewertung zeigt.[250] Eine Modellierung von CVC-Investitionen kann dabei auf bestehende realwirtschaftliche Anwendungen der Optionspreistheorie zurückgreifen.

c. Einordnung der Realoptionen

Gelegenheiten zur Durchführung oder zum Abbruch von Investitionsprojekten lassen sich analog zu Kauf- und Verkaufsoptionen bewerten; zugleich kann danach differenziert werden, ob eine Erwerber- oder Stillhalterposition besteht. Damit bietet der Realoptionsansatz eine flexible Modellgrundlage, um unterschiedliche *Rechte* und Verpflichtungen zur Durchführung von Investitionen zu bewerten. Basierend auf der Grundidee von MYERS (1977), Realinvestitionen optionspreistheoretisch zu bewerten, wurde von verschiedenen Autoren durch Modifikation der grundlegenden Bewertungsmodelle für Finanzoptionen eine Vielzahl spezifischer Anwendungen entwickelt, um verschiedenen Entscheidungsproblemen gerecht zu werden.[251] Im Weiteren werden die unmittelbar bewertungsrelevanten Eigenschaften von CVC-Investitionen in bestehende Klassifikationen von Realoptionen eingeordnet (siehe Abbildung 5).

Differenziert man Realoptionen nach ihrer *dispositiven* und *zeitlichen* Reichweite der zugrunde liegenden Investitionsgelegenheit, so können strategische und operative Realoptionen unterschieden werden.[252] *Operative* Realoptionen haben einen geringen dispositiven Umfang, d.h., sie beziehen sich weitgehend auf Handlungsspielräume bei bestehenden Erfolgspotenzialen.[253] Die Ausübung operativer Realoptionen trägt dann dazu bei, die Umsatz- oder Kostensituation des Unternehmens zu verbessern, belässt aber die Erfolgspotenziale unverändert. *Strategische* Realoptionen repräsentieren dahingegen die fundamentale Disposition über Investitionen, die ganze Geschäftsfelder oder Märkte be-

---

teresse ist insbesondere der Vergleich mit einer unmittelbaren Akquisition des jungen Unternehmens, strategischen Allianzen oder Joint Ventures.

[250] Vgl. anstelle einer Vielzahl Hill / Rothaermel (2003).

[251] So wurden auch Modellanwendungen entwickelt, um Explorationsprojekte (Brennan / Schwartz (1985); Paddock / Siegel / Smith (1988)), Auslandsinvestitionen (Kogut / Kulatilaka (1994a)) oder junge Unternehmen (Willner (1995); Schwartz / Moon (2000)) bewerten zu können.

[252] Vgl. auch Belderbos / Zou (2007), S. 1097; Angelou / Economides (2008), S. 481.

[253] Vgl. Rams (1999), S. 354; Anderson (2000), S. 238. Dies geht einher mit einem kurzfristigen Planungshorizont. Auf der Basis neuer Informationen werden operative Entscheidungen, beispielsweise über Arbeitsabläufe oder Produktionskapazitäten getroffen. Ein Beispiel für eine derartige realoptionsbasierte Optimierung des Produktionsprozesses findet sich bei Kogut / Kulatilaka (1994a).

treffen und entsprechend langfristig sind.[254] Sie beeinflussen insofern die künftige Unternehmensentwicklung und sind Gegenstand der strategischen Unternehmensplanung. Zentrale Zielkategorien sind damit die Sicherung bestehender und die Erschließung neuer Erfolgspotenziale.[255] CVC-Investitionen sind insofern als strategische Realoptionen und CVC-Programme als Portfolios dieser strategischen Optionen zu klassifizieren.[256]

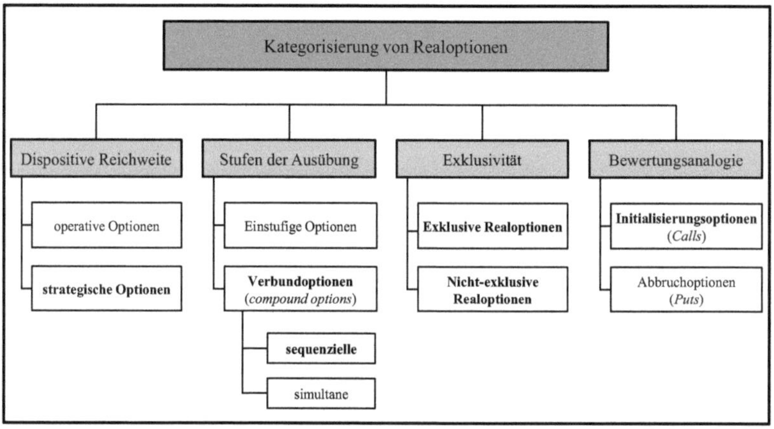

Abbildung 5: Kategorisierung von Realoptionen[257]

Eine weitere Differenzierung von Realoptionen kann in einstufige Optionen und Verbundoptionen vorgenommen werden. Werden beim Ausüben der Option die Ausübungsgewinne direkt (in Form unmittelbar ausgelöster Zahlungsströme) realisiert, dann handelt es sich um eine *einstufige* Realoption. Ist hingegen mit der Ausübung der Option die Eröffnung oder der Erwerb weiterer Realoptionen verbunden, so handelt es sich um eine *Verbundoption*, also um eine Option auf eine Realoption.[258]

So zeigt die optionspreistheoretische Analyse der – aufgrund des explorativen Charakters CVC-Investitionen verwandten – Ausgaben für FuE, dass sich diese als verbundene Realoptionen strukturieren lassen: Die Ausgaben für die Initiierung eines Projekts stellen die Optionsprämie dar, mit der die Option erworben wird, bei entsprechend positi-

---

[254] Vgl. Rams (1999), S. 354-355.

[255] Vgl. Anderson (2000), S. 238.

[256] Vgl. Hurry / Miller / Bowman (1992), S. 86-87; Luehrman (1998), S. 90. Die Idee einer Portfoliobetrachtung wird in Kapitel IV. aufgegriffen.

[257] In der Abbildung sind die jeweils auf den Modellansatz dieser Arbeit zutreffenden Ausprägungen fett hervorgehoben.

[258] Vgl. Black / Scholes (1973), S. 651; Geske (1979), S. 63; Kester (1984), S. 159; Majd / Pindyck (1987), S. 10; Laux (1993), S. 953; Gintschel (1999), S. 75. Davis / Schachermayer / Tompkins (2004), S. 83, bezeichnen Verbundoptionen als „instalment options". Im Folgenden werden die Bezeichnungen Verbundoption und verbundene Option synonym verwendet.

ven FuE-Ergebnissen die nächste Stufe des Entwicklungsprozesses zu durchlaufen. Mit Vornahme einer weiteren Investition wird diese Option ausgeübt. Im Falle erfolgreicher FuE-Bemühungen, die beispielsweise in einer Produktinnovation münden (können), besteht eine (Real-) Option zur Kommerzialisierung der Forschungsergebnisse.[259] Dies erfordert weitere Ausgaben (z.B. für Werbung während der Markteinführung), über die in Anbetracht des unsicheren Umsatzpotenzials der Innovation entschieden wird und entsprechend als Ausübungspreis interpretiert werden können. In diesem Sinne können alle Investitionsprojekte, deren Entwicklung sich in Phasen vollzieht und bei denen über weitere Investitionen in Abhängigkeit des Projektfortschritts entschieden wird, als *verbundene* Realoptionen aufgefasst werden.[260] Dies gilt folglich auch für CVC-Investitionen.[261] Insbesondere für strategische Investitionsprojekte wird das Kapital aufgrund ihrer zeitlichen Reichweite sukzessive bereitgestellt. Hieraus resultiert vielfach die Möglichkeit, Anpassungen im Falle unvorhergesehener Ereignisse vornehmen zu können. Entsprechend können sie als Realoptionen bewertet werden.[262]

Für die weitere Analyse von Verbundoptionen bietet sich an, diese nach der Anzahl der verbundenen Realoptionen zu unterscheiden. Die Anzahl der *Stufen* bezeichnet im Folgenden, wie viele Optionen miteinander verbunden sind.[263] Grundsätzlich sind bei Verbundoptionen beliebige Kombinationen aus Kauf- und Verkaufsoptionen möglich. Für zweistufige Verbundoptionen sind insgesamt vier Kombinationen aus Kauf- und Verkaufsoptionen denkbar (vgl. Tabelle 1).

Die Betrachtung verbundener Realoptionen bleibt aber nicht auf zweistufige Realoptionen beschränkt, sondern wird um weitere Stufen erweitert. Für z-stufige Verbundoptionen bestehen insgesamt 2^z verschiedene Kombinationsmöglichkeiten aus Kauf- und Verkaufsoptionen, wie sie in Tabelle 1 dargestellt sind. Von besonderem Interesse für die Strukturierung sequenzieller Investitionsprojekte sind jedoch Kaufoptionen auf Kaufoptionen („compound call options"): Mit der Vornahme der Initialinvestition wird zugleich eine (Kauf-)Option erworben, weitere Investitionen vorzunehmen, bis das Projekt fertiggestellt ist. Eine z-stufige verbundene Kaufoption ist eine Kaufoption auf eine (z-1)-stufige Kaufoption.[264] In dieser Untersuchung soll im Folgenden jene Option, die

259 Vgl. Lint / Pennings (1998).

260 Vgl. Trigeorgis / Mason (1987), S. 20; Davis / Schachermayer / Tompkins (2004), S. 81-85.

261 Vgl. Vanhaverbeke / van de Vrande / Chesbrough (2008), S. 253.

262 Vgl. Laux (1993), S. 953; Panayi / Trigeorgis (1998), S. 677; Brous (2011), S. 94. Kritisch hierzu Adner / Levinthal (2004a, b).

263 Die Anzahl der Stufen einer Option wird auch als „fold number" bezeichnet, vgl. z.B. Lee / Yeh / Chen (2008), S. 39.

264 Vgl. Keeley / Turki (1993a), S. 664; Cassimon et al. (2004), S. 45.

am weitesten in der Zukunft liegt, als *innere Option* der Verbundoption bezeichnet werden.[265]

	Verbundoptionen							
einstufige Option	**Kaufoption auf eine...**				Verkaufsoption auf eine...			
zweistufige Verbundoption	**Kaufoption**		Verkaufsoption		Kaufoption		Verkaufsoption	
dreistufige Verbundoption[266]	**Kaufoption**	Verkaufsoption	Kaufoption	Verkaufsoption	Kaufoption	Verkaufsoption	Kaufoption	Verkaufsoption
...	⋮ ⋮	⋮ ⋮	⋮ ⋮	⋮ ⋮	⋮ ⋮	⋮ ⋮	⋮ ⋮	⋮ ⋮
z-stufige Option	⋮ ⋮			...				⋮ ⋮

Tabelle 1: Typen mehrstufiger Verbundoptionen

Verbundoptionen sind ferner danach zu unterscheiden, ob es sich um simultane oder sequenzielle Optionen handelt. Bei *simultanen* Verbundoptionen überlappen sich die Laufzeiten der originären und die der sekundären Option und können im Grenzfall identisch sein.[267] Bei *sequenziellen* Verbundoptionen hingegen entsteht erst mit der Ausübung der zweistufigen Option die innere Option, entsprechend überschneiden sich die Laufzeiten nicht. Insofern zählen insbesondere jene sequenziellen Investitionen zu dieser Kategorie, bei denen eine sukzessive Projektentwicklung stattfindet, also die verschiedenen Projektphasen (zumindest teilweise) zwingend nacheinander durchlaufen werden müssen.[268] Junge Unternehmen entwickeln sich sukzessiv (siehe auch Abbil-

[265] Benaroch / Shah / Jeffrey (2006) bezeichnen sie als „innermost option" (S. 241). Hierbei handelt es sich einzig um eine terminologische Vereinfachung; die innere Option wird im Folgenden Ausgangpunkt der Bewertung der Verbundoption sein.

[266] Bei dem in Kapitel III. entwickelten Zielmodell handelt es sich um eine dreistufige Verbundoption.

[267] Vgl. Copeland / Antikarov (2001), S. 163; Mun (2006), S. 177-182. Als Beispiel für eine simultane Verbundoption kann eine Aktienoption herangezogen werden, wenn die Idee von Black / Scholes (1973) aufgegriffen wird, das Eigenkapital einer verschuldeten Unternehmung als (Kauf-)Option auf den Unternehmenswert zu betrachten: Der Nennwert der Verbindlichkeiten stellt hierbei den Ausübungspreis dar. Die Option wird nur ausgeübt, wenn der Unternehmenswert die Schulden übersteigt, im Falle einer Überschuldung verfällt sie. Bei der Option auf die Aktie einer verschuldeten Unternehmung handelt es sich um eine *simultane* Verbundoption. Geske (1977, 1979) entwickelt diese Idee und erweitert damit das Optionspreismodell von Black / Scholes (1973); bei der von Geske (1979) untersuchten zweistufigen Verbundoption handelt es sich – auch wenn er die sequenzielle Ausübung der Option betont – um eine *simultane* Verbundoption.

[268] Vgl. Copeland / Antikarov (2001), S. 163-164, 178; Mun (2006), S. 184-187.

dung 2), wobei sich aber kein allgemeingültiges Phasenschema der Geschäftsmodellentwicklung ableiten lässt. Gewisse Reihenfolgebedingungen für die Entwicklung ergeben sich jedoch sachlogisch, so kann z.B. keine Markteinführung erfolgen, bevor ein Produkt bzw. eine Dienstleistung entwickelt wurde.

Anders als Finanzoptionen lassen sich Realoptionen zudem anhand des Grads ihrer *Exklusivität* klassifizieren.[269] Finanzoptionen sind stets exklusiv, d.h., der Wert einer Option wird nicht dadurch beeinflusst, ob andere Marktteilnehmer über die gleiche Option verfügen und diese ausüben.[270] Bei Realoptionen sind im Gegensatz dazu Situationen denkbar, in denen der Wert einer Option z.B. von dem Verhalten der Wettbewerber abhängt. Realoptionen können aber auch exklusiv sein, wenn sie z.B. durch Patente, exklusive Ressourcen oder spezifisches Wissen geschützt sind. Grundsätzlich gilt, dass nicht-exklusive[271] Realoptionen c.p. weniger wertvoll sind als exklusive.[272] Die (Nicht-) Exklusivität wird daher bei der Bewertung der Realoption relevant. Die Bestimmung der Exklusivität realer Optionen kann aber nur *situationsspezifisch* vorgenommen werden und ist von der Abgrenzung der identifizierten Realoption abhängig. Eine Bestimmung des Exklusivitätsgrades ist daher keineswegs immer eindeutig möglich.

Bei Realoptionen ist außerdem danach zu unterscheiden, ob sie analog zu Kauf- oder Verkaufsoptionen bewertet werden, es sich also um *Initialisierungsoptionen* oder Abbruchoptionen handelt. Bei ersteren handelt es sich um Optionen zum Beginn oder zur Fortführung eines Investitionsprojektes. Sie werden analog zu Kaufoptionen bewertet. Zu den Initialisierungsoptionen können z.B. die in der Literatur genannten Wachstumsoptionen, (Kapazitäts-)Erweiterungsoptionen oder Markteintrittsoptionen genannt werden.[273] Bei *Abbruchoptionen* handelt es sich dagegen um Optionen zur Beendigung oder Aufgabe von Investitionsprojekten. Sie werden mithin analog zu Verkaufsoptionen bewertet, bei denen der Ausübungspreis häufig einen Liquidationswert darstellt.[274] CVC-Investitionen weisen sowohl Charakteristika von Initialisierungs- als auch Abbruchoptionen auf, da sie sowohl die Möglichkeit zur Vornahme weiterer Investitionen eröffnen als auch zur Beendigung des Engagements.

---

269 Vgl. Kester (1984), S. 157.

270 Dies gilt zumindest solange, wie von der Möglichkeit der Marktmanipulationen abgesehen wird, bzw. die Anzahl der frei gehandelten Aktien größer ist als die Anzahl der Optionen auf diese Aktien.

271 Meise (1998), S. 53, spricht im Fall nicht-exklusiver Realoptionen auch von *offenen* Realoptionen.

272 Vgl. Kester (1984), S. 157.

273 Vgl. Trigeorgis (1996), S. 1-14.

274 Vgl. z.B. Berger / Ofek / Swary (1996).

2. Implikationen einer optionspreistheoretischen Bewertung von Realinvestitionen

a. Bewertungsrelevanz der Exklusivität von Realoptionen

Bei der Bewertung von Realoptionen wird auf die Grundlagen der Bewertungsmodelle für Finanzoptionen zurückgegriffen. Hier sind insbesondere die grundlegenden Arbeiten von BLACK / SCHOLES (1973) und MERTON (1973) zu nennen, die ein zeitkontinuierliches Modell zur Bewertung von Aktienkaufoptionen entwickeln.[275] Ein vereinfachtes *zeitdiskretes* Binomialmodell entwickeln COX / ROSS / RUBINSTEIN (1979), welches in einer Grenzbetrachtung in das BLACK / SCHOLES-Modell überführt werden kann.[276]

Optionspreismodelle werden danach unterschieden, ob es sich um zeitkontinuierliche oder zeitdiskrete Modelle, sogenannte multinomiale[277] Entscheidungsbäume („lattice models"), handelt.[278] Beide Modellklassen haben gemein, dass sie aufbauend auf einem weitgehend übereinstimmenden Prämissenrahmen die gleiche Grundidee einer *Duplikation* des Zahlungsstroms aus der Option verfolgen: Basierend auf der Annahme vollkommener und vollständiger – damit *arbitragefreier* – Märkte[279] wird das Auszahlungsprofil der Option durch eine Kapitalaufnahme (-anlage) zum risikolosen Zins und den Erwerb (Leerverkauf) von Aktien dupliziert.[280] Auf dieser Grundlage wird ein Modell zur *präferenzfreien* Bewertung von Kaufoptionen auf Aktien entwickelt.[281] Diese

---

275 Einen umfassenden Überblick über die Entwicklung unterschiedlicher (insbesondere zeitkontinuierlicher) Optionspreismodelle und deren Anwendungsbereiche bieten Merton (1998), Sundaresan (2000) und Broadie / Detemple (2004).

276 Die Autoren entwickeln ein Zwei-Zeitpunkt-zwei-Zustands-Modell (Binomialmodell), welches anschließend über ein n-Zeitpunkt-Modell ($n \rightarrow \infty$) in das zeitkontinuierliche Black / Scholes-Modell überführt werden kann. Intention der Autoren ist es, eine vereinfachte Herleitung der Black / Scholes-Optionspreisformel aufzuzeigen. Das binomiale Ausgangsmodell (S. 231-241) ist zunächst stark vereinfacht, weist aber einen hohen *heuristischen* Gehalt auf. Zeitgleich wurde von Rendleman / Bartter (1979) mit gleicher Intention ein ähnlicher Ansatz vorgestellt.

277 Die prominenteste Subkategorie der multinomialen Optionspreismodelle ist das Binomialmodell von Cox / Ross / Rubinstein (1979); in der Literatur finden sich aber auch trinomiale (Kamrad (1995)), quadrinomiale (Boyle (1988)) und quintinomiale Modelle (Holland (2001)).

278 Vgl. Brennan (1979); Lander / Pinches (1998); Miller / Park (2002).

279 Ein *vollkommener* Markt ist dadurch gekennzeichnet, dass keinerlei (räumliche, zeitliche, persönliche oder sachliche) Präferenzen der Marktteilnehmer existieren, homogene Güter vorliegen und weitgehende Markttransparenz vorliegt; es gibt keine Transaktionskosten, Steuern und Marktbarrieren. In diesem Fall sind alle Marktteilnehmer Preisnehmer und reagieren unmittelbar auf Preisänderungen. Ein (Kapital-)Markt ist *vollständig*, wenn alle Vermögensgegenstände (Finanztitel) zu einem einheitlichen und eindeutigen Preis gehandelt werden können, unabhängig von ihrem Wert und ob ein Marktteilnehmer als Käufer oder Verkäufer auftritt. Vgl. statt vieler Schmidt / Terberger (1997), S. 55-59.

280 Vgl. Black / Scholes (1973), S. 640-642; Cox / Ross / Rubinstein (1979), S. 232-246; sowie grundlegend Ross (1978); Varian (1987); Rubinstein / Leland (1995).

281 Die Unabhängigkeit von individuellen Präferenzen bei der Bewertung lässt sich aus dem Postulat arbitragefreier Märkte ableiten, woraus die Maximierung des erwarteten (subjektiven) Nutzens folgt; vgl. hierzu auch Nau / McCardle (1991) und Smith / Nau (1995). Anhand weiterer Arbitrageüberle-

Modellansätze unterscheiden sich jedoch zentral in der Annahme, ob ein kontinuierlicher oder diskreter, nur zu bestimmten Zeitpunkten erfolgender Handel des Underlyings unterstellt wird.

Für Kauf- und Verkaufsoptionen wurden sowohl zeitkontinuierliche als auch zeitdiskrete Modelle zur Bewertung entwickelt, die der Bewertung von Realinvestitionen zugrunde gelegt werden. Bei der Anwendung dieser Bewertungsmodelle ergeben sich aufgrund der Besonderheiten von Realoptionen im Vergleich zu Finanzoptionen eine Reihe von *Restriktionen*, die zu beachten sind (siehe Abbildung 6).[282]

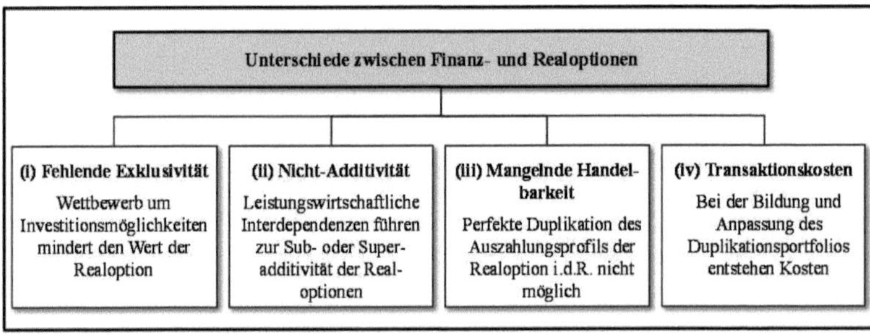

Abbildung 6: Bewertungsrelevante Analogiegrenzen zwischen Finanz- und Realoptionen

Eine erste Analogiegrenze zwischen Finanz- und Realoptionen besteht in deren unterschiedlichem Grad der *Exklusivität*: Den Bewertungsmodellen für Finanzoptionen wird zu Grunde gelegt, dass der Wert der Option unabhängig davon ist, ob andere Marktteilnehmer Optionen auf das gleiche Underlying erwerben (und ausüben) oder nicht. In diesem Fall ist die Option vollkommen exklusiv.[283] Dies erscheint einerseits gerechtfertigt, da das Underlying – eine Aktie, Anleihe oder anderes Wertpapier – nicht einzigartig ist; vielmehr existiert eine große Zahl identischer, standardisierter Finanztitel. Andererseits werden Finanzoptionen keineswegs immer erworben, um das Underlying auch tatsächlich gegen Zahlung des Ausübungspreises zu erhalten. Vielfach werden Finanzoptionen „glattgestellt", d.h., der Stillhalter zahlt an den Erwerber der Option einen Ausgleichsbetrag in Höhe der Differenz zwischen dem Marktwert des Underlyings und dem Ausübungspreis. Aus diesem Grund ist die Annahme vollkommener Exklusivität in Bewertungsmodellen für *Finanzoptionen* als unkritisch anzusehen.[284]

---

gungen lässt sich in dieser Modellwelt der Wert einer Verkaufsoption aus dem Wert einer Kaufoption mit identischem Ausübungspreis ableiten (*Put-Call-Parität*); vgl. Merton (1973), S. 157-158.

282 Vgl. Kester (1993), S. 192; Pinches (1998), S. 533-534; Brealey / Myers / Allen (2011), S. 598-599.

283 Vgl. Kester (1984), S. 157.

284 Diese Annahme kann für Finanzoptionen solange aufrecht erhalten werden, wie kein Wettbewerb zwischen den Inhabern der Optionen um den Zugriff auf das Underlying bei Ausübung der Option entsteht: Ist die Zahl der Optionen größer als die am Finanzmarkt gehandelte Zahl der zugrundliegen-

Wird der Versuch einer Übertragung der Bewertungsmodelle für Finanzoptionen auf Realoptionen unternommen, dann ist zu beachten, dass Realoptionen im Gegensatz zu Finanzoptionen nicht immer exklusiv sind. Diese fehlende Exklusivität beeinflusst den Wert der Realoption in der Regel *negativ*. Besteht beispielsweise die Option, in einen neuen Markt einzutreten, so werden die künftigen Erfolgspotenziale – und dadurch der Optionswert – davon abhängen, ob ein Wettbewerber ebenfalls die Option zum Eintritt in diesen Markt hat.[285] Die Bestimmung der Exklusivität einer Realoption hängt also maßgeblich von der *Abgrenzung* der identifizierten Investitionsgelegenheit ab.[286]

Damit ist der Grad der Exklusivität von Realoptionen unmittelbar bewertungsrelevant: Je exklusiver die Realoption ist, desto höher ist c.p. ihr Wert anzusetzen.[287] Eine Übertragung der unveränderten Bewertungsmodelle für Finanzoptionen ist nur für den *Grenzfall* exklusiver Realoptionen zulässig, ansonsten bedarf es einer Anpassung des Bewertungsmodells.[288] Die fehlende Exklusivität wirkt sich dabei in zweifacher Weise auf die optimale Investitionsstrategie aus: Einerseits kann der Optionsgewinn bei der Ausübung der Option gemindert werden, wenn ein Wettbewerber über die gleiche Option verfügt und diese ebenfalls ausübt.[289] Andererseits kann aufgrund der fehlenden Exklusivität eine vorzeitige Ausübung der Option vorteilhaft sein, um First Mover-Vorteile zu erzielen.[290]

Die Exklusivität einer CVC-Investition, die als Realoption bewertet wird, kann nur *situationsspezifisch* bestimmt werden und hängt entscheidend von der Abgrenzung der inneren Option ab. Ist die Exklusivität nur eingeschränkt oder gar nicht bestimmbar, dann

---

den Finanzkontrakte, dann kann der Preis des Finanzkontraktes von seinem fundamental gerechtfertigten Kurs abweichen. Als Beispiel sei hier die Kursentwicklung der VW-Aktie bei dem Übernahmeversuch durch die Porsche AG im Oktober 2008 genannt: Hier wurden zeitweise nur geschätzte 7% der Aktien über die Börse gehandelt, während in viel höherem Umfang Termingeschäfte abgeschlossen wurden; dies führte dazu, dass sich der Kurs der Aktie binnen weniger Tage verfünffachte; siehe z.B. Katzensteiner (2009), S. 106-107; Wallmeier (2009), S. 213-214; Küting / Cassel (2012), S. 296-298. In diesem Fall hat das Vorliegen bzw. Ausüben identischer Optionen einen (positiven) Einfluss auf die Ausübungsgewinne von Finanzoptionen, sofern diese glattgestellt werden.

285 Vgl. Kester (1984), S. 157; Kester (1993), S. 193; Kulatilaka / Perotti (1998), S. 1024-1027.

286 Vgl. Treptow (2004), S. 30-31. Hierzu gehören auch eine Definition und Abgrenzung des Underlyings; vgl. Davis / Schachermayer / Tompkins (2004), S. 82.

287 Vgl. Kester (1984), S. 157; Kester (1993), S. 193.

288 Eine Berücksichtigung der fehlenden Exklusivität ist zum einen möglich durch eine Modifikation der erwarteten künftigen Cash Flows aus dem Investitionsprojekt bei Ausübung der Option; bei dynamischen Investitionsrechenverfahren erfolgt eine Berücksichtigung von Wettbewerb analog; vgl. z.B. Neus / Nippel (1996). Zum anderen kann eine Bewertung auch im Rahmen einer spieltheoretischen Modellierung erfolgen, wenn die Wettbewerber und deren Handlungsmöglichkeiten abschätzbar sind. Solche spieltheoretischen Erweiterungen von Bewertungsmodellen für Realoptionen finden sich u.a. bei Smit / Ankum (1993); Huisman et al. (2004); Smit / Trigeorgis (2006b); Ferreira / Kar / Trigeorgis (2009). Einen ausführlichen Überblick bieten Smit / Trigeorgis (2004a).

289 Vgl. z.B. Smit / Ankum (1993); Smit / Trigeorgis (2004a, 2009); Ferreira / Kar / Trigeorgis (2009); Chevalier-Roignant et al. (2011).

290 Vgl. die zahlreichen Beispiele aus Smit / Trigeorgis (2004a).

kann in jedem Fall durch Anwendung der Bewertungsmodelle für Finanzoptionen eine Wertober*grenze* der Realoption ermittelt werden, indem zunächst deren Exklusivität unterstellt wird. In dieser Arbeit wird dieses Vorgehen gewählt und von einer spieltheoretischen Modellierung des Wettbewerbs abgesehen.

b. Berücksichtigung der Nicht-Additivität realer Optionen

Die Abgrenzung einzelner Realoptionen ist relevant für die Bestimmung der Optionspreisparameter. Zentrale Bewertungsparameter wie das *Underlying*, dessen Marktwert sowie der Ausübungspreis und die Laufzeit der Option sind erst aus den Daten des Investitionsprojektes abzuleiten, bevor eine Bewertung vorgenommen werden kann. Die sich hieraus ergebenden Bewertungskalküle für Realoptionen sind vielfach komplexer als für Finanzoptionen, da sie *leistungswirtschaftliche* Zusammenhänge erfassen müssen. Zu bedenken sind insbesondere Interdependenzen, die sich zwischen unterschiedlichen Handlungsmöglichkeiten desselben Investitionsprojektes ergeben können und deren Optionswerte nicht zwangsläufig additiv sind.[291] Diese Interdependenzen zwischen den Optionswerten von Realinvestitionen werden als *Verbundeffekte* bezeichnet.

TRIGEORGIS (1993b) untersucht die daraus resultierende *Nicht-Additivität* von Realoptionen und zeigt auf, dass das Prinzip der Wertadditivität nicht gilt, sofern mehrere Optionen auf dasselbe (einmalige) Underlying bestehen, was vielfach bei sequenziellen Investitionsprojekten der Fall ist.[292] Bestehen beispielsweise im Rahmen eines Projektes sowohl Abbruch- und Erweiterungsoptionen, dann werden mit Ausübung der Abbruchoption alle weiteren Investitionsoptionen aufgegeben. Eine Addition der isoliert bewerteten Optionsrechte führt in diesem Fall zur einer Überbewertung des Projektes.

Additivität der Werte von Realoption RO_a und RO_b	
subadditiv:	$Wert(\{RO_a + RO_b\}) < Wert(RO_a) + Wert(RO_b)$
wertadditiv:	$Wert(\{RO_a + RO_b\}) = Wert(RO_a) + Wert(RO_b)$
superadditiv:	$Wert(\{RO_a + RO_b\}) > Wert(RO_a) + Wert(RO_b)$

Tabelle 2: Ausprägungen der Nicht-Additivität von Realoptionen

[291] Vgl. Trigeorgis / Mason (1987), S. 20; Trigeorgis (1991), S. 311-324; Trigeorgis (1993a), S. 206-207. Bereits Jacob (1964) hebt die Interdependenzprobleme hervor, die zwischen verschiedenen Investitionsprojekten innerhalb eines Unternehmens bestehen können, wenn leistungswirtschaftliche Verflechtungen bestehen (S. 502-507).

[292] Vgl. Trigeorgis (1993b), S. 7. In diesem Sinne auch Meise (1998), S. 120-121, und Gintschel (1999), S. 76-77.

Der Wert zweier *Real*optionen im Rahmen eines sequenziellen Investitionsprojektes kann daher sowohl geringer als die Summe der isolierten Werte (*Subadditivität*) als auch höher sein (*Superadditivität*, siehe auch Tabelle 2).[293] Wertadditivität liegt hingegen vor, wenn die Summe der isolierten Optionswerte mit dem Wert der kombinierten Optionen übereinstimmt.[294] Für strukturierte Finanzinstrumente wird stets Wertadditivität unterstellt, was eine Zerlegung des Finanzproduktes in seine Basiskomponenten und deren isolierte Bewertung erlaubt; der Gesamtwert setzt sich dann (additiv) aus den Werten der Basiskomponenten zusammen.[295] Für die Bewertung von Realinvestitionen kann die Annahme der Wertadditivität hingegen zu erheblichen Fehlbewertungen führen.[296]

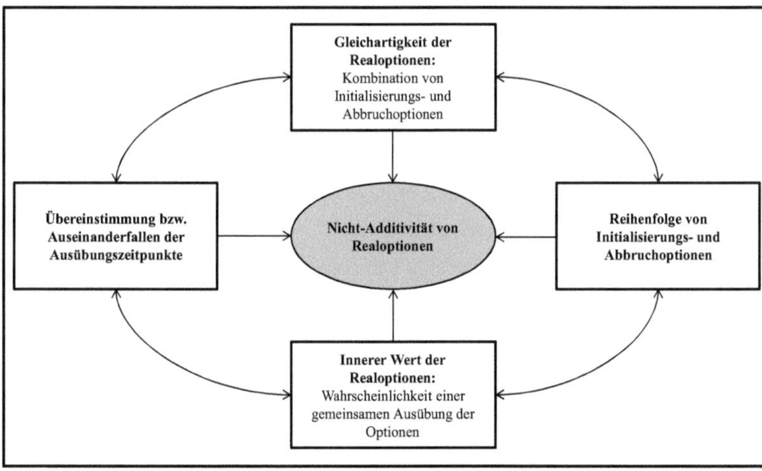

Abbildung 7: Einflussgrößen der Nicht-Additivität von Realoptionen

Superadditivität kann sich bei der Realisierung mehrerer Investitionsprojekte z.B. aufgrund von Synergien oder Economies of Scale ergeben.[297] Subadditivität stellt sich hingegen ein, wenn Zielkonflikte zwischen den Projekten vorliegen oder parallel in konkurrierende Projekte investiert wird, von denen letztendlich nur eines zum Erreichen des

---

293 Vgl. Ang / Clark (1997); Vassolo / Anand / Folta (2004). Siehe zur Begrifflichkeit der Super- und Subadditivität bei Investitionsprojekten auch Davis / Thomas (1993), S. 1334; Häckel (2008), S. 973 (inklusive Endnote 12).

294 Vgl. Breuer (2001), S. 209-228; Kruschwitz (2004), S. 73-74, 158-159; Reichling / Spengler / Vogt (2006), S. 762; Spremann (2010), S. 19-21.

295 Empirische Untersuchungen zeigen jedoch, dass auch bei der Bewertung verschiedener Finanztitel das Prinzip der Wertadditivität nicht gilt; vgl. Burns (1987); Ang / Clark (1997).

296 Vgl. das Beispiel in Trigeorgis (1991), S. 323-324, oder auch Häckel / Holtz / Buhl (2008), S. 955-957.

297 Vgl. bereits Schall (1972), S. 13; Spremann (2010), S. 21; Berk / DeMarzo (2011), S. 90.

gesetzten Ziels benötigt wird.[298] Das Ausmaß der Verbundeffekte der Optionswerte hängt in diesem Fall von den vier Faktoren ab, die in Abbildung 7 dargestellt sind. Die Betrachtung dieser Einflussgrößen ist auch insofern interessant, als dass sie bisherige Bewertungsmodelle und deren Anwendung auf komplexe Realoptionen fragwürdig erscheinen lassen.[299]

Zunächst beeinflusst die *Gleichartigkeit* der Realoptionen den Grad der Nicht-Additivität, d.h., ob ausschließlich Initialisierungs- *oder* Abbruchoptionen vorliegen oder diese kombiniert werden.[300] Handelt es sich z.B. um zwei Initialisierungsoptionen im Rahmen eines Investitionsprojektes, dann kann die Ausübung der einen Option den Wert der anderen positiv beeinflussen, so dass ihr gemeinsamer Wert höher ist als die Summe ihrer isolierten Werte.[301] Es ergibt sich ein Verbundwert, der höher ist als die Summe der isolierten Optionswerte, d.h., eine getrennte Bewertung führt zur Unterbewertung des Optionsbündels.

Zugleich sind aber auch Fälle denkbar, in denen der *marginale* Wert aus dem Hinzufügen einer weiteren gleichartigen Option geringer ist, als der Wert einer bereits vorhandenen Option.[302] Dieser abnehmende „Grenznutzen" von Realoptionen führt dazu, dass auch die Vernachlässigung verschiedener Optionen eines Investitionsprojektes immer noch zu einer guten Annäherung an den theoretisch richtigen Wert des Investitionsprojektes führen kann. Als „Faustregel" können jene Optionen vernachlässigt werden, die unter vergleichbaren Umständen anstelle von bereits im Projektwert enthaltenen Realoptionen ausgeübt werden (können).[303]

Liegen *Kombinationen* aus Initialisierungs- und Abbruchoptionen vor, so neutralisieren sich diese Verbundeffekte tendenziell, beispielsweise wenn zwei Kauf- und Verkaufsoptionen identische Ausübungszeitpunkte und -preise aufweisen oder beide (weit) „aus dem Geld" sind.[304] Die schlichte Addition der Einzeloptionswerte kann aufgrund von Interdependenzen sowohl zu Über- als auch zu Unterbewertungen von sequenziellen In-

[298] Vgl. Kulatilaka (1995), der diese Optionen als „substitute options" bezeichnet. Ein Beispiel subadditiver Realoptionen innerhalb eines Realinvestitionsprojektes findet sich auch in Trigeorgis (1991), S. 323-324.

[299] Vgl. im Folgenden Trigeorgis (1993b), S. 7-11.

[300] Vgl. Kulatilaka (1995), S. 121-123. Entscheidend ist hier, ob eine Kombination von Calls und Puts auf das gleiche Underlying vorliegt, da Wertveränderungen des Underlyings beide in entgegengerichteter Weise beeinflussen.

[301] Vgl. Trigeorgis (1993b), S. 9. Dies kann sich z.B. aufgrund von *Synergien* zwischen zwei parallelen Projekten einstellen; vgl. Trigeorgis (1996), S. 262-264.

[302] Vgl. Trigeorgis (1993b) S. 17.

[303] Kulatilaka (1995) bezeichnet die unterschiedlichen Wirkungen dieser Verbundeffekte als substitutiv bzw. komplementär.

[304] Vgl. Trigeorgis (1993b), S. 9. In diesen Fällen ist die Wahrscheinlichkeit einer gemeinsamen Ausübung gering, so dass Interaktionseffekte vernachlässigbar sind.

vestitionen führen, wenn diese als (einstufige) Initialisierungs- und Abbruchoptionen bewertet werden.[305]

Der zweite Bestimmungsfaktor des Ausmaßes der Nicht-Additivität des Wertes zweier Optionen ist die Übereinstimmung der *Ausübungszeitpunkte*. Weisen z.B. eine Initialisierungs- und eine Abbruchoption (europäischen Typs) mit identischen Ausübungspreisen auch die gleichen Ausübungszeitpunkte auf, dann sind sie (streng) wertadditiv, weil die Wahrscheinlichkeit einer gemeinsamen Ausübung beider Optionen gleich Null ist.[306] Die Ausübung der einen Option hat dann keinerlei Auswirkungen auf den Wert der anderen Option. Stimmen die Ausübungszeitpunkte jedoch nicht überein, so ist diese Unabhängigkeit nicht mehr gegeben und die Optionswerte sind nicht-additiv.

Drittens beeinflusst der *innere Wert* der Optionen („*degree of being in the money*") das Ausmaß der Interaktion der Optionswerte. Im bereits genannten Fall einer Kombination von einer Initialisierungs- und Abbruchoption sind diese näherungsweise additiv, wenn ihr innerer Wert gleich Null ist, die Optionen also beide „aus dem Geld" sind.[307] In diesem Fall ist wiederum die gemeinsame Wahrscheinlichkeit einer Ausübung beider Optionen gering. Dies gilt hingegen nicht mehr, wenn sie beide einen positiven inneren Wert aufweisen, weil dann eine Ausübung beider Optionen wahrscheinlich ist.[308]

Als vierter Einflussfaktor auf den Grad der Nicht-Additivität von Realoptionen ist die zeitliche *Reihenfolge* der Kombination von (nicht-gleichartigen) Optionen anzuführen.[309] Relevant für die Bewertung ist also, in welcher Reihenfolge Abbruch- und Initialisierungsoptionen kombiniert werden. So kann im Grenzfall mit der Ausübung einer Abbruchoption oder der Nicht-Ausübung einer Initialisierungsoption die Aufgabe weiterer Optionen verbunden sein. Besonders bei sequenziellen Investitionsprojekten, die mit Abbruch- und Initialisierungsoptionen bewertet werden, treten diese Probleme zutage.[310]

---

305 Vgl. Trigeorgis (1993b), S. 16.

306 Vgl. Meise (1998), S. 121-122.

307 Vgl. Trigeorgis (1993b), S. 9.

308 Vgl. Trigeorgis (1993b), S. 9.

309 In diesem Sinne bezeichnen Hommel / Pritsch (1999), S. 133, und Treptow (2004), S. 31-33, die Interaktionen zwischen zeitlich vor- bzw. nachgelagerten Optionen auch als vertikale Interaktionen, Interdependenzen zwischen zeitlich parallelen Optionen hingegen als horizontale Interaktionen; in diesem Sinne bereits Jacob (1964), S. 502-504.

310 Als Beispiel kann das Modell Brachtendorfs (2004) angeführt werden, der sequenzielle Investitionen in VC-Portfoliounternehmen mithilfe von Erweiterungsoptionen und Abbruchoptionen darstellt; siehe Brachtendorf (2004), S. 87-105.

Allgemein gilt, dass keine (geringe) Verbundeffekte auftreten, wenn die gemeinsame Wahrscheinlichkeit einer Ausübung beider Optionen gleich Null (klein) ist.[311] Bei einem sequenziellen Investitionsprojekt, bei dem mehrere Realoptionen auf ein und dasselbe Underlying bestehen, gilt das Prinzip der *Wertadditivität* nicht (uneingeschränkt). Folglich können die Optionsrechte nicht unabhängig voneinander bewertet werden, sondern sind im *Verbund* zu bewerten.[312] Eine Möglichkeit zur Berücksichtigung der Interdependenzen ist die Bewertung von Investitionsprojekten mit Verbundoptionen.[313] Diesem Vorgehen wird bei der optionspreistheoretischen Modellierung der CVC-Investitionen in dieser Arbeit gefolgt.

c. Bedeutung der Vollständigkeit des Marktes für die Duplikation von Optionen

Für Realoptionen ist die Annahme vollständiger Märkte kaum haltbar, da sowohl das Underlying (= Investitionsprojekt) als auch die Realoption (= Möglichkeit/Recht zur Durchführung des Investitionsprojektes) aufgrund der Unvollkommenheiten auf Märkten für Realinvestitionsprojekte nur eingeschränkt handelbar sind.[314] Diese Friktionen ergeben sich aus der *Spezifität* der Realoptionen, weil Investitionsgelegenheiten häufig aus dem bereits bestehenden Geschäftsmodell resultieren.[315] Unternehmensspezifische Realoptionen existieren z.B. aufgrund von Lernkurveneffekten oder besonderen Marktkenntnissen. Die Spezifität der Investitionsprojekte hat zur Konsequenz, dass diese nicht handelbar sind und entsprechend keine Marktpreise abgeleitet werden können.[316] Märkte für Beteiligungskapital an jungen Unternehmen sind, insbesondere aufgrund

---

311 Vgl. Trigeorgis (1993b), S. 9-11.

312 Vgl. Knobloch (2005), S. 131-132.

313 Vgl. Carr (1988), S. 1236; Ritchken / Rabinowitz (1988), S. 138; Brosch (2001), S. 8-9; Baecker / Hommel (2004), S. 7. So konstatieren auch Miller / Folta (2002), S. 659: „Portraying multistage investments as options within options is a way to conceptualize the interdependencies associated with strategic decisions regarding path-dependent resources." Die Interdependenzen der Ausübung der Optionen werden bei einer Bewertung mit Verbundoptionen berücksichtigt, da der Optionswert der inneren Option zur Eingangsgröße bei der Bewertung der weiteren Optionen wird; ausführlich hierzu Abschnitt III.1.a.

314 Vgl. Myers (1977), S. 163; Kester (1993), S. 193; Trigeorgis (1993a), S. 205-206. Als Ursachen für die Marktunvollständigkeit unterscheidet Staum (2006) die mangelnde Handelbarkeit idiosynkratischer Risiken, Marktfriktionen sowie die Ambiguität über verschiedene (Options-)Preisparameter (S. 516-518).

315 Vgl. Gaur / Seshadri / Subrahmanyam (2011), S. 2180.

316 Vgl. Myers (1977), S. 163; Brennan (1979), S. 55; Mello / Pyo (2006), S. 91.

von Informationsasymmetrien und der daraus resultierenden Illiquidität der Beteiligungen, als unvollständig einzustufen.[317]

Die fehlende Handelbarkeit des Underlyings ist bei der Bewertung der Realoption so lange unproblematisch, wie ein Vermögensgegenstand existiert, dessen Wertentwicklung mit dem Underlying der Realinvestition perfekt *korreliert* ist.[318] Dann sind eine exakte Duplikation und damit eine präferenzfreie Bewertung möglich.[319] Von dem Vorliegen eines solchen Vermögengegenstandes kann aber im Falle von Realinvestitionen nicht ausgegangen werden.[320] Insbesondere bei jungen Unternehmen, deren Wertentwicklung durch einen hohen Anteil idiosynkratischer Risiken gekennzeichnet ist, stellt sich daher die Frage nach der Bildung eines Duplikationsportfolios. Die Möglichkeiten einer kostenlosen und perfekten Duplikation des Auszahlungsprofils der Realoption sind mithin eingeschränkt, woraus sich die Notwendigkeit zur *Modifikation* der Bewertungsmodelle für Realoptionen ergibt. Es bedarf mithin weiterer (alternativer) Annahmen zur Bildung eines (möglichst) exakten Duplikationsportfolios (siehe Abbildung 8), die es kritisch zu reflektieren gilt.[321]

Als Alternative zur Handelbarkeit des Underlyings wird daher vielfach das Vorliegen einer (möglichst) identischen, aber handelbaren Investitionsgelegenheit unterstellt, deren Wertentwicklung zumindest stark mit der des Underlyings korreliert ist.[322] So wird teilweise bei der Bewertung eines Unternehmens unterstellt, dass dieses ein bereits bestehendes Unternehmen zu imitieren versucht, für welches ein Marktpreis existiert.[323] Die Korrelation des zu bewertenden Unternehmens und des Vergleichsunternehmens ist in diesem Fall zumindest sehr hoch. Unter Zugrundelegung dieser Annahme lässt sich

[317] Vgl. Hauschild (2009), S. 5-9. Keeley / Turki (1993a) unterstellen, dass der Markt für Beteiligungen an jungen Unternehmen hinreichend vollkommen sei, da VC-Investoren auch in (vollkommenen) Aktienmärkten aktiv sind und diese Märkte daher hinreichend miteinander verknüpft seien (S. 664). Diese Argumentation erscheint jedoch fragwürdig, da diese Marktunvollkommenheiten die Existenz spezialisierter Finanzintermediäre begründen; vgl. Amit / Brander / Zott (1998).

[318] Vgl. Cox / Ross / Rubinstein (1979), S. 262.

[319] Aus der Bedingung der Arbitragefreiheit lässt sich direkt die Präferenzfreiheit der Bewertung ableiten; vgl. hierzu Nau / McCardle (1991); eine präferenzfreie Bewertung ist auf unvollkommenen Märkten nicht mehr möglich, vgl. Smith / Nau (1995), S. 812. Aus Arbitragefreiheit folgt, dass der Marktwert eines Zahlungsstroms maximiert wird. Auf vollkommenen und vollständigen Kapitalmärkten kann ein Marktteilnehmer dann diesen Marktwert realisieren und den Zahlungsstrom verkaufen, um einen seinen individuellen Präferenzen entsprechenden Zahlungsstrom zu erwerben; vgl. hierzu auch Schmidt / Terberger (1997), S. 50-75.

[320] Vgl. Liu (2010), S. 441-442.

[321] Vgl. Mason / Merton (1985), S. 31; Lander / Pinches (1998), S. 549. Siehe zu den folgenden Ausführungen auch Borison (2005).

[322] Vgl. exemplarisch Trigeorgis / Mason (1987), S. 15; Dixit / Pindyck (1994), S. 117. Ein solcher Vermögensgegenstand wird auch als „spanning asset" bezeichnet. Die Frage, ob die Duplikationsbedingung erfüllt ist oder nicht, kann letztlich nur empirisch für den Einzelfall geklärt werden; vgl. Gintschel (1999), S. 78.

[323] Vgl. z.B. Amram / Kulatilaka (1999), S. 143-148, die ein junges Unternehmen bewerten. Dieses Vorgehen ist bei jungen Unternehmen, die radikale Innovationen entwickeln, kritisch zu beurteilen.

zwar ein methodisch korrekter (fiktiver) Markpreis ermitteln, als wäre das Underlying handelbar.[324] Aufgrund dieser restriktiven Annahme einer Existenz eines identischen, aber gehandelten Investitionsobjektes ist die praktische Anwendbarkeit jedoch stark eingeschränkt und lediglich als theoretischer Grenzfall anzusehen.[325]

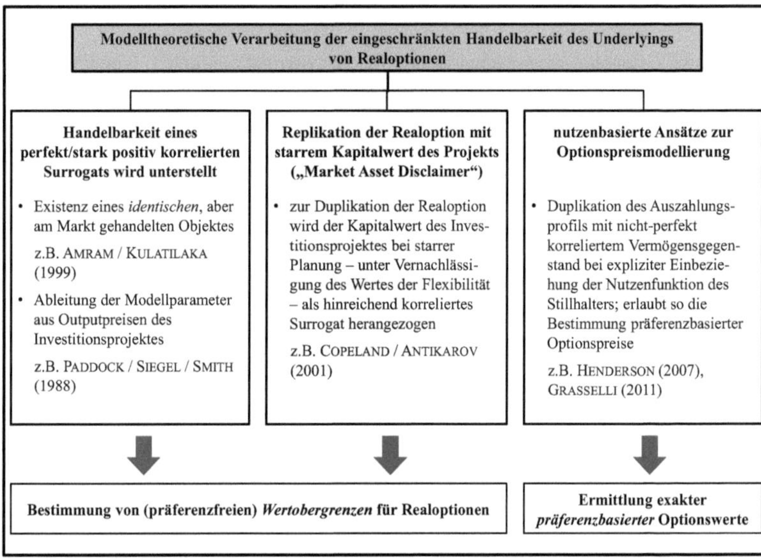

Abbildung 8: Friktionen in zeitdiskreten Realoptionsmodellen[326]

Eine praktikablere Anwendung versprechen jene Ansätze, die das Auszahlungsprofil der Realoption durch einen nicht perfekt, aber stark positiv korrelierten Vermögengegenstand *approximieren*, der auf einem hinreichend liquiden Markt gehandelt wird und für den mithin Marktpreise existieren.[327] Eine exakte Duplikation des Zahlungsstroms aus der Realoption ist bei einer nicht-perfekten Korrelation zwischen dem Underlying und dessen Surrogat nicht möglich. Es ist in diesem Fall lediglich eine unvollständige Absicherung gegen unvorteilhafte Entwicklungen des Investitionsprojektes realisierbar. Es verbleiben idiosynkratische, nicht handelbare und damit nicht diversifizierbare Risiken

[324] Vgl. Borison (2005), S. 18.

[325] Vgl. Borison (2005), S. 19-20. Diese restriktive Annahme ist damit Gegenstand der Kritik der Bewertungsmodelle für Realoptionen; vgl. Henderson (2007), S. 104; Grasselli (2011), S. 740-741.

[326] Eine ähnliche Klassifizierung legen auch Gaur / Seshadri / Subrahmanyam (2011) ihren Ausführungen zugrunde (S. 2182-2183). Einen ausführlichen Überblick über zeitkontinuierliche Ansätze zur Optionsbewertung auf unvollständigen Märkten bietet Staum (2006).

[327] Merton (1998) zeigt, dass bei Annahme eines kontinuierlichen Handels eine Duplikation des Auszahlungsprofils möglich ist, selbst wenn kein perfekt korreliertes Surrogat für das Underlying besteht (S. 326-336). Diese Aussagen bleiben allerdings auf zeitstetige Modelle ohne weitere Friktionen beschränkt.

beim Erwerber der Realoption.[328] Es ist also nicht möglich, das Optionsgeschäft durch ein entsprechendes Gegengeschäft auf dem Finanzmarkt *vollständig* abzusichern.

Der Erwerber einer Realoption kann Risiken mit der Bildung eines Duplikationsportfolios also nur *unvollständig* absichern. Es besteht daher die Möglichkeit, dass sich sowohl das Duplikationsportfolio als auch das Investitionsprojekt unvorteilhaft entwickeln.[329] Mithin verbleibt für den Erwerber der Realoption ein Restrisiko bei dieser unvollständigen Duplikation, weswegen die Realoption mit einem (Risiko-)Abschlag zu bewerten ist.[330] Somit kann allenfalls eine risikoneutrale Wertober*grenze* für den (fiktiven) Marktwert des Realinvestitionsprojektes bestimmt werden unter der Annahme, dass das Investitionsprojekt und sein Surrogat perfekt korreliert seien.[331] Die Bestimmung eines exakten „fairen“ Marktwertes für die Realoption ist immer dann möglich, wenn die Risikostruktur eines Investitionsprojektes durch am Markt gehandelte Vermögensgegenstände exakt dupliziert werden kann.[332] Von einer präferenzfreien Bewertung wird bei der approximativen Duplikation mithin abstrahiert.

Aufgrund der Probleme bei der Identifizierung eines hinreichend korrelierten Vergleichsobjektes wird eine weitere Alternative zur Bildung eines (fiktiven) Duplikationsportfolios darin gesehen, das Underlying selbst zur Bildung eines *fiktiven* Duplikationsportfolios der Realoption zu verwenden (Alternative 2 in Abbildung 8).[333] Dann beschränken sich die Probleme darauf, einen fairen Marktwert für das Investitionsprojekt zu bestimmen, um auf dieser Grundlage den Realoptionswert ermitteln zu können.[334]

---

[328] Vgl. Pyo (2008), S. 10.

[329] Vgl. Dangl / Kopel (2003), S. 58.

[330] Vgl. Detemple / Sundaresan (1999), S. 587-862; Hugonnier / Morellec (2007), S. 1783.

[331] Vgl. Nau / McCardle (1991), S. 221; Nippel (1994), S. 150; Dangl / Kopel (2003), S. 56-61; Knobloch (2003), S. 184; Knobloch (2005), S. 197; oder speziell für Verbundoptionen Liu (2010), S. 444-450. Dieses Vorgehen wählen auch Davis / Schachermayer / Tompkins (2004) bei der Bewertung von VC-Investitionen. Die Wertober- und -untergrenzen bewegen sich innerhalb der *modellunabhängigen* Wertgrenzen für Optionen, wie sie von Merton (1973) für Finanzoptionen formuliert wurden. Alternativ zur Ableitung der Optionspreisparameter aus einem (perfekt) korrelierten Surrogat können die Bewertungsparameter auch aus gehandelten Gütern abgeschätzt werden, die mit der Wertentwicklung des Surrogats stark korreliert sind (weil diese den Wert des Surrogats maßgeblich beeinflussen); vgl. Mason / Merton (1985), S. 31; Teisberg (1995), S. 38; Smit / Trigeorgis (2004a), S. 138-155. So wird z.B. bei der Bewertung von Projekten zur Erschließung von Rohstoffvorkommen vielfach versucht, die Optionspreisparameter aus der Marktpreisentwicklung der Rohstoffe oder der diese fördernden Unternehmen zu gewinnen. Handelt es sich um börsengehandelte Rohstoffe, dann ist im Allgemeinen zugleich die Bildung des Duplikationsportfolios hiermit möglich; vgl. allgemein Copeland / Antikarov (2001), S. 94, oder anhand eine Fallstudie zur Bewertung von Projekten zur Erschließung von Rohölvorkommen Paddock / Siegel / Smith (1988). Bewertungsgenauigkeit und Aussagegehalt des errechneten Optionswertes hängen bei diesem Vorgehen entscheidend von Korrelation des Underlyings mit dem Vergleichsobjekt ab, dessen Auswahl zwangsläufig zu einem gewissen Grad subjektiv ist; vgl. Borison (2005), S. 20-21.

[332] Vgl. Dangl / Kopel (2003), S. 61.

[333] Vgl. Copeland / Antikarov (2001), S. 94-95.

[334] Vgl. Lander / Pinches (1998), S. 549. In diesem Fall handelt es sich bei dem Duplikationsportfolio eindeutig nicht um eine Investitionsalternative, sondern um eine reine Bewertungsfiktion.

Um das Problem eines *Zirkelschlusses* zu vermeiden, wird anstelle des Marktwertes der Kapitalwert – also der „starre“ Projektwert ohne Berücksichtigung der Flexibilität – als Schätzer für den Marktwert zur Bildung des Duplikationsportfolios herangezogen.[335]

Dieses Vorgehen erfordert die Kenntnis oder zumindest die Bestimmbarkeit eines (risiko-)adäquaten Kalkulationszinsfußes zur Diskontierung der Cash Flows des Underlyings.[336] Der Zinsfuß zur Diskontierung wird bei diesem Vorgehen z.B. aus einem vergleichbaren Investitionsobjekt abgeleitet.[337] Das Problem der Bestimmung eines Surrogats für den Marktpreis des Underlyings wird insofern ersetzt durch das Problem der Ableitung eines risikoadjustierten Zinssatzes. Das Vorgehen beinhaltet allerdings eine entscheidende *Verzerrung*, weil der (starre) Kapitalwert den Wert der Entscheidungsflexibilität nicht beinhaltet. Insbesondere bei Projekten, bei denen der Wert der Flexibilität einen großen Anteil am Gesamtwert ausmacht, sind bei diesem Vorgehen erhebliche Fehlbewertungen zu erwarten.[338] Zweifelhaft erscheint, ob die Duplikation einer (werthaltigen) Realoption mit dem Kapitalwert des Investitionsprojektes möglich ist, wenn dieser negativ ausfällt.[339] Bei sequenziellen Investitionen in junge Unternehmen ist davon auszugehen, dass der Wert der Flexibilität, über die weitere Kapitalbereitstellung in Abhängigkeit von dem Erfolg des Geschäftsmodells entscheiden zu können, einen erheblichen Teil des Wertes der Realoption ausmacht.[340] Insofern lassen sich auch bei diesem Vorgehen – bestenfalls – Wertobergrenzen für den Wert der Beteiligungen inhärenten Realoptionen bestimmen.[341] Die Duplikation der Realoption mit dem Kapitalwert bei starrer Investitionsplanung ist insofern der direkten Duplikation mit einem vergleichbaren, wenn auch nicht perfekt korrelierten Vermögensgegenstand als methodisch unterlegen anzusehen und wird somit verworfen.

Nutzenbasierte Optionspreismodelle (Fall 3 in Abbildung 8) abstrahieren vollkommen von einer präferenzfreien Bewertung von Optionen.[342] Vielmehr wird explizit die Risi-

[335] Vgl. Teisberg (1995), S. 38-39; Copeland / Antikarov (2001), S. 94; Copeland / Weston / Shastri (2008), S. 399-401. Hierbei treten die zuvor in Abschnitt II.1.b. gennanten Probleme auf.

[336] Vgl. Lander / Pinches (1998), S. 549. Eine (theoretische) Ableitung des Diskontierungszinsfußes aus einem Gleichgewichtsmodell wie dem CAPM erfordert allerdings wiederum das Vorliegen eines (informations-)effizienten *Marktes*.

[337] Vgl. Copeland / Antikarov (2001), S. 95.

[338] Kritisch hierzu auch Cooper (2012).

[339] Beispiele für derartige Projekte werden häufig als Rechtfertigung für die Verwendung des Realoptionsansatzes angeführt und der starre Kapitalwert als unzureichendes Bewertungsverfahren abgelehnt; vgl. stellvertretend für viele Dixit / Pindyck (1995), S. 111; Hahnenstein / Erner / Röder (2002), S. 729-732.

[340] Vgl. anstelle einer Vielzahl Trigeorgis (1993a).

[341] Dieses Vorgehen abstrahiert in noch stärkerem Maße von der risikoneutralen Bewertung, mit der sich objektive und eindeutige Optionswerte bestimmen lassen.

[342] Vgl. Brennan (1979), S. 53-56; Knobloch (2005), S. 235. Ein Überblick über nutzenbasierte Modelle zur Optionspreisermittlung findet sich bei Henderson / Hobson (2009).

konutzenfunktion des Erwerbers der Option zur Bewertung herangezogen.[343] In der Regel wird ein risikoaverser Erwerber der Option unterstellt. Da eine exakte Duplikation des Auszahlungsprofils einer Realoption nicht möglich ist, verbleiben idiosynkratische Risiken aus der Option beim Stillhalter.[344] Die Einbeziehung einer individuellen (Risiko-)Nutzenfunktion erlaubt mithin die Bestimmung eines (modelltheoretisch exakten) *subjektiven* Optionswertes.[345] Da der Stillhalter der Realoption die Risiken nicht durch Transaktionen am Markt vollständig absichern kann,[346] fällt bei Risikoaversion der subjektive Optionswert c.p. geringer aus als bei einer präferenzfreien Bewertung.[347] Insofern lassen sich nur subjektive Optionswerte in Abhängigkeit der individuellen Risikoneigung bestimmen. Bei unterschiedlichen Nutzenfunktionen der Marktteilnehmer kann es dann zu Einigungslücken kommen, wenn der Grenzpreis des Erwerbers unter dem Grenzpreis des Verkäufers der Option liegt.

Die explizite Einbeziehung der Risikoneigung der Marktteilnehmer erlaubt die Bestimmung eines (vermeintlich) exakten Optionswerts, wenn eine Duplikation der Realoption mit am Markt gehandelten Vermögensgegenständen nicht möglich ist. Als zentrales Problem verbleibt bei diesen Ansätzen jedoch die Schätzung und *Operationalisierung* der Risikonutzenfunktion des Stillhalters.[348] Da es kaum möglich ist, die Risikoneigung von Unternehmen adäquat abzubilden,[349] erscheinen nutzenbasierte Ansätze zur Bewertung von CVC-Investitionen ungeeignet. Stattdessen ist für das Underlying ein entsprechendes (fiktives) Surrogat zu suchen, das eine möglichst starke Korrelation zur Wertentwicklung des Underlyings aufweist.[350]

Zu berücksichtigen ist bei allen Bewertungsmodellen außerdem, dass nicht nur das Underlying, sondern auch die Realoption an sich nicht handelbar ist, da sie an ein unternehmensspezifisches Investitionsprojekt gebunden ist. Dies mindert den Wert der Realoption: Nicht oder nur eingeschränkt handelbare Optionen werden mit einem *Abschlag* bewertet, da sie die Investitionsstrategie des Erwerbers einschränken; aus der fehlenden Möglichkeit, eine (Real-)Option zu veräußern, können z.B. Opportunitätskosten entste-

343 Solche nutzenbasierten Optionspreismodelle finden sich z.B. bei Kasanen / Trigeorgis (1995); Henderson (2007); Hugonnier / Morellec (2007); Pyo (2008); Grasselli (2011).

344 Vgl. Henderson (2007), S. 104-106. Dabei steigt das verbleibende idiosynkratische Risiko mit der geringer werdenden Korrelation zwischen der Wertentwicklung des Underlyings und dem Vermögensgegenstand zur Duplikation.

345 Vgl. Mello / Pyo (2006), S. 90.

346 Vgl. Hoggard / Whalley / Wilmott (1994), S. 23.

347 Es zeigt sich, dass der subjektive Optionswert sowohl mit der geringer werdenden Korrelation als auch mit steigender Risikoaversion sinkt; vgl. Henderson (2007).

348 Vgl. Hugonnier / Morellec (2007), S. 1789-1792; Pyo (2008), S 32; Grasselli (2011), S. 763.

349 Vgl. Henderson / Hobson (2009), S. 73.

350 Vgl. exemplarisch Hubalek / Schachermayer (2001).

hen.[351] Aufgrund von Opportunitätskosten kann es vorteilhaft sein, Realoptionen vorzeitig auszuüben;[352] eine Realisierung des Zeitwertes ist nicht möglich.[353] Als *Zwischenergebnis* kann daher festgehalten werden, dass sich für Realoptionen nur Wertobergrenzen bestimmen lassen unter der Annahme, dass Märkte für Realinvestitionen vollkommen und vollständig sind.

d. Berücksichtigung von Transaktionskosten in Optionspreismodellen

Transaktionskosten werden bei der Bewertung von Finanz- und Realoptionen relevant, wenn tatsächlich die Bildung eines Duplikationsportfolios angestrebt wird und dies (transaktions-)kostenlos nicht möglich ist. Während auf Finanzmärkten die Transaktionskosten gering sind und bei der Bewertung von Finanzoptionen vernachlässigt werden können, sind sie auf *realwirtschaftlichen* Märkten ungleich höher.[354] Damit ist eine Vernachlässigung von Transaktionskosten bei der Bewertung von Realoptionen nicht zu begründen.

Eine endogene Berücksichtigung von Transaktionskosten in Bewertungsmodellen für Realoptionen erscheint dann geboten, wenn der Erwerb des Duplikationsportfolios tatsächlich eine *Investitionsalternative* zum Erwerb der Realoption für den Investor darstellt oder dieser versucht, die Risiken aus dem Erwerb der Realoption (teilweise) durch den Erwerb des Duplikationsportfolios abzusichern. Bei Finanzoptionen kann der Aufbau einer Risikoposition alternativ durch den Erwerb einer Kaufoption oder den kreditfinanzierten Erwerb des Underlyings erfolgen. Bei der Bildung und jeder später notwendigen Anpassung des Duplikationsportfolios können dann fixe und/oder variable *Transaktionskosten* entstehen. Die gesamten Transaktionskosten der Anpassungsvorgänge des Duplikationsportfolios bis zur Ausübung der Option fallen zusätzlich zu den

[351] Vgl. Longstaff (1995). Der Bewertungsabschlag wächst dabei mit steigender Laufzeit und steigender Volatilität der Optionen. Die Aussagen aus dem Modell Longstaffs werden empirisch bestätigt für Finanzoptionen durch Brenner / Eldor / Hauser (2001) sowie für Forwards und Swaps durch Eldor et al. (2006).

[352] Vgl. Lander / Pinches (1998), S. 549; Detemple / Sundaresan (1999), S. 846-855; Henderson (2007), S. 104-105.

[353] Für (amerikanische) Calls ist eine vorzeitige Ausübung nicht vorteilhaft, da dann der Zeitwert verfällt. Einer Ausübung vor Ende der Laufzeit ist die Veräußerung der Option vorzuziehen; vgl. Merton (1973), S. 144.

[354] Der Hauptgrund für die geringen Transaktionskosten auf Finanzmärkten ist das Vorliegen liquider (Sekundär-)Märkte für die weitgehend standardisierten Finanzkontrakte; für Realinvestitionen fehlen solche Märkte hingegen.

Ausgaben für den teilweise kreditfinanzierten Erwerb des Underlyings an. Das Duplikationsportfolio wird insofern „teurer". Damit steigt zugleich der faire Wert der Option.[355]

Kritisch erscheint jedoch bei der Erweiterung des zeitstetigen Modells von BLACK / SCHOLES (1973), dass die Summe der Transaktionskosten und damit der Optionswert aufgrund der Vielzahl infinitesimaler Anpassungen beliebig ansteigen kann. Der Erwerb einer Option wird aber bei steigendem Preis unattraktiv, weil das Wertsteigerungspotenzial des Underlyings unverändert ist; der Preis einer Option kann keinesfalls den Wert des Underlyings übersteigen, stattdessen ist dann der direkte Erwerb des Underlyings vorzuziehen. Interessant werden daher vielmehr Ansätze, die von einer exakten Duplikation des Zahlungsstroms aus der Option absehen, dafür aber geringere Transaktionskosten aufweisen. Insofern bedarf es einer veränderten Duplikationsstrategie in Modellen, die einen kontinuierlichen Handel unterstellen.[356] Als Ausweg bei der modellendogenen Berücksichtigung von Transaktionskosten wird daher der Übergang von einer zeitkontinuierlichen zu einer *zeitdiskreten* Betrachtung vorgeschlagen, bei der nur noch zu bestimmten Zeitpunkten eine Anpassung des Duplikationsportfolios erfolgt.[357]

In zeitdiskreten Modellen ist eine Berücksichtigung der Transaktionskosten einfacher möglich, da hier nur eine endliche Anzahl an Portfolioanpassungen erfolgt. Eine solche Erweiterung des Modells von COX / ROSS / RUBINSTEIN (1979) um proportionale[358] Transaktionskosten entwickeln BOYLE / VORST (1992).[359] In einer Simulation zeigt sich zum einen, dass die Differenz zwischen den Optionswerten mit und ohne Berücksichtigung von Transaktionskosten dann am größten ist, wenn der Preis des Underlyings dem diskontierten Ausübungspreis entspricht.[360] Die Anpassungen des Duplikationsportfo-

---

[355] Siehe hierzu die grundlegenden Arbeiten von Gilster / Lee (1984); Leland (1985); Hodges / Neuberger (1989); Boyle / Vorst (1992). Steht ein Investor vor der Entscheidung, eine (Re-al-)Option zu erwerben, deren fairen Wert er nicht kennt, oder ein Duplikationsportfolio mit identischen Auszahlungen, dann sind die Transaktionskosten zur Bildung des Duplikationsportfolios für ihn unmittelbar entscheidungsrelevant. Sie erhöhen den Preis, den er für die Option zu zahlen bereit ist, da er die Transaktionskosten bei Erwerb des Duplikationsportfolios zu entrichten hat; vgl. hierzu auch Gilster / Lee (1984), S. 1216.

[356] Vgl. Leland (1985), S. 1283-1285; Bensaid et al. (1992), S. 63-66; Lai / Lim (2009), S. 1946. Ein solcher Ansatz findet sich z.B. bei Hodges / Neuberger (1989), die eine Nutzenfunktion einführen, um den Zielkonflikt zwischen der Genauigkeit der Duplikation (und damit der Minimierung der Risiken aus der Option) und den damit verbundenen Transaktionskosten aufzulösen.

[357] Vgl. Staum (2006), S. 517.

[358] Es werden Transaktionskosten berücksichtigt, die sich proportional zum Wert des gehandelten Underlyings verhalten; Transaktionskosten bei der Anpassung der risikolosen Kapitalanlage und -aufnahme werden vernachlässigt. Ein Modell zur Berücksichtigung *fixer* Transaktionskosten findet sich dagegen bei Edirisinghe / Naik / Uppal (1993).

[359] Das Modell von Vorst / Boyle (1992) weist dabei den Vorzug auf, dass es bei Abstraktion von Transaktionskosten mit dem Modell von Cox / Ross / Rubinstein (1979) übereinstimmt Deswegen wird es als Referenzmodell herangezogen.

[360] Vgl. Boyle / Vorst (1992), S. 279-281.

lios bei Wertveränderungen des Underlyings sind dann am umfangreichsten. Ist die Option hingegen weit „aus dem Geld", so dass eine Ausübung der Option sehr unwahrscheinlich ist, oder die Option „tief im Geld", so dass eine Ausübung sehr wahrscheinlich ist, dann sind bei kleineren Wertänderungen des Underlyings lediglich geringe Anpassungen erforderlich.[361] Zum anderen zeigt sich, dass die gesamten Transaktionskosten mit dem proportionalen Transaktionskostensatz und der Zahl der Portfolioanpassungen steigt.

Eine modellendogene Berücksichtigung von Transaktionskosten bei der Bewertung von Realoptionen ist somit grundsätzlich möglich. Transaktionskosten können aber dann vernachlässigt werden, wenn es sich bei dem Duplikationsportfolio um eine reine *fiktive* Investitionsalternative handelt, die der Inhaber der Realoption nicht wirklich in Erwägung zieht.[362] Bei CVC-Investitionen stellt die Bildung des Duplikationsportfolios keine realistische Investitionsalternative zu einer Beteiligung an einem jungen Unternehmen dar. Als Alternativen sind vielmehr die Durchführung eigener FuE-Projekte oder eigene Projekte zur Unternehmensentwicklung zu sehen, mit denen sich ähnliche Zielsetzungen verfolgen lassen. Insofern kann die Bildung des Duplikationsportfolios bei der Bewertung von CVC-Investitionen als reine Fiktion angesehen werden.[363] Von einer modellendogenen Berücksichtigung von Transaktionskosten wird in dieser Arbeit daher abgesehen.

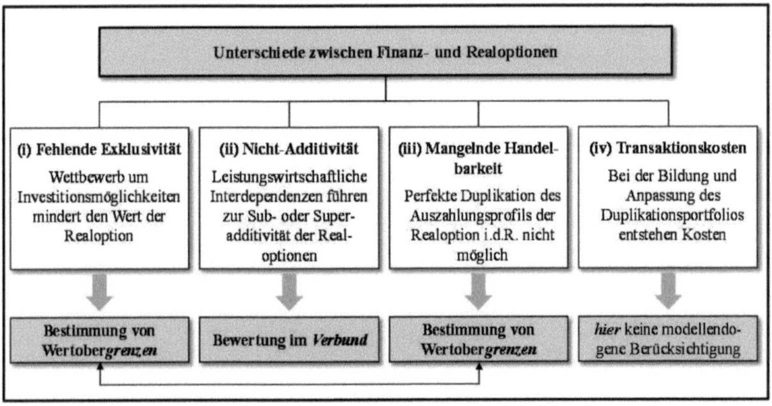

Abbildung 9: Implikationen der Analogiegrenzen zwischen Finanz- und Realoptionen

---

361 Ausführlich hierzu Rubinstein / Leland (1995).

362 Nippel (1994) spricht in diesem Zusammenhang von einem „(gedachten) Arbitrageportefeuille" (S. 151).

363 Aus diesem Grund haben Transaktionskosten in der Literatur keine systematische Berücksichtigung bei der Bewertung von Realoptionen gefunden; nach Kenntnis des Autors existiert keine Arbeit, die Transaktionskosten bei der Bewertung von Realoptionen explizit einbezieht.

Der Anspruch dieser Arbeit beschränkt sich daher darauf, den Einfluss bewertungsrelevanter Friktionen wie der Nicht-Exklusivität, Nicht-Additivität und mangelnden Handelbarkeit von Realoptionen auf den Gehalt des Bewertungsmodells zu berücksichtigen. Transaktionskosten sind hingegen nur beim Erwerb sowie der Veräußerung der Beteiligung oder der Akquisition des jungen Unternehmens im Rahmen von CVC-Investitionen einzubeziehen. Die zuvor genannten Einschränkungen werden im Folgenden sowohl bei der Modell*entwicklung* als auch bei der Modell*anwendung* und -interpretation aufgegriffen. Abbildung 9 fasst die Implikationen für die optionspreistheoretische Bewertung sequenzieller (CVC-)Investitionen zusammen.

Die mangelnde Exklusivität und eigeschränkte Handelbarkeit führen dazu, dass lediglich Wertobergrenzen für die Realoptionen bestimmt werden können. Die Nicht-Additivität einzelner Optionsrechte erfordert hingegen die Bewertung als Verbundoption.

III. Modellierung sequenzieller CVC-Investitionen als Verbundoption

1. Entwicklung eines zweistufigen Grundmodells

a. Idee einer Betrachtung sequenzieller Investitionen als Verbundoption

Bei der Finanzierung von jungen Unternehmen durch einen (C)VC-Geber erfolgt üblicherweise eine Staffelung der Investitionen.[364] In Deutschland werden ca. 70% aller Investitionen von (konventionellen) VC-Gebern in junge Unternehmen sequenziell vorgenommen.[365] Mit der Staffelung der Investitionen streben die Kapitalgeber nach einer Reduzierung der finanziellen Risiken; zugleich werden aber auch Verhaltensrisiken gemindert.[366] Letztere ergeben sich aus der Prinzipal-Agenten-Beziehung zwischen CVC-Geber und -Nehmer.[367] Mit der Staffelung der Investitionen in junge Unternehmen versucht der CVC-Geber positive Leistungsanreize für den Gründer zu schaffen; der CVC-Geber hat die *Option* zu investieren, kann also die sequenzielle Kapitalbereitstellung für das Portfoliounternehmens von dessen erfolgreicher Entwicklung abhängig machen.[368] Nur im Falle einer erfolgreichen Entwicklung des jungen Unternehmens werden also weitere Ressourcen bereitgestellt.

Ein Abbruch der Investitionssequenz geht in der Regel mit der Liquidation des jungen Unternehmens einher. Die möglichen Verluste im Misserfolgsfall sind aber auf das zuvor bereitgestellte Beteiligungskapital sowie den Aufwand für die Auswahl und Betreuung des jungen Unternehmens begrenzt. Damit werden die finanziellen Risiken im Vergleich zu einer vollständigen Vorabinvestition reduziert. Eine vollständige Ausfinanzierung ermöglicht mitunter eine schnellere Entwicklung junger Unternehmen, was ebenfalls Anreize für einen Gründer bieten kann.[369] Ein Blick in die Finanzierungs*praxis* junger Unternehmen zeigt jedoch, dass die Vertragsgestaltung zwischen Wagnisfinan-

[364] Vgl. stellvertretend für eine Vielzahl Sahlman (1988, 1990); Gompers (1995); Kaplan / Strömberg (2004); Dahiya / Ray (2012). Dies gilt gleichermaßen für konventionelle VC-Investitionen wie für CVC-Investitionen; vgl. Lerner (1994), 19-25, insbesondere Fn. 6. Auf optionspreistheoretische Bewertungsmodelle für VC-Portfoliounternehmen, die den sequenziellen Charakter von VC-Investitionen nicht explizit einbeziehen (z.B. Willner (1995), Goldenberg / Goldenberg (2009)), wird in dieser Arbeit nicht weiter eingegangen, da die Staffelung der Kapitalzufuhr als zentrales Charakteristikum von VC-Investitionen angesehen wird; vgl. z.B. Keeley / Punjabi / Turki (1996), S. 116.

[365] Vgl. Bienz / Hirsch / Walz (2009), S. 22.

[366] Vgl. Gompers (1995); Brachtendorf (2004), S. 70-153; Witt / Brachtendorf (2006) und die dort zitierte Literatur. Eine Reduzierung der finanziellen Risiken für den CVC-Geber wird erreicht über eine (Re-) Allokation der Risiken und Cash Flows des Investitionsprojektes zwischen dem Gründer und dem CVC-Geber; vgl. hierzu auch Sahlman (1988).

[367] Vgl. exemplarisch Neher (1999); Dahiya / Ray (2012).

[368] Vgl. analog für VC-Investitionen Keeley / Turki (1993a), S. 662.

[369] Denkbar ist beispielsweise, dass durch die Vorabinvestition die Innovationen des jungen Unternehmens schneller bis zu Marktreife entwickelt werden können; hierdurch können sich zugleich dessen Erfolgschancen verbessern.

zierern und jungen Unternehmen durch die Absicht zur Minimierung finanzieller Risiken geprägt ist.[370] Jungen Unternehmen wird das Beteiligungskapital also in der Regel sequenziell zur Verfügung gestellt. Nach dem Beteiligungserwerb hat der CVC-Geber aufgrund seiner (Mit-)Eigentümerstellung das Recht, weiterhin sukzessive an den folgenden Investitionsrunden in das junge Unternehmen zu partizipieren.[371]

Der Optionscharakter[372] der *sequenziellen* Investitionen in junge Unternehmen wird bereits in einer Reihe unterschiedlicher Modelle analysiert.[373] TRIGEORGIS (1993a, 1996) modelliert bei der sequenziellen Investition in VC-Portfoliounternehmen eine Abbruchoption[374] des VC-Gebers, also die Möglichkeit zur Beendigung der Investitionen in das Unternehmen.[375] Es unterbleibt jedoch eine explizite Betrachtung der Möglichkeit, auch künftig sukzessive in das Portfoliounternehmen zu investieren und an dessen Wertsteigerung partizipieren zu können.[376]

Eine Erweiterung stellt demgegenüber die Modellkonzeption von BRACHTENDORF (2004) dar, der die gestaffelten Investitionen und sich daraus ergebenden Handlungsoptionen – neben bereits angeführten Abbruchoptionen – mithilfe von Initialisierungs- und Erweiterungsoptionen abbildet.[377] In jeder Investitionsrunde hat der Kapitalgeber die Möglichkeit, dem Unternehmen weiteres Kapital bis zur nächsten Investitionsrunde be-

---

370 Vgl. Kaplan / Strömberg (2003, 2004); speziell CVC-Verträge sind Gegenstand der Untersuchung von Cumming (2006a).

371 Vgl. Folta (1998), S. 1011; Li (2008), S. 498.

372 Im Folgenden wird der Fokus auf die Flexibilität gelegt, die sich aus der Staffelung der Investitionen in ein junges Unternehmen ergeben; die Alternative, in einer späteren Investitionsrunde erstmalig zu investieren („option to wait"), wird nicht betrachtet.

373 Erstmalig veranschaulicht Sahlman (1988), S. 27-31, den Optionscharakter sequenzieller VC-Investitionen und zeigt anhand eines Beispiels, dass der Barwert der sukzessiven Investitionen den Barwert der vollständigen Vorabinvestition übersteigt; folglich misst er der Option zur Beendigung der Investitionssequenz einen positiven Wert bei, ohne diese jedoch explizit optionspreistheoretisch zu bewerten. Ähnlich geht Gompers (1995) vor, der die „option to abandon" des VC-Gebers als Anreizmechanismus gestaffelter Investitionen erkennt, diese aber nicht bewertet. Cossin / Leleux / Saliasi (2002, 2005) fassen gar VC-Verträge als Bündel von Realoptionen („baskets of real options") auf. Den Erklärungsgehalt einer derartigen optionspreistheoretischen Modellierung für die *empirisch* beobachtbaren Bewertungen von Beteiligungen an jungen Unternehmen belegen Seppä / Laamanen (2001). Einen Überblick zur optionspreistheoretischen Bewertung speziell von CVC-Investitionen bieten Tong / Li (2011), S. 661-662.

374 Der Abbruch der Investitionen in das Unternehmen verursacht in der Regel dessen Liquidation, wobei dem VC-Geber die (anteiligen) Liquidationserlöse (als Ausübungspreis der Abbruchoption) zufließen; vgl. Brachtendorf (2004), S. 94-95. Eine Abbruchoption („option to default") kann auch in einer vertraglich vereinbarten Put-Option bestehen, also z.B. dem Recht, die Anteile an den Gründer zu einem vorher vereinbarten Preis zurückzugeben; alternativ kann sich eine Abbruchoption aus einer Fremdkapitalforderung ergeben, wenn das Portfoliounternehmen diese nicht bedienen kann; vgl. Bienz / Hirsch / Walz (2009), S. 36.

375 Vgl. Trigeorgis (1993a), S. 211, 216-221; Trigeorgis (1996), S. 10-11.

376 Die Berücksichtigung der Interdependenzen dieser Optionsrechte unterbleibt folglich auch.

377 Vgl. Brachtendorf (2004), S. 87-105. Einen ähnlichen Modellansatz wählen auch Li / Mahoney (2006).

reitzustellen (Erweiterungsoption), oder die Investitionssequenz abzubrechen (Abbruchoption, vgl. auch Abbildung 10).

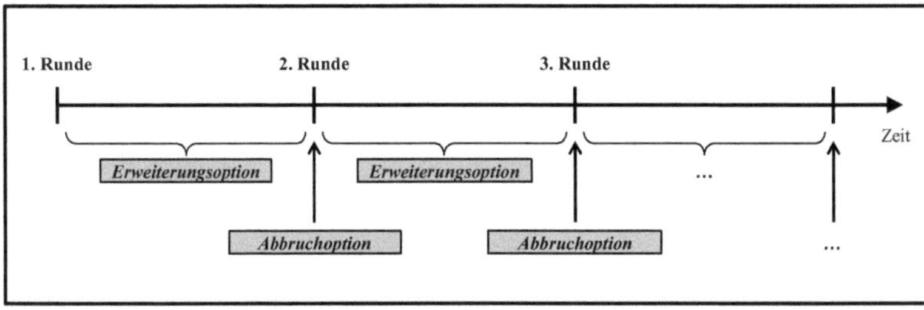

Abbildung 10: Modellierung sequenzieller VC-Investitionen mit Erweiterungs- und Abbruchoptionen[378]

Insofern werden die Handlungsoptionen des CVC-Gebers in jedem Zeitpunkt vollständig erfasst. Fraglich erscheint aber, ob die Möglichkeit zur Beendigung des Investitionsprojektes mithilfe einer Abbruchoption, also analog zu einer Verkaufsoption, das Entscheidungskalkül sachgerecht strukturiert. Aufgrund des signifikanten Anteils an *Totalausfällen* – im Durchschnitt kommt es bei ca. 30% der Portfoliounternehmen konventioneller VC-Geber zu einem Totalverlust des eingesetzten Kapitals (siehe Abbildung 11) – wird gerade kein (signifikant) positiver Ausübungspreis einer denkbaren Verkaufsoption (z.B. durch die Liquidation des Portfoliounternehmens) erzielt.[379]

Sieht man von möglichen Grenzfällen ab, in denen z.B. durch Übernahme eines Patents noch ein positiver Liquidationswert erzielt werden kann, dann ist davon auszugehen, dass der Anteil der Totalausfälle bei CVC-Investitionen vergleichbar hoch ist. Ein Totalverlust entspricht dann einer Verkaufsoption mit einem Ausübungspreis von Null, die wertlos und insofern nicht weiter untersuchungswürdig ist. Für die Beteiligungsinvestitionen des CVC-Gebers besteht mithin eine hohe Wahrscheinlichkeit eines Totalausfalls des bereitgestellten Kapitals. Das *Risiko* der sequenziellen CVC-Investitionen soll hier daher definiert werden als der mit dem Investitionsprojekt verbundene *maximal mögliche Verlust.*[380] Der maximal mögliche Verlust steigt mit der Bereitstellung weiterer

---

378 Quelle: Eigene Darstellung in Anlehnung an Brachtendorf (2004), S. 99. Es wird eine Erweiterungsoption amerikanischen Typs unterstellt, d.h., eine Ausübung ist bis zur nächsten Investitionsrunde möglich; als Abbruchoption wird hingegen eine Verkaufsoption europäischen Typs angenommen, d.h., es besteht die Möglichkeit zum Abbruch der Investitionen in jeder Investitionsrunde.

379 In den Jahren 2009-2012 war der Anteil an Veräußerungen der Beteiligungen an strategische (industrielle) Investoren mit ca. 30% vergleichbar hoch. Deutlich wird hierdurch wiederum, dass die Akquisition junger Unternehmen ein häufig gewählter Weg zur Erschließung externer Innovationen darstellt. Die weiteren Exitkanäle umfassen den Börsengang, den Verkauf an einen Finanzinvestor, einen Rückkauf der Anteile durch den Gründer sowie einen Management Buyout; eine Aufschlüsselung findet sich ebenfalls in den Statistiken des BVK (2011, 2012).

380 Die hier gewählte Definition des Risikos weist insofern Parallelen zu *Value at Risk* auf, der jenen Verlust eines bestimmten Investitionsobjektes bezeichnet, der mit einer gegebenen Wahrscheinlichkeit

Ressourcen durch den CVC-Geber im Zeitablauf an.[381] Die Wahl eines *Downside*-Risikomaßes zur Charakterisierung von CVC-Investitionen ist darin begründet, dass Unternehmen in (Real-)Optionen investieren, um bei einem begrenztem Verlustpotenzial die *Chance* zu haben, an einer positiven Entwicklung des Investitionsprojektes zu partizipieren,[382] die Wahl eines symmetrischen Risikomaßes, bei dem positive wie negative Wertveränderungen gleichermaßen zu einem Ansteigen der Risikogröße führen, sind daher nicht aussagekräftig.

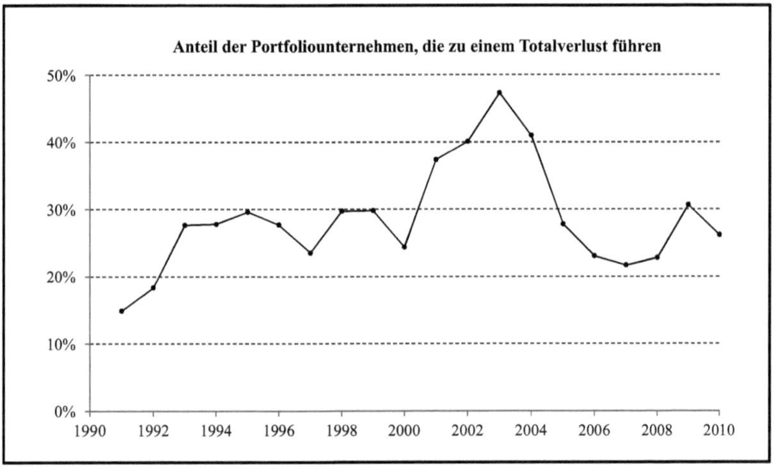

Abbildung 11: Totalausfälle deutscher VC-Geber 1991-2011[383]

Die Möglichkeit zur Beendigung der gestaffelten Investitionen durch den CVC-Geber begrenzt seine Verluste auf bereits geleistete Auszahlungen und führt in der Regel zu einer Insolvenz des jungen Unternehmens, sofern nicht andere Kapitalgeber anstelle des CVC-Gebers weiter investieren. Der mit dem Abbruch der Investitionen möglicher-

(z.B. 99%) innerhalb eines gegebenen Zeithorizonts nicht überschritten wird. Bei den hier betrachteten CVC-Investitionen ist das Risiko eines Totalausfalls allerdings so hoch, dass der Value at Risk bei den üblichen Konfidenzniveaus (i.d.R. > 90%) das gesamte investierte Kapital umfasst, also den maximal möglichen Verlust.

381 Die Charakterisierung als maximal *möglicher* Verlust zeigt auch an, dass die geleisteten Investitionen nicht immer vollkommen irreversibel sein müssen.

382 Vgl. Miller / Reuer (1996), S. 674. Das hier gewählte Risikoverständnis deckt sich insofern auch eher mit dem subjektiven Risikoverständnis von (CVC-)Managern; vgl. z.B. March / Shapira (1990), S. 1407-1411; Baird / Thomas (1990), S. 41-48.

383 Quelle: Eigene Darstellung, basierend auf Daten des BVK (2002, 2011, 2012). Sahlman (1990) dokumentiert für den US-amerikanischen Markt in 34,5% der untersuchten Fälle einen erheblichen Verlust aus den Portfoliounternehmen, wobei es sich bei 11,5% der Unternehmen um einen Totalausfall handelt. Zu ähnlichen Ergebnissen kommen Cumming / MacIntosh (2003) und Cumming (2008). Speziell für CVC liegen keine vergleichbaren Daten vor. Die Risiken eines Totalausfalls variieren jeweils mit der Investitionsphase und der Branche des Portfoliounternehmens; vgl. Hauschild (2009), S. 51-57, und die dort zitierte Literatur.

weise verbundene Totalverlust des bereitgestellten Kapitals entspricht insofern eher der *Nichtausübung* einer (Kauf-) Option auf die Vornahme weiterer Investitionen in das junge Unternehmen als der Ausübung einer Verkaufsoption.[384] Auf diese zentrale Idee wird bei der folgenden Konstruktion des eigenen Modells rekurriert.

Eine weitere Einschränkung der Modellkonzeption BRACHTENDORFS ist darin zu sehen, dass eine Berücksichtigung der *Interdependenzen* zwischen den Optionswerten der Erweiterungs- und Abbruchoptionen aus den sequenziellen Investitionen kaum möglich ist.[385] Von einer Wertadditivität von Erweiterungs- und Abbruchoptionen ist nicht auszugehen, da die (Nicht-)Ausübung einer Option unmittelbar den Wert der anderen Optionen beeinflusst: Wird das Projekt z.B. in einer frühen Investitionsrunde abgebrochen, so verfallen damit alle weiteren, zeitlich nachgelagerten Abbruch- und Erweiterungsoptionen unmittelbar und werden wertlos. Eine schlichte Addition der Optionswerte von Erweiterungs- und Abbruchoptionen führt damit zu einer Fehlbewertung des gesamten Investitionsprojektes. Die Bewertung der sukzessiven Investition mittels Erweiterungs- und Abbruchoptionen strukturiert zwar die Entscheidungsalternativen des CVC-Gebers. Sie bleibt aber insofern unbefriedigend, als dass die Abhängigkeit zeitlich aufeinanderfolgender Investitionen nicht in die Bewertung einfließt.

Möglich ist die explizite Bewertung dieser Interdependenzen, sofern (sequenzielle) CVC-Investitionen als *Verbund*optionen modelliert werden, also als Reihe verbundener Kaufoptionen. Investitionsprojekte lassen sich als (reale) Verbundoptionen interpretieren, sofern mit der Ausübung einer Option der Erwerb mindestens einer weiteren Option verbunden ist.[386] Dies trifft auf fast alle sequenziellen Investitionsprojekte zu, deren Entwicklung sich in Phasen vollzieht und bei denen erst mit Fertigstellung des Projektes eine Wertrealisierung (z.B. in Form von Cash Flows) erfolgt.[387] Insofern wird die Mo-

---

384 Ähnlich treffen auch Keeley / Punjabi / Turki (1996), S. 122, bei der Bewertung der sequenziellen VC-Investitionen mit Verbundoptionen die Annahme, dass bei Nicht-Ausübung der Verbundoption ein Totalverlust resultiert. Ähnlich auch Guo / Lou / Perez-Castrillo (2011), S. 7.

385 Auf die Bewertungsprobleme, die sich ergeben, wenn mehrere Optionen auf ein und dasselbe Underlying betrachtet werden, wurde bereits in Abschnitt II.2.a. hingewiesen; in diesem Fall gilt das Prinzip der Wertadditivität nicht. Dieses Problem erkennt auch Brachtendorf (2004), S. 100-103, bietet jedoch keine Lösung hierfür an.

386 So äußert sich Carr (1988), S. 1235: „The opportunity to invest in a project may be characterized as a simple call option on the value of the project's cash inflows, with the exercise price equal to the required investment. If investing in a project unveils further opportunities, then compound option pricing is appropriate." Ähnlich auch Geske (1979), S. 63; Dixit / Pindyck (1994), S. 320; Trigeorgis (1996), S. 132.

387 Vgl. Majd / Pindyck (1987), S. 7-10. Der Anreiz, Investitionsmittel sequenziell anstatt vollständig vorab bereitzustellen steigt dabei mit zunehmender Unsicherheit; vgl. Folta (1998), S. 1011.

dellierung sequenzieller CVC-Investitionen als *verbundene Kaufoptionen* weiter untersucht.[388]

Werden gestaffelte CVC-Investitionen als Reihe verbundener Kaufoptionen aufgefasst, dann wird in der ersten Investitionsrunde eine Option erworben, um an der folgenden Runde teilzunehmen und an der Wertsteigerung des Portfoliounternehmens zu partizipieren (siehe hierzu Abbildung 12).[389] In der zweiten Investitionsrunde wird, sofern weiter in das Portfoliounternehmen investiert wird, die erste Investitionsoption ausgeübt und die Option erworben, an der dritten Runde teilzunehmen.[390] Die erste Investition einer Folge von Optionen stellt die *Prämie* für den Erwerb der Verbundoption dar. Jede weitere Investitionsrunde repräsentiert hingegen die Ausübung einer weiteren Stufe der Verbundoption.[391] Zugleich können bei verbundenen Kaufoptionen die (zeitlich) aufeinander folgenden Optionen nur erworben und ausgeübt werden, wenn bereits die vorherigen Optionen ausgeübt wurden.[392] Damit werden die Interdependenzen zwischen den Optionen erfasst.

Die Wertermittlung sequenzieller Verbundoptionen muss *retrograd* erfolgen, d.h., es wird zuerst eine Bewertung jener Option vorgenommen, die am weitesten in der Zukunft liegt, also der *inneren Option* (hier: Investitionsoption der Investitionsrunde (z-1) in Abbildung 12).[393] Es erfolgt also eine Bewertung der Optionen in umgekehrter Reihenfolge zu deren Ausübung und der damit verbundenen Entscheidungssequenzen.[394] Der Wert einer zeitlich nachgelagerten Investitionsoption findet als „Marktwert" des

---

[388] So schlagen z.B. Keeley / Punjabi / Turki (1996); Cossin / Leleux / Saliasi (2002); Lin / Lee / Duan (2006) und Hsu (2010) die Bewertung sequenzieller VC-Investitionen mit Verbundoptionen vor. Während Keeley / Punjabi / Turki (1996) ein Unternehmensbewertungsmodell entwickeln, simulieren Cossin / Leleux / Saliasi (2002) anhand eines analytischen Modells u.a. den Einfluss einer steigenden Anzahl an Investitionssequenzen. Lin / Lee / Duan (2006) und Hsu (2010) übertragen das analytische Modell simultaner Verbundoptionen von Geske (1979) auf VC-Investitionen und untersuchen die Sensitivitäten verschiedener Optionspreisparameter. Wadhwa / Phelps (2009) betrachten CVC-Investitionen als zweistufige Verbundoption, bei der mit der (Minderheits-)Beteiligung eine Option auf eine Allianz mit dem Portfoliounternehmen erworben wird; diese Idee bleibt auf die Hypothesengenerierung der empirischen Studie beschränkt und wird nicht weiter entwickelt.

[389] Diese Idee formulieren bereits van de Vrande / Lemmens / Vanhaverbeke (2006), S. 352, sowie Vanhaverbeke / van de Vrande / Chesbrough (2008), S. 253, entwickeln sie jedoch nicht zu einer Bewertungskonzeption weiter.

[390] Die Ausübung der letzten Investitionsoption erfolgt durch den Exit. Die Bewertung dieser Option bedarf zunächst einer inhaltlichen Präzisierung des *Underlyings* der Option, die sich an den (strategischen) Zielen des CVC-Gebers spiegelt. Eine Konkretisierung der inneren Realoption und eine Abgrenzung des Underlyings – also die Frage, worauf eigentlich eine Option besteht – Abschnitt III.2.a.ii. Hiervon hängen zugleich *Marktwert* und *Ausübungspreis* der Realoption ab, also unmittelbar bewertungsrelevante Optionspreisparameter.

[391] Vgl. Vassolo / Ravara / Connor (2005), S. 87.

[392] Vgl. Geske (1979), S. 63; Thomassen / Van Wouwe (2001), S. 1; Friedl (2002), S. 59; Korteweg / Sorensen (2010), S. 3760.

[393] Vgl. Dixit / Pindyck (1994), S. 321; Copeland / Antikarov (2001), S. 179; Mölls / Willershausen / Krag (2005), S. 769; Trigeorgis (2005), S. 41; Mun (2006), S. 184-185.

[394] Vgl. auch Copeland / Antikarov (2001), S. 179.

Underlyings Eingang in die Bewertung einer vorgelagerten Investitionsoption.[395] Entsprechend hängt der Wert einer Investitionsoption der ersten Runde unmittelbar von dem Wert jener nachgelagerten Investitionsoption der zweiten Runde ab, die mit Ausübung der Realoption erworben wird.[396] Der Wert einer Investitionsoption aus der zweiten Runde hängt wiederum von dem Wert der Investitionsoption in der dritten Runde ab.

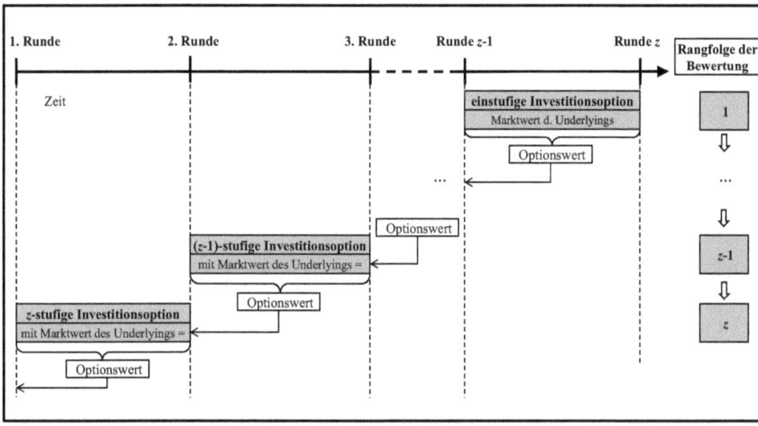

Abbildung 12: Modellierung sequenzieller CVC-Investitionen als Verbundoption[397]

Die Idee, sequenzielle Investitionen als Verbundoptionen zu betrachten, greifen KEELEY / PUNJABI / TURKI (1996) auf und übertragen das zeitkontinuierliche Modell von GESKE (1977, 1979) auf gestaffelte VC-Investitionen. Unter der Annahme vollkommener und vollständiger Märkte werden die Parameter des Optionspreismodells respektive deren Surrogate aus einer Stichprobe VC-finanzierter junger Unternehmen geschätzt.[398] Für die Wertentwicklung eines jungen Unternehmens wird angenommen, dass sie einer geometrischen Brown'schen Bewegung folgt. Anschließend wird das Modell auf eine „idealtypische" VC-Investition angewandt.[399] Als Indikator für die Validität der Bewertungsergebnisse des Modells führen die Autoren die Ähnlichkeit der Resultate zu denen

[395] Hier wird unterstellt, dass mit der Ausübung einer Investitionsoption ausschließlich der Erwerb einer weiteren Investitionsoption verbunden ist; ein direkter Cash Flow (etwa als Differenz zwischen Marktwert und Ausübungspreis) wird hingegen bei sequenziellen CVC-Investitionen nicht realisiert.

[396] Ähnlich auch Cassimon et al. (2011), S. 1208.

[397] Eine ähnliche Darstellung findet sich bei Lee / Yeh / Chen (2008), S. 43.

[398] In einer weiteren Studie treffen Keeley / Turki (1993a), S. 664, die Annahme, dass VC-Märkte hinreichend effizient seien, da alle Marktteilnehmer sowohl in liquiden, durch Börsenhandel geprägten Märkten als auch in illiquiden Märkten aktiv sind; die Märkte seien dementsprechend miteinander verknüpft, wodurch sich die Effizienz auf VC-Märkte übertrage. Empirische Untersuchungen der Strukturen von VC-Märkten zeigen jedoch, dass Informationsasymmetrien die Existenz von Intermediären wie VC-Gesellschaften begründen und VC-Märkte *nicht* effizient sind, vgl. z.B. Amit / Brander / Zott (1998).

[399] Vgl. Keeley / Punjabi / Turki (1996), S. 125-133.

erfahrungsbasierter Daumenregeln von VC-Investoren an.[400] Aus diesem Grund ist der Anwendungsnutzen des Modells über bereits bestehende Bewertungsverfahren hinaus begrenzt, insbesondere aufgrund der merklich höheren Modellkomplexität. Zudem werfen Abweichungen von diesen Prämissen Fragen nach der Anwendbarkeit des Modells bei der Bewertung von Beteiligungen an jungen Unternehmen auf.[401] Die Einschränkungen, die sich darüber hinaus aus den Friktionen des VC-Marktes ergeben (können), werden bei der Anwendung des Modells nicht ersichtlich. Diese Limitationen bestehender Modelle motivieren die *zeitdiskrete* Modellierung der sequenziellen CVC-Investitionen als Verbundoption.

b. Binomiales Grundmodell zur Bewertung von Verbundoptionen

(i) Indirekte Bewertung mittels sequenzieller Duplikation

Der entscheidende Vorteil einer Bewertung sequenzieller Investitionen in junge Unternehmen als *verbundene* Kaufoptionen ist darin zu sehen, dass eine Bewertung der nicht-additiven Optionsrechte aus der Zahlungsreihe möglich ist.[402] Dies erlaubt die Bestimmung des – bei Gültigkeit der gesetzten Prämissen – „fairen“ Optionswertes der Investitionssequenz. Totalausfälle junger Unternehmen können als Prämien-Verluste nicht ausgeübter Optionen interpretiert werden; wird also eine der Optionen nicht ausgeübt, dann wird keine weitere Investitionsoption erworben und die Investitionssequenz ist beendet. In diesem Fall stellt die Summe der bis dahin entrichteten Optionsprämien – diese entsprechen dem gesamten Kapital, das bis dahin in den Investitionsrunden bereitgestellt wurde – einen (Total-)Verlust dar.[403]

Der Ansatz, sequenzielle Investitionen als Verbundoption zu bewerten, wird im Folgenden aufgegriffen und zu einem zeitdiskreten Bewertungsmodell für CVC-Investitionen entwickelt. Dazu wird das binomiale Modell von COX / ROSS / RUBINSTEIN (1979) zur Bewertung von Verbundoptionen erweitert. Die folgende Modellierung der Optionswerte beschränkt sich auf verbundene *Kaufoptionen*, die eine Analyse sequenzieller CVC-Investitionen in dem bereits skizzierten Modellrahmen ermöglichen.[404] Das Optionspreismodell von COX / ROSS / RUBINSTEIN (1979) wurde ursprünglich zu Bewertung von Aktienoptionen entwickelt und beruht auf der Idee, das Auszahlungsprofil einer Kauf-

---

400 Vgl. Keeley / Punjabi / Turki (1996), S. 134-135.

401 Die Autoren bezeichnen ihr eigenes Modell dennoch als „conceptually sound“ (S. 135).

402 Vgl. auch Miller / Folta (2002), S. 659; Pennings / Sereno (2011), S. 375-380.

403 Vgl. Keeley / Turki (1993a), S. 665-667.

404 Eine Bewertung verbundener Verkaufsoptionen sowie gemischter Verbundoptionen wird mithin nicht weiter untersucht.

option durch den (teilweise) kreditfinanzierten Erwerb des Underlyings zu *duplizieren.* Es besteht insofern keine unmittelbare Bewertungsanalogie zu sequenziellen (Real-)Investitionen. Bei einer Erweiterung des Binomialmodells zur Bewertung von Verbundoptionen ist mithin zu lösen, inwiefern das *Duplikationsprinzip* einstufiger Optionen dennoch auf Verbundoptionen übertragen werden kann, deren Underlying selber schon eine (einstufige) Option darstellt. Es soll daher zunächst untersucht werden, *ob und gegebenenfalls wie innerhalb eines zeitdiskreten Binomialmodells das Auszahlungsprofil einer Verbundoption dupliziert werden kann, deren Underlying wiederum eine Option ist.*

Für einstufige „Nicht-Verbundoptionen" wird das Auszahlungsprofil der Kaufoption also durch eine Kapitalaufnahme zum risikolosen Zins und den (anteiligen) Erwerb des Underlyings dupliziert.[405] Das Underlying einer Verbundoption ist jedoch (im einfachsten Fall der zweistufigen Verbundoption) wiederum eine (einstufige) Option. Damit ergibt sich zunächst folgende *Konkretisierung* der zuvor aufgeworfenen Frage, und zwar *unter welchen Voraussetzungen innerhalb eines zeitdiskreten Binomialmodells das Auszahlungsprofil einer zweistufigen Verbundoption durch eine Kapitalaufnahme zum risikolosen Zins und den Erwerb des Underlyings, also einer einstufigen Option, dupliziert werden kann.*

Diese Fragen gilt es im Rahmen der folgenden Modellgenese zu beantworten. Um die zentralen Aussagen des Modells nicht durch formale Komplexität zu überlagern, wird zunächst ein zweistufiges Grundmodell zur Bewertung von Verbundoptionen entwickelt.[406] Für die Entwicklung dieses Modells wird auf die grundlegenden Arbeiten zur zeitdiskreten binomialen Optionspreismodellierung von COX / ROSS / RUBINSTEIN (1979) und RENDLEMAN / BARTTER (1979) zurückgegriffen. Hierbei wird eine vereinfachte und abstrakte Modellentwicklung anhand eines (fiktiven) *Beispiels* vorgenommen, die anschließend zur Abbildung sequenzieller CVC-Investitionen konkretisiert und erweitert wird. Um die optimale Investitions*strategie* – bei Verbundoptionen kann diese auch als Ausübungsstrategie bezeichnet werden – bestimmen zu können, bedarf es der optionspreistheoretischen Bewertung des Projektes zu *jedem* Zeitpunkt einer Investiti-

[405] Vgl. grundlegend Black / Scholes (1973); Merton (1973); Cox / Ross / Rubinstein (1979); Rendleman / Bartter (1979).

[406] Ähnlich auch Geske (1979), Carr (1988) oder auch Friedl (2002) bei der Modellgenese; (analytische) Verallgemeinerungen zur Bewertung *z*-stufiger Verbundoptionen finden sich bei Thomassen / Van Wouwe (2001); Lee / Yeh / Chen (2008); Huang / Pi (2011).

onsentscheidung.[407] Die Verbundoption ist also zu jedem diskreten Zeitpunkt einer *möglichen* Ausübung zu bewerten.

Die Bewertung der Verbundoption soll anhand des folgenden Investitionsprojektes auf einem vollkommenem und vollständigen (Kapital-)Markt demonstriert werden, dessen Fertigstellung in zwei Phasen erfolgt, zu deren Beginn und Ende jeweils Investitionen notwendig sind; mithin werden drei Zeitpunkte ($t = 0, 1, 2$) betrachtet. Hierbei kann es sich auch um Investitionen in ein junges Unternehmen handeln.[408] Um das Investitionsprojekt fertigzustellen, sind neben der Initialinvestition $I_0 = 20$ in $t = 0$ in den Zeitpunkten $t = 1, 2$ Folgeinvestitionen in Höhe von 30 und 40 notwendig.[409] Für die Wertentwicklung des Investitionsprojektes wird ein multiplikativer Binomialprozess unterstellt: Es wird vereinfachend angenommen, dass der Wert des betrachteten Vorhabens in einer Periode um die Hälfte steigt (Multiplikator $u = 1{,}5$) oder um die Hälfte sinkt (Multiplikator $d = 0{,}5$).[410] Die Wachstumsfaktoren werden periodenübergreifend als konstant unterstellt;[411] für die Gewinne aus dem Investitionsprojekt in $t = 2$ ist es dann unerheblich, ob zuerst eine Steigerung des Projektwertes (u) und anschließend eine Minderung des Projektwertes eintritt oder umgekehrt. Um das Investitionsprojekt optionspreistheoretisch bewerten zu können, wird zudem der (Markt-)Wert des Investitionsprojektes in $t = 0$ benötigt. Damit verknüpft ist die Frage, wie ein solcher Wert *materiell* begründbar ist. Als Surrogat für den Marktwert kann z.B. jener Wert herangezogen werden, den andere Investoren dem Projekt beimessen; im Falle von CVC-Investitionen kann also analog die Bewertung durch einen konventionellen VC-Geber herangezogen werden.[412] Unabhängig von der materiellen Erklärung betrage der Wert des Investitionsprojektes in

[407] Vgl. Cox / Ross / Rubinstein (1979), S. 240; bei Verbundoptionen hängt der Optionswert von der (optimalen) Ausübung der Option ab. Das Treffen optimaler Ausübungsentscheidungen kann durch rekursive Anwendung der im Folgenden abgeleiteten (einperiodigen) Bewertungsformeln sichergestellt werden.

[408] Majd / Pindyck (1987) hingegen entwickeln ihr Model am Beispiel der Errichtung einer Produktionsanlage.

[409] Die Werte werden im Folgenden ohne Einheit angegeben, es kann sich hierbei z.B. um Mio. € handeln.

[410] Die Zugrundelegung eines multiplikativen Binomialprozesses ist eine vereinfachende Prämisse, wie sie auch von Cox / Ross / Rubinstein (1979) getroffen wird. Alternativ kann auch ein additiver Binomialprozess unterstellt werden, bei dem in jedem Schritt konstante Beträge u' addiert und d' subtrahiert werden.

[411] Dies ist eine vereinfachende Prämisse, die für die Ableitung zentraler Ergebnisse binomialer Optionspreismodelle nicht zwingend notwendig ist; entscheidend ist einzig, dass es in jeder Periode einen Vermögensgegenstand gibt, dessen Wertentwicklung perfekt mit der des Underlyings korreliert. Die Annahme konstanter Wachstumsfaktoren wird aber benötigt, wenn eine Konvergenz des zeitdiskreten Binomialmodells gegen das zeitkontinuierliche Modell von Black / Scholes (1973) angestrebt wird.

[412] Hierdurch wird das Bewertungsproblem allerdings lediglich verlagert; bei der Bewertung von Aktienoptionen erfolgt die Bewertung analog, wobei der Wert der Aktie als Börsenkurs ermittelt wird.

$t = 0$ 100,[413] so dass sich folgendes Bild für die Wertentwicklung ergibt (siehe Abbildung 13):

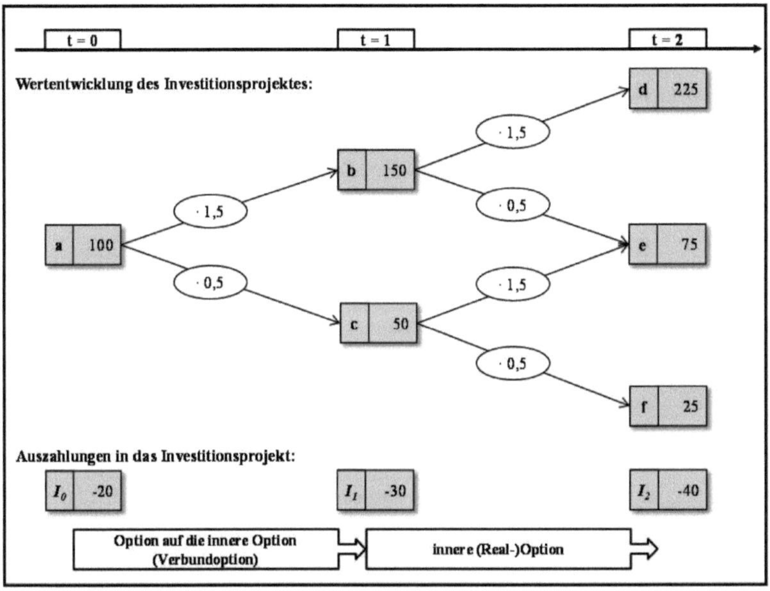

Abbildung 13: Sequenzielles Investitionsprojekt als Verbundoption (Beispiel)

Erst wenn das Projekt erfolgreich abgeschlossen ist, kann der Investor den Projektwert (z.B. in Form von Cash Flows) realisieren.[414] Die sequenziellen Investitionen in das Projekt können dann als zweistufige Verbundoption modelliert werden:[415] Hierbei kann die Auszahlung I_2 in $t = 2$ als *Ausübungspreis* der Option zum Abschluss des Investitionsprojektes aufgefasst werden. Entsprechend lässt sich die Auszahlung I_1 wiederum interpretieren als Ausübungspreis einer Option, mit der erst die Option zum Abschluss des Investitionsprojektes erworben wird. Es handelt sich also bei I_1 zugleich um eine Options*prämie* für Erwerb der inneren Option. Wird dieser Gedanke fortgeführt, dann stellt

[413] Der Wert des Investitionsprojektes in $t = 0$ wurde so gewählt, dass der Barwert der mit dem risikolosen Zinssatz diskontierten, zur Fertigstellung des Projektes notwendigen Investitionen I_0, I_1 und I_2 geringer ist als der Marktwert des Projektes; es handelt sich also auch um ein vorteilhaftes Projekt, wenn der Kapitalwert als Entscheidungskriterium herangezogen wird.

[414] Dies ist gerade eine charakteristische Eigenschaft zahlreicher sequenzieller Investitionsprojekte; vgl. Majd / Pindyck (1987), S. 7; Guler (2007), S. 250-251. Von einer möglichen vorzeitigen Veräußerung des Investitionsprojektes wird abgesehen; bei CVC-Investitionen erscheint die Desinvestition der Beteiligung aufgrund des Fehlens eines liquiden Sekundärmarktes nur eingeschränkt möglich.

[415] Bei den „Auszahlungen“ kann es sich sowohl um die Bereitstellung finanzieller als auch nicht-finanzieller Ressourcen (Beratungsleistungen, Tätigkeiten in Aufsichtsgremien) handeln; ähnliche Prämissen treffen z.B. auch Filson / Morales (2006, S. 8) oder Inderst / Mueller / Münnich (2007, S. 1293).

die Auszahlung I_0 in $t = 0$ entsprechend die Prämie zum Erwerb der Verbundoption dar. Das Underlying dieser Verbundoption ist die innere Option.

Um die Verbundoption bewerten zu können, ist die Wertentwicklung der einstufigen Option mit dem Ausübungspreis $I_2 = 40$ zu ermitteln; auf dieser Grundlage erst kann das Duplikationsportfolio der Verbundoption in $t = 0$ gebildet werden.[416] Die zweistufige Verbundoption wird also durch eine Kreditaufnahme und den Erwerb von Anteilen der einstufigen Verbundoption *sequenziell* dupliziert.

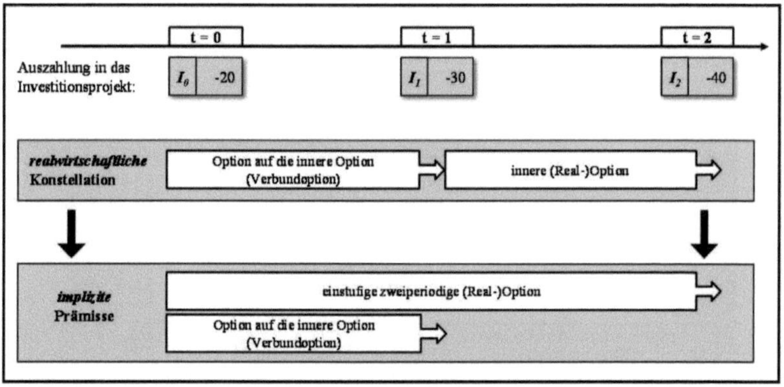

Abbildung 14: Implizite Bewertungsfiktion der sequenziellen Duplikation

Um eine Bewertung der Verbundoption mittels Duplikation vornehmen zu können, wird auch die Kenntnis der (fiktiven) Wertentwicklung der inneren Option ab dem Zeitpunkt $t = 0$ vorausgesetzt, obwohl diese erst mit der Ausübung der Verbundoption in $t = 1$ entsteht, also mit der Vornahme der Investition I_1. Die Laufzeit der inneren Option wird der Laufzeit der Verbundoption also angepasst und die sequenzielle Verbundoption mithin in eine *simultane* Verbundoption überführt (siehe Abbildung 14).[417] In der bestehenden Literatur wird diese Prämisse, die bewertungstechnisch notwendig ist, um das Duplikationsportfolio der Verbundoption bilden zu können, jedoch in der Regel *nicht explizit* gemacht.[418] Dies ist umso problematischer, als die *materielle* Fundierung dieser Bewertungsfiktion zunächst fragwürdig erscheint; bei sequenziellen Investitionsprojek-

[416] Vgl. zu diesem Vorgehen auch Copeland / Antikarov (2001), S. 163-178; Mun (2006), S. 177-188; Copeland / Weston / Shastri (2008), S. 411-416.

[417] So auch bei Benaroch / Shah / Jeffrey (2006), S. 246. Es wird damit das Vorliegen einer simultanen Verbundoption (anstelle einer sequenziellen) unterstellt.

[418] Die Annahme wird *implizit* auch bei Copeland / Antikarov (2001, S. 163-178), Mun (2006, S. 177-188) und Copeland / Weston / Shastri (2008, S. 411-416) getroffen.

ten entstehen in der Regel erst mit der Vollendung einer Phase des Projektes weitere Optionen.[419]

Neben der materiellen Fundierung stellt sich zudem die Frage, ob durch diese implizite Prämisse nicht der Wert der Verbundoption verändert wird. Die Laufzeit der einstufigen Option wird von einer Periode ($t = 1$ bis $t = 2$) auf zwei Perioden ausgeweitet ($t = 0$ bis $t = 2$); deren *isolierter* Wert muss c.p. folglich höher sein.[420] Fraglich ist jedoch, ob sich dies auch im Rahmen der Verbundoption auswirkt. Die Laufzeit der Verbundoption wird durch die Veränderung der Laufzeit der inneren Option allerdings nicht verändert, vielmehr wird die Laufzeit der inneren Option an die der Verbundoption angepasst. Hierdurch hat der Erwerber der Verbundoption zwar das (zusätzliche) Recht, die Verbundoption *frühzeitig* auszuüben und die innere Option zu erwerben, jedoch werden Kaufoptionen – wie MERTON (1973) unabhängig von der zugrunde gelegten Verteilung der Wertveränderung des Underlyings zeigt – von einem *rationalen* Investor nicht vorzeitig ausgeübt. Dies gilt gleichermaßen auch für verbundene Kaufoptionen.[421] Das zusätzliche Recht der hier implizit unterstellten Bewertungsfiktion, die Verbundoption vorzeitig ausüben zu können, verändert aus diesem Grunde den Wert der Verbundoption *nicht*; die Überführung der sequenziellen in eine simultane Verbundoption ist auf einem vollkommenen und vollständigen Kapitalmarkt mithin statthaft.

Als erstes *Zwischenergebnis* kann mithin festgehalten werden, dass die Bewertung der einstufigen (inneren) Option der Bewertung der Verbundoption notwendigerweise vorgelagert ist.[422] Die Laufzeitverlängerung der inneren Option verändert den Wert der Verbundoption auf einem vollkommenen Kapitalmarkt nicht, da das hierdurch entstehende Recht zu einer vorzeitigen Ausübung der Verbundoption wertlos ist.[423] Da dieser konstituierende Unterschied zwischen sequenziellen und simultanen Verbundoptionen auf einem vollkommenen und vollständigen Kapitalmarkt ganz offensichtlich bewertungstechnisch irrelevant ist, *muss der Wert simultaner und sequenzieller Verbundoptionen c.p. übereinstimmen.* Auf unvollkommenen (und unvollständigen) Märkten ist hiervon aber nicht auszugehen; es wird erneut deutlich, dass sich in diesem Fall für eine sequenzielle Verbundoption lediglich eine Wertobergrenze, die dem Wert der simulta-

---

419 Vgl. Majd / Pindyck (1987), S. 7-11; Friedl (2002), S. 58-60. Zugleich nimmt die Beendigung einer Phase Zeit in Anspruch („time to build").

420 Vgl. Merton (1973), S. 143 (Gleichung 4), der zeigt, dass die Laufzeit einen *positiven* Einfluss auf den fairen Wert der Option hat. Die von Merton (1973) aufgestellten (Dominanz-) Theoreme werden dabei *unabhängig* von einer konkret zugrunde gelegten Verteilung oder eines Bewertungsmodells abgeleitet; die Erkenntnisse gelten daher auch für das *Binomialmodell.*

421 Vgl. auch Geske (1979), S. 65, der ebenfalls auf die Ergebnisse Mertons (1973) verweist.

422 Dieses Vorgehen wählen Copeland / Antikarov (2001), S. 163-178; Mun (2006), S. 177-188; Copeland / Weston / Shastri (2008), S. 411-416.

423 Vgl. Merton (1973), S. 144 (Theorem 2), und Geske (1979), S. 65.

nen Verbundoption entspricht, bestimmen lässt. Eine Unterscheidung simultaner und sequenzieller Verbundoptionen erscheint somit insbesondere *materiell* geboten.[424] Investitionsprojekte, bei denen unterschiedliche Entwicklungsstufen nacheinander durchlaufen werden, repräsentieren sequenzielle Verbundoptionen; bei diesen Projekten können Entwicklungsphasen und Investitionszeitpunkte *eindeutig* bestimmt werden.[425] Bei simultanen Verbundoptionen ist dies nicht der Fall, weil die Möglichkeit besteht, die Realoption früher auszuüben. Die vorzeitige Ausübung einer Investitionsoption kann beispielsweise bei Konkurrenz um Investitionsgelegenheiten von Vorteil sein.

Unabhängig davon, ob es sich um eine simultane oder eine sequenzielle Verbundoption handelt, ist zur Bewertung der Verbundoption in einem ersten Schritt der Wert des Underlyings, also der inneren Option, zu ermitteln; diese wird im Folgenden auch als einstufige zweiperiodige Option bezeichnet. Erst auf dieser Grundlage kann in einem zweiten Schritt der Wert der Verbundoption ermittelt werden. In die Bewertung der einstufigen zweiperiodigen Option geht die Investition I_1 zunächst nicht ein, da sie den Ausübungspreis der Verbundoption zum Erwerb der inneren Option darstellt.[426] Die Investition I_1 ist als Optionsprämie der Vergleichswert, anhand dessen die Vorteilhaftigkeit eines Erwerbs der *inneren Option* zu prüfen ist. Der Wert der inneren Option zum Zeitpunkt $t = 0$ stellt jedoch eine Obergrenze für den Wert der Verbundoption dar: Der Wert des Underlyings ist stets größer als der einer Option mit einem positiven Ausübungspreis.[427]

Im Folgenden wird deshalb zunächst die Bewertungsmethodik der Duplikation[428] anhand einstufiger Optionen erläutert, auf die für die Bewertung mehrstufiger Verbundoptionen zurückgegriffen wird. In einem ersten Schritt erfolgt die Duplikation der inneren Option, die als einstufige zweiperiodige Option bezeichnet wird, um die Anpassung der Laufzeit an die der Verbundoption ($t = 0$ bis $t = 2$) zu betonen. Mithin werden die drei Zeitpunkte $t = 0, 1, 2$ betrachtet, wobei lediglich in zwei Zeitpunkten Investitionen statt-

[424] Diese Unterscheidung findet sich daher auch bei Copeland / Antikarov (2001); Mun (2006); Copeland / Weston / Shastri (2008).

[425] Dies ist beispielsweise bei der Entwicklung (und Zulassung) neuer medizinischer Wirkstoffe der Fall; vgl. beispielhaft Cassimon et al. (2004).

[426] Es handelt sich insofern bei der Bewertung einer einstufigen zweiperiodigen Option um einen „bewertungstechnisch" notwendigen Zwischenschritt; die einstufige Option lässt sich jedoch nicht als eigenes Projekt deuten, ein materieller Vergleich mit der Verbundoption ist mithin *nicht* statthaft.

[427] Vgl. Merton (1973), S. 143-144.

[428] In der Literatur werden die Begriffe der „Duplikation" und der „Replikation" synonym verwandt; vgl. z.B. Spremann (2010), S. 316.

finden (können): Der Erwerb der Option in $t = 0$ und die Möglichkeit zur Ausübung der inneren Option in $t = 2$. Die Laufzeit τ der Option ist mithin auf zwei Perioden fixiert.[429]

Der Marktwert des Underlyings zu Beginn einer Periode V_0 ist bekannt und in $t = 1, 2$ unsicher, wobei er in $t = 1$ auf V_{t+1}^{+} steigen oder auf V_{t+1}^{-} sinken kann.[430] In der Folgeperiode verändert sich der Wert erneut und kann in $t = 2$ die Werte V_2^{++}, V_2^{+-} oder V_2^{--} annehmen.[431] Aus den Wertveränderungen des Underlyings lassen sich die beiden möglichen Wachstumsfaktoren *u* und *d* sowie die zugehörigen Wachstumsraten (*u*-1) und (*d*-1) errechnen. Es wird außerdem unterstellt, dass für alle Investoren die Möglichkeit zur unbegrenzten Kapitalaufnahme und -anlage zum *risikolosen Zinssatz* r_f besteht.[432]

Werden ferner *vollkommene* und *vollständige* Märkte unterstellt,[433] dann ist es möglich, durch den (teilweise) kreditfinanzierten Erwerb des Underlyings das Auszahlungsprofil einer Option exakt zu duplizieren, weil Arbitragemöglichkeiten mithin ausgeschlossen sind.[434] Die innere Option wird nur ausgeübt, wenn die Differenz aus dem Marktwert

---

429 Ursprünglich wurde die binomiale Bewertung aus einem Einperiodenmodell, dem Zwei-Zeitpunkt-zwei-Zustands-Modell entwickelt und erst anschließend auf mehrere Perioden erweitert; vgl. im Folgenden Cox / Ross / Rubinstein (1979), S. 232-238; Rendleman / Bartter (1979), S. 1093-1098. Die Dauer einer Periode (in Jahren) wird zunächst nicht weiter spezifiziert; für die Zinssätze wird unterstellt, dass es sich um Periodenzinssätze handelt.

430 Aus dieser Beschränkung auf zwei mögliche Zustände leitet sich der Name des Binomialmodells ab. Rendleman / Bartter (1979) bezeichnen ihr Modell auch als „two-state option pricing model" (S. 1093). Entsprechend werden Modelle mit mehr als zwei denkbaren Zuständen (in einer Subperiode) auch als *multinomiale* Optionspreismodelle bezeichnet; vgl. Kamrad / Ritchken (1991); Holland (2001).

431 Hierbei gilt: $V_2^{+-} = V_2^{-+}$.

432 Im Rahmen dieser Arbeit soll von einer ausführlichen Darlegung einer Ableitung dieses risikolosen Zinssatzes abgesehen werden; vielmehr wird auf die Vielzahl bereits publizierter Arbeiten verwiesen. Zu diesen Arbeiten gehören z.B. Wiese (2006); Metz (2007); Dörschell / Franken / Schulte (2009). Bei Investitionsentscheidungen stellt der Zinssatz ein Maß für die Opportunitätskosten einer Alternativanlage dar; der risikolose Zinssatz spiegelt die Verzinsung bei einer Investition in Wertpapiere bei Abwesenheit von Ausfall-, Termin oder Währungsrisiken wieder. Für die Bewertung von Kaufoptionen wird der risikolose Zinssatz bei der Bildung des Duplikationsportfolios als Maß für die Kapitalkosten bei dem (teilweise) kreditfinanzierten Erwerb des Underlyings wirksam. Bei Vorliegen eines gespaltenen (risikolosen) Marktzinssatz für Kapitalanlagen und -aufnahmen kann es zu einer Bandbreite möglicher Optionspreise kommen, aber auch zu Einigungslücken zwischen dem Käufer und Verkäufer einer Option; vgl. Gilster / Lee (1984); Bergman (1995); Mirschel (2008). Entsprechend zeigen Kerins / Smith / Smith (2004), dass die Opportunitätskosten von (C)VC-Investoren und Unternehmern erheblich voneinander abweichen können. In dieser Arbeit wird jedoch davon ausgegangen, dass die Ableitung laufzeitäquivalenter risikoloser Zinssätze eindeutig möglich ist; ein operationales Verfahren zur Ableitung aus Kapitalmarktdaten findet sich bei Gebhardt / Daske (2005). Zugleich zeigt sich in neueren Arbeiten eine relativ geringe Sensitivität der (Verbund-)Optionswerte in Bezug auf den risikolosen Zinssatz (vgl. Hsu (2010); Schnabel (2010)). Deshalb wird dessen Ableitung hier als unkritisch betrachtet.

433 Zur Bedeutung dieser Prämisse für die Bewertung von Optionen siehe Abschnitt II.2.a.iii. Relevant sind an dieser Stelle insbesondere die Abstraktion von Transaktionskosten und Steuern, die (unbeschränkte) Möglichkeit von Leerverkäufen sowie die Möglichkeit zur Kapitalanlage und -aufnahme zum risikolosen Zinssatz.

434 Vgl. Cox / Ross / Rubinstein (1979), S. 231-232.

des Underlyings $V_t^{+/-}$ und dem Ausübungspreis I_2 positiv ist, ansonsten verfällt sie. Für den Wert der Kaufoption im Zeitpunkt $t = 2$ gilt folglich:[435]

$$(1)\quad C_2^{+/-} = \max[0, (V_2^{+/-} - I_2)]$$

Für die Bewertung der einstufigen (inneren) Option ergeben sich so in $t = 2$ folgende Optionswerte, wobei positive Werte als Ausübungsgewinne aufzufassen sind:

Knoten	Wert des Projektes in $t = 2$	Investition in $t = 2$ (Ausübungspreis)	optimale Strategie in $t = 2$	Optionswert
d	225	40	ausüben	**185**
e	75	40	ausüben	**35**
f	25	40	nicht ausüben	**0**

Tabelle 3: Ermittlung der Optionswerte der inneren Option in t = 2 (Beispiel)[436]

Durch den Erwerb von m_t Anteilen des Underlyings und einer Kapitalaufnahme zum risikolosen Zinssatz r_f in Höhe von B_t lässt sich das Auszahlungsprofil einer Kaufoption duplizieren; ein positives m_t bedeutet den Erwerb des Underlyings, eine negatives m_t ist umgekehrt als Leerverkauf zu interpretieren.[437] Entsprechend sind Werte für B_t größer Null als Kapitalanlage aufzufassen, negative Werte hingegen als Kapitalaufnahme.

Es lässt sich mithin bekannterweise ein Gleichungssystem aus zwei Gleichungen und den beiden Unbekannten m_t und B_t formulieren, die sich eindeutig bestimmen lassen:[438]

$$(2)\quad m_t \cdot V_{t+1}^- + (1+r_f) \cdot B_t = C_{t+1}^-$$

$$m_t \cdot V_{t+1}^- + (1+r_f) \cdot B_t = \max\left[0, (V_{t+1}^- - I_{t+1})\right]$$

$$(3)\quad m_t \cdot V_{t+1}^+ + (1+r_f) \cdot B_t = C_{t+1}^+$$

$$m_t \cdot V_{t+1}^+ + (1+r_f) \cdot B_t = \max\left[0, (V_{t+1}^+ - I_{t+1})\right]$$

---

[435] Bei den Optionswerten kann es sich um Cash Flows (an den Inhaber der Option) handeln, wenn die Option „glattgestellt" wird, oder aber um eine Kaufpreisersparnis, wenn das Underlying tatsächlich erworben wird. Übertragen auf CVC-Investitionen realisiert der CVC-Geber eine Kaufpreisersparnis, wenn er das junge Unternehmen akquiriert. Demgegenüber wird die Option bei Veräußerung der Beteiligung „glattgestellt".

[436] Die Nummerierung der Knoten bezieht sich auf Abbildung 13.

[437] Die Anzahl an erworbenen Aktien wird auch als „hedge ratio" bezeichnet. Bei der Bewertung einer Investitionsoption – analog zu einer *Kauf*option – gilt stets, $0 \leq m_t \leq 1$ und $B_t \leq 0$; bei *Verkaufs*optionen gilt umgekehrt $0 \geq m_t \geq -1$ und $B_t \geq 0$; vgl. Cox / Ross / Rubinstein 1979, S. 236; Rubinstein (2005), S. 185-188. Siehe hierzu auch Abbildung 15.

[438] Vgl. zur Ableitung der Formeln siehe Cox / Ross / Rubinstein (1979), S. 233; ähnlich auch Rendleman / Bartter (1979), S. 1094.

Die Parameter m_t und B_t werden aus Kursen respektive Optionswerten in $(t+1)$ ermittelt; sie werden mit t (anstelle von $t+1$) indexiert um deutlich zu machen, dass sie für die Bildung des Duplikationsportfolios in t maßgeblich sind, das den Wert der Option in $(t+1)$ dupliziert.[439] Für die Parameter des Duplikationsportfolios m_t und B_t ergeben sich die bekannten Bestimmungsgleichungen:[440]

$$(4) \quad m_t \;=\; \frac{C^+_{t+1} - C^-_{t+1}}{(V^+_{t+1} - V^-_{t+1})} \;=\; \frac{C^+_{t+1} - C^-_{t+1}}{(u-d)\cdot V_t}$$

$$(5) \quad B_t \;=\; \frac{C^-_{t+1}\cdot V^+_{t+1} - C^+_{t+1}\cdot V^-_{t+1}}{(1+r_f)\cdot(V^+_{t+1} - V^-_{t+1})} \;=\; \frac{u\cdot C^-_{t+1} - d\cdot C^+_{t+1}}{(u-d)\cdot(1+r_f)}$$

Die Parameter des Duplikationsportfolios in $t = 1$ lassen sich mithin eindeutig aus den denkbaren Kurszuständen in $t = 2$, dem aktuellen Marktwert des Underlyings, dem Ausübungspreis und dem risikolosen Zinssatz ermitteln.[441] Der Anteil m_t des zu erwerbenden Underlyings hängt von dem Verhältnis des Wertes des Underlyings und des Ausübungspreises ab.[442] Ist die Realoption „tief im Geld", also der Wert des *Underlyings* deutlich größer als der Ausübungspreis, so dass eine Ausübung als sicher unterstellt werden kann, dann ist $m_t = 1$; dies ist in dem hier gewählten Beispiel in $t = 1$ der Fall, wenn der Wert des Underlyings auf 150 gestiegen ist (Knoten b, Abbildung 13). Befindet sich die Option hingegen „am Geld", dann liegt m_t ungefähr bei 0,5; wenn die Option „weit aus dem Geld" ist, so dass die Ausübung ausgeschlossen ist, dann gilt $m_t = 0$.[443] Durch den Erwerb der Anteile am Underlying wird die Höhe der Verschuldung zum risikolosen Zinssatz determiniert. Wird ein größerer Anteil des Underlyings erworben, dann wird der hieraus resultierende zusätzliche Kapitalbedarf durch eine höhere Kreditaufnahme finanziert; entsprechend sinkt B_t.[444] Diese Zusammenhänge gibt Abbildung 15 wieder.[445]

---

439 Auf eine Indexierung von m_t und B_t kann nur im Zwei-Zeitpunkt-zwei-Zustandsmodell verzichtet werden; bei der folgenden Bewertung von ein- und zweistufigen (Verbund-)Optionen in einem Zweiperiodenmodell ist die Indexierung allerdings notwendig, um eine eindeutige Zuordnung zu gewährleisten.

440 Vgl. Cox / Ross / Rubinstein (1979), S. 233.

441 Die Laufzeit τ der Option ist zunächst auf eine Periode fixiert.

442 Vgl. ausführlich zur Bildung von Duplikationsportfolios Rubinstein / Leland (1995) oder Rubinstein (2005), S. 181-192.

443 Dies ist gemäß (4) der Fall, wenn sowohl C^-_{t+1} als auch C^+_{t+1} den Wert 0 annehmen.

444 Da Werte für $B_t < 0$ Kredite darstellen, bedeutet ein sinkendes B_t eine höhere Kreditaufnahme.

445 Diese Aussagen gelten nicht nur für die Bildung eines Duplikationsportfolios in $t = 1$, sondern auch für jede notwendige *Anpassung* des Portfolios aufgrund von Wertänderungen des Underlyings, wenn mehrere Perioden betrachtet werden.

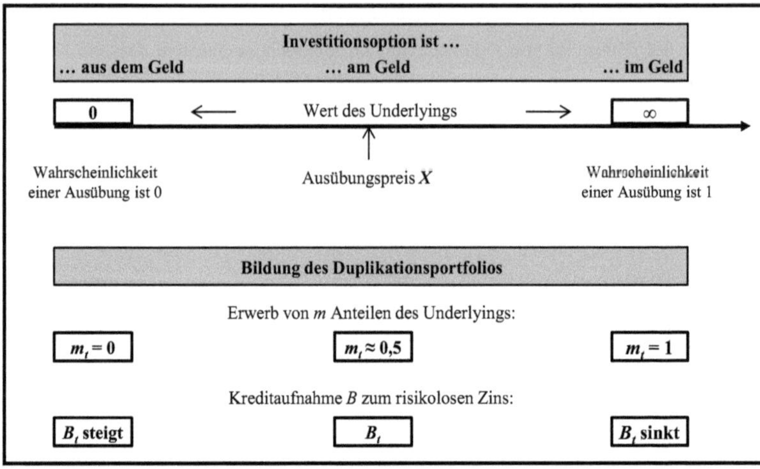

Abbildung 15: Bestimmungsgrößen des Duplikationsportfolios einer Investitionsoption[446]

Aus den Werten für m_t und B_t lässt sich so auch der Wert der Kaufoption in $t = 0$ bestimmen:[447]

$$(6a)\quad C_t = m_t \cdot V_t + B_t$$

$$(6b)\quad C_t = \frac{C_{t+1}^{+} - C_{t+1}^{-}}{u-d} + \frac{u \cdot C_{t+1}^{-} - d \cdot C_{t+1}^{+}}{(u-d)\cdot(1+r_f)}$$

$$= \frac{\left[\frac{(1+r_f)-d}{u-d} \cdot C_{t+1}^{+} + \frac{u-(1+r_f)}{u-d} \cdot C_{t+1}^{-}\right]}{(1+r_f)}$$

Die Bewertungsformel ist um die Laufzeit τ der Option (in Jahren) zu erweitern, wenn ferner berücksichtigt wird, dass die betrachteten Perioden nicht *äquidistant* sein müssen. Bei r_f handelt es sich im Folgenden um den *annualisierten* risikolosen Zinssatz:

$$(6c)\quad C_t = \frac{\left[\frac{(1+r_f)-d}{u-d} \cdot C_{t+1}^{+} + \frac{u-(1+r_f)}{u-d} \cdot C_{t+1}^{-}\right]}{(1+r_f)^{\tau}}$$

In der Form von Gleichung (6c) kann der Wert der Option aufgefasst werden als diskontierter, mit theoretischen Wahrscheinlichkeiten[448] gewichteter Erwartungswert der

[446] Bei B_t handelt es sich um die *absolute* Höhe der Kapitalaufnahme ($B_t < 0$), d.h., ein steigendes (sinkendes) B_t bedeutet eine geringere (höhere) Kapitalaufnahme.

[447] Vgl. Cox / Ross / Rubinstein (1979), S. 234.

Auszahlungen bei Ausübung in $t = 1$. Es handelt sich bei (6c) um eine *retrograde* Bewertungsgleichung, d.h., aus den beiden möglichen Optionswerten C_t^+ und C_t^- in einem Zeitpunkt t kann der Optionswert im Zeitpunkt (t-1) errechnet werden;[449] durch erneutes Anwenden der Bewertungsgleichungen kann entsprechend der Optionswert in (t-2) bestimmt werden. Der so bestimmte Optionswert C_t hängt also ab von insgesamt sechs Parametern, die einen positiven (+) oder negativen (–) Einfluss auf den Optionswert haben:[450]

$$(6d)\quad C_t \;=\; f(\underset{+}{r_f}, \underset{+}{V_t}, \underset{+}{V_{t+1}^+}, \underset{+}{V_{t+1}^-}, \underset{-}{I_{t+1}}, \underset{+}{\tau}) \;=\; f(\underset{+}{r_f}, \underset{+}{V_t}, \underset{+}{u}, \underset{+}{d}, \underset{-}{I_{t+1}}, \underset{+}{\tau})$$

Der Ausübungspreis I_{t+1} hat einen negativen Einfluss auf den Optionswert, da er die erzielbaren Ausübungsgewinne unmittelbar mindert; der heutige wie der künftige Wert des Underlyings haben dahingegen einen positiven Einfluss. Die Laufzeit hat ebenfalls einen positiven Einfluss auf den Wert des Underlyings, da eine längere Laufzeit das zusätzliche Recht einer späteren Ausübung der Option beinhaltet, wobei eine vorzeitige Realisierung des Optionswertes – auf einem vollkommenen und vollständigen Markt – stets durch eine Veräußerung der Option möglich ist. Der risikolose Zinssatz hat einen positiven Einfluss auf den Wert der Option, da er die Opportunitätskosten eines unmittelbaren Erwerbs des Underlyings als Alternative zum Kauf einer Option ausdrückt.[451] Da die Bewertung der Kaufoption ausschließlich auf Arbitrageüberlegungen beruht, ist der Optionswert unabhängig von den individuellen Risikopräferenzen der Investoren.[452] Insofern wird die arbitragebasierte Bewertung auch als *präferenzfrei* bezeichnet.[453] Es

[448] In der Gleichung (6c) lassen sich sogenannte *theoretische* Wahrscheinlichkeiten p und q definieren, die die Kolmogorov'schen Axiome der Wahrscheinlichkeitstheorie erfüllen; vgl. Cox / Ross / Rubinstein (1979), S. 234-235; Rendleman / Bartter (1979), S. 1098:

$$p \;\equiv\; \frac{(1+r_f)-d}{u-d}, \qquad q \;\equiv\; \frac{u-(1+r_f)}{u-d} \;=\; (1-p)$$

Für die einstufige zweiperiodige Option beträgt die theoretische Wahrscheinlichkeit für eine Wertsteigerung 53,0%; die komplementäre Wahrscheinlichkeit einer Wertminderung ist mit 47,0% geringer. Diese theoretischen Wahrscheinlichkeiten werden ausschließlich aus den Optionspreisparametern des Binomialmodells bestimmt, es handelt sich dabei nicht um subjektive Eintrittswahrscheinlichkeiten.

[449] Vgl. Rendleman / Bartter (1979), S. 1094.

[450] Der Optionswert ist im zeitdiskreten Binomialmodell abhängig von sechs Parametern; im Modell von Black / Scholes (1973) werden die beiden denkbaren Kurszustände V_1^+ und V_1^- (bzw. u und d) für die Optionsbewertung nicht benötigt – an deren Stelle tritt die Standardabweichung σ bzw. Varianz σ^2, die die Bandbreite möglicher Wertveränderungen abbildet.

[451] In den Bewertungsmodellen von Black / Scholes (1973) wie auch Cox / Ross / Rubinstein (1979) wird daher der Ausübungspreis mit dem risikolosen Zinssatz diskontiert; in (6b) und (6c) werden die Optionswerte $C_t^{+/-}$ diskontiert, also auch der Ausübungspreis.

[452] Die theoretischen Wahrscheinlichkeiten lassen sich aus den Parametern u, d und r_f bestimmen; vgl. Cox / Ross / Rubinstein (1979), S. 235; Rendleman / Bartter (1979), S. 1095.

[453] Es handelt sich bei der Bewertungsgleichung um eine sogenannte „risk neutral valuation relationship“; Brennan (1979), S. 53; Rao (1981), S. 34; Nau / McCardle (1995), S. 207.

ist mithin nicht notwendig, explizit die individuellen Risikonutzenfunktionen von Investoren als Ausgangspunkt für die Bewertung heranzuziehen.[454]

Die Bewertung der zweistufigen Verbundoption erfolgt in den zuvor bereits angesprochenen zwei Schritten: In einem ersten Schritt ist die einstufige Option in jedem Zeitpunkt und jeweils in Abhängigkeit von der zugrundeliegenden Wertentwicklung des Investitionsprojektes zu bewerten. Dies ist notwendig, um anschließend die (Verbund-) Option auf diese Option duplizieren zu können. Die Verbundoption kann also erst bewertet werden, wenn die Wertentwicklung des Underlyings ermittelt wurde.[455]

Ermittlung des **Duplikationsportfolios** bei Realisierung von **b** in $t = 1$:	Ermittlung des **Duplikationsportfolios** bei Realisierung von **c** in $t = 1$:
$m_1^+ \cdot 225 + 1{,}03 \cdot B_1^+ = 185$ $m_1^+ \cdot 75 + 1{,}03 \cdot B_1^+ = 35$ $m_1^+ = 1$ $B_1^+ = -38{,}83$	$m_1^- \cdot 75 + 1{,}03 \cdot B_1^- = 35$ $m_1^- \cdot 25 + 1{,}03 \cdot B_1^- = 0$ $m_1^- = 0{,}7$ $B_1^- = -16{,}99$
Wert der inneren Option: $C_1^+ = 1 \cdot 150 + (-38{,}83) = 111{,}17$	**Wert** der inneren Option: $C_1^- = 0{,}7 \cdot 50 + (-16{,}99) = 18{,}01$

Tabelle 4: Bewertung der inneren Option in t = 1 (Beispiel)[456]

Bei der Bewertung der einstufigen zweiperiodigen Option in den Zeitpunkten $t = 0$, 1 wird vereinfachend ein risikoloser Periodenzinssatz von r_f 3% pro Jahr unterstellt.[457] Um das Duplikationsportfolio dieser (Real-)Option bilden zu können, wird zudem ein handelbarer Vermögensgegenstand benötigt, dessen Wertentwicklung perfekt mit der des Investitionsprojektes korreliert ist.[458] Bei der Bewertung von Beteiligungen an jungen Unternehmen kann grundsätzlich nicht davon ausgegangen werden, dass diese bewertungsrelevante Prämisse erfüllt ist. Als Ausweg kann ein „gedachtes" Duplikationsportfolio aus einer risikolosen Anlage und der zu bewertenden Beteiligung gebildet werden oder es wird als Surrogat ein Vermögensgegenstand herangezogen, der eine

[454] Ein aktueller Überblick über derartige präferenzbasierte Ansätze zur Optionsbewertung findet sich bei Henderson / Hobson (2009).

[455] Zu diesem Vorgehen siehe Copeland / Antikarov (2001), S. 163-178; Mun (2006), S. 177-188; Copeland / Weston / Shastri (2008), S. 411-416.

[456] Im Folgenden wird mit den ungerundeten Werten weitergerechnet; dargestellt werden die auf zwei Nachkommastellen gerundeten Werte.

[457] Für die risikolose Verzinsung r_f wird unterstellt, dass sie höher ist als die Rendite des Underlyings (d-1) im Fall eines sinkenden Marktwertes, aber geringer ist als die Rendite bei steigendem Marktpreis (u-1). D.h., es gilt $d < 1+r_f < u$, da sonst Arbitrage möglich ist; vgl. Cox / Ross / Rubinstein (1979), S. 232; McDonald / Siegel (1984). Für den risikolosen Zinssatz wird ferner unterstellt, dass er stets positiv ist ($r_f > 0$).

[458] Zur Bedeutung dieser Prämisse und den methodischen Umgang mit der Unvollständigkeit des Marktes für Beteiligungen an jungen Unternehmen sei auf die Ausführungen in Abschnitt II.2.c. verwiesen.

vermeintlich hohe Korrelation mit der Wertentwicklung des Underlyings aufweist;[459] die Genauigkeit des so bestimmten Optionswertes hängt entscheidend von der Höhe der Korrelation ab. Für die Bewertung der Realoption soll jedoch unterstellt werden, dass ein perfekt korrelierter und handelbarer Vermögensgegenstand existiert.[460] Auf dieser Basis können die Duplikationsportfolios und die Optionswerte der einstufigen Option in $t = 1$ bei Eintritt einer Wertsteigerung des Underlyings (Ereignisknoten b, Abbildung 16) oder bei Realisierung einer Wertminderung (Knoten c) ermittelt werden (siehe Tabelle 4).

Die so bestimmten Werte für m_t und B_t lassen sich wie folgt interpretieren: Im Falle eines Anstiegs des Projektwertes auf 150 wird die Option in $t = 2$ in jedem Fall ausgeübt, was sich in dem Erwerb einer ganzen Einheit des Underlyings wiederspiegelt ($m_I^+ = 1$). Sinkt der Projektwert hingegen auf 50, dann ist die Ausübung in $t = 2$ unsicher, weswegen nur $m_I^- = 0{,}7$ Anteile des Underlyings erworben werden. Für diesen reduzierten Anteilserwerb wird eine entsprechend geringere Kapitalaufnahme ($B_I^+ < B_I^-$) ausgelöst. Durch erneute Bildung des Duplikationsportfolios lässt sich unter Rückgriff der Ergebnisse aus Tabelle 4 der Wert der einstufigen Option in $t = 0$ bestimmen (siehe Tabelle 5).[461] Die Investition $I_I = 30$ ist bei der Bewertung des sequenziellen Investitionsprojektes keineswegs zu vernachlässigen; sie ist aber zunächst für die Ermittlung der Wertentwicklung des Underlyings, der einstufigen zweiperiodigen Option, irrelevant. Die Investition I_I ist als Ausübungspreis der Verbundoption, mit der das Underlying erworben wird, erst im nächsten Schritt zu berücksichtigen.

Ermittlung des Duplikationsportfolios:
$m_0 \cdot 150 + 1{,}03 \cdot B_0 = 111{,}17$
$m_0 \cdot 50 + 1{,}03 \cdot B_0 = 18{,}01$
$m_0 = 0{,}93$
$B_0 = -27{,}74$
Wert der Option:
$C_0 = 0{,}93 \cdot 100 + (-27{,}74) = 65{,}42$

Tabelle 5: Bewertung der einstufigen zweiperiodigen Option in t = 0 (Beispiel)

[459] So treffen z.B. Amram / Kulatilaka (1999) bei der Bewertung eines Start-ups die Annahme, dass die Anteile eines vergleichbaren börsennotierten Unternehmens eine identische Wertentwicklung aufweisen (S. 143-149); ähnlich auch Lin / Lee / Duan (2006).

[460] Zur kritischen Reflektion dieser Prämisse sei auf die Ausführungen in II.2.c. verwiesen.

[461] Anders als im zweiperiodigen Binomialmodell bei Cox / Ross / Rubinstein (1979) wird hier mit den „Zwischenergebnissen" aus Tabelle 4 weitergerechnet. Dies ist notwendig, weil der Wert der einstufigen zweiperiodigen Option in jedem Zeitpunkt ($t = 0, 1, 2$) benötigt wird, um das Duplikationsportfolio der Verbundoption in $t = 0, 1$ bilden zu können; dieses schrittweise Bewertung erlaubt zudem die Ermittlung der Ausübungsgewinne der Verbundoption in $t = 1$.

Es ergibt sich mithin in $t = 0$ ein Wert für die einstufige Option von 65,42.[462] Dieser Wert des Underlyings repräsentiert eine (vorerst) unverzichtbare „Zwischengröße" bei der Ermittlung des (Gesamt-)Wertes des sequenziellen Investitionsprojektes. Der Wert des Underlyings stellt zugleich eine Obergrenze für den Wert der Verbundoption dar;[463] eine darüber hinausgehende materielle Interpretation des Wertes ist nicht möglich. Einen zusammenfassenden Überblick über die Entwicklung der Parameter des Duplikationsportfolios und die Wertentwicklung der einstufigen Option gibt Abbildung 16.

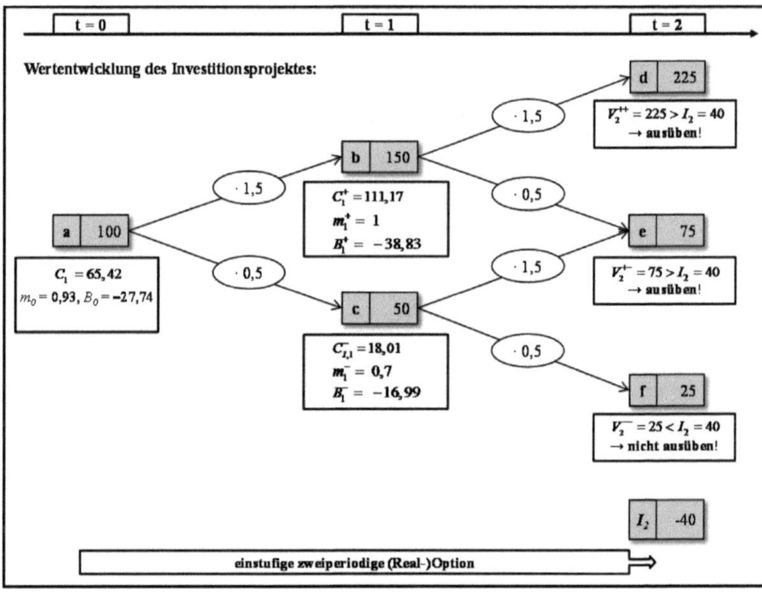

Abbildung 16: Bewertung der zweiperiodigen einstufigen Realoption (Beispiel)

Die Ermittlung des Wertes der einstufigen zweiperiodigen Option in Abhängigkeit von der Wertentwicklung des Investitionsprojektes ist notwendige Voraussetzung, um anschließend die Verbundoption bewerten zu können. Hierbei wird die Investition I_1 als Ausübungspreis der Verbundoption berücksichtigt, der zugleich die Prämie für den Erwerb der inneren Option darstellt (siehe Abbildung 17). Wie bei einstufigen Optionen gilt auch hier, dass sich eine Ausübung der Option nur lohnt, wenn der Marktwert des Underlyings größer ist als der Ausübungspreis. Der Wert der inneren Option in $t = 1$ ist folglich mit der Investition $I_1 = 30$ zu vergleichen. Es wird also im Sinne eines Roll-

[462] Die Werte m_t und B_t des Duplikationsportfolios lassen sich analog zu den Werten in $t = 1$ interpretieren; da die Ausübung der Option unsicher ist, gilt $m_t < 1$.Die Kapitalaufnahme zur Finanzierung des Erwerbs von 0,93 Anteilen des Underlyings beträgt $B_t = -27,74$.

[463] Vgl. Merton (1973), S. 143-144; da Mertons Dominanztheoreme für einstufige Optionen verteilungsunabhängig sind, lassen sie sich grundsätzlich auf *Verbundoptionen* übertragen; vgl. ähnlich auch Geske (1979), S. 65, über die vorzeitige Ausübung verbundener Kaufoptionen.

back-Verfahrens eine erneute Duplikation des Auszahlungsprofils vorgenommen (*sequenzielle Duplikation*).

Bei Ausübung der Verbundoption fließt dem Inhaber der Option der Gewinn aus der Ausübung der Option jedoch nicht unmittelbar als Cash Flow oder als Sachwert zu; vielmehr besteht der Ausübungsgewinn in der Möglichkeit zum Erwerb einer *weiteren* Option (für eine Prämie, die unter dem fairen Wert liegt). Erst mit der Fertigstellung des Investitionsprojektes durch die letzte Investition kann der Projektwert realisiert werden.[464]

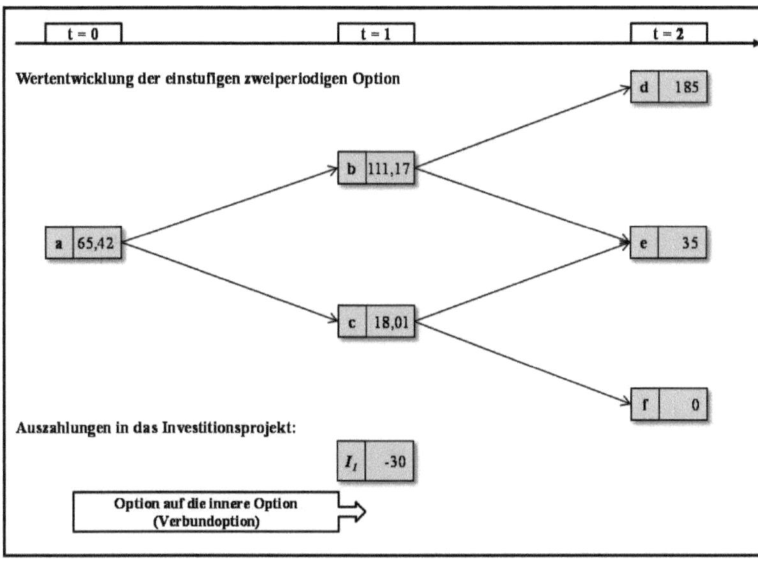

Abbildung 17: Verbundoption als Option auf die innere Option

Im Rahmen der Bewertung der einstufigen zweiperiodigen Option wurde nicht nur deren Wert in $t = 0$ bestimmt, sondern auch deren Wert in $t = 1, 2$, jeweils in Abhängigkeit von der Wertentwicklung des Underlyings. Die so ermittelte Wertentwicklung in Abbildung 17 dient als Grundlage der folgenden Bewertung der Verbundoption. Um eine klar abgrenzbare Bezeichnung der Modellparameter zu gewährleisten, werden die errechneten Optionswerte C_t fortan mit dem zusätzlichen Index z = I, II versehen ($C_{z,t}$), um die beiden in einer Verbundoption modellierten Optionen voneinander unterscheiden zu können. Die Nummerierung erfolgt in umgekehrter zeitlicher Reihenfolge zu ihrer Ausübung, also in der Reihenfolge ihrer Bewertung; die innere Option hat damit stets den

[464] Ähnlich auch Majd / Pindyck (1987), S. 7; Keeley / Turki (1993a), S. 663; Guler (2007), S. 250-251.

Index i = I.[465] Die Werte der *zwei*stufigen Verbundoption werden entsprechend mit II indexiert. Der Optionswert $C_{I,1}$ stellt den Wert der inneren Option im Zeitpunkt $t = 1$ dar. Im Falle einer positiven Entwicklung beträgt $C_{I,1}^{+}$ wie skizziert 111,17 und im Falle einer negativen Entwicklung $C_{I,1}^{-} = 18{,}01$ (siehe Abbildung 17). Entsprechend werden auch die Parameter des Duplikationsportfolios gekennzeichnet. Die Laufzeiten der Optionen werden mit τ_i bezeichnet. In dem hier betrachteten und auf zwei Perioden beschränkten Beispiel gilt $\tau_I = \tau_{II} = 1$.

Für die Bewertung der *Verbundoption* sind aus diesen Optionswerten der inneren Option zunächst die Optionsgewinne bei der *optimalen* Ausübungsstrategie zu ermitteln. Für eine zweistufige Verbundoption im Zeitpunkt $t = 1$ gilt:

(7a) $$C_{II,1}^{+} = \max\left[0, (C_{I,1}^{+} - I_1)\right]$$

(7b) $$C_{II,1}^{-} = \max\left[0, (C_{I,1}^{-} - I_1)\right]$$

Gleichung (1) ist also zu modifizieren: Als Werte für den Kurs des Underlyings sind nunmehr die zuvor in Tabelle 4 ermittelten Werte der einstufigen zweiperiodigen Option ($C_{I,1}^{-}$, $C_{I,1}^{+}$) einzusetzen. Hierbei zeigt sich entsprechend analog, dass die Ausübung der Verbundoption für den Inhaber der Option nur vorteilhaft ist, wenn der Projektwert in $t = 1$ auf 150 steigt; es ergibt sich in diesem Fall in $t = 1$ ein Ausübungsgewinn von 81,17, indem von dem Wert der inneren Option (111,17) die Prämie für deren Erwerb ($I_I = 30$) subtrahiert wird (siehe Tabelle 6). Sinkt der Wert des Investitionsprojektes hingegen auf 50, dann ist es für einen rationalen Investor optimal, die Option verfallen zu lassen, da dem Ausübungspreis von 30 nur ein Wert der inneren Option von 18,01 gegenüber steht:

Zeitpunkt: $t = 2$		**Zeitpunkt: $t = 1$**				
Knoten	**Wert der inneren Option**	**Wert der Option im Knoten**		**Investition I_I**	**Optimale Strategie**	**Wert der Verbundoption**
d	185	b	111,17	30	ausüben	$C_{II,1}^{+} = \mathbf{81{,}17}$
e	35					
e	35	c	18,01	30	nicht ausüben	$C_{II,1}^{+} = \mathbf{0}$
f	0					

Tabelle 6: Ermittlung der Optionsgewinne der zweistufigen Verbundoption (Beispiel)

Aus diesen Optionswerten in $t = 1$ lässt sich das Duplikationsportfolio und damit der Wert der Verbundoption in $t = 0$ bestimmen. Das Duplikationsportfolio der Verbundop-

[465] Für die Unterscheidung der Investitionen I_t wird diese zusätzliche Indexierung nicht benötigt, da der Ausübungspreis der Verbundoption zugleich eine Prämie für den Erwerb der inneren Option darstellt.

tion wird aus der einstufigen zweiperiodigen Option, deren Wertentwicklung zuvor bestimmt wurde, und einer Kapitalaufnahme zum risikolosen Zins gebildet.[466] Zu beachten ist hierbei allerdings, dass das Underlying der Verbundoption wiederum eine (einstufige zweiperiodige) Option ist. In die Bewertungsgleichungen (2) bis (5) sind dann – bei einem zur Bewertung einstufiger Optionen analogen Vorgehen – die Werte der einstufigen zweiperiodigen Option einzusetzen. Die Wertentwicklung der einstufigen zweiperiodigen Option wurde zuvor ermittelt (siehe überblickartig Abbildung 17). Auf diese Werte wird für die Berechnung des Wertes der Verbundoption zurückgegriffen. Die für die Bildung des Duplikationsportfolios der Verbundoption maßgeblichen Parameter m^* und B^* und der Optionswert $C_{II,0}$ lassen sich dann unter (analoger) Anwendung von Bewertungsgleichung (4) bis (6a) bestimmen;[467] dabei wird auf die vorherigen Daten aus Abbildung 17 und den Tabellen 5 und 6 zurückgegriffen:

Ermittlung des Duplikationsportfolios der Verbundoption
$m^*_{II,0} \cdot 111{,}18 + 1{,}03 \cdot B^*_{II,0} = 81{,}18$ $m^*_{II,0} \cdot 18{,}01 + 1{,}03 \cdot B^*_{II,0} = 0$ $m^*_{II,0} = 0{,}87$ $B^*_{II,0} = -15{,}23$
Wert der Verbundoption
$C_{II,0} = 0{,}87 \cdot \left[0{,}93 \cdot 100 + (-27{,}74)\right] + (-15{,}23) = 41{,}76$

Tabelle 7: Bewertung der zweistufigen Verbundoption mittels indirekter Duplikation (Beispiel)

Durch den Erwerb von 0,87 Anteilen der einstufigen zweiperiodigen Option – oder deren Duplikationsportfolio – sowie einer risikolosen Kreditaufnahme in Höhe von 15,23 (in $t = 0$) kann der Wert der Verbundoption (in $t = 1$) dupliziert werden. Hierbei ist zu beachten, dass das Duplikationsportfolio der einstufigen Option wiederum durch den Erwerb von 0,93 Anteilen des Investitionsprojektes (respektive dessen handelbarem Surrogat) sowie einer Kreditaufnahme zum risikolosen Zins in Höhe von 27,74 gebildet wird. Es ergibt sich mithin ein Wert für die Verbundoption in Höhe von 41,76. Ein Vergleich dieses Wertes mit der der Optionsprämie $I_0 = 20$ zeigt, dass der Erwerb der Verbundoption vorteilhaft ist. Zusammenfassend ergibt sich die optimale Investitionsstrategie für die Verbundoption, wie sie in Abbildung 18 dargestellt ist.

466 Vgl. analog Copeland / Antikarov (2001) bei der Bewertung sequenzieller Verbundoptionen (S. 171-178).

467 Die Parameter des Duplikationsportfolios der Verbundoption, das aus der einstufigen zweiperiodigen Option und einer Kapitalaufnahme zum risikolosen Zins gebildet wird (*indirekte* Duplikation) werden mit dem Index * versehen (m_t^*, B_t^*). Die Parameter des *direkten* Duplikationsportfolios werden unverändert mit m_t und B_t (ohne *) bezeichnet.

Wie die Bewertung der Verbundoption verdeutlicht, wird – ähnlich wie bei der Betrachtung einstufiger mehrperiodiger Optionen[468] – in jedem Zeitpunkt $0 < t < n$ eine *dynamische* Anpassung des Duplikationsportfolios der Verbundoption in Abhängigkeit der Wertentwicklung des Underlyings notwendig.[469] Steigt der Wert des Underlyings, wird ein größerer Anteil hiervon erworben, was durch eine entsprechend höhere Kreditaufnahme finanziert wird.[470] Sinkt der Wert des Underlyings, erfolgt die Portfolioanpassung analog umgekehrt.[471]

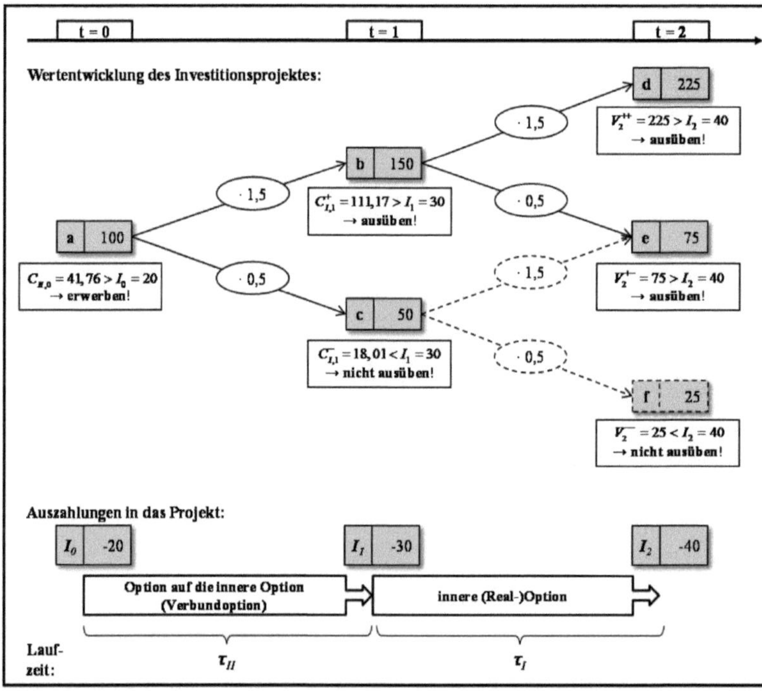

Abbildung 18: Optimale Investitionsstrategie für die zweistufige Verbundoption (Beispiel)[472]

[468] Vgl. Cox / Ross / Rubinstein (1979), 236-238; Rao (1981), S. 35.

[469] Der Wert der einstufigen Option hängt jedoch wiederum von dem Wert des sequenziellen Projektes ab.

[470] Vgl. Rubinstein / Leland (1995), S. 113-117, und siehe Abbildung 15; der Kapitaleinsatz des Optionserwerbers bleibt dadurch unverändert. Deshalb wird die Duplikationsstrategie auch als selbstfinanzierend bezeichnet.

[471] Die größten Anpassungen des Duplikationsportfolios werden notwendig, wenn die Option „am Geld" ist. Dann werden durch geringe Wertveränderungen des Underlyings bereits signifikante Anpassungen von m_t und B_t ausgelöst; vgl. analog Rubinstein / Leland (1995).

[472] Eine gestrichelte Linie zeigt einen Entwicklungspfad, der bei optimaler Ausübung der Verbundoption nicht mehr beschritten wird, weil die Option zuvor bereits aufgegeben wurde.

Zusammenfassend lässt sich aus der exemplarischen Bewertung der Verbundoption folgern, dass *eine zweistufige Verbundoption bewertet werden kann, indem deren Auszahlungsprofil durch den (teilweise) kreditfinanzierten (anteiligen) Erwerb der einstufigen Option gleicher Laufzeit und eine Kreditaufnahme zum risikolosen Zinssatz dupliziert wird.* Bei diesem Vorgehen ist offenbar die Bewertung der einstufigen Option einer Bewertung der zweistufigen Verbundoption vorgelagert.[473]

Verknüpft mit der Bewertung einer zweistufigen Verbundoption ist zugleich die *allgemeinere* Frage nach der Bewertung einer z-stufigen Verbundoption. Eine wiederholte Anwendung der zuvor erläuterten *sequenziellen Duplikation* erlaubt dabei die Bewertung beliebig-stufiger Verbundoptionen. Vorausgesetzt wird allerdings, dass basierend auf der Wertentwicklung des Underlyings zunächst die einstufige Option bestimmt wird, die das Underlying der zweistufigen Option ist. Auf dieser Grundlage kann wiederum die zweistufige Verbundoption bewertet werden, die wiederum Underlying der dreistufigen Option ist. Mit diesem Vorgehen kann auch eine z-stufige Verbundoption dupliziert werden.[474] Diese sequenzielle Duplikation einer z-stufigen Verbundoption erfordert bei dem bislang in der Literatur zu findenden Vorgehen also zunächst eine Bewertung der (z-1)-stufigen Option zu jedem diskreten Zeitpunkt.[475]

Bei der Bewertung der zweistufigen Verbundoption wurde auch deutlich, dass deren Wert entscheidend von dem Wert des originären Underlyings abhängt (siehe insbesondere Tabelle 7). Es soll daher im Folgenden untersucht werden, *ob sich innerhalb eines zeitdiskreten Binomialmodells die Bewertung einer Verbundoption vereinfachen lässt, indem bei der Duplikation direkt auf das originäre Underlying der einstufigen inneren Option zurückgegriffen wird.*

(ii) Vereinfachung der Bewertung durch direkte Duplikation

Im vorherigen Abschnitt wurde die Bewertung von Verbundoptionen mittels (indirekter) Duplikation veranschaulicht. Im Rahmen der indirekten Duplikation wurde deutlich, dass der Wert der zweistufigen Verbundoptionen durch die Wertentwicklung des

[473] In der Literatur zu findende Optionspreismodelle für Verbundoptionen bewerten in einem ersten Schritt die einstufige Option und bilden darauf aufbauend in einem zweiten Schritt das Duplikationsportfolio der zweistufigen Verbundoption; vgl. Agliardi / Agliardi (2003), S. 75. Ein solches Vorgehen findet sich z.B. bei Copeland / Antikarov (2001), Mun (2006) oder Copeland / Weston / Shastri (2008).

[474] Dies lässt sich durch vollständige Induktion zeigen; siehe hierzu auch die Ausführungen des folgenden Abschnitts.

[475] Diese in der Literatur vorherrschende Bewertung binomial modellierter Verbundoptionen wird im folgenden Abschnitt reflektiert. Auch dem zeitkontinuierlichen Modell von Geske (1979) liegt diese Vorgehensweise (implizit) zugrunde; siehe hierzu auch Agliardi / Agliardi (2003), S. 75.

derivativen Underlyings – der einstufigen Option – sowie den risikolosen Zinssatz, die Laufzeit und den Ausübungspreis bestimmt wird. Der Wert der einstufigen Option hängt aber wiederum ganz entscheidend von dem Wert des originären Underlyings ab, also der Wertentwicklung des sequenziellen Investitionsprojektes. Der Wert des originären Underlyings ist mithin auch für den Wert der Verbundoption maßgeblich. Im Folgenden wird dargelegt, dass das Duplikationsportfolio einer Verbundoption auch direkt als *Linearkombination* aus dem originären Underlying der inneren Option und einer (entsprechend höheren) Kreditaufnahme zum risikolosen Zins gebildet werden kann.[476] Dies sei anhand folgender Ableitung verdeutlicht: Es sei $C_{I,t}$ eine einstufige Kaufoption auf das Underlying V_t mit dem Duplikationsportfolio $D_{I,t}$, das die Wertentwicklung von $C_{I,t}$ im Zeitpunkt $(t{+}1)$ exakt dupliziert:[477]

$$(8)\quad D_{I,t} \;=\; m_{I,t}\cdot V_t + B_{I,t}$$

Entsprechend stellt $C_{II,t}$ eine Option auf die Option $C_{I,t}$ dar mit dem Ausübungspreis I_t.[478] Deren Auszahlungsprofil kann durch das Portfolio $D_{II,t}$ dupliziert werden, und zwar durch den teilweise kreditfinanzierten Erwerb des Duplikationsportfolios $D_{I,t}$ der einstufigen Option:[479]

$$\begin{aligned}(9)\quad D_{II,t} &= m^*_{II,t}\cdot D_{I,t} + B^*_{II,t} \;=\; m^*_{II,t}\cdot\left[m_{I,t}\cdot V_t + B_{I,t}\right] + B^*_{II,t}\\ &= m_{II,t}\cdot V_t + B_{II,t}\\ \textit{mit}\quad m_{II,t} &= m_{I,t}\cdot m^*_{II,t}\\ B_{II,t} &= m^*_{II,t}\cdot B_{I,t} + B^*_{II,t}\end{aligned}$$

Das Duplikationsportfolio der einstufigen Option $D_{I,t}$ ist eine Kombination aus einer Kreditaufnahme und dem Erwerb von $m_{I,t}$ Anteilen des originären Underlyings; das Duplikationsportfolio der Verbundoption $D_{II,t}$ ist wiederum eine Kombination aus $D_{I,t}$ und einer Kreditaufnahme, es kann mithin auch *direkt* als Linearkombination aus dem originären Underlying und einer Kreditaufnahme gebildet werden.[480] Formal zeigt sich

---

[476] Ein Hinweis hierauf findet sich bereits bei Garman (1976), S. 420-421; der Autor legt dar, dass das Auszahlungsprofil einer Verbundoption ebenso wie das einer einstufigen Option eine stückweise lineare Funktion des Wertes des Underlyings ist.

[477] Bei der Duplikation von *Kaufoptionen* gilt stets $B_t \leq 0$, $m_t \geq 0$, d.h., es erfolgt in jedem Fall eine Kapital*aufnahme* zum risikolosen Zins und ein anteiliger *Erwerb* des Underlyings; siehe hierzu auch Cox / Ross / Rubinstein (1979), S. 236, sowie grundlegend Rubinstein / Leland (1995); Rubinstein (2005), S. 185-188.

[478] Es wird hier die vereinfachende Annahme getroffen, dass es sich um eine *simultane* Verbundoption handelt; diese Prämisse verändert auf einem vollkommenen und vollständigen Markt *nicht* den Wert der Verbundoption.

[479] Die Parameter des Duplikationsportfolios der Verbundoption bei indirekter Duplikation werden wieder mit dem Index * versehen (m^*, B^*), während die Parameter des direkten Duplikationsportfolios weiterhin mit m_t und B_t bezeichnet werden.

[480] Vgl. grundlegend Ross (1978), S. 453-460.

die Gültigkeit dieser Aussage durch Gleichung (9), die anhand des hier verwendeten Beispiels veranschaulicht werden kann. In Tabelle 8 wird das Duplikationsportfolio direkt aus dem Investitionsprojekt und einer Kreditaufnahme gebildet. Die Ausübungsgewinne der Verbundoption ergeben sich analog zur indirekten Duplikation als $C^+_{II,1} = 81{,}18$ und $C^-_{II,1} = 0$ (siehe oben, Tabelle 6). Bei der Bildung des Duplikationsportfolios wird aber auf das originäre Underlying abgestellt (siehe hierzu Abbildung 13 oder Abbildung 18); der Wert des sequenziellen Investitionsprojektes steigt entweder auf 150 oder fällt auf 50. In die Bestimmungsgleichungen (2) bis (5) sind entsprechend die „Kurse" des Investitionsprojektes und die Ausübungsgewinne der Verbundoption einzusetzen. Es ergibt sich mithin ein Wert für die Verbundoption in Höhe von 41,76:

Ermittlung des Duplikationsportfolios Verbundoption

$$m_{II,0} \cdot 150 + 1{,}03 \cdot B_{II,0} = 81{,}18$$

$$m_{II,0} \cdot 50 + 1{,}03 \cdot B_{II,0} = 0$$

$$m_{II,0} = 0{,}81$$

$$B_{II,0} = -39{,}40$$

Wert der Verbundoption

$$C_{II,0} = 0{,}81 \cdot 100 + (-39{,}40) = 41{,}76$$

Vergleich mit indirekter Duplikation

$$m_{II,0} = m_{I,0} \cdot m^*_{II,0} = 0{,}93 \cdot 0{,}87 = 0{,}81$$

$$B_{II,0} = m^*_{II,t} \cdot B_{I,t} + B^*_{II,t} = 0{,}87 \cdot (-27{,}73) + (-15{,}23) = -39{,}40$$

Tabelle 8: Direkte Duplikation der zweistufigen Verbundoption (Beispiel)[481]

Der Vergleich der direkten und der indirekten Duplikation veranschaulicht, dass Ansätze zum identischen Optionswert für die Verbundoption kommen (müssen). Deutlich wird auch, dass die Ergebnisse der indirekten Duplikation in die direkte Duplikation überführt werden können. Somit kann aus der bisherigen Analyse festgehalten werden, dass *die Bewertung einer Verbundoption mittels indirekter Duplikation vereinfacht werden kann, indem bei der Bildung des Duplikationsportfolios auf das originäre Underlying der Verbundoption zurückgegriffen wird.* Für den allgemeineren Fall der Bewertung einer *z*-stufigen Verbundoption kann durch vollständige Induktion gezeigt werden, dass sich deren Duplikationsportfolio als Linearkombination aus (*z*-1)-stufigen Op-

[481] Mögliche Abweichungen beruhen ausschließlich auf Rundungsdifferenzen. Bei der „Überleitungsrechnung" von den Ergebnissen der indirekten zu denen der direkten Duplikation wird auf die Ergebnisse der Tabellen 5 und 6 zurückgegriffen.

tion und einer Kreditaufnahme oder direkt aus dem originären Underlying der inneren Option und einer entsprechen höheren Kreditaufnahme bilden lässt.[482]

Die so mögliche Vereinfachung der Bewertung durch direkte Duplikation beruht dabei auf dem *gleichen* Prämissengefüge wie die indirekte Duplikation, also nicht auf restriktiveren Annahmen. Insgesamt lässt sich konstatieren, dass auf eine Bewertung der (z-1)-stufigen Option, wie sie bislang in der Literatur angewandt wird, verzichtet werden kann und sich mithin eine merkliche Vereinfachung der Bewertung von sequenziellen Verbundoptionen ergibt: Insgesamt erfordert die Bewertung einer z-stufigen Verbundoption bei der direkten Duplikation nur *einen* Rechenschritt, während bei der indirekten Duplikation (bis zu) z Rechenschritte erforderlich sind.[483] Dies scheint jedoch aufgrund der Rechenkapazität zeitgemäßer EDV-Systeme von eher untergeordneter praktischer Bedeutung.

Mehr Bedeutung ist der Tatsache beizumessen, dass durch die Vereinfachung der Bewertung das Vorgehen inhaltlich *anschaulicher* wird; es wird unmittelbar deutlich, dass die Wertentwicklung einer Verbundoption – neben dem Ausübungspreis, dem risikolosen Zinssatz und der Laufzeit der Option – insbesondere von dem Wert des *originären* Underlyings der inneren Option abhängt. Auf die (explizite) Überführung der sequenziellen in eine simultane Verbundoption kann auch bei der direkten Duplikation nicht verzichtet werden, diese erfolgt aber nunmehr lediglich *implizit*. Unabhängig davon, ob die direkte oder indirekte Duplikation gewählt wird, ist im Binomialmodell der Wert einer zweistufigen Verbundoption im Vergleich mit der Bewertung einer einstufigen Option von acht (anstatt sechs) Modellparametern abhängig:

$$(10)\quad C_{II,0} = f\left[r_f, V_0, u, d, I_1, \tau_{II}, g(r_f, V_0, u, d, I_2, \tau_I)\right]$$

$$= f\,(\underset{+}{r_f}, \underset{+}{V_t}, \underset{+}{u}, \underset{+}{d}, \underset{-}{I_1}, \underset{-}{I_2}, \underset{+}{\tau_I}, \underset{+}{\tau_{II}})$$

Im Vergleich zu einer einstufigen Option sind für die Bewertung der *zweistufigen* Verbundoption zwei weitere (Verbund-)Optionspreisparameter – der Ausübungspreis I_I und die Laufzeit τ_{II} der Verbundoption – unmittelbar relevant.[484] Die Initialinvestition I_0 geht hingegen nicht unmittelbar in die Ermittlung des Wertes der Verbundoption ein. Sie ist aber keineswegs zu vernachlässigen, sondern mit dem optionspreistheoretischen

[482] Siehe hierzu die Ausführungen im folgenden Abschnitt III.1.c. sowie Abbildung A6 im Anhang.

[483] Unter einem *Rechenschritt* wird hier im Sinne der Bewertungsmethodik der Optionspreistheorie die Duplikation eines unsicheren Zahlungsstroms verstanden. Der Nutzen dieses direkten Vorgehens erschließt sich also insbesondere bei der Bewertung *mehrstufiger* Verbundoptionen.

[484] Ähnlich auch Geske (1979), S. 74, in dessen Modell der Wert einer Verbundoption ebenfalls von zwei zusätzlichen Parametern im Vergleich zum Modell von Black / Scholes (1973) abhängig ist.

Projektwert zu vergleichen, um die *Vorteilhaftigkeit* der Initialinvestition I_0 zu bestimmen. Ist der Wert der (Verbund-)Option größer als die Initialinvestition, dann ist Zahlung der Optionsprämie I_0 (und der verbundene Erwerb der Verbundoption) vorteilhaft.

Mit der exemplarischen Anwendung der direkten Duplikation zur Bewertung der zweistufigen Verbundoption wurde zugleich die allgemeinere Frage untersucht, wie z-stufige Verbundoptionen durch den (teilweise) kreditfinanzierten Erwerb des originären Underlyings dupliziert werden können. Das hier veranschaulichte Vorgehen ist entsprechend analog zu Bewertung beliebig-stufiger Verbundoptionen geeignet. Allgemein gilt, dass der Wert einer z-stufigen Verbundoption bei Zugrundelegung eines multiplikativen Binomialprozesses für die Wertentwicklung des Underlyings von $(2 \cdot z + 4)$ Optionspreisparametern wie folgt abhängig ist:

$$(11) \quad C_{z,0} = f(\underset{+}{r_f}, \underset{+}{V_t}, \underset{+}{u}, \underset{+}{d}, \underset{-}{I_1}, \underset{-}{I_2}, \underset{\dots}{\dots}, \underset{-}{I_n}, \underset{+}{\tau_I}, \underset{+}{\tau_{II}}, \underset{\dots}{\dots}, \underset{+}{\tau_z})$$

Hieraus wird die zunehmende Komplexität einer Bewertung von Verbundoptionen deutlich, je mehr Stufen betrachtet werden. In dem hier aufgezeigten Modellrahmen ist eine Erweiterung auf eine beliebige Anzahl an Stufen möglich, die dann mit der skizzierten Steigerung der *Komplexität* des Modells einhergeht.

c. Impliziter Verschuldungsgrad des Duplikationsportfolios sequenzieller Investitionsprojekte

(i) Verschuldungsgrad als Kennzahl der Irreversibilität einer Investitionsstrategie

Durch die *direkte* Duplikation wird die Bewertung der Verbundoption nicht nur vereinfacht und deutlich anschaulicher, sondern es lassen sich auch darüber hinausgehende Aussagen ableiten. Wird eine einstufige Option abgebildet durch den (teilweise) kreditfinanzierten Erwerb von m_t Anteilen des (originären) Underlyings, dann entspricht die zweistufige Verbundoption dem kreditfinanzierten Erwerb dieser einstufigen Option. Der Anteil der Kreditfinanzierung am Erwerb des Underlyings muss folglich bei der Verbundoption größer sein als bei der einstufigen Option.[485] Mithin kann ein Zusammenhang zwischen der *Staffelung* der Investitionen und dem Anteil der Kreditfinanzierung des Duplikationsportfolios hergestellt werden. Um diese Aussagen zu belegen, wird der im Folgenden als L bezeichnete *Verschuldungsgrad* (Leverage) des Duplikati-

[485] Eine formale Herleitung dieser Aussage findet sich in Abbildung 21 im folgenden Abschnitt. Die Verschuldungsgrade können jedoch im Grenzfall übereinstimmen.

onsportfolios[486] definiert als Anteil der Kreditfinanzierung B_t am Erwerb der m_t Anteile des Underlyings V_t:[487]

$$(12)\quad L_t = \frac{|B_t|}{m_t \cdot V_t}$$

$$= \frac{-(u \cdot C_{t+1}^{-} - d \cdot C_{t+1}^{+})}{(u-d)\cdot(1+r_f)} \cdot \frac{(u-d)\cdot V_t}{C_1^{+} - C_1^{-}} \cdot \frac{1}{V_t}$$

$$= \frac{-(u \cdot C_{t+1}^{-} - d \cdot C_{t+1}^{+})}{(1+r_f)} \cdot \frac{1}{C_{t+1}^{+} - C_{t+1}^{-}}$$

$$= \frac{d \cdot C_{t+1}^{+} - u \cdot C_{t+1}^{-}}{(1+r_f)\cdot(C_{t+1}^{+} - C_{t+1}^{-})}$$

Der Ausdruck ($m_t \cdot V_t$) lässt sich interpretieren als (Brutto-)Gesamtwert des Duplikationsportfolios, zu dessen Finanzierung der Kredit in Höhe von B_t aufgenommen wird. Der verbleibende Anteil am Duplikationsportfolio wird durch den Erwerber als „*Eigenkapital*" in Form der Optionsprämie eingebracht.[488] Der Quotient beider Größen kann – analog zu einer verschuldeten Unternehmung – als „Verschuldungsgrad" des Duplikationsportfolios verstanden werden. Exemplarisch sei diese Kennziffer für die Duplikationsportfolios der einstufigen zweiperiodigen und der Verbundoption in $t = 0$ betrachtet.[489] Dieser Vergleich soll illustrieren, dass c.p. mit zunehmender Staffelung der Investitionen, durch die sich die Anzahl der Stufen der Verbundoption erhöht, auch der Verschuldungsrad des Duplikationsportfolios der Verbundoption steigt. Vor diesem Hintergrund ist es zunächst unerheblich, dass ein *materieller* Vergleich der beiden Optionen nicht statthaft ist, da im Wert der einstufigen zweiperiodigen Option nicht die Investition $I_1 = 30$ berücksichtigt ist.[490] Der Verschuldungsgrad des Duplikationsportfolios L be-

[486] Die hier entwickelte Kennzahl L ist nicht zu verwechseln mit dem Verschuldungsgrad der Unternehmung im Modell von Geske (1979); dieser führt den Verschuldungsgrad einer Unternehmung als Parameter einer Option auf das Eigenkapital ein, wobei das Eigenkapital wiederum als (Kauf-)Option auf den Unternehmenswert interpretiert wird.

[487] Vgl. ähnlich auch Naik / Uppal (1994), S. 203-204, die den Einfluss von Verschuldungsobergrenzen auf die Duplikation der Zahlungsströme von Optionen untersuchen. Da bei der Bewertung einer Kaufoption $B_t < 0$ ist, gilt $|B_t| = -B_t$. Die Differenz ($m_t \cdot V_t - B_t$) entspricht dem „fairen" Optionswert, siehe auch Gleichung (6a).

[488] Vgl. auch Naik / Uppal (1994), S. 199-200. Die Eigenkapitalquote ergibt sich dann zu:

$$EK-Quote \equiv \frac{C_t}{m_t \cdot V_t} = \frac{(m_t \cdot V_t) + B_t}{m_t \cdot V_t}.$$

[489] Hierbei wird auf die Berechnungen der vorherigen Abschnitte zurückgegriffen, siehe insbesondere Tabelle 5 und Tabelle 8.

[490] Die einstufige zweiperiodige Option lässt sich insofern nicht als eigenständiges Projekt deuten, sondern ist eine „Zwischengröße" bei der Bewertung der Verbundoption. Ein materieller Vergleich zweier Projekte, die sich lediglich in Bezug auf die Staffelun g der Kapitalbereitstellung unterscheiden, wird in Tabelle 10 vorgenommen.

trägt 29,77% für die einstufige Option und 48,54% für die Verbundoption (siehe Tabelle 9).[491]

Wie die Definitionsgleichung (12) des Verschuldungsgrades zeigt, liegen die Unterschiede in den Verschuldungsgraden darin begründet, dass die Optionswerte in C_1^+ und C_1^- im Fall der Verbundoption um den Ausübungspreis I_I zu korrigieren sind.[492] Der Unterschied kommt also einzig dadurch zustande, dass im Fall der Verbundoption ein weiterer Ausübungspreis respektive eine Optionsprämie I_I für den Erwerb der inneren Option zu entrichten ist. Ist diese Prämie gleich Null, dann müssen auch die Verschuldungsgrade $L_{z,t}$ der einstufigen Option und der Verbundoption übereinstimmen.

Einstufige (zweiperiodige) Option	**Verbundoption**
$L_{I,0} = \frac{27,74}{0,93 \cdot 100} \mathrel{\hat{=}} 29,77\%$	$L_{II,0} = \frac{39,40}{0,81 \cdot 100} \mathrel{\hat{=}} 48,54\%$

Tabelle 9: Verschuldungsgrade der Duplikationsportfolios (Beispiel)

Allgemein wird durch eine stärkere Staffelung der Investitionen der (irreversible) *Initial*kapitaleinsatz in $t = 0$ reduziert. Dies äußert sich bei einer Bewertung der sequenziellen Investitionen als Verbundoption darin, dass der Verschuldungsgrad des Duplikationsportfolios der Verbundoption höher ist als bei einem Projekt, bei dem die Investitionen bereits früher getätigt werden (welches einer einstufigen Option entspricht). Dieser höhere Verschuldungsgrad drückt den zunächst geringeren (Eigen-)Kapitaleinsatz im Vergleich zu einer stärkeren Vorabinvestition aus, mit dem der Investor im Falle sequenzieller Investitionen an dem Investitionsprojekt partizipieren kann. Im Rahmen des hier betrachteten Beispiels ist bei Gegenüberstellung der einstufigen zweiperiodigen Option und der zweistufigen Verbundoption ein *materieller* Vergleich der Investitionsalternativen allerdings nur dann statthaft, wenn bei der einstufigen zweiperiodigen Option die Auszahlung $I_I = 30$ bereits früher, also in $t = 0$ berücksichtigt wird. Um diesen Vergleich anstellen zu können, wird exemplarisch ein *alternatives* sequenzielles *Investitionsprojekt* definiert, das in weniger Auszahlungen gestaffelt ist als das Projekt des ursprünglichen Beispiels (Abbildung 13); es wird unterstellt, dass das alternative Projekt lediglich zwei Auszahlungen in $t = 0$ und $t = 2$ erfordert.[493] Es lässt sich mithin als ein-

---

[491] Die Verschuldungsgrade beider Optionen in $t = 1$ sind identisch mit $L_{i,1}^+ = 25,89\%$ und $L_{i,1}^- = 48,54\%$ für i = I, II; die Verschuldungsgrade der Duplikationsportfolios unterscheiden sich erst in $t = 0$ mit der Berücksichtigung des Ausübungspreises der Verbundoption I_I.

[492] So sind bei der einstufigen Option $C_{I,1}^+ = 111,17$ und $C_{I,1}^- = 18,01$, während bei der Verbundoption $C_{II,1}^+ = 81,17$ und $C_{II,1}^- = 0$ anzusetzen sind.

[493] Im Gegensatz dazu wählen auch Dahiya / Ray (2012) die vollständige Vorabinvestition in $t = 0$ als Referenzszenario, um den Einfluss einer Staffelung der Investitionen zu untersuchen (S. 1195-1196).

stufige Option bewerten. Damit das Projekt zu dem ursprünglichen Beispiel vergleichbar ist, wird ferner unterstellt, dass beide Projekte in $t = 2$ eine identische Investition $I_2 = 40$ aufweisen. Um sicherzustellen, dass in beiden Projekten ein *äquivalenter* Kapitalbedarf anfällt, wird daher unterstellt, dass das alternative Projekte eine Initialinvestition I_0 erfordert, die der Summe der Investitionen des ursprünglichen Projektes in $t = 0$ und $t = 1$ (unter Berücksichtigung von Zinswirkungen) entspricht (siehe Tabelle 10):[494]

	I_0	I_1	I_2
Ursprüngliches Projekt (*Verbundoption*)	20	30	40
Alternatives Projekt (*einstufige Option*)	$20+\frac{30}{1+r_f}$	0	40

Tabelle 10: Vergleich des ursprünglichen Investitionsprojektes mit einem Alternativprojekt

Die Initialinvestitionen I_0 der beiden Projekte gehen jeweils nicht unmittelbar in die Bestimmung des Optionswertes ein, sie sind stattdessen mit dem Optionswert zu vergleichen, um die Vorteilhaftigkeit der Initialinvestition zu ermitteln. Bei dem ursprünglichen Projekt ist der Optionswert von $C_{II,0} = 41{,}76$ mit der Initialinvestition $I_0 = 20$ zu vergleichen, wohingegen dem optionspreistheoretischen Wert des Alternativprojektes von $C_{I,0} = 65{,}42$ die Anfangsinvestition $I_0 = (20 + 30\cdot(1 + r_f)^{-1})$ gegenübersteht.[495] Die Initialinvestition geht daher in beiden Fällen *nicht* in die Ermittlung des Duplikationsportfolios und die darauf basierende Berechnung des Verschuldungsgrades L ein. Für die Verschuldungsgrade der beiden Projekte in $t = 0$ ergeben sich dann die bereits in Tabelle 9 errechneten Werte von 48,54% für das ursprüngliche Projekt und 29,77% für das alternative Projekt. Der höhere Verschuldungsgrad des ursprünglichen Projektes spiegelt den zunächst geringeren Kapitaleinsatz wieder. Der Vergleich der beiden Projekte macht insofern deutlich, dass die stärkere Staffelung und die damit verbundene zeitliche Verlagerung der Investitionen in die Zukunft zu einem höheren Verschuldungsgrad des Duplikationsportfolios führen.

Der Verschuldungsgrad des Duplikationsportfolios spiegelt insofern die zeitliche Verlagerung von Zahlungen im Rahmen eines sequenziellen Investitionsprojektes wider. Um die Konsequenzen einer zeitlichen Verschiebung der Auszahlungen zu untersuchen, wird der Einfluss einer systematischen Variation der Investitionen I_t auf L analysiert.

[494] Damit wird die (nicht unrealistische) Prämisse gesetzt, dass die vorzeitige Investition grundsätzlich möglich ist und die Projektdauer nicht verändert; eine Verlagerung der Zahlungen auf spätere Zeitpunkte wird nicht betrachtet, da dieses Vorgehen zugleich die Projektdauer beeinträchtigen kann. Es wird also unterstellt, dass alle weiteren Investitionen während des Projekts ($0 < t < n$) bereits in $t = 0$ anfallen, so dass nur noch in den beiden Zeitpunkten $t = 0, n$ Investitionen vorgenommen werden.

[495] Bei einem positiven risikolosen Zinssatz – oder einem ggf. höheren zur Diskontierung herangezogenen Zinssatz – ist die Initialinvestition zur Initiierung des alternativen Projektes also vorteilhaft.

Eine Variation von I_2 veranschaulicht nicht nur den Zusammenhang zwischen der Staffelung der Investitionen und L,[496] sondern darüber hinaus auch einen Vergleich dieses Effekts bei der einstufigen Option (alternatives Projekt) und der zweistufigen Verbundoption (ursprüngliches Projekt).[497] Eine Verringerung der Investition I_2 entspricht einer zeitlichen Vorverlagerung, d.h., die Zahlung fällt bereits in $t = 0$ an. Eine Verringerung von I_2 führt entsprechend zu einer Erhöhung der Optionsprämie I_0. Eine Erhöhung von I_2 ist umgekehrt zu interpretieren. Abbildung 19 zeigt im Sinne einer Sensitivitätsanalyse die Entwicklung von L bei Variation der Investition I_2 bei der einstufigen zweiperiodigen Option und der Verbundoption des hier gewählten Beispiels:[498]

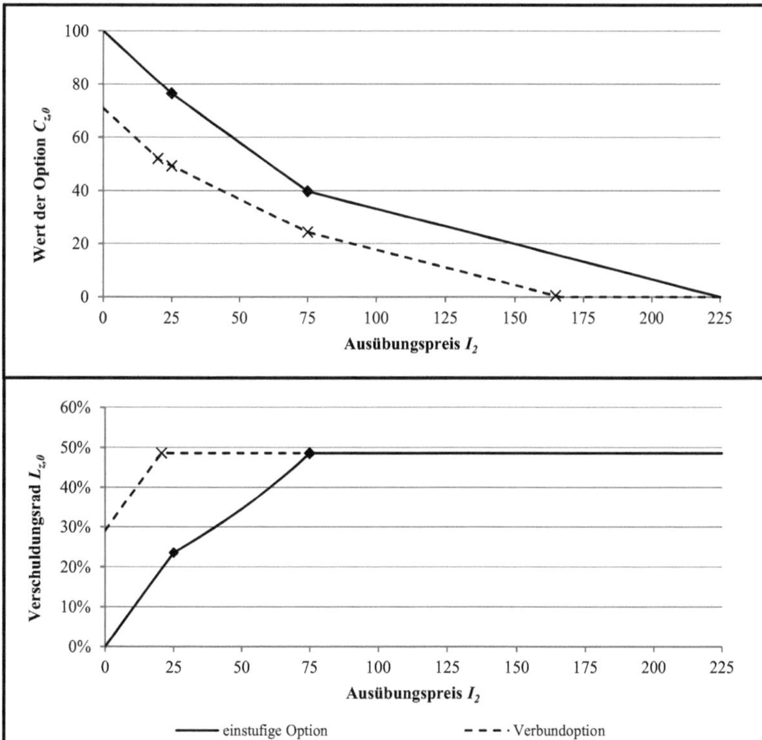

Abbildung 19: Optionswert und Verschuldungsgrad der Duplikationsportfolios (Beispiel)

[496] I_2 repräsentiert jene Investition, die notwendig ist, um das Projekt fertigzustellen; hierbei kann es sich um die Kosten einer Markeinführung (vgl. Lint / Pennings (1998)) oder um die Investitionen vor einem Exit respektive der Akquisition einer CVC-Beteiligung handeln.

[497] Eine Variation von I_1 erlaubt diesen *Vergleich* nicht, da bei der einstufigen Option nur in $t = 0$ und $t = 2$ eine Zahlung erfolgt; der Einfluss einer Variation von I_1 auf den Verschuldungsgrad ist in Abbildung A3 im Anhang dargestellt.

[498] In Abbildung 19 sind die Knickstellen der Funktionen durch Kreuze markiert.

Bei Betrachtung der *einstufigen* zweiperiodigen Option zeigt sich, dass der Verschuldungsgrad im Grenzfall eines Ausübungspreises von Null auch 0% beträgt – in diesem Fall sind Underlying und Option faktisch identisch und müssen daher den gleichen Ausgangswert ($V_0 = C_0 = 100$) in $t = 0$ aufweisen.[499] Durch die Einführung eines positiven Ausübungspreises sinkt der Wert der Option unter den Wert des Underlyings, wodurch jede Wertsteigerung des Underlyings eine relativ stärkere Wertveränderung der Option bewirkt.[500] Das Duplikationsportfolio muss diese stärkeren Wertschwankungen entsprechend nachbilden. Dies wird über einen zunehmend fremdfinanzierten Erwerb des Underlyings nachgebildet. Es zeigt sich also eine *Hebel*wirkung, die materiell dem Erwerb von Aktienoptionen im Vergleich zu einem direkten Erwerb einer Aktie entspricht. Bei der optionspreistheoretischen Modellierung von Realinvestitionen wird allerdings auch die (eher bewertungstechnische) Analogie zur Hebelwirkung der Fremdfinanzierung auf die Eigenkapitalrentabilität in der Unternehmensfinanzierung (*Leverage-Effekt*) deutlich; bei der Fremdfinanzierung führen bereits kleine Wertveränderungen des Underlyings zu einer entsprechend größeren Veränderung des Eigenkapitals.[501]

Mit höheren Ausübungspreisen steigt der Verschuldungsgrad der (zweiperiodigen) einstufigen Option zunächst stark an,[502] bis er erstmals einen Wert erreicht, bei dem sich die Ausübung der Option *nicht* mehr lohnt. Dort weist die Verschuldungsgradfunktion ihren ersten Knick auf. In dem hier betrachteten Beispiel tritt die erste Knickstelle bei einem Ausübungspreis von $I_2 = 25$ auf; bei einem geringeren Ausübungspreis wird die Investitionsfolge in jedem Fall fortgesetzt, also unabhängig davon, welcher der drei Werte V_2^{++}, V_2^{+-} oder V_2^{--} realisiert wird. Der Verschuldungsgrad der einstufigen Option steigt in diesem Intervall *monoton*[503] mit wachsendem Ausübungspreis an, während der Wert der Option proportional sinkt (siehe Abbildung 19).[504]

Der Verschuldungsgrad der zweistufigen *Verbundoption* wächst ebenfalls mit zunehmendem Ausübungspreis. Allerdings weist die Verschuldungsgradfunktion bei einem Ausübungspreis von $I_2 = 20{,}60$ die erste Knickstelle auf; in diesem Fall wird in $t = 1$ bei Realisierung einer Wertminderung des Investitionsprojektes (Knoten c in Abbildung 20) der kritische Optionswert erreicht, ab dem sich die Ausübung der Verbundoption und

---

499 Vgl. Merton (1973), S. 143-144.

500 Vgl. Rubinstein / Leland (1995), S. 114.

501 Vgl. grundlegend zum Leverage-Effekt Modigliani / Miller (1958).

502 Auf dem ersten Intervall [0; 25] steigt der Verschuldungsgrad stärker an als Variation des Ausübungspreises außerhalb dieses Intervalls.

503 De facto steigt der Verschuldungsgrad nicht nur monoton, sondern linear an, wie sich in Abbildung A4 im Anhang zeigen lässt. Die materielle Bedeutung dieses linearen Zusammenhangs ist hier von untergeordneter Bedeutung.

504 Der Wert der Option bei Ausübung ist eine linear fallende Funktion des Ausübungspreises; siehe hierzu (1) und (7a, b); vgl. grundlegend Merton (1973); Garman (1976).

die damit verbundene Vornahme der Investition $I_1 = 30$ nicht mehr lohnt (siehe Abbildung 20).

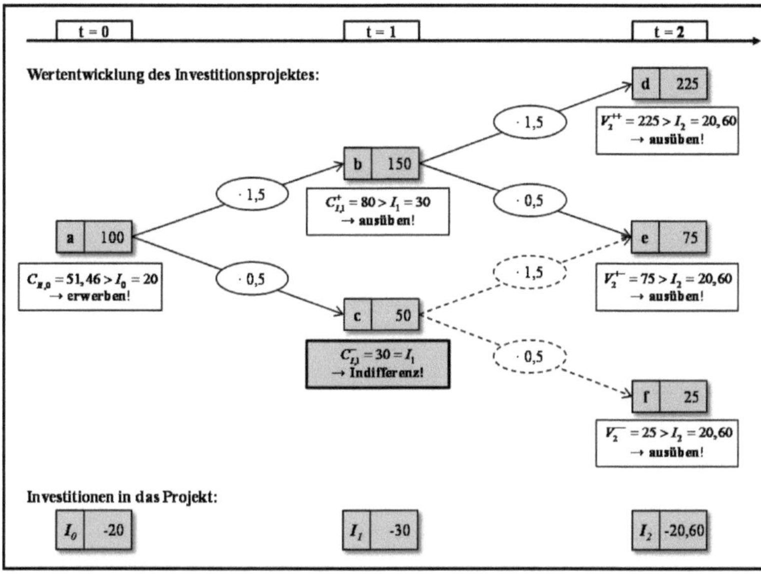

Abbildung 20: Optimale Investitionsstrategie für die Verbundoption bei $I_2 = 20{,}60$ (Beispiel)

Der Verschuldungsgrad der Verbundoption steigt mit einer Zunahme des Ausübungspreises in dem Intervall (0; 20,60) monoton an. Offenbar weisen die Verschuldungsgradfunktionen einstufiger Optionen und Verbundoptionen Knickstellen auf, wenn sich aufgrund der (negativen) Wertentwicklung des Underlyings eine Ausübung der Option an einem Punkt nicht mehr lohnt. Die Wahrscheinlichkeit, dass mit einer Ausübung der Option Gewinne erzielt werden, verändert sich bei Variation der Ausübungspreise in einem Binomialmodell *sprunghaft*.[505] Deswegen weisen an diesen Punkten auch die Wertfunktionen eine Knickstelle auf.[506]

[505] Zwischen zwei Knickstellen ist die Wahrscheinlichkeit der Ausübung der Option aber konstant; im Binomialmodell ändert sich die Wahrscheinlichkeit einer Ausübung der Option mit steigendem Ausübungspreis nur, wenn sich in einem der diskreten Wertzustände $V_2^{+/-}$ die Ausübung nicht mehr lohnt.

[506] Die Ausübungsgewinne der Optionen sinken mit steigendem Ausübungspreis linear bis auf null, bis sich in einem der Knoten die Ausübung der Option nicht mehr lohnt; die Wahrscheinlichkeit der Ausübung der Verbundoption zu einem Zeitpunkt verändert sich hingegen sprunghaft. Hierdurch werden Knickstellen in den Funktionen begründet. Die Analyse veranschaulicht mithin, dass die Optionswert- und die Verschuldungsgradfunktion einer z-stufigen Verbundoption insgesamt y *potenzielle* Knickstellen aufweisen, wenn darüber hinaus unterstellt wird, dass jede Stufe der Verbundoption *einfach* binomial modelliert wird, d.h., nach der Vornahme jeder Investition können am Ende der Periode nur zwei unterschiedliche Zustände realisiert werden:

$$y \le \sum_{i=1}^{z}(i+1)$$

Die grafische Analyse zeigt allerdings, dass der Verschuldungsgrad nicht beliebig ansteigt, sondern dass es eine Verschuldungs*obergrenze* gibt. Wird dieser Grenzwert erreicht, bleibt er auf diesem konstanten Niveau und weist keine weiteren Knickstellen auf. Die Verschuldungsgradfunktion der einstufigen Option hat aus diesem Grund nur zwei Knickstellen, die der Verbundoption hingegen nur eine (siehe auch Tabelle 11).[507]

Ausübungspreis I_2	**Interpretation: Veränderung der optimalen Investitionsstrategie**	**Wert der Option $C_{II,0}$**	**Verschuldungsgrad L_0**
20,60	Investition I_1 in Knoten **c** lohnt nicht mehr	**51,46**	**48,54%**
25,00	Investition I_2 in Knoten **f** lohnt nicht mehr	**49,26**	48,54%
75,00	Investition I_2 in Knoten **e** lohnt nicht mehr	**24,28**	48,54%
166,69	Investition I_1 in Knoten **b** lohnt nicht mehr	**0**	48,54%
(225)	(Investition I_2 in Knoten **d** lohnt nicht mehr)	(0)	(0)

Tabelle 11: Knickstellen der Optionswert- und Verschuldungsgradfunktion der Verbundoption (Beispiel)

Die Wertfunktion der Verbundoption weist insgesamt vier Knickstellen auf und somit weniger als theoretisch möglich. Begründet werden kann dies dadurch, dass bei einer Verbundoption bereits in einem Zeitpunkt $t < n$ die Investition in das Projekt unvorteilhaft werden kann, unabhängig von der Wertentwicklung des Investitionsprojektes. In diesem Fall wird die Verbundoption wertlos und die Ausübung in $t = n$ somit ebenfalls unvorteilhaft; im hier betrachteten Beispiel wird die Verbundoption bei einem Ausübungspreis von 166,69 wertlos und die Investition I_1 wird nicht durchgeführt, weswegen keine weitere Knickstelle bei einem Ausübungspreis von 225 auftritt.[508]

Die intervallweise unterschiedlichen *Steigungen* der Verschuldungs- und Wertfunktion lässt sich wie folgt erklären:[509] Ein steigender Ausübungspreis bewirkt ein (sprunghaftes) Absinken der Ausübungswahrscheinlichkeit. Dies hat wiederum zur Folge, dass zur Bildung des Duplikationsportfolios ein geringerer Anteil des Underlyings erworben wird.[510] Die Wertveränderung des Underlyings hat aus diesem Grund bei zunehmend

Entsprechend weist die Verschuldungsgradfunktion einer einstufigen (einperiodigen) Option zwei potenzielle Knickstellen auf; die einstufige zweiperiodige Option weist hingegen (bis zu) drei Knickstellen auf.

507 Siehe zu den Berechnungen der Tabelle 11 auch Abbildung A2 im Anhang.

508 Aus diesem Grund sind die Werte L_0 und C_0 in Tabelle 11 in Klammern gesetzt.

509 Die Verschuldungsgradfunktionen der Verbundoptionen bei Variation der Investition I_1 zeichnet die Abbildung A3 im Anhang auf; es zeigt sich ein analoger Verlauf der Funktionen im Vergleich zur Variation der Investition I_2: der Verschuldungsgrad der Verbundoption wächst mit steigendem Ausübungspreis an, wohingegen der der einstufigen Option unverändert ist, da keine Investition I_1 vorgenommen wird.

510 Siehe hierzu auch Abbildung 15.

steigendem Ausübungspreis eine geringere Auswirkung auf den Wert der Option.[511] Deshalb sinkt die Wertfunktion mit zunehmendem Ausübungspreis und verläuft – intervallweise – flacher. Aufgrund des abnehmenden Einflusses des zunehmenden Ausübungspreises auf den Optionswert steigt auch der Verschuldungsgrad der Duplikationsportfolios beider Optionen langsamer an; es reicht mithin eine geringere Steigerung des Verschuldungsgrades – und damit des Leverage-Effektes – zur Abbildung der Wertentwicklung der Optionswerte.[512] Diesen Zusammenhang gibt die Verschuldungsgradfunktion mit ihrer abnehmenden Steigung wieder (siehe Abbildung 19).

(ii) Implikationen für die Investitionsstrategie des CVC-Gebers

Bei der Betrachtung des Verschuldungsgrades der Duplikationsportfolios zeigt sich, dass die Verschuldungsobergrenze der einstufigen Option und der Verbundoption übereinstimmen. Aus der Definitionsgleichung des Verschuldungsgrades (12) wird ersichtlich, warum der Verschuldungsgrad bei Erhöhungen des Ausübungspreises nicht weiter ansteigt: Wenn der Ausübungspreis ein Niveau erreicht hat, bei dem eine Option nur bei ausschließlich positiven Wertveränderungen, also einer Realisierung des Wachstumsfaktors *u* ausgeübt wird, dann erreicht der Verschuldungsgrad des Duplikationsportfolios den *maximalen* Wert:[513]

$$\text{(13a)}\quad L_{\max} = \frac{d}{(1+r_f)}$$

$$= \frac{0,5}{(1+0,03)} = 0,4854 \;\hat{=}\; 48,54\%$$

$$\text{(13b)}\quad L_{\max} = f(\underset{+}{d},\underset{-}{r_f})$$

L_{max} ist der maximale Anteil an Fremdkapital im Duplikationsportfolio, der nicht überschritten werden darf, damit im Falle einer ungünstigen Wertentwicklung des Underlyings der volle Kapitaldienst – d.h. die Tilgung *und* die risikolose Verzinsung – geleistet werden kann. Tritt eine Wertminderung des Underlyings ein, dann steht in einem

---

511 Vgl. die obere Hälfte in Abbildung 19; die Kurve, die den Wert der einstufigen Option in Abhängigkeit des Ausübungspreises beschreibt, verläuft im Intervall [25; 75] flacher als im Intervall [0; 25[.

512 Es ist zu vermuten, dass mit der Konvergenz in ein zeitstetiges, analytisches Optionspreismodell – z.B. dem Modells Carrs (1988) – beide Funktionen einen zunehmend stetigen, kurvenartigen Verlauf annehmen.

513 Dieser Wert ergibt sich, wenn in der Formel für den Verschuldungsgrad (12) für C_{t+1}^{-} der Wert Null eingesetzt wird; C_{t+1}^{-} nimmt dann den Wert 0 an, wenn sich die Ausübung der Option sowohl bei Realisierung von V_2^{--} als auch V_2^{+-} nicht mehr lohnt. Die Definitionsgleichung (12) vereinfacht sich dadurch zur Form der oben angeführten Gleichung (13a).

Zeitpunkt (t+1) der Wert ($V_{t+1} = V_t \cdot d$) zur Verfügung, um den Kapitaldienst zu leisten. Die Kapitalaufnahme darf also den diskontierten Wert des Underlyings nicht überschreiten.[514] Der Verschuldungsgrad des Duplikationsportfolios der zweistufigen Verbundoption erreicht die Obergrenze bei einem Ausübungspreis $I_2 \geq 20{,}60$ (siehe Abbildung 19). In diesem Fall ist in $t = 1$ die Ausübung der Verbundoption, also die Vornahme der Investition $I_1 = 30$, nicht mehr vorteilhaft; die Investition I_1 lohnt sich also nur, wenn eine Wertsteigerung des Underlyings erzielt wird (Knoten b, siehe hierzu Abbildung 20). In diesem Fall vereinfacht sich die Definitionsgleichung des Verschuldungsgrads (12) zur Verschuldungsobergrenze (13a). Es lässt sich mithin konstatieren, dass eine *Verschuldungsobergrenze* L_{max} des Duplikationsportfolios einer Option besteht, die allein durch den Wertveränderungsfaktor d und den risikolosen Zinssatz r_f determiniert wird.[515] Der Vergleich der einstufigen Option mit der zweistufigen Verbundoption veranschaulicht, dass der maximale Verschuldungsgrad unabhängig von der Anzahl an Stufen der Option ist, also sowohl für die einstufige als auch für die zweistufige Verbundoption übereinstimmt.

Darüber hinaus lässt sich festhalten, dass durch die Fremdkapitalaufnahme bei der Bildung des Duplikationsportfolios einer Investitionsoption ein Leverage-Effekt erzielt wird:[516] Bei der Wertsteigerung des Underlyings ergibt sich ein *positiver* Leverage-Effekt, d.h., es wird eine höhere relative Wertsteigerung erreicht als bei dem (vollständig eigenfinanzierten) Erwerb des Underlyings. Sinkt hingegen der Wert des Underlyings, dann stellt sich ein *negativer* Leverage-Effekt ein, der sich im vollständigen Verlust des Eigenkapitals des Duplikationsportfolios, also der Optionsprämie, niederschlagen kann.

Zusätzliche Erkenntnisse verspricht zudem die nähere Betrachtung des Verhältnisses der Verschuldungsgrade unterschiedlich-stufiger (Verbund-)Optionen, um so weitere Aussagen über den Vorteilhaftigkeit einer sequenziellen Investitionsstrategie im Vergleich zu einer stärkeren Vorabinvestition ableiten zu können.[517] Im vorangehenden Ab-

---

[514] Das Fremdkapital ist der *annahmegemäß* risikolos; ein Ausfallrisiko besteht für das Fremdkapital bei der Bildung des Duplikationsportfolios nicht.

[515] Ein Ansatz zur Berücksichtigung modellexogen gesetzter Verschuldungsobergrenzen in einem binomialen Optionsbewertungsmodell findet sich bei Naik / Uppal (1994).

[516] So stellt Rubinstein (2005), S. 183, fest: „uncovered calls implicitly involve leverage and have riskier rates of return than their underlying assets." Eine darüber hinausgehende Betrachtung dieses Leverage-Effektes bei der Bildung des Duplikationsportfolios einer Option findet sich nach Kenntnis des Autors bislang in der Literatur nicht.

[517] Siehe hierzu auch Kort / Murto / Pawlina (2010) und Crama / De Reyck / Degraeve (2013), die eine vergleichbare Fragestellung untersuchen. Kort / Murto / Pawlina (2010) analysieren den Einfluss von Unsicherheit auf die Vorteilhaftigkeit einer Staffelung von Investitionen, wenn die Vornahme jeder Investition mit Transaktionskosten verbunden ist. Crama / De Reyck / Degraeve (2013) untersuchen dahingegen die Anreizwirkungen gestaffelter (mehrperiodiger) Lizenzkontrake.

schnitt wurden zwei unterschiedliche Projekte verglichen; das ursprüngliche Projekt lässt sich als zweistufige Verbundoption bewerten, wohingegen das alternative Projekt eine einstufige Option repräsentiert. Der Vergleich beider Projekte hat ergeben, dass eine stärkere Staffelung der Investition zu einer höheren Anzahl an Stufen der Verbundoption führt. Zugleich ist der Verschuldungsgrad des Duplikationsportfolios des ursprünglichen Projektes höher als bei dem alternativen Projekt. Dies lässt den Schluss zu, dass eine *stärkere* Staffelung der Investitionen zur einem *Ansteigen* des Verschuldungsgrades führt.

Verschuldungsgrad des Duplikationsportfolios der

einstufigen Option	**zweistufigen Verbundoption**
$L_{I,t} = \dfrac{-B_{I,t}}{m_{I,t} \cdot V_t}$	$L_{II,t} = \dfrac{-B_{II,t}}{m_{II,t} \cdot V_t} = \dfrac{-(m^*_{II,t} \cdot B_{I,t} + B^*_{II,t})}{m_{I,t} \cdot m^*_{II,t} \cdot V_t}$

$$\frac{-B_{I,t}}{m_{I,t} \cdot V_t} \leq \frac{-(m^*_{II,t} \cdot B_{I,t} + B^*_{II,t})}{m_{I,t} \cdot m^*_{II,t} \cdot V_t}$$

$$\Leftrightarrow \quad -B_{I,t} \leq \frac{-(m^*_{II,t} \cdot B_{I,t} + B^*_{II,t})}{m^*_{II,t}}$$

$$\Leftrightarrow \quad -B_{I,t} \leq -B_{I,t} - \frac{B^*_{II,t}}{m^*_{II,t}}$$

$$\Leftrightarrow \quad B_{I,t} \geq B_{I,t} + \frac{B^*_{II,t}}{m^*_{II,t}}$$

Da bei der Bewertung von *Kaufoptionen* $0 \leq m_{i,t} \leq 1$ und $B_{i,t} \leq 0$ stets gilt, wird unmittelbar offensichtlich, dass oben stehende Ungleichung stets erfüllt ist.[518]

Abbildung 21: Verschuldungsgrad der Duplikationsportfolios

Hierbei lässt sich folgender *grundlegender* Zusammenhang zwischen der Staffelung der Investitionen und dem Verschuldungsgrad des Duplikationsportfolio ableiten: Wird eine einstufige Kaufoption durch den kreditfinanzierten Erwerb des Underlyings dupliziert und eine (Verbund-)Option auf diese Option wiederum durch den kreditfinanzierten Erwerb der einstufigen Option respektive deren Duplikationsportfolio dupliziert, dann muss der *relative*[519] Anteil der Kreditfinanzierung beim Duplikationsportfolio der Verbundoption *höher* sein als der entsprechende relative Anteil der Kreditfinanzierung beim Duplikationsportfolio der einstufigen Option (siehe auch Abbildung 21). Ein Vergleich der Verschuldungsgrade der einstufigen Option und der Verbundoption zeigt,

518 Vgl. Cox / Ross / Rubinstein (1979), S. 236; Rubinstein / Leland (1995); Rubinstein (2005), S. 185-188. Dies lässt sich auch durch Umformung von Gleichung (5) zeigen, siehe Abbildung A5 im Anhang.

519 Für die *absolute* Höhe der Verschuldung B_t lassen sich keine vergleichbaren Aussagen ableiten.

dass lediglich im Grenzfall, wenn sowohl die einstufige Option als auch die Verbundoption den maximalen Verschuldungsgrad erreichen, die Verschuldungsgrade übereinstimmen.[520]

Die *absolute* Höhe der Verschuldung des Duplikationsportfolios der zweistufigen Verbundoption ($B_{II,t}$) hängt auch davon ab, welcher Anteil der einstufigen Option erworben wird und damit von der Ausübungswahrscheinlichkeit der Verbundoption. Die Analyse der Sensitivität der Investition I_2 (Abbildung 19) zeigt, dass die *absolute* Verschuldung der Verbundoption sowohl höher als auch geringer sein kann als die Verschuldung der einstufigen Option.[521] Mithin lassen sich über das Verhältnis der absoluten Verschuldung der einstufigen Option und der Verbundoption keine generellen Aussagen treffen.

Verknüpft mit der Frage nach dem Verhältnis der Verschuldungsgrade der hier exemplarisch betrachteten Projekte ist die *allgemeinere* Frage nach dem Verhältnis des Verschuldungsgrades einer *z*-stufigen Verbundoption und deren Underlying, einer (*z*-1)-stufigen (Verbund-)Option. Wie in Abbildung 21 exemplarisch für das Verhältnis der ein- und zweistufigen Option gezeigt wurde, kann allgemein durch vollständige Induktion für eine z-stufige Option gezeigt werden, dass ihr Verschuldungsgrad des Duplikationsportfolios *L* höher ist als bei ihrem Underlying, einer (*z*-1)-stufigen (Verbund-)Option.[522] Insgesamt kann damit als Ergebnis der Modellanalyse konstatiert werden, dass *der Verschuldungsgrad einer z-stufigen Verbundoption bis zum Erreichen der modellendogenen Verschuldungsobergrenze größer ist als der Verschuldungsgrad des Duplikationsportfolios der (z-1)-stufigen (Verbund-)Option, die das Underlying bildet.*

Von Interesse für die Analyse sequenzieller CVC-Investitionen sind insbesondere die *materiellen* Aussagen, die sich aus diesem „bewertungstechnischen" Zusammenhang ergeben. Mit zunehmender *Staffelung* der Investitionen in ein junges Unternehmen *steigt* folglich der Verschuldungsgrad des Duplikationsportfolios.[523] Zugleich *sinkt* das Risiko des Kapitalgebers, da der mögliche Verlust auf einen geringeren Initialkapitaleinsatz begrenzt ist. Je höher der Verschuldungsgrad des Duplikationsportfolios der Verbundoption ist, desto geringer ist der Eigenkapitaleinsatz des CVC-Gebers; dennoch hat er die Möglichkeit, an der Wertsteigerung des jungen Unternehmens zu partizipieren. Es besteht mithin ein *inverses* Verhältnis zwischen dem Leverage *L* und dem

---

[520] Dieser (Grenz-)Fall tritt im hier betrachteten Beispiel bei einem Ausübungspreis von $I_2 \geq 75$ ein. Für geringere Ausübungspreise ist der Verschuldungsgrad der Verbundoption stets größer als der der einfachen Option.

[521] Dies zeigt sich beispielsweise bei den Simulationen, die zur Erstellung von Abbildung 19 durchgeführt wurden.

[522] Siehe hierzu Abbildung A6 im Anhang.

[523] Dies zeigt sich noch prägnanter bei der Betrachtung des dreistufigen Zielmodells in III.2.b.

(Downside-)*Risiko* des CVC-Gebers. Die sukzessive Ausübung der Verbundoption bewirkt, dass der Leverage sinkt. Mit der Vornahme weiterer Kapitalbereitstellungen durch den CVC-Geber nimmt L ab, was ein höheres Commitment und damit das ansteigende Risiko zum Ausdruck bringt.

Mit zunehmender Staffelung der Investitionen werden die Zeitabstände zwischen den Investitionen – bei gegebenem Planungshorizont[524] – tendenziell geringer. Dies bewirkt c.p., dass die Wachstumsfaktoren dieser kürzeren Subperiode sich bei unveränderter Wertentwicklung des Investitionsprojektes stärker an 1 annähern; u wird kleiner, während d größer wird. Dies führt dazu, dass sich die *Obergrenze* des Verschuldungsgrades nach oben verschiebt (siehe hierzu auch (13a)). Eine stärkere Staffelung bewirkt im binomialen Verbundoptionsmodell mithin, dass sowohl der Leverage steigt als auch sich dessen Grenzwert nach oben verlagert.[525]

Aus dieser Relation lassen sich mithin Erkenntnisse für sequenzielle Investitionsprojekte ableiten: Einstufige (Real-)Optionen weisen im Vergleich zu einer vollständigen Vorabinvestition einen impliziten Verschuldungsgrad („*implicit leverage*“[526]) auf; mehrstufige Verbundoptionen weisen einen *höheren* Verschuldungsgrad auf als einstufige Optionen. Die Existenz des impliziten Verschuldungsgrades hängt also davon ab, ob es sich um sequenzielle Investitionen handelt. Die Höhe des Verschuldungsgrades des Duplikationsportfolios wird dadurch beeinflusst, wie stark die Investitionen gestaffelt werden.

Der Leverage spiegelt insofern auch die eingegangenen Risiken wider: In dem betrachteten Beispiel verdeutlicht der höhere Verschuldungsgrad von Verbundoptionen den geringeren (relativen) *Initialkapitaleinsatz* sequenzieller Investitionsprojekte im Vergleich zu einer stärkeren (möglicherweise) irreversiblen Vorabinvestition, die sich als einstufige Option abbilden lässt. Der zunächst geringere Eigenkapitaleinsatz sequenzieller Investitionsprojekte erhöht die Flexibilität und verringert das Verlustpotenzial, da dieses auf die Optionsprämie(n), also die bereits geleisteten Investitionsauszahlungen, begrenzt ist. Sequenzielle Investitionsvorhaben lassen sich aus diesem Grund auch als „*low commitment*“-Strategien[527] bezeichnen, da die zeitliche Staffelung von Investitionen unterschiedliche Grade des Commitments impliziert.[528] Die sequenzielle Bereitstellung

[524] Es wird mithin die Annahme gesetzt, dass die Laufzeit des Projektes unverändert von der Staffelung ist.

[525] In den kürzeren Zeitperioden kann aufgrund der geringeren Wertveränderung des Underlyings ein höherer Fremdkapitalbetrag risikolos bereitgestellt werden.

[526] Rubinstein (2005), S. 183.

[527] So z.B. Basu / Wadhwa (2011) über CVC-Investitionen. In diesem Sinne auch Folta (1998), der das Commitment unterschiedlicher Kooperationsformen betrachtet.

[528] Vgl. Mölls / Schild (2006), S. 738. Vergleiche zum Begriff des Commitment Abschnitt II.1.a.ii; hierunter wird die Verpflichtung oder auch Bindung von Entscheidungsträgern an eine einmal eingeschla-

von Ressourcen erlaubt mithin die Verfolgung „explorativer Investitionen“[529]. Die Staffelung der Investitionen ermöglicht dem CVC-Geber, ein größeres Commitment hinauszuzögern beziehungsweise flexibel zu gestalten, bis weitere Informationen über die Erfolgsaussichten des Investitionsprojektes vorliegen.[530] Das ermöglicht es dem CVC-Geber, in mehrere Projekte gleichzeitig zu investieren und so an einer Vielzahl an Projekten zu *partizipieren*; ein größeres Commitment geht er dagegen erst ein, wenn ein Projekt hinreichende Erfolgsaussichten verspricht.[531]

Der Verschuldungsgrad des Duplikationsportfolios als *Kennzahl* eines sequenziellen Investitionsprojektes ist aus Sicht des CVC-Managers weniger eine Größe, die zur operativen Steuerung des Investitionsprozesses geeignet ist. Vielmehr ist sie eine Kennziffer, die zentrale Charakteristika des Investitionsproblems – hier insbesondere die sequenzielle Ressourcenbereitstellung – expliziert und damit auch kommunizierbar macht, z.B. im Rahmen des internen Entscheidungsfindungsprozesses beim CVC-Geber.[532] Der Verschuldungsgrad L macht dabei deutlich, dass der CVC-Geber mit vergleichsweise geringem Kapitaleinsatz an der Wertsteigerung junger Unternehmen partizipieren kann. Der Verschuldungsgrad des Duplikationsportfolios kann darüber hinaus zur Analyse unterschiedlicher Investitionsmodelle für ein konkretes Projekt beigezogen werden, um die Frage zu untersuchen, ob und ggf. wie stark die Investitionen in ein junges Unternehmen gestaffelt werden.

Der hier aus der optionspreistheoretischen Modellierung abgeleitete Verschuldungsgrad des Duplikationsportfolios L bietet insofern einen Ansatz zur Strukturierung der *Ressourcenbereitstellung* für junge Unternehmen und mithin einen Teilaspekt des Investitionsproblems des CVC-Gebers. Bevor jedoch mit der Übertragung der optionspreistheoretischen Modellierung des Investitionsprozesses auf gestaffelte CVC-Investitionen be-

gene Strategie verstanden, die maßgeblich durch die Irreversibilität – und damit indirekt durch die Spezifität – der bereits geleisteten Investitionen determiniert wird. Insofern drückt sich das Commitment ganz wesentlich in geleisteten Investitionen aus; siehe hierzu auch Fudenberg / Tirole (1983). Low Commitment-Strategien zeichnen sich insbesondere durch einen geringen Kapitaleinsatz aus; vgl. Galbraith / Schendel (1983), S. 167; Ford (1988), S. 91-92. Die hier eingeführte Kennzahl des (impliziten) Verschuldungsgrades des Duplikationsportfolios von Optionen offeriert zugleich – sofern dies im Rahmen der hier getroffenen Prämissen möglich ist – eine *Operationalisierung* des geringeren Commitments sequenzieller Investitionsstrategien bspw. für empirische Untersuchungen.

529 Sykes (1986), S. 69, oder auch Bar-Ilan / Strange (1998), S. 437.

530 Vgl. auch Ghemawat / del Sol (1998), S. 39-40. So verfolgen Unternehmen häufig bei der Internationalisierung eine Strategie der sukzessiven Steigerung des Commitments; vgl. Johanson / Vahlne (1977); Chang / Rosenzweig (2001).

531 Vgl. Hatfield / Tegarden / Echols (2001); Xu / Zhou / Phan (2010); analog auch Klingebiel / Rammer (im Erscheinen).

532 Hierbei geht der Wert des sequenziellen Investitionsprojektes explizit in die Bestimmung des Verschuldungsgrades ein; siehe (12). Andere Maßgrößen für die Irreversibilität von Investitionen bzw. das damit verbundene Commitment setzen die bereits geleisteten Investitionen ins Verhältnis zum gesamten Kapitalbedarf (so z.B. Smith (2007)), die Wertentwicklung des Projektes wird dabei vernachlässigt.

gonnen werden kann, sind die Modell*parameter* inhaltlich wie sachlogisch zu *konkretisieren*. Als zentrale Parameter des Modells sind die Anzahl der Investitionsrunden sowie das Underlying der inneren Option einzugrenzen. Aus der Anzahl der Investitionsrunden ergibt sich die Anzahl der Stufen der Verbundoption, die im folgenden Abschnitt untersucht wird. Dieser Modellparameter wird im Folgenden als modellexogene Größe eingeführt, die anhand empirischer Beobachtungen abgeleitet wird.

Die Konkretisierung des *Underlyings* – also worauf sich die Kaufoption bezieht – knüpft dabei an den Zielen an, die der CVC-Geber mit seinen Investitionen verfolgt. Als Underlying kann folglich das Unternehmen an sich, aber auch lediglich dessen Technologie oder dessen innovatives Geschäftsmodell angesehen werden. Hieraus lassen sich somit in Abhängigkeit von den Zielsetzungen des CVC-Gebers verschiedene Interpretationen von CVC-Investitionen als Verbundoptionen ableiten.

2. Spezifikation der Parameter des dreistufigen Zielmodells

a. Ableitung CVC-spezifischer Modellgrößen

(i) Wahl eines dreistufigen Zielmodells

Der CVC-Geber steht bei sequenziellen Investitionen in ein junges Unternehmen vor der Entscheidung, in wie viele Runden er die Kapitalbereitstellung staffelt („frequency"). Hiermit verbunden ist die Frage, zu welchen *Zeitpunkten* er investiert und welche Zeit*spanne* zwischen zwei Investitionen liegt („timing").[533] Zwischen der Anzahl der Investitionsrunden und deren zeitlichem Abstand besteht in der Regel ein inverses Verhältnis, d.h., bei einer stärkeren Staffelung der Kapitalbereitstellungen sinkt die durchschnittliche Dauer zwischen zwei Investitionen.[534] Wie im vorangegangen Abschnitt gezeigt wurde, hat eine stärkere Staffelung der Investitionen den Vorzug, das Risiko des CVC-Gebers zu mindern. Jedoch verursacht jede Investitionsrunde auch (fixe) *Kosten*, so dass eine weitere Steigerung der Anzahl an Investitionsrunden nicht per se vorteilhaft ist.

---

[533] Vgl. Dean / Giglierano (1990), S. 377. Gompers (1995) betont vor diesem Hintergrund die Bedeutung der Anzahl an Investitionsrunden als Indikator für die Kontrollintensität des VC-Gebers in seiner Rolle als Prinzipal.

[534] Dieser Zusammenhang gilt so lange, wie die Anzahl der Investitionsrunden keinen Einfluss auf die Gesamtdauer des Investitionsprojektes hat. Die Anzahl der Investitionsrunden und die bereitgestellten Beträge hängen von der Entwicklung des jungen Unternehmens ab.

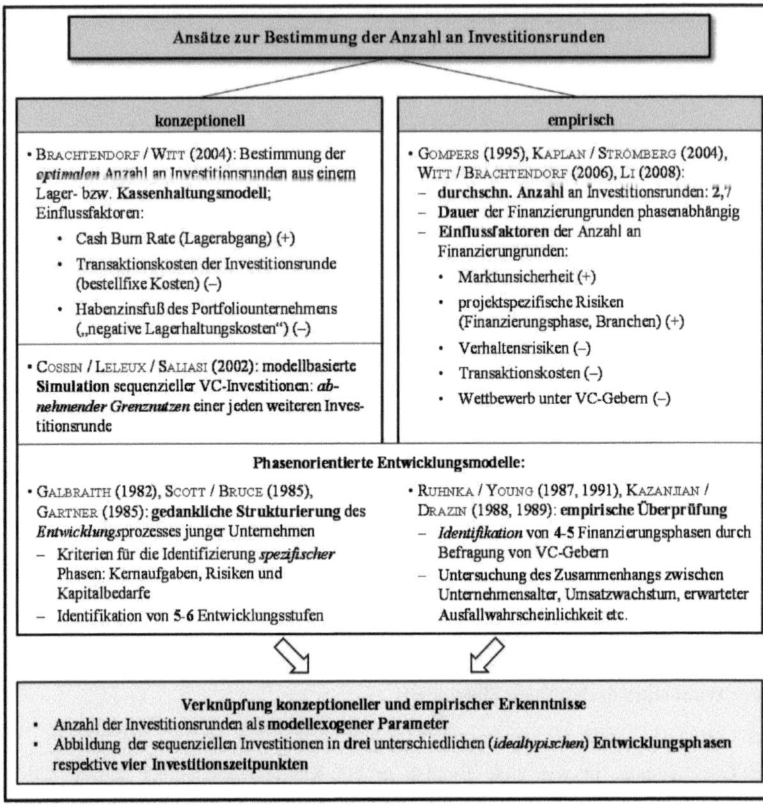

Abbildung 22: Ansätze zur Bestimmung der Anzahl der Investitionsrunden[535]

Die Bewertung sequenzieller Investitionen als Verbundoption erfordert eine Abgrenzung distinktiver Phasen, in denen sich das Projekt entwickelt.[536] Eine eindeutige *sachlogische* Ableitung der Anzahl der Investitionsrunden, wie sie beispielsweise in der pharmazeutischen Forschung aufgrund der von Regulierungsbehörden festgelegten Testphasen notwendig werden,[537] ist für CVC-Investitionen in der Regel nicht möglich. Die Gestaltung der Anzahl an Investitionsrunden ist mithin ein *dispositiver* Parameter der (optimalen) Investitionsstrategie des CVC-Gebers.[538] Damit stellt diese Variable zugleich eine Eingangsgröße in dem hier zu entwerfenden Modell verbundener Realoptionen dar, weil sich aus der Anzahl der Investitionsrunden die Anzahl der *Stufen* der

535 Ein (+) bedeutet einen positiven Zusammenhang zwischen der Erklärungsvariablen und der Anzahl an Investitionsrunden; ein (–) zeigt entsprechend einen negativen Zusammenhang an. Es sei an dieser Stelle darauf verwiesen, dass es nicht das Ziel ist, die Zahl der Investitionsrunden *normativ* zu begründen, sondern das tatsächliche Entscheidungsproblem der CVC-Geber zu erfassen.

536 Vgl. von Ahsen / Heesen (2012), S. 445.

537 Vgl. z.B. Cassimon et al. (2004).

538 Vgl. Gompers (1995), S. 1461-1468.

Verbundoption ableitet. In dieser Arbeit wird die Staffelung der Investitionen als modell*exogener* Parameter betrachtet.[539]

Denkbar ist eine Bestimmung der Anzahl der Investitionsrunden anhand der Ergebnisse verschiedener theoretischer und empirischer Forschungsstränge (siehe hierzu auch Abbildung 22). Für die folgende Modellgenese werden *idealtypisch* vier Investitionsrunden und die drei dazwischen liegenden Entwicklungsstufen betrachtet. Der im Folgenden skizzierte Modellansatz kann jedoch beliebig im gegebenen Anwendungskontext modifiziert werden. Die gewählte Beschränkung auf drei Entwicklungsstufen lässt sich zum einen anhand von bestehenden empirischen Forschungsbeiträgen fundieren, die die durchschnittliche Anzahl an Investitionsrunden und deren Einflussfaktoren untersuchen.[540] Zum anderen ist die Begrenzung auf drei Entwicklungsstufen der zunehmenden Modellkomplexität einer Abbildung sequenzieller Investitionen als Verbundoption geschuldet, je mehr Stufen betrachtet werden. Darüber hinaus kann der zusätzlich zu erwartende Erkenntnisgewinn einer Betrachtung weiterer Investitionsrunden nur als marginal eingeschätzt werden, da wesentliche Erkenntnisse bereits bei einer Modellierung der sequenziellen CVC-Investitionen als dreistufige Verbundoption abgeleitet werden können.

Eine Möglichkeit zur Bestimmung der Anzahl an Investitionsrunden ist die Entwicklung eines konzeptionell-deterministischen Analyserahmens; dies erlaubt die Ermittlung einer *optimalen*, d.h. z.B. kostenminimalen Anzahl an Investitionsrunden. So übertragen BRACHTENDORF / WITT (2004) ein Kassenhaltungsmodell auf sequenzielle VC-Investitionen mit dem Ziel, die gesamten Kosten der Kapitalbereitstellung aus Sicht eines neugegründeten Unternehmens zu minimieren.[541] Dabei ist die Anzahl der Investitionsrunden die zu optimierende Variable. Die Gesamtkosten setzten sich zusammen aus den fixen Kosten je Runde (z.B. Vertrags- und Verhandlungskosten) und den variablen Kosten (z.B. Kapitalkosten).[542] In einem derartigen *deterministischen* Optimalmodell lässt sich unter Ausblendung weiterer Einflussfaktoren die kostenminimale Anzahl an Finan-

---

[539] Denkbar ist eine modell*endogene* Bestimmung der Anzahl an Investitionsrunden, wenn z.B. das im Folgenden erläuterte Kassenhaltungsmodell von Brachtendorf / Witt (2004) in das Realoptionsmodell integriert wird.

[540] Die im folgenden angeführten empirischen Studien sind theoretisch fundiert; sie nehmen jeweils Bezug auf die Institutionenökonomie oder den Realoptionsansatz.

[541] Die Kassenhaltungsmodelle wurden wiederum aus Lagerhaltungsmodellen abgeleitet, deren Ziel es ist, die Gesamtkosten der Vorratshaltung durch Variation der Anzahl an Bestellvorgängen zu minimieren; vgl. hierzu Brachtendorf / Witt (2004), S. 87-91.

[542] In diesem Analyserahmen steigt die Anzahl der Investitionsrunden mit dem Kapitalbedarf des Portfoliounternehmens, während sie mit steigenden fixen Transaktionskosten je Investition und einem zunehmendem Habenzinssatz des Portfoliounternehmens – hierbei handelt es sich um „negative variable Kosten" – sinkt; vgl. Brachtendorf / Witt (2004), S. 92. Analog umgekehrt sinkt die Dauer der Investitionsrunden mit steigendem Kapitalbedarf und steigt mit zunehmenden Transaktionskosten und Habenzinsen.

zierungsrunden aus Sicht eines jungen Unternehmens bestimmen. Einer praktischen Anwendung des Modells steht zudem das Problem einer Quantifizierung der fixen und variablen Kostenbestandteile entgegen.[543] Der materielle Aussagegehalt des Modells erlaubt insofern nicht mehr als zentrale *Tendenz*aussagen; hierzu gehört die generelle Vorteilhaftigkeit sequenzieller Investitionen gegenüber einer Bereitstellung des gesamten Kapitals vorab, aber auch der geringer werdende Grenznutzen (Kostenersparnis) jeder weiteren Investitionsrunde.[544] Mit der Entwicklung eines solchen deterministischen Modells wird das Problem einer Ermittlung der Anzahl an Investitionsrunden jedoch lediglich *verlagert*.

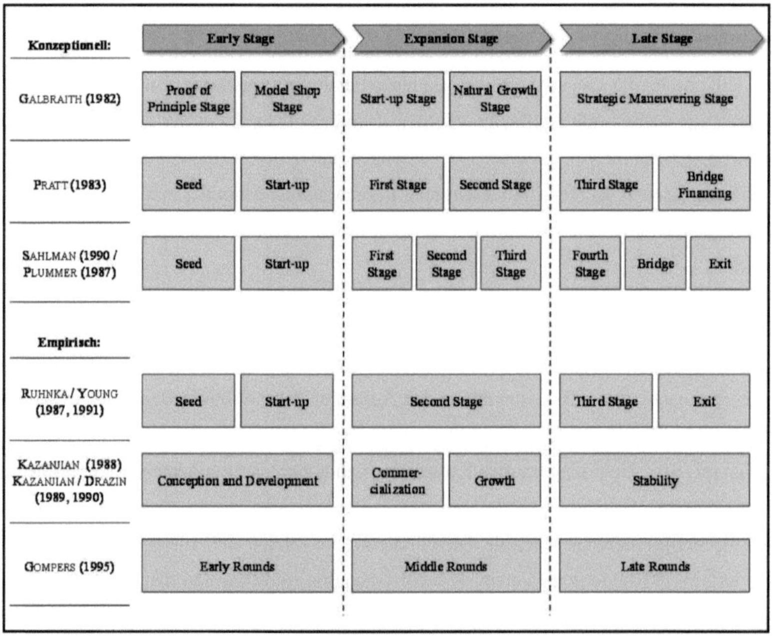

Abbildung 23: Entwicklungsstufen in phasenorientierten Entwicklungsmodellen

Empirische wie theoretische (argumentative) phasenorientierte *Entwicklungsmodelle* strukturieren die sequenzielle Entwicklung junger Unternehmen;[545] einige Studien

[543] Die Identifikation und Messung der fixen und variablen Kosten einer Staffelung der Investitionen ist kaum möglich und damit eine Bestimmung der optimalen Investitionsstrategie nur schwer operationalisierbar; vgl. Brachtendorf / Witt (2004), S. 113.

[544] Einen abnehmenden Grenznutzen einer jeden zusätzlichen Investitionsrunde leiten auch Cossin / Leleux / Saliasi (2002), S. 18-25, ab.

[545] Eine kurze, idealtypische Darstellung der Entwicklungsphasen junger Unternehmen und der damit verbundenen Risiken erfolgte in Abschnitt II.1.a.ii. Die folgenden Ausführungen bauen auf diesen Ergebnissen auf.

beziehen sich dabei explizit VC-finanzierte Unternehmen.[546] Das Erkenntnisziel ist damit nicht eine präskriptive Bestimmung der Anzahl an Investitionsrunden für CVC-Geber. Vielmehr gilt es, die Entwicklung junger Unternehmen in (möglichst) *distinktive* Phasen zu *strukturieren*. Üblicherweise werden als Abgrenzungs*kriterien* die Umsatz- und Kapitalbedarfsentwicklung, spezifische Risiken der Unternehmensentwicklung oder die Kernaufgaben des Managements herangezogen.[547] Als Ergebnis werden in *theoretischen* Arbeiten in der Regel zwischen drei und sechs spezifische Entwicklungsphasen identifiziert.[548] Diese theoretischen Arbeiten wurden in *empirischen* Studien verschiedentlich überprüft und in ihren zentralen Aussagen weitgehend bestätigt:[549] Die Entwicklung junger Unternehmen erfolgt *sukzessive* und die verschiedenen Phasen lassen sich insbesondere in Bezug auf spezifische Risiken und den (externen) Investitionsbedarf unterscheiden. Es zeigt sich in den empirischen Studien ein vergleichbares Bild bei der Anzahl und Abgrenzung der Phasen (siehe Abbildung 23).

Trotz der Unterschiede in den Untersuchungsmethoden und der daraus (zwangsläufig) resultierenden scheinbaren Divergenz der Kategorisierungsansätze lassen alle Studien eine grundlegende *Dreiteilung* erkennen:[550] Unterschieden werden die Frühphasenfinanzierung (*Early Stage*), die vielfach in die Subphasen Seed und Start-Up untergliedert wird, die Wachstumsfinanzierung (*Expansion Stage*) und die Spätphasenfinanzierung (*Late Stage*), die ebenfalls in weitere Subphasen aufgeteilt werden können.[551] Als Kriterien für diese Einteilung werden ebenfalls die phasenspezifischen *Risiken* und der phasenspezifische *Kapitalbedarf* herangezogen, da sich diese Eigenschaften direkt als Parameter eines Modells verbundener Realoptionen abbilden lassen: In der vorgenommenen binomialen Modellierung findet der Kapitalbedarf über die Investitionen I_t Eingang, während die Risiken einer Entwicklungsphase über die in diesem Zeitraum erzielbaren *negativen* Wertveränderungen erfasst werden, die mithilfe des Faktors d modelliert

---

546 So z.B. Ruhnka / Young (1987, 1991).

547 Vgl. exemplarisch Ruhnka / Young (1987, 1991).

548 Es sei auf die *theoretischen* Arbeiten von Webster (1976), Galbraith (1982), Pratt (1983), Gartner (1985) und Scott / Bruce (1987) verwiesen, die teilweise in Abbildung 23 überblickartig dargestellt sind sowie ausführlich in Tabelle A2 im Anhang behandelt werden. Die variierende Anzahl an Entwicklungsstufen erklärt sich zum Teil aus dem unterschiedlichen Reifegrad, bis zu dem die Unternehmensentwicklung betrachtet wird.

549 Hierbei sei auf die *empirischen* Arbeiten von Ruhnka / Young (1987, 1991), Kazanjian (1988), Kazanjian / Drazin (1989, 1990), Bhave (1994) sowie auf Tabelle A2 hingewiesen.

550 So gruppiert auch Gompers (1995) die neun (nicht näher spezifizierten) Entwicklungsphasen VC-finanzierter Unternehmen aus der Datenbank *Venture Economics* in drei Haupt-Entwicklungsphasen („early rounds", „middle rounds, „late stage financing"); siehe hierzu Gompers (1995), S. 1475-1476, Abbildung 23 und Tabelle A4 im Anhang.

551 Für die Einteilung in distinktive Entwicklungsphasen besteht ein Zielkonflikt bei der Bestimmung der optimalen Anzahl an Entwicklungsphasen: Zum einen sollen die Phasen intern möglichst homogen sein – dies spricht für eine feingliedrige Aufteilung – zum anderen sollen die verschiedenen Phasen in Bezug auf die Abgrenzungskriterien untereinander möglichst heterogen sein (dies hat eine grobgliedrige Aufteilung zur Folge).

werden.[552] Ein sinkendes *d* bedeutet ein steigendes (Wert-)Verlustpotenzial und mithin ein höheres Risiko.

Die Ableitung dieser Dreiteilung sei exemplarisch anhand der Studien von RUHNKA / YOUNG (1987, 1991) nachvollzogen, die als besonders relevant erscheinen, da sie explizit die Entwicklung VC-finanzierter Unternehmen untersuchen und als Hauptkriterium zur Strukturierung der Phasen deren spezifische Risiken heranziehen.[553] Die Autoren unterscheiden *fünf* relevante Entwicklungsphasen, die in Bezug auf die intern und extern verursachten Risiken untersucht werden (siehe auch Abbildung 2 und Abbildung A7 im Anhang).

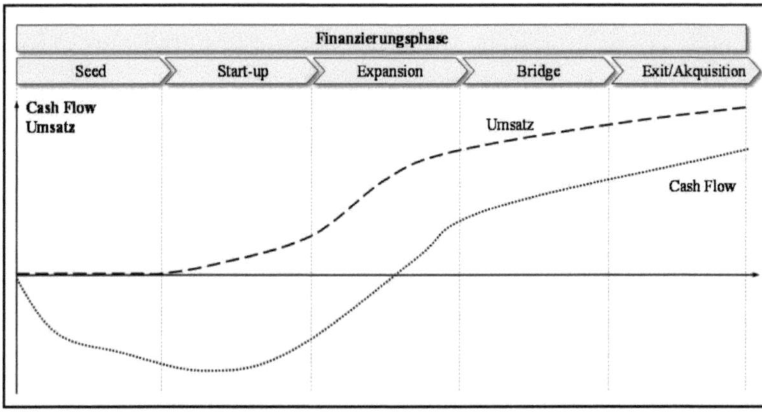

Abbildung 24: Zusammenhang zwischen Entwicklungsphase, Umsatz und Cash Flow junger Unternehmen[554]

In der Seed- und Start-Up-Phase wird die erfolgreiche Entwicklung des Portfoliounternehmens maßgeblich durch interne Risiken – z.B. Entwicklungs- und Fertigungsrisiken – determiniert, gleichzeitig weist das Unternehmen noch keine signifikant positiven Umsatzerlöse auf und ist insofern vollständig von einer externen Finanzierung abhängig (siehe Abbildung 24 und Abbildung A7 im Anhang).[555] Insofern sind diese beiden Entwicklungsphasen sowohl hinsichtlich des Kapitalbedarfs als auch der Risikostruktur als

[552] Das Risiko einer CVC-Investition ist in dieser Arbeit definiert als maximal möglicher Verlust; siehe hierzu die Ausführungen in III.1. Der Faktor *d* drückt einerseits aus, wie stark der *Wertverlust* in einer Periode sein kann, andererseits bestimmt er die *Wahrscheinlichkeit*, mit der es zu einem Abbruch der Investitionen kommt, weil sich weitere Investitionen in das junge Unternehmen nicht mehr lohnen.

[553] Ähnlich zieht auch Jägle (1999), S. 278, die Risiken als zentrales Kriterium zur Strukturierung der Phasen im Entwicklungsprozess neuer Produkte heran; diese Struktur dient ihm anschließend als Grundlage einer optionspreistheoretischen Bewertung.

[554] Quelle: Eigene Darstellung in Anlehnung an Ruhnka / Young (1987) und Schefczyk (2006), S. 23-29.

[555] Vgl. Ruhnka / Young (1987), S. 170-181; Kazanjian (1988), S. 274.

relativ homogen anzusehen, weshalb sie im Folgenden aggregiert als „*Early Stage*" betrachtet werden.

Erst in der *Expansion-Phase* wachsen die Umsätze merklich an, der Cash Flow bleibt allerdings in der Regel negativ, so dass das Unternehmen weiterhin entscheidend auf externe Finanzierungsquellen angewiesen ist. Nach der erfolgreichen Markteinführung erfahren externe (Markt-)Risiken für das Portfoliounternehmen zunehmende Bedeutung.[556] Nach der Markteinführung wenigstens eines Produktes spielt allerdings das (interne) Entwicklungsrisiko zunächst nur noch eine untergeordnete Rolle. Das Risiko einer Insolvenz des Portfoliounternehmens – und damit die Wahrscheinlichkeit eines Verlustes für den CVC-Geber – sinkt gleichzeitig (siehe Abbildung 25). Die Expansions-Phase wird mithin als eigene Phase der hier vorgeschlagenen Dreiteilung betrachtet.

In der Bridge- und Exit-Phase rückt neben der Umsatzerzielung die Profitabilität des Geschäftsmodells in den Fokus, da diese als Voraussetzung für das Interesse von Investoren – inklusive des CVC-Gebers – und damit für einen denkbaren Exit gilt.[557] Die Risiken für das Portfoliounternehmen bestehen in diesen Phasen vornehmlich aus Marktrisiken, die das künftige Wachstum beeinflussen, und in der weiteren (Wachstums-)Finanzierung des Portfoliounternehmens. Auch wenn das Portfoliounternehmen erstmalig einen positiven Cash Flow erzielt, reicht das Innenfinanzierungspotenzial in der Regel nicht aus, um das Unternehmenswachstum vollständig zu finanzieren. Entsprechend nimmt die Bedeutung externer (Markt- und Finanzierungs-)Risiken weiter zu.[558] Insofern sind die Bridge- und Exit-Phase durch ein vergleichbares Risiko- und Kapitalbedarfsprofil gekennzeichnet; sie werden in der folgenden Betrachtung als „*Late Stage*" zusammengefasst.

Die Phasen, die bei der Entwicklung junger Unternehmen typischerweise unterschieden werden, lassen sich mithin nach Kapitalbedarfs- und Risikogesichtspunkten *idealtypisch* in drei übergeordnete Entwicklungsphasen umstrukturieren, die im Folgenden als Grundlage für die Abbildung sequenzieller CVC-Investitionen in einem Modell verbundener Realoptionen dienen. Die hier gewählte Einteilung der Entwicklungsphasen ist in Abbildung 25 dargestellt.

Diese grundlegende Dreigliederung phasenorientierter Entwicklungsmodelle wird durch die Ergebnisse aus *empirisch*-deskriptiven sowie empirisch-explorativen Studien zusätzlich unterstützt. Diese Studien erfassen die von (C)VC-Gebern gewählte durchschnittli-

---

556 Korteweg / Sorensen (2010) weisen empirisch die zunehmende Bedeutung von Marktrisiken mit jeder Entwicklungsphase nach.

557 Vgl. Ruhnka / Young (1987), S. 176-181; Kazanjian (1988), S. 275.

558 Vgl. Ruhnka / Young (1987), S. 176-180.

che Anzahl der Investitionsrunden und untersuchen deren Einflussfaktoren.[559] Als wichtigste Erklärungsgrößen werden hierbei die Risiken der spezifischen Investition, der Wettbewerb unter den VC-Gesellschaften und die Transaktionskosten je Investitionsrunde identifiziert.[560]

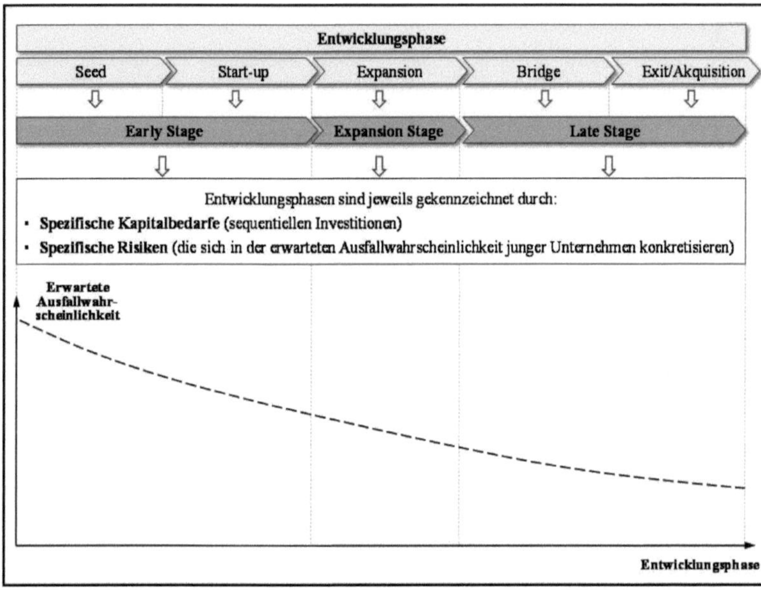

Abbildung 25: Ausfallwahrscheinlichkeiten spezifischer Entwicklungsphasen[561]

Die deskriptiven Statistiken zeigen, dass durchschnittlich zwei bis drei Investitionen pro jungem Unternehmen getätigt werden: Während GOMPERS (1995) eine durchschnittliche Anzahl von 2,7 Investitionsrunden für US-amerikanische VC-Investoren bestimmt,

---

[559] So z.B. Gompers (1995) und Li (2008), die die Einflussfaktoren auf das Staging-Verhalten US-amerikanischer VC-Geber empirisch untersuchen. Während Gompers (1995) aus der Prinzipal Agenten-Beziehung zwischen VC-Geber und VC-Nehmer Hypothesen generiert, motiviert Li (2008) seine Untersuchung die (real-)optionspreistheoretisch. Die Ergebnisse beider Autoren werden für den deutschen Markt bestätigt durch die Ergebnisse von Witt / Brachtendorf (2006).

[560] Vgl. Gompers (1995); Kaplan / Strömberg (2004); Witt / Brachtendorf (2006); Li (2008). Der (risikolose) Zinssatz hat hingegen kaum einen Einfluss auf die Staging-Entscheidungen von VC-Gebern; vgl. Hsu (2010), S. 267. Die Risiken werden mitunter eingeteilt in Marktrisiken, Verhaltensrisiken und projektspezifische Risiken; vgl. z.B. Li (2008). Letztere werden insbesondere durch die Entwicklungsphase und die Branche bestimmt, in der investiert wird.

[561] Quelle: Eigene Darstellung, aufbauend auf den Ausführungen von Ruhnka / Young (1987, 1991), die die erwartete Ausfallwahrscheinlichkeit durch Befragungen von VC-Gebern ermitteln. Die Ausfallwahrscheinlichkeit („risk of loss") ist definiert als die Wahrscheinlichkeit eines Verlustes aus der Beteiligung. Deren Ergebnisse werden weitgehend bestätigt durch die Untersuchungen von z.B. Brüderl / Schüssler (1990); Brüderl / Preisendörfer / Ziegler (1992); Giot / Schwienbacher (2007). Aus der Aggregation der Entwicklungsphasen können keine Rückschlüsse auf die zeitliche Dauer zwischen zwei Investitionsrunden gezogen werden; insofern sollte nicht allein aufgrund der Umstrukturierung von einer zeitlichen Ungleichgewichtung der drei Entwicklungsphasen ausgegangen werden. Eine (Un-) Gleichgewichtung ist für das weitere Vorgehen jedoch unerheblich.

kommen WITT / BRACHTENDORF (2006) für deutsche VC-Geber zu einem ähnlichen Mittelwert von 2,69 und einem Median von 3 Runden.[562] Hierbei ist jedoch zu beachten, dass in diesen Mittelwerten auch jene Unternehmen enthalten sind, in die bereits nach der ersten Runde nicht weiter investiert wird. In der Praxis zeigt sich zugleich, dass erfolgreichen Unternehmen häufiger und mehr Kapital zur Verfügung gestellt wird als erfolglosen.[563] Die Mittelwerte für erfolgreiche Unternehmen sind mithin nach oben zu korrigieren. Die Spezifikation auf drei Entwicklungsphasen und vier Investitionsrunden scheint insofern mit empirischen Erkenntnissen konform.

Bei einer differenzierteren Analyse zeigt sich, dass diese Werte maßgeblich von der Branche und der erfolgreichen Entwicklung des Portfoliounternehmens abhängen.[564] Die Dauer zwischen zwei Investitionsrunden wird maßgeblich durch die Entwicklungsphase des Portfoliounternehmens determiniert; in späteren Phasen der Unternehmensentwicklung werden die Zeiträume zwischen zwei Investitionsrunden länger.[565]

Im Folgenden werden die CVC-Investitionen in junge Unternehmen idealtypisch als *dreistufige* Verbundoption modelliert. Hierbei werden die Entwicklungsphasen Early Stage, Expansion Stage und Later Stage unterschieden.[566] Es wird ferner die Annahme getroffen, dass der CVC-Geber in einer Investitionsrunde (möglichst) den gesamten Kapitalbedarf einer ganzen Entwicklungsphase bereitstellt, sodass von einer Kongruenz der Entwicklungs- und Investitionsphase auszugehen ist.[567] Die hier skizzierte Modellstruktur soll keineswegs verstanden werden als *normativer* Ansatz zur Vornahme von CVC-Investitionen; vielmehr stellt das Modell einen *flexiblen* Ansatz zur Strukturierung sequenzieller Investitionen dar, bei dem die Modellstruktur an spezifische Besonderheiten eines Investitionsprojekts angepasst werden kann. Die hier gewählte Betrachtung von drei Entwicklungsstufen bildet insofern eine *typische* CVC-Investition ab.

---

[562] In der Studie von Gompers ist kein Gesamtdurchschnitt ausgewiesen, dieser kann jedoch über den Branchendurchschnitt und die Anzahl der Portfoliounternehmen je Branche errechnet werden; siehe hierzu Gompers (1995), S. 1474-1475 (Table IV) und Tabelle A3 im Anhang.

[563] Vgl. Kaplan / Schoar (2005); Phalippou / Gottschalg (2009); Korteweg / Sorensen (2010).

[564] Vgl. Gompers (1995).

[565] Vgl. Gompers (1995). Grundsätzlich liegt die Vermutung nahe, dass bei einer größeren Kapitalbereitstellung ein längerer Zeitraum bis zur nächsten Investitionsrunde überbrückt werden kann. Bemerkenswerterweise hat die Höhe des bereitgestellten Investitionsbetrages jedoch keinen statistischen Erklärungsgehalt für die Dauer einer Entwicklungsphase; vgl. Gompers (1995), S. 1480.

[566] Ähnlich auch Dahiya / Ray (2012), S. 1195.

[567] Diese Annahme treffen auch Keeley / Turki (1993b) bei ihrer Modellentwicklung (S. 93).

(ii) Eingrenzung des Underlyings der Verbundoption

Bevor mit der Genese des Bewertungsmodells begonnen werden kann, ist zu präzisieren, auf welches Underlying eine (Kauf-)Option mit dem Erwerb der Beteiligung erlangt wird. Bei der *retrograden* Bewertung von (mehrstufigen) Verbundoptionen ist zunächst der Wert der *inneren* Option zu ermitteln, da sie zum Underlying für die direkt vorgelagerte Verbundoption wird. Das Underlying der inneren Option ist also in einem ersten Schritt einzugrenzen, bevor mit der Bewertung begonnen werden kann.

Die Bestimmung des Underlyings muss anknüpfen an die *Ziele*, die der CVC-Geber mit seiner Beteiligung am Portfoliounternehmen verfolgt.[568] Die Eingrenzung des Underlyings ist also notwendig, um den tatsächlichen Wert der Beteiligung an einem Unternehmen aus Sicht des CVC-Gebers abschätzten zu können. Hieraus können zugleich die Konditionen abgeleitet werden, zu denen die Option ausgeübt werden kann.[569] Aus den verschiedenen Zielsetzungen der CVC-Geber – Zugang zu neuen Technologien, Innovationen oder Geschäftsmodellen – ergeben sich unterschiedliche Ansätze zur *materiellen* Interpretation der Realoption. Ein Underlying kann mithin ex ante nicht immer eindeutig festgelegt werden.

Sequenzielle CVC-Investitionen wurden bisher kaum gezielt theoretisch oder empirisch im Rahmen der Optionspreistheorie untersucht.[570] Daher wird im *Analogieschluss* auf Ergebnisse verwandter, nicht deckungsgleicher Forschungsgebiete bei der Modellgenese zurückgegriffen.[571] Diese werden bei der folgenden Konkretisierung des Underlyings als Ausgangspunkt dienen. Hierbei werden unter anderem Ergebnisse aus der Forschung zu Joint Ventures, der Organisation von FuE und konventionellem VC herangezogen. Tabelle A6 im Anhang zeigt eine Übersicht über diese Forschungsbereiche und ihre Analogie zum Vorgehen in dieser Arbeit.[572]

---

[568] Vgl. auch Ivanov / Xie (2010a), S. 52-53.

[569] Neben der Bestimmung des *Marktwertes* können anhand des Underlyings der *Ausübungspreis* oder die *Laufzeit* der Realoption abgeleitet werden.

[570] Hurry / Miller / Bowman (1992) entwickeln die Idee, dass der Beteiligungserwerb an einem jungen Unternehmen durch ein etabliertes Unternehmen eine (einstufige) Akquisitionsoption darstellt; die Autoren vergleichen dann die Investitionsstrategien japanischer und US-amerikanischer Unternehmen. Benson / Ziedonis (2010) untersuchen in einer Eventstudie empirisch den Erfolg der (schrittweisen) Akquisition von CVC-Portfoliounternehmen; aus dem Beteiligungsverhältnis bereits vor der Akquisition wird ein Abbau von Informationsasymmetrien abgeleitet, die Vorteile der sequenziellen Ressourcenbereitstellung aber nicht (explizit) weiter untersucht.

[571] Auf diese Arbeiten wird zudem bei der Modellierung des Realoptionsportfolios in Kapitel IV zurückgegriffen.

[572] Hierbei sei darauf verwiesen, dass kein Anspruch auf Vollständigkeit der Zusammenstellung der Studien zu einem Forschungsfeld erhoben wird; vielmehr wurde eine exemplarische Auswahl an Studien zusammengestellt, die für einen analogen Vergleich mit der optionspreistheoretischen Bewertung von CVC-Programmen geeignet erscheinen und auf die im Folgenden rekurriert wird.

Bei der (materiellen) Bestimmung des Underlyings der inneren Option ist zu unterscheiden, ob das Unternehmen in seiner Gesamtheit oder lediglich dessen Technologie/ Innovation als Underlying gesehen wird.[573] Im ersten Fall wird mit dem Erwerb der Beteiligung eine Option erworben, das junge Unternehmen zu *akquirieren.* Zu berücksichtigen ist dann, ob ein Ausübungspreis zum Erwerb des Underlyings fixiert wurde (*explizite* Option), oder ob dieser erst in Verhandlungen zu ermitteln ist (*implizite* Option).[574] In Abhängigkeit von der Festlegung des Underlyings ergeben sich verschiedene Interpretationsmöglichkeiten der Realoption, die in Tabelle 12 dargestellt sind.

Underlying	Interpretation der Realoption	Surrogat für den Marktwert	Ausübungspreis
Gesamtes Portfoliounternehmen	1. Ausübung einer *expliziten* Akquisitionsoption	Marktbewertung bei alternativem Exit (Akquisition durch Außenstehende / IPO)	Vertraglich fixiert bzw. über vorab vereinbarte Bewertungsformel bestimmbar
	2. Ausübung einer *impliziten* Akquisitionsoption	*subjektiver* „Marktwert" des CVC-Gebers als Wertobergrenze im Sinne eines Unternehmenswertes inklusive aller Synergiepotenziale	jener Entscheidungswert, der dem jungen Unternehmen von dem Unternehmensgründer beigemessen wird
Technologie, Innovation oder Geschäftsmodell des Portfoliounternehmens	3. Vergleich mit eigener *FuE* oder *Unternehmensentwicklung* („greenfield alternative"[575])	Kosten, die für eigene FuE oder Unternehmens- bzw. Marktentwicklung angefallen wären (z.B. Markteintritt)	Preis, der für den Erwerb der Technologie oder des Unternehmens zu entrichten ist

Tabelle 12: Markt- und Ausübungspreis der inneren Option[576]

[573] Diese Unterscheidung ist insbesondere geboten, wenn ein junges Unternehmen im Besitz mehr als einer Technologie/Innovation ist.

[574] Die Begrifflichkeit expliziter und impliziter Akquisitionsoptionen geht zurück auf Chi (2000) und Chi / Seth (2002), die diese Unterscheidung am Beispiel von Joint Ventures untersuchen. Die Unterscheidung impliziter und expliziter Akquisitionsoptionen ist mitunter nicht immer trennscharf möglich; denkbar ist beispielsweise auch, dass sich der CVC-Geber mit fortschreitender Entwicklung des jungen Unternehmens in weiteren Investitionsrunden explizite Optionsrechte einräumen lässt.

[575] Brouthers / Dikova (2010), S. 1048. Eine vergleichbare Perspektive bei Joint Ventures nehmen z.B. auch Brouthers / Brouthers (2000) ein. Diese weithin bekannte Möglichkeit des Vergleichs eigener Aufwendungen zur Unternehmensentwicklung mit denen für den Erwerb eines Unternehmens zur Bewertung von M&A-Transaktionen nennt auch Myers (1983).

[576] Bei Fall 3 (Technologie als Underlying) handelt es sich um eine *implizite* Option. Die Möglichkeit einer expliziten Option auf die Technologie eines jungen Unternehmens erscheint lediglich als denkbarer Grenzfall ohne praktische Relevanz; es ist nicht davon auszugehen, dass Unternehmen jene Technologien in expliziten Verkaufsoptionen zur Disposition stellen, die die Basis ihres Geschäftsmodells

DDas junge Unternehmen kann in seiner Gesamtheit als Underlying betrachtet werden, das der CVC-Geber ggf. aufgrund seiner Minderheitsbeteiligung erwerben kann.[577] Die Unterscheidung einer expliziten oder einer lediglich impliziten Akquisitionsoption wird unmittelbar *bewertungsrelevant*:[578] Im ersten Falle einer *expliziten* Akquisitionsoption besitzt der CVC-Geber das Recht, die ausstehenden Anteile am Portfoliounternehmen innerhalb einer vorher bestimmten Frist oder zu einem bestimmten Zeitpunkt zu einem vorher festgelegten Preis zu erwerben.[579] Insofern ist eine explizite Akquisitionsoption bewertungstechnisch mit einer konventionellen Aktienoption vergleichbar.[580]

as (explizite) Recht zur Akquisition des Portfoliounternehmens ist ein *exklusives* Optionsrecht, das den Erwerb des jungen Unternehmens durch einen anderen Investor ausschließt. Im Falle einer positiven Wertentwicklung realisiert der CVC-Geber die Differenz zwischen dem Marktwert des jungen Unternehmens und dem tatsächlichen Kaufpreis als Gewinn aus der Ausübung der Option. Der (hypothetische) Marktwert des Portfoliounternehmens kann beispielsweise aus einem Wert für einen anderen (strategischen) Investor oder einem denkbaren Erlös bei einem Börsengang abgeleitet werden. Diesen Wert müsste der CVC-Geber mindestens entrichten, wenn er keine Option zum Erwerb von Unternehmensanteilen besitzt und er das Unternehmen in einem Auktionsverfahren akquirieren würde.[581] Materiell handelt es sich dann bei dem *Optionsgewinn* um eine Kaufpreisersparnis.[582]

---

bilden; denkbar ist hingegen die Lizenzierung technologischer Innovationen. Explizite Kaufoptionen für technologische Innovationen finden sich hingegen bei der Verwertung von Forschungsergebnissen aus Universitäten, bei denen keine eigene Vermarktung (durch die Universität oder von den Entwicklern) angestrebt wird; siehe hierzu Ziedonis (2007).

[577] Die Idee, eine Minderheitsbeteiligung an einem Unternehmen als (implizite) Option zur Akquisition aufzufassen, wurde erstmalig von Kogut (1991) aufgeworfen.

[578] Vgl. Chi (2000).

[579] Vgl. analog Chi / Seth (2002), S. 74; Reuer / Tong (2005), S. 406-407. Eine Variante dieses vertraglich fixierten Kaufpreises kann darin bestehen, dass zwischen den Vertragsparteien eine Preisbildungsformel für den Erwerb weiterer Anteile vertraglich vereinbart wird. Hierdurch kann eine (aufwendige) Preisverhandlung zwischen den Eigenkapitalgebern – insbesondere dem CVC-Geber und dem Gründer des jungen Unternehmens – vermieden werden; vgl. Fischer (1993), S. 114-115; Chi / Seth (2002), S. 80-81.

[580] Damit handelt es sich um den von der Bewertung her einfachsten Fall einer Realoption, bei dem konventionelle Optionspreismodelle für Aktienoptionen weitgehend übertragbar sind und dessen weitere Untersuchung einen geringen Erkenntnisgewinn verspricht.

[581] Damit wird zumindest implizit unterstellt, dass der Gründer sein Unternehmen an den Höchstbietenden veräußert; kritisch hierzu Graebner / Eisenhardt (2004).

[582] *Empirische* Untersuchungen zur Gestaltung von CVC-Verträgen liefern Hinweise darauf, dass solche expliziten Akquisitionsoptionen keinesfalls regelmäßiger Vertragsgegenstand bei CVC-Investitionen sind. Insofern ist die vertragliche Vereinbarung einer Kaufoption auf die verbleibenden Anteile des jungen Unternehmens zu einem festgelegten Preis eher als theoretischer *Grenzfall* einzuordnen. Die einzigen dem Autor bekannten empirischen Untersuchungen der Vertragsbeziehungen bei CVC-Investitionen sind die von Cumming (2006a) und Cumming / Johan (2009), S. 649-697; in diesen Studien zeigt sich, dass solche expliziten Akquisitionsoptionen *nicht* bestehen. Analog untersuchen Cumming / Johan (2008 und 2009, S. 409-447) sowie Cumming (2008) sogenannte „pre-planned exit strategies" bei konventionellen VC-Investitionen, also wie die Vertragsgestaltung beeinflusst wird,

Unabhängig davon, ob sich ein etabliertes Unternehmen mit dem Erwerb der Beteiligung an einem jungen Unternehmen ein explizites Akquisitionsrecht einräumen lässt, besteht faktisch eine *implizite* Option zur Akquisition des Beteiligungsunternehmens.[583] Der CVC-Geber kann die verbleibenden Anteile an dem Portfoliounternehmen auch ohne ein explizit vereinbartes Optionsrecht erwerben. Die Konditionen wie Laufzeit und Ausübungspreis der (Real-)Option werden hierbei nicht vertraglich vereinbart, sondern ergeben sich entsprechend in Abhängigkeit der Unternehmensentwicklung. Daher sind diese Parameter *situationsspezifisch* zu bestimmen.[584] Insofern kann die implizite Option einer Beteiligung an dem jungen Unternehmen als *Vorkaufsrecht* auf die Unternehmensanteile des Gründers aufgefasst werden:[585] Deutlich wird aber auch, dass eine implizite Akquisitionsoption *nicht* immer exklusiv ist.[586] Wird davon ausgegangen, dass der Gründer seine Anteile im Rahmen einer Auktion an den Höchstbietenden veräußert, und der CVC-Geber ein identisches Angebot wie ein externer Bieter macht, dann hat der CVC-Geber aufgrund seiner bereits bestehenden Beteiligung größere Chancen auf den Erwerb des jungen Unternehmens.[587] Häufig werden auch sogenannte „drag-along rights" vereinbart, die dem CVC-Geber das Recht geben, darüber zu entscheiden, an wen das Beteiligungsunternehmen veräußert wird.[588]

In der Praxis zeigt sich entsprechend, dass bereits kleinere Beteiligungen an einem Zielunternehmen bei einer Auktion wie ein Vorkaufsrecht wirken, da ein bereits beteiligter

---

wenn der VC-Geber bereits bei Vertragsschluss mit dem Gründer einen präferierten Exitkanal anstrebt. Hier zeigt sich, dass sich der VC-Geber zwar stärkere Kontrollrechte zusichern lässt, jedoch keine einer Akquisitionsoption vergleichbaren Rechte, mit der er den gewünschten Exit erzwingen kann. Analog zeigt Reuer (2002), dass explizite Optionen zur Akquisition von (internationalen) Joint Ventures eine Ausnahme darstellen und in weniger als 1% der untersuchten Unternehmen vereinbart wurden. Hingegen zeigt sich in der Analyse von Allianzen zwischen Pharma- und jungen Biotechnologieunternehmen von Vassolo / Anand / Folta (2004), dass hier in ca. ein Drittel der Allianzen eine (nicht näher spezifizierte) Optionsklausel zur Akquisition des Biotechnologieunternehmens besteht (S. 1054, 1058).

583 Vgl. Kogut (1991); Folta / Leiblein (1994); Chi / Seth (2002); Folta / Miller (2002); Reuer / Tong (2005); Vanhaverbeke / van de Vrande / Chesbrough (2008). Insbesondere (Minderheits-)Beteiligungen an *jungen* Unternehmen können als implizite Option aufgefasst werden, dieses vollständig zu erwerben; vgl. Laamanen (1999); Maula / Murray (2000). Die Studie von Lerner / Merges (1998) zeigt, dass sich etablierte Unternehmen bei Kapitalbeteiligungen an jungen Unternehmen das Recht einräumen lassen, weitere Anteile zu erwerben, was ihnen die Möglichkeit zur sukzessiven Akquisition des Unternehmen gibt.

584 Die Laufzeit kann z.B. durch den geplanten Exit des Gründers oder anderer Investoren abgeleitet werden. Der (Ausübungs-)Preis hingegen wird Gegenstand von Verhandlungen zwischen dem Gründer und dem CVC-Geber und ist abhängig von der Verhandlungsmacht beider Parteien.

585 Vgl. Arora / Gambardella (1990), S. 365; Bowman / Hurry (1993), S. 762.

586 Vgl. Dimitrova (2013). Dies ist auch dann der Fall, wenn ein junges Unternehmen bei einer syndizierten Finanzierung durch mehrere strategische Investoren finanziert wird oder die anderen Kapitalgeber ihre Beteiligung an strategische Investoren veräußern; siehe hierzu auch Anokhin et al. (2011), die eine Reihe von Beispielen präsentieren, bei denen mehrere strategisch motivierte CVC-Geber gemeinsam in dasselbe junge Unternehmen investiert haben.

587 Vgl. Bulow / Huang / Klemperer (1999), S. 428.

588 Vgl. Cumming (2006a); analog für VC auch Bienz / Walz (2010).

Bieter die Auktion eher für sich entscheiden kann als ein unbeteiligter Bieter.[589] Ein solcher bevorrechtigter Zugang ist die Voraussetzung dafür, dass eine Beteiligung als Realoption bewertet werden kann.[590] Wenn das beteiligte Unternehmen trotz der Beteiligung an dem Zielunternehmen überboten wird, dann *partizipiert* es jedoch von dem höheren Anteilspreis seiner Beteiligung.[591] In jedem Fall profitiert der CVC-Geber bei einer erfolgreichen Entwicklung des jungen Unternehmens, auch wenn sie nicht in einer Akquisition mündet.[592]

Empirische Untersuchungen belegen ferner, dass die (impliziten) Akquisitionsoptionen von CVC-Gebern auch tatsächlich *ausgeübt* werden.[593] Die Studie von BENSON / ZIEDONIS (2010) untersucht insgesamt 530 Akquisitionen von jungen Unternehmen durch etablierte CVC-Geber. Es zeigt sich, dass 16,8% der akquirierten Unternehmen vorher bereits durch den CVC-Geber finanziert wurden, es sich mithin um „eigene Portfoliounternehmen" des CVC-Gebers handelt.[594] Entsprechend waren die verbleibenden 83,2% der Unternehmen vorher keine Portfoliounternehmen des CVC-Gebers.

Diese Statistik zeigt einerseits, dass CVC nicht der einzige Weg zur Erschließung der Innovationen junger Unternehmen ist, vielmehr besteht auch die Möglichkeit, junge Unternehmen unterschiedlicher Entwicklungsstufen auch ohne vorherige Beteiligung *direkt* zu erwerben.[595] Andererseits belegen die Ergebnisse, dass die Möglichkeit zur Akquisition der Portfoliounternehmen durch den CVC-Geber tatsächlich genutzt wird. Berücksichtigt man bei der Interpretation der Ergebnisse außerdem, dass nicht mit jeder Beteiligung an einem jungen Unternehmen die gesetzten Ziele des etablierten Unternehmens erfüllt werden (können), ist der augenscheinlich niedrige Prozentwert umso höher einzuschätzen, da es sich de facto um die *Ausübungsrate* impliziter Akquisitionsoptionen handelt. Gescheiterte Portfoliounternehmen und nicht-ausgeübte Optionen

[589] Vgl. Bulow / Huang / Klemperer (1999); Goldman / Qian (2005). Tong / Li (2013) weisen in diesem Sinne nach, dass eine Kapitalbeteiligung vielfach anstelle einer expliziten Akquisitionsoption erworben wird, beide Instrumente mithin Substitute sind.

[590] Vgl. Bowman / Hurry (1993), S. 762. Der Vorteil eines bereits am Zielunternehmen beteiligten Bieters ist in der geringeren Anzahl zu erwerbender Anteile zu sehen, für die er eine Übernahmeprämie entrichten muss; dadurch kann er im Vergleich zu einem unbeteiligten Bieter bei gleicher Gesamtbewertung des Zielunternehmens eine höhere Übernahmeprämie für die *verbleibenden* Aktien bieten; vgl. Bulow / Huang / Klemperer (1999), S. 427-430. Zudem bestehen Informationsvorteile für einen bereits beteiligten Investor.

[591] Vgl. Goldman / Qian (2005), S. 322-325.

[592] Eine Kapitalbeteiligung eines etablierten Unternehmens an einem jungen Unternehmen kann mithin für beide Parteien eine vorteilhafte Form der strategischen Kooperation sein; vgl. Mathews (2007).

[593] Vgl. z.B. Keil / Autio / George (2008).

[594] Die Ergebnisse von Benson / Ziedonis (2010) werden tendenziell bestätigt durch die empirischen Daten von Laamanen (1999); Dalziel (2009); Dimitrova (2013). Bruno / Cooper (1982) sowie Bruno / Mcquarrie / Torgrimson (1992) zeigen zudem, dass ein erheblicher Teil technologiebasierter junger Unternehmen fusioniert oder (von etablierten Unternehmen) akquiriert wird.

[595] Siehe hierzu auch Dimitrova (2013); Phillips / Zhdanov (2013).

auf erfolgreiche Portfoliounternehmen sind hierin nicht enthalten. Es ist also zu vermuten, dass die Zahl der Portfoliounternehmen, auf die ein implizites Vorkaufsrecht besteht, weitaus höher liegt.[596] Folglich stellen Akquisitionen von jungen Unternehmen aus dem CVC-Portfolio für etablierte Unternehmen eine Möglichkeit zur Erschließung externer Innovationen dar, obschon die Mehrheit der akquirierten Unternehmen nicht aus dem CVC-Portfolio stammt.

Eine Erklärung für die Ausübungshäufigkeit der Akquisitionsoptionen liefern KALE / PURANAM (2004), nach denen die Höhe der Beteiligung im Sinne einer „technology-sourcing relationship“[597], also eine auf den Zugang zu Technologien gerichteten Beteiligungsbeziehung, von dem Interesse des investierenden Unternehmens an einem *exklusiven* Zugang zu der Technologie abhängt. Wird lediglich eine geringe Minderheitsbeteiligung erworben, so gewährleistet diese zwar einen geringen Grad an Exklusivität auf den Technologiezugang, da die Beteiligungsbeziehung als Zugangsbarriere für weitere Interessenten am Portfoliounternehmen wirkt.[598] Der Zugriff anderer Unternehmen auf die Technologie des Portfoliounternehmens kann jedoch nur *vollkommen* ausgeschlossen werden, sofern sich der CVC-Geber entsprechende Rechte einräumen lässt oder das Portfoliounternehmen akquiriert.[599] In den Fällen, in denen kein exklusives Interesse an der Technologie besteht, wird stattdessen lediglich ein Beteiligungsverhältnis mit dem jungen Unternehmen eingegangen.[600] Die Häufigkeit der Akquisitionen von CVC-Portfoliounternehmen durch den CVC-Geber kann insofern mit einem entsprechenden (geringeren) Interesse an der Exklusivität des Zugangs zur Technologie des Portfoliounternehmens erklärt werden.[601]

Die *dritte* Möglichkeit, das Underlying und damit den Markt- und Ausübungspreis der in der Beteiligung enthaltenen Realoption zu bestimmen, ist der Vergleich des Beteiligungserwerbs mit eigenen *internen* Innovationsbemühungen (Fall 3, Tabelle 12).[602]

---

[596] Die Nicht-Ausübung einer (impliziten) Akquisitionsoption ist nicht zwangsläufig als Fehlinvestition in das Portfoliounternehmen zu deuten; vielmehr kann das etablierte Unternehmen auch mit der Veräußerung des Portfoliounternehmens seine Ziele erreichen.

[597] Kale / Puranam (2004), S. 77.

[598] Vgl. Kale / Puranam (2004), S. 80.

[599] Vgl. Kale / Puranam (2004), S. 80-81. So hat die Minderheitsbeteiligung von BMW an dem Karbonhersteller SGL Karbon den BMW-Konkurrenten VW nicht davon abgehalten, sich ebenfalls an SGL Karbon zu beteiligen, um sich Zugang zu dessen Karbonwerkstoffen zu sichern; vgl. z.B. Kiani-Kreß et al. (2011); Murphy (2012).

[600] Dann können sequenzielle CVC-Investitionen z.B. als (Verbund-)Option auf das Eingehen einer strategischen Allianz mit dem Portfoliounternehmen interpretiert werden; vgl. Wadha / Phelps (2009); van de Vrande / Vanhaverbeke (2013). Diese Möglichkeit wird hier nicht weiter betrachtet.

[601] Hierbei ist zu beachten, dass sich die Ziele des CVC-Gebers im Zeitablauf ändern können und mithin auch die Höhe der Beteiligung.

[602] Vgl. analog auch Hennart / Park (1993); Brouthers / Brouthers (2000); Brouthers / Dikova (2010). Dushnitsky / Lenox (2005a) und Dix / Gandelman (2007) untersuchen, unter welchen Bedingungen etablierte Unternehmen CVC-Investitionen anstelle eigener FuE vornehmen.

Hier sind eigene FuE zur Erschließung von Technologien oder die eigene *Unternehmensentwicklung*[603] zum Aufbau neuer Geschäftsmodelle als Referenzmaßstab zu nennen.[604] In diesem Fall ist die dem Portfoliounternehmen zugrundeliegende Technologie, Innovation oder dessen Geschäftsmodell das Underlying, auf das der CVC-Geber eine (zumindest implizite) Kaufoption hat.[605] Das junge Unternehmen an sich bleibt aber separat bestehen, es wird nur ein Transfer von Technologien und Innovationen des jungen in das etablierte Unternehmen vorgenommen.

Der „Marktwert" der Technologie für den etablierten CVC-Geber kann aufgefasst werden als die Summe jener Kosten, die ihm für die eigene Entwicklung der Technologie entstünden. Dieser „Reproduktionskostenwert"[606] wird im Rahmen der Unternehmensbewertung auch als *Grenzpreis* bezeichnet:[607] Der CVC-Geber wird die Beteiligung an einem jungen Unternehmen nur erwerben, wenn dies für ihn günstiger ist, als eigene FuE durchzuführen. Der *Optionsgewinn*, den der CVC-Geber erzielt, besteht dann in der Differenz zwischen den Kosten, die ihm bei eigener Entwicklung entstünden, und den Kosten, die er als Folge der Beteiligung am Portfoliounternehmen zu tragen hat. Weitere Vorteile gegenüber der Eigenentwicklung sind in dem möglicherweise geringen Investitionsbetrag, der für den Erwerb der Beteiligung an einem jungen Unternehmen aufgebracht werden muss, im Verhältnis zu den Kosten, die bei eigener Forschung und Entwicklung anfielen, sowie einem denkbaren *zeitlichen* Vorsprung zu sehen.[608]

Die Option auf den Zugang zur Technologie des Portfoliounternehmens ist abzugrenzen von einer Akquisitionsoption auf das gesamte Portfoliounternehmen. Die „Technolo-

603 In Anlehnung an Semrau (2007) soll dem Begriff der *Unternehmensentwicklung* „die Gesamtheit der Maßnahmen zugeordnet werden, welche eine grundlegende Veränderungen der Wertschöpfungsaktivitäten eines Unternehmens zur Folge haben" (S. 493).

604 In der empirischen Untersuchung von Kann (2000) ist die Erschließung externer (als Alternative zu eigener) FuE das am häufigsten genannte strategische Primärziel von CVC-Investitionen; vgl. Kann (2000), S. 91-95, und Abbildung A2 im Anhang.

605 Vgl. Hurry / Miller Bowman (1992); Laamanen (1999). Die Daten von Haeussler / Higgins / Hochhold (2012) zeigen, dass auch der Patent- bzw. Lizenzerwerb für CVC-Geber eine relevante Form zur Erschließung der Technologien junger Unternehmen ist.

606 Moser / Goddar (2007), S. 597. Der Reproduktionswert ist ein Substanzwert, den der CVC-Geber maximal bereit ist zu zahlen, da er die Technologie sonst günstiger selber entwickeln könnte; er stellt insofern einen Alternativwert zur eigenen Erstellung dar.

607 Vgl. Sieben / Diederich (1990), S. 795-797, und die dort zitierte Literatur. Der Grenzpreis stammt insofern aus einem Vergleich der Investitionsalternativen „Make" und „Buy". Relevanz ist dem Heranziehen des *Reproduktionswertes* als Surrogat für den Marktwert auch zuzusprechen, da die gleiche Bewertungslogik den Normen der IFRS und HGB zugrunde liegt: Die Reproduktionswerte sind sowohl nach IAS 38 als auch nach IDW S5 als bilanzieller Wertmaßstab von selbsterstellten immateriellen Vermögenswerten zulässig, sofern keine Bewertung anhand von Marktpreisen oder Zukunftserfolgswerten möglich ist (Cost Approach); vgl. allgemein IDW S5, Tz. 48-50, Tz. 117-140; IAS 38, Tz. 51-67, sowie Smith / Parr (2000), S. 151-214, oder speziell bei der Bewertung VC-finanzierter Unternehmen Beaton (2010), S. 40-43.

608 Vgl. van de Vrande / Lemmens / Vanhaverbeke (2006), S. 355; van de Vrande / Vanhaverbeke / Duysters (2009), S. 65.

gieoption" kann in einem bevorzugten Zugang zu der Technologie des Portfoliounternehmens bestehen,[609] beispielsweise durch den Erwerb von Patenten oder exklusiven Lizenzen sowie in informellen Formen des *Technologietransfers*.[610] Es erfolgt aber nicht zwangsläufig ein Erwerb des jungen Unternehmens. Deshalb erscheint eine Unterscheidung zwischen den Fällen 1 und 2 sowie Fall 3 aus Tabelle 12 materiell geboten.

Bei dieser Interpretation der Investitionsoption ist jedoch zu beachten, dass nicht alle Technologien und Innovationen direkt reproduzierbar sind. Sie beruhen mitunter auf spezifischem Wissen und sind deshalb nur schwer reproduzierbar.[611] Es sind in diesem Fall hypothetische Kosten der Replikation der Technologie anzusetzen. Empirisch untersuchen MANSFIELD / SCHWARTZ / WAGNER (1981) – aus leicht verändertem Blickwinkel – die Kosten der *Imitation* von Innovationen in der chemischen und pharmazeutischen Industrie sowie dem produzierenden Gewerbe.[612] Im Rahmen dieser Untersuchung zeigt sich, dass in ca. 60% der untersuchten Fälle eine patentierte Innovation innerhalb von vier Jahren imitiert wurde. Damit geben die Autoren der Studie – auch wenn die empirischen Ergebnisse nicht uneingeschränkt auf CVC-Investitionen übertragbar sind – einen Hinweis auf die (potenzielle) empirische Relevanz der hier gewählten Interpretation der Realoption:[613] Eigene FuE-Bemühungen zur Rekonstruktion von Innovationen stellen auch in FuE-intensiven Branchen eine alternative Strategie zu Erschließung externer Innovationen dar.[614]

Die Unterscheidung der drei grundsätzlich denkbaren alternativen Interpretationen des Underlyings (Tabelle 12), die sich aus einer Beteiligung an einem jungen Unternehmen ergibt, ist für die konkrete Spezifikation der Modellparameter relevant. Deutlich wurde hierbei erneut, dass die Wahl der Eingangsparameter situationsspezifisch zu erfolgen hat.

---

[609] Vgl. Folta (1998), S. 1013.

[610] So weisen z.B. Dushnitsky / Lenox (2005b) nach, dass die Innovationraten etablierter Unternehmen durch CVC-Innovationen steigen, und zwar auch, wenn keine Akquisition des Portfoliounternehmens erfolgt. Begründet wird dies mit dem Wissens- und Technologietransfer zwischen CVC-Nehmer und CVC-Geber.

[611] Vgl. Kogut / Zander (1992).

[612] Die Imitationskosten werden in deren Untersuchung abgegrenzt als „all costs of developing and introducing the imitative product, including applied research, product specification, pilot plant or prototype construction, investment in plant and equipment, and manufacturing and marketing startup" (S. 907); ähnlich auch Mansfield (1988), S. 1157, 1164-1166. Damit stellen die Imitationskosten materiell Kosten zur Rekonstruktion der Innovation dar.

[613] Einschränkungen bei der Übertragung der Ergebnisse der vorgestellten Studie ergeben sich einerseits aus deren Stichprobengröße, andererseits aus der veränderten Fragestellung im Vergleich zum hier gewählten Untersuchungsansatz für CVC-Investitionen.

[614] Vgl. auch Dushnitsky / Lenox (2005a); Dix / Gandelman (2007).

b. Anwendung des binomialen Zielmodells

Voraussetzung für die Anwendung des binomialen Modells zur Bewertung von Verbundoptionen ist, dass die Wertentwicklung des Underlyings als (multiplikativer) *Binomialprozess* dargestellt werden kann. Vor einer Anwendung des binomialen Bewertungsmodells ist zunächst zu klären, wie der Binomialbaum für ein *konkretes* Bewertungsproblem abgeleitet werden kann und das hiermit verbundene Datengewinnungsproblem angegangen wird.[615]

Die Darstellung der Wertentwicklung eines Vermögensgegenstandes als binomialer Prozess erfordert zunächst, dass die Wertzustände *binomialverteilt* sind.[616] Dies bedeutet, dass die Wertentwicklung mit einer endlichen Anzahl *diskreter* Wertzustände beschrieben werden kann, die sich durch Anwendung der Wertveränderungsfaktoren u und d konstruieren lassen. Die Darstellung in einem *rekombinierenden*[617] Binomialbaum setzt ferner voraus, dass die Parameter u und d im Zeitablauf konstant sind. Zudem wird unterstellt, dass die prognostizierten Werte *zufällig* schwanken.[618] Die Abbildung der Wertentwicklung eines jungen Unternehmens als binomialer Prozess ist insofern eine *restriktive* Prämisse, aus der sich zwangsläufig *Grenzen* der Anwendung des Verfahrens ergeben.[619]

Die adäquate Abbildung der Wertentwicklung des Underlyings ist kritisch für den Gehalt einer darauf aufbauenden optionspreistheoretischen Modellierung.[620] Ein Binomialmodell bietet sich hierfür insbesondere dann an, wenn die Entwicklung des Investitionsprojektes phasenweise erfolgt und in jeder *Phase* eine endliche Anzahl distinktiver

---

[615] Zum Datengewinnungsproblem der Unternehmensbewertung siehe Bretzke (1975a, b), der dieses als „Prognoseproblem" bezeichnet. Bretzke (1975a) betont in diesem Zusammenhang, dass das Problem der Prognose bewertungsrelevanter Eingangsgrößen bei *allen* Modellen zukunftserfolgsbasierten Unternehmensbewertungsmodellen auftritt (S. 87). Deutlich macht der Autor darüber hinaus, dass die Wahl des Prognoseverfahrens entscheidend von dem zugrunde gelegten Bewertungsmodell abhängt (S. 122-123).

[616] Der Binomialprozess führt mithin zu einer diskreten *Verteilungsfunktion* für den Wert eines jungen Unternehmen in $t = n$.

[617] Ein rekombinierender Binomialbaum ist dadurch charakterisiert, dass man zu einem bestimmten Kurswert V_{t+i} durch insgesamt i Wertveränderungen des Vermögensgegenstandes V_t kommt, wobei die Reihenfolge der Realisation der Wertveränderungen unerheblich ist, also lediglich deren Richtung (u, d) eine Rolle spielt; vgl. z.B. Kremer (2006), S. 233-237.

[618] Vgl. z.B. Copeland / Weston / Shastri (2008), S. 401. Zur konzeptionellen Fundierung dieser Prämisse siehe Samuelson (1965).

[619] Die Grenzen der Anwendung des Binomialmodells relativieren sich jedoch im Vergleich mit anderen Optionspreismodellen; so wird z.B. in den zeitkontinuierlichen Modellen von Black / Scholes (1973) und Geske (1979) eine logarithmierte Normalverteilung der Renditen des Underlyings unterstellt. Für die praktische Anwendung der beiden zuvor genannten Modelle sind zwar lediglich die Varianz sowie der Erwartungswert der Wertveränderung zu schätzen, der Aussagegehalt des so bestimmten Wertes hängt jedoch entscheidend von der Übereinstimmung der unterstellten und tatsächlichen Verteilung der Wertveränderungen ab.

[620] Vgl. z.B. Cox / Ross (1976), S. 146.

Wertzustände als Ergebnis der sukzessiven Entwicklung unterschieden werden kann. Die Entwicklung junger Unternehmen erfolgt, wie zuvor erläutert, sukzessive; zudem werden die Ressourcen durch den CVC-Geber in der Regel sequenziell bereitgestellt. Für den CVC-Geber ist der Fortschritt bei der Geschäftsmodellentwicklung daher primär zu jenen Zeitpunkten von Interesse, bei denen er über weitere Investitionen zu entscheiden hat.

Wird also unterstellt, dass die unsichere Wertentwicklung eines jungen Unternehmens durch die Modellierung als Binomialbaum erfasst werden kann, dann ergibt sich für den CVC-Geber die Frage, wie er einen Binomialbaum in einer konkreten Entscheidungssituation ableiten kann. Hierbei sind zwei grundsätzlich denkbare Alternativen zu unterscheiden. Zum einen können denkbare Zustände für den Entscheidungsbaum aus einer Szenario-Analyse abgeleitet werden,[621] zum anderen kann ein Binomialbaum aus *historischen* Daten ermittelt werden, z.B. aus einer Verteilung der Wertentwicklung junger Unternehmen einer bestimmten Branche.[622] Eine Möglichkeit ist auch darin zu sehen, dass aus der Standardabweichung σ der historischen Verteilung die Wachstumsfaktoren u und d bestimmt werden:[623]

---

621 Vgl. Miller / Waller (2003). Bereits Bretzke (1975a) weist auf die Bedeutung der „Gewinnung von Prognosen durch Intuition" im Rahmen der Unternehmensbewertung hin, worunter er auch die Szenario-Planung fasst (S. 180-189).

622 Zu diesem Vorgehen sei auf die eher „technischen" Ausführungen von Hoyland / Wallace (2001) verwiesen, die ein Verfahren zur Generierung von Entscheidungsbäumen für *mehrstufige* Entscheidungsprobleme aus diskreten und kontinuierlichen Verteilungen präsentieren. Ein solches Vorgehen beruht auf der Aufteilung der Daten in Intervalle, die sich z.B. auch aus Quantilen ergeben können. Anschließend gilt es, für jedes Intervall einen repräsentativen Punkt zu finden. Bei mehrstufigen Entscheidungsproblemen sind allerdings zeitliche Interdependenzen (Pfadabhängigkeiten) zu berücksichtigen. Zu dieser Methodik siehe auch Smith (1993); Klaassen (2002); Hoyland / Kaut / Wallace (2003); Heitsch / Römisch (2009); Beraldi / De Simone / Violi (2010); Rafiee / Kianfar (2011). Eine Alternative besteht darin, idealtypische Werte für die Wachstumsfaktoren u und d aus historischen Erfolgskennzahlen von CVC-Investitionen zu schätzen. So kann der CVC-Geber beispielsweise aus einem *Multiple* wie dem *Total Value over Paid-in Capital* (*TVPI*), das die Summe der Investitionen zum Gesamtwert der Beteiligung beim „Exit" der Beteiligung ins Verhältnis setzt, typische Werte für u und d ableiten. So kann z.B. jeweils aus den Quantilen der Verteilung des TVPI ein geometrisches Mittel bestimmt werden. Der TVPI ist eine Erfolgskennzahl konventioneller VC-Fonds; die Kennzahl ist definiert als die Summe der Zahlungsrückflüsse aus veräußerten bzw. liquidierten und noch nicht desinvestierter Beteiligungen, geteilt durch die Summe aller geleisteten Investitionen; vgl. z.B. Phalippou / Gottschalg (2009), S. 1752.

623 Vgl. Cox / Ross / Rubinstein (1979), S. 249; Kremer (2006), S. 237-248; Hull (2012), S. 339-341; alternative Ableitungen der Wachstumsfaktoren finden sich bei Omberg (1987), S. 465. Dieses Vorgehen ist zulässig, solange die Wertveränderungsraten des Underlyings normalverteilt sind, dann konvergiert die Binomialverteilung bei steigender Anzahl betrachteter Subperioden gegen die Normalverteilung. Hierbei ist entsprechend zu beachten, dass die Verteilung der Renditen junger *Unternehmen* rechtsschief ist: Neben einer signifikanten Anzahl von (Total-)Verlusten erbringt ein kleiner Anteil der VC-finanzierten Unternehmen hohe Renditen; vgl. statt vieler Hauschild (2009), S. 28-33, und die dort zitierte Literatur. Ähnlich schief ist die Verteilung von *Technologiepatenten*; vgl. Scherer / Harhoff (2000). Diese Unsicherheit über die künftige Wertentwicklung kann beispielsweise mit zwei Szenarien („Totalverlust", „hohe Rendite") abgebildet werden. Beispiele für ein solches Vorgehen bieten Kellog / Charnes (2000) oder Herath / Park (1999, 2002).

$$(14a)\ u = e^{\sigma \cdot \sqrt{\frac{t}{z}}}$$

$$(14b)\ d = e^{-\sigma \cdot \sqrt{\frac{t}{z}}}$$

Die bei diesem Vorgehen notwendigen historischen Verteilungen kann ein CVC-Geber auf Basis eigener bereits durchgeführter CVC-Investitionen ableiten oder hierbei auf externe Datenbanken zurückgreifen, die empirische Daten über den Investitionserfolg von VC- und CVC-Investitionen anbieten.[624] Hierbei bietet es sich an, spezifische Verteilungen für unterschiedliche *Branchen* oder *Entwicklungsphasen* heranzuziehen, da die Branchen und Entwicklungsphasen der jungen Unternehmen kritische Risikofaktoren bei der Entwicklung junger Unternehmen darstellen.[625]

Alternativ zur Ermittlung eines Binomialbaumes aus historischen Daten kann dieser auch mithilfe *qualitativer* Prognoseverfahren konstruiert werden, bei denen *argumentativ* künftig für möglich gehaltene Entwicklungszustände abgeleitet werden. Bei der binomialen Modellierung von Realoptionen wird insbesondere auf die *Szenario-Planung*[626] zurückgegriffen.[627] Hierbei wird versucht, eine endliche Anzahl distinktiver Szenarien zu bestimmen, um die Unsicherheit bei Entscheidungsproblemen zu erfassen. Die Anwendung dieses Prognoseverfahrens bei der Bewertung von Realoptionen ist mithin auf zeitdiskrete Modelle beschränkt.[628]

Die Integration von Szenario-Planung und Realoptionsansatz wird insbesondere im strategischen Management angewendet, weil auf historischen Daten basierende quantitative Prognoseverfahren – insbesondere in einem dynamischen Umfeld – nur begrenzte Aussagekraft haben.[629] Die Szenario-Planung versucht hingegen, zentrale Risikofaktoren zu identifizieren und anhand dessen *sachlogisch* künftige Szenarien abzuleiten.[630] Für die

---

[624] Zu diesen Datenbanken gehören z.B. Venture Economics oder VentureOne.

[625] Vgl. z.B. Cochrane (2005). Hierauf wird in Kapitel IV weiter eingegangen.

[626] Die Begriffe Szenario-Planung und Szenario-Analyse werden in der Regel synonym verwandt; diesem Vorgehen wird hier gefolgt. Eine ausführliche Darstellung der Methodik findet sich beispielsweise bei Schoemaker (1991, 1993, 1995, 2004) oder Coyle (2006).

[627] Vgl. Miller / Waller (2003), S. 99-105; Alessandri et al. (2004), S. 756-759; Driouchi / Leseure / Bennett (2009), S. 700; Mathews (2009), S. 32. Die Szenario-Planung wird bekannterweise als heuristische Methodik zur *Strukturierung* von Daten in Entscheidungssituationen unter Unsicherheit eingesetzt, um anschließend Bewertungskalküle anwenden zu können; vgl. Meier / Christofides / Salkin (2001), S. 205; Ähnlich auch Schoemaker (1993), S. 208-209; von Ahsen / Heesen (2012), S. 456.

[628] Hierin kann insofern ein Vorteil gegenüber zeitkontinuierlichen Bewertungsmodellen gesehen werden, insbesondere in Bewertungssituation, in denen nicht auf historische Daten zurückgegriffen werden kann.

[629] Vgl. z.B. Bretzke (1993). In diesem Sinne zeigen Gruber / Venter (2006), dass in deutschen Großunternehmen die Szenario-Analyse das am häufigsten verwendete Verfahren in der strategischen Planung ist.

[630] Vgl. Raubitschek (1988); Bunn / Salo (1993).

Bewertung von langfristigen, sequenziellen Investitionsprojekten werden zunehmend auch *Sequenzen* verschiedener Szenarien entwickelt, um *mehrstufigen* Entscheidungsproblemen gerecht zu werden.[631] Der Entwicklung von Szenarien eines Binomialbaums kann hierbei z.B. an dem *Business Plan* eines jungen Unternehmens anknüpfen.[632]

In der Literatur findet sich eine Vielzahl optionspreistheoretischer Modellanwendungen zur Bewertung neuer Technologien und junger Unternehmen, deren sukzessive Entwicklung anhand eines Binomialbaumes dargestellt wird.[633] Eine Auswahl dieser Studien zeigt Tabelle A5 im Anhang. Kennzeichnend für die Darstellung der Wertentwicklung von jungen Unternehmen in Binomialbäumen ist zum einen die Abgrenzung *diskreter* Entwicklungsstufen, wie sie in dieser Arbeit bereits vorgenommen wurde. Bei sequenziellen CVC-Investitionen können die Investitionszeitpunkte aus der Kapitalbedarfsplanung des Unternehmens abgeleitet werden. Damit einher geht zugleich eine Abschätzung der Laufzeiten der Realoptionen und auch der Investitionszeitpunkte der Verbundoption.[634] Zum anderen sind für das Ende jeder betrachteten Phase wenigstens zwei *Szenarien* zu definieren, die die *unsichere* Entwicklung zutreffend abbilden.[635]

Diese Szenarien sollten dann in sich möglichst *konsistent* und homogen sein, untereinander aber *distinktiv*. Ein Szenario ist dabei zu verstehen als quantitative oder qualitative Beschreibung eines plausiblen *zukünftig* möglichen Zustandes der Unternehmensentwicklung, die auf der Einbeziehung einer Reihe unsicherer Determinanten und der Festlegung von Annahmen basiert.[636] Distinktive Szenarien können beispielweise durch die Variation erfolgskritischer Annahmen der geplanten Geschäftsmodellentwicklung junger Unternehmen generiert werden.[637] So lassen sich im Rahmen der Produktentwicklungsplanung zwei Szenarien entwerfen, z.B. mit einer erfolgreichen und einer

---

[631] Siehe z.B. Panayi / Trigeorgis (1998); Kellogg / Charnes (2000); Amram / Li / Perkins (2006).

[632] Vgl. Raubitschek (1988). Solche Beispiele finden sich bei Schäfer / Schässburger (2000); Kellogg / Charnes (2000); Remer / Ang / Baden-Fuller (2001); Duan / Lin / Lee (2003).

[633] Vgl. exemplarisch Childs / Triantis (1999); Jägle (1999); Chan / Nickerson / Owan (2007).

[634] In dieser Arbeit werden die Investitionszeitpunkte und damit die Laufzeiten der Verbundoption als eindeutig bestimmbar unterstellt. Das schließt nicht aus, dass diese Planungen im Laufe der Unternehmensentwicklung revidiert werden. Ansätze einer modellendogenen Bewertung flexibler Laufzeiten von (Real-)Optionen finden sich etwa bei Longstaff (1990) oder Chung / Johnson (2011). Diese werden hier jedoch nicht weiter betrachtet.

[635] In der Unternehmenspraxis werden häufig nur zwei bis drei relevante Szenarien betrachtet aufgrund des damit verbundenen Planungsaufwandes; vielfach findet sich eine Aufteilung in ein optimistisches, ein pessimistisches und ggf. ein wahrscheinliches Szenario; vgl. Foster (1993), S. 125; Gruber / Venter (2006), S. 971. Ein solches Beispiel findet sich bei Mathews (2009).

[636] Vgl. Foster (1993), S. 124. Krystek / Herzhoff (2006) schlagen daher vor, die Szenario-Planung mit der strategischen Frühaufklärung in Unternehmen zu verbinden.

[637] Vgl. Sykes / Dunham (1995). Auch McGrath / MacMillan (1995), S. 53-54, pointieren die systematische Variation vielfach implizit getroffener Annahmen bei der Entwicklung junger Unternehmen als Mittel zur Berücksichtigung der Unsicherheit bei Investitionsentscheidungen; die Autoren schlagen zudem vor, aus denkbaren vorteilhaften Szenarien jene erfolgskritischen Prämissen abzuleiten, die erfüllt sein müssen, damit eine Ressourcenbereitstellung vorteilhaft ist.

scheiternden Produktentwicklung oder einem hohem und einem niedrigen Absatz; diese können systematisch variiert und es kann deren Einfluss auf den optionspreistheoretischen Unternehmenswert bestimmt werden.[638]

Die *Grenzen* der Szenario-Planung treten bei der Integration der für möglich erachteten Wertzustände in die Modellierung der Realoptionen zutage; die hierfür kreierten Szenarien lassen sich nicht notwendigerweise in einem multiplikativen Binomialbaum darstellen, der sich aus den (konstanten) Veränderungsfaktoren u und d ergibt. In jedem Fall aber können mithilfe der Szenario-Planung das Ausmaß möglicher Wertveränderungen abgeleitet, mithin die Wachstumsfaktoren u und *d plausibilisiert* werden.[639] Die so prognostizierten möglichen Unternehmenswerte des jungen Unternehmens – ausgedrückt mit den Modellgrößen V_t^+, V_t^- – können insofern auch als Ergebnisse einer Szenario-Planung aufgefasst werden.

Die Anzahl der zu planenden Szenarien je Entwicklungsphase kann im Binomialmodell *situationsspezifisch* angepasst werden: Im einfachsten Fall werden in Anlehnung an das Zwei-Zweitpunk-zwei-Zustands-Modell nur zwei Ausprägungen berücksichtigt, z.B. die beiden Szenarien „Erfolg“ und „Misserfolg“ des jungen Unternehmens (siehe Abbildung 26).[640] Diese Vereinfachung des Investitionsproblems schränkt den Aussagegehalt des so ermittelbaren Optionswertes ein, jedoch wird dies vielfach der konkreten Entscheidungssituation des CVC-Gebers gerecht. Vor jeder Investition hat der CVC-Geber zu entscheiden, inwiefern es sich bei dem jungen Unternehmen um ein „vorteilhaftes Projekt“ handelt, in das weiter investiert oder das abgebrochen wird.

Sollen in jeder Entwicklungsphase mehr als zwei denkbare Szenarien berücksichtigt werden, kann durch mehrfache Anwendung des multiplikativen Binomialprozesses die Anzahl der Szenarien beliebig gesteigert werden; so kann beispielsweise jede Entwicklungsphase in mehrere Subperioden unterteilt werden, die jeweils binomial modelliert werden.[641] Abbildung 26 zeigt einen szenario-basierten Binomialbaum, bei dem in jeder

---

[638] Vgl. Bednarczyk / Golla / Klandt (2006), S. 57-58.

[639] Es bietet sich insofern evtl. eine *Kombination* der hier aufgezeigten quantitativ-empirischen und argumentativen Verfahren zur Ableitung eines Binomialbaumes an.

[640] Beispielsweise unterscheiden Keeley / Turki (1992, 1993b) in jeder Entwicklungsstufe nur zwei Szenarien: „failure“ und „success“. Ein ähnliche Strukturierung der Szenarien findet sich bei Jägle (1999); Seppä / Laamanen (2001); Rudolf / Witt (2002); Shockley et al. (2003); Cassimon / Engelen / Yordanov (2011); Cassimon et al. (2004, 2011); Spremann (2011). Einschränkend ist hierbei allerdings anzumerken, dass bei der Verteilung der Wertveränderung junger Unternehmen mehr als die beiden Klassifikationen als „Erfolg“ und „Misserfolg“ zu unterscheiden sind; bspw. unterscheiden Ruhnka / Feldman / Young (1992) zwischen „losers“, „living dead“ und „winners“.

[641] Durch mehrfache Anwendung der binomialen Wachstumsfaktoren kann jede beliebige Anzahl von Szenarien a durch entsprechend (a-1) Binomialschritte gebildet werden; siehe zur Kalibrierung des Binomialmodells auch Spremann (2010), S. 337-339. Alternativ bietet sich der Rückgriff auf trinomiale oder multinomiale Modell an; siehe hierzu Kamrad / Ritchken (1991) oder Holland (2001).

Entwicklungsphase die beiden Szenarien „Erfolg“ und „Misserfolg“ berücksichtigt sind.[642] In der Early Stage beziehen sich diese Szenarien auf die Produktentwicklung, während in der Expansion Stage die Markterschließung und in der Late Stage das profitable Wachstum im Fokus stehen.[643]

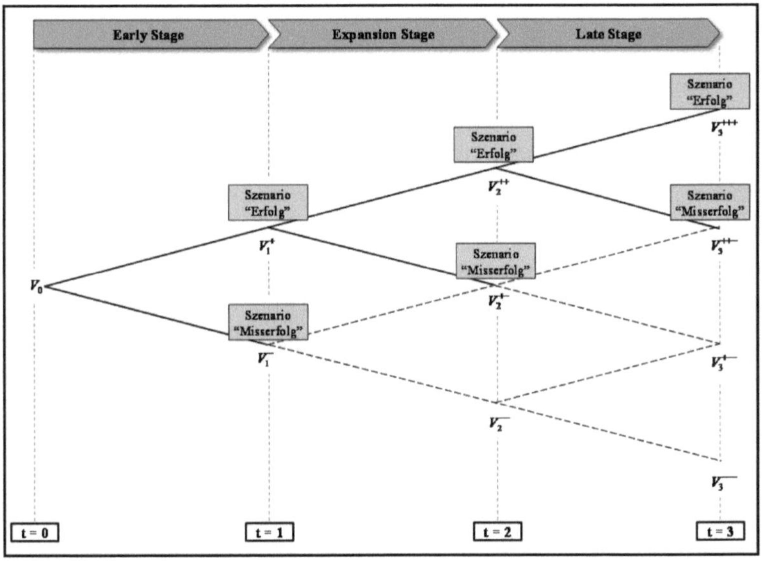

Abbildung 26: Wertentwicklung junger Unternehmen als Binomialbaum[644]

In dem in Abbildung 26 dargestellten Binomialbaum der Unternehmensentwicklung sind die Unternehmenswerte im Falle des Misserfolgs als *Fortführungswerte* aufzufassen, d.h. Unternehmenswerte unter der Prämisse, dass weiter in das junge Unternehmen investiert wird. Werden hingegen aufgrund schlechterer Erfolgsaussichten und dadurch (erheblich) gesunkener Unternehmenswerte keine weiteren Ressourcen bereitgestellt, dann können die Fortführungswerte noch unterschritten werden, z.B. bei einer *Insolvenz* bzw. Liquidation des jungen Unternehmens. In diesem Fall kann es zum *Totalausfall* des investierten Kapitals kommen. Bei Abbildung 26 ist zu beachten, dass das junge Unternehmen aus Sicht des CVC-Gebers in zwei Fällen einen Misserfolg darstellen kann: Zum einen ist möglich, dass das junge Unternehmen kein tragfähiges Geschäfts-

[642] Ein Beispiel für eine Unternehmensbewertung anhand eines szenario-basierten Binomialbaumes findet sich bei Krafft / Rudolf / Rudolf-Sipötz (2005).

[643] Vgl. auch Dahiya / Ray (2012), S. 1195.

[644] Quelle: Eigene Darstellung in Anlehnung an Seppä / Laamanen (2001), S. 218. Der Fall, dass nicht weiter in das junge Unternehmen investiert wird, ist durch gestrichelte Linien angedeutet.

modell entwickelt und scheitert.[645] Zum anderen handelt es sich um einen „Misserfolg“, wenn das junge Unternehmen keine Relevanz für das Geschäftsmodell des etablierten CVC-Gebers entwickelt. In letzterem Fall ist kein Totalausfall zu erwarten, wenn die Insolvenz vermieden werden kann.[646]

Typische Werte für die Wachstumsfaktoren u und d sollten möglichst so operationalisiert werden, dass sie der tatsächlichen Wertentwicklung des Underlyings entsprechen.[647] Anhand der Wachstumsfaktoren u und d wird im Binomialmodell die Bandbreite künftig möglicher Unternehmenswerte ermittelt. Der Faktor d, der den Wertverlust im Misserfolgsfall ausdrückt, bestimmt insofern mittelbar das (Downside-)Risiko der Investitionen des jungen Unternehmens: Je geringer d ist, desto stärker der Wertverlust des jungen Unternehmens. Bei hohen Wertverlusten werden die Investitionen in das junge Unternehmen eher abgebrochen und mithin ein (Total-)Verlust wahrscheinlicher. Die mithilfe von u und d modellierbaren Erfolgs- und Risikocharakteristika junger Unternehmen hängen maßgeblich von deren Entwicklungsphase und Branchenzugehörigkeit ab.[648]

Um die Bewertungsmethodik anhand eines dreistufigen Investitionsprojektes zu veranschaulichen, wird das eingangs dieses Kapitels eingeführte Beispiel aufgegriffen und um eine Periode erweitert. Das hier skizzierte Bewertungsmodell betrachtet eine Sequenz aus vier Investitionen in den Zeitpunkten $t = 0, 1, 2, 3$, die sich als *dreistufige* Verbundoption bewerten lassen. Mit der Erweiterung des Modells wird auch eine zusätzliche Investition in $t = 3$ von $I_0 = 45$ eingeführt. Die optimale Investitionsstrategie gibt Abbildung 27 wieder.[649]

---

645 Dies stellt aber keineswegs eine Anwendungsvoraussetzung des hier skizzierten Bewertungsmodells dar.

646 Alternativ ist auch denkbar, dass der CVC-Geber aufgrund finanzieller Erwägungen *weiter* in das junge Unternehmen investiert, an dem er aus strategischen Erwägungen *ursprünglich* die Beteiligung erworben hat, oder andere Kapitalgeber in das Unternehmen investieren.

647 Vgl. allgemein Spremann (2010), S. 330. Grundsätzlich denkbar ist auch die Einführung *entwicklungsphasenspezifischer* Wachstumsfaktoren u und d, um das im Zeitablauf veränderliche Risikoprofil abzubilden.

648 Vgl. Hauschild (2009), S. 51-57, und die dort zitierte Literatur. Dieser Aspekt wird bei der Portfoliobetrachtung von CVC-Investitionen wieder aufgegriffen. So zeigen Seppä / Laamanen (2001) empirisch, dass die implizite Volatilität sequenzieller VC-Investitionen, die als Verbundoption bewertet werden, mit fortschreitender Unternehmensentwicklung sinkt. Giot / Schwienbacher (2007) belegen zudem, dass die Mortalitätswahrscheinlichkeit im Zeitablauf sinkt. Auch bei variablen Wachstumsfaktoren muss in jeder Entwicklungsphase $0 \leq d < 1 < u$ gelten. Houlihan Valuation Advisors / Ventureone Study (1998) und Cochrane (2005) belegen dahingegen, dass Wertveränderungsraten branchenabhängig sind.

649 Es sei darauf verwiesen, dass diese drei Stufen nicht notwendigerweise mit den zuvor dargestellten Entwicklungsphasen identisch sein müssen. Jedoch erscheint eine Strukturierung der Sequenz anhand der phasenspezifischen Kapitalbedarfe und Risiken zweckmäßig. Abbildung 27 ist insofern als *exemplarische* Anwendung des in dieser Arbeit dargestellten Bewertungsmodells zu verstehen.

Der Wert der dreistufigen Verbundoption in $t = 0$ beträgt 21,98; dieser Wert ist mit der Optionsprämie $I_0 = 20$ zu vergleichen. Der Erwerb der Beteiligung in $t = 0$ ist mithin vorteilhaft. Wird die Entscheidung über weitere Investitionen davon abhängig gemacht, ob der optionspreistheoretische Projektwert V_t größer ist als der notwendige Investitionsbedarf I_t, dann lohnen sich in $t = 1, 2$ weitere Investitionen nur, wenn sich der Wert des jungen Unternehmens zuvor positiv entwickelt hat, also der Wachstumsfaktor u realisiert wurde. In $t = 3$ lohnt sich die Investition, sofern vorher in $t = 0$ bis $t = 2$ eine positive Wertentwicklung zu verzeichnen war. Deutlich wird mithin, dass die Entscheidung über Investitionen stets in Abhängigkeit von der Entwicklung des Unternehmens zu treffen ist.

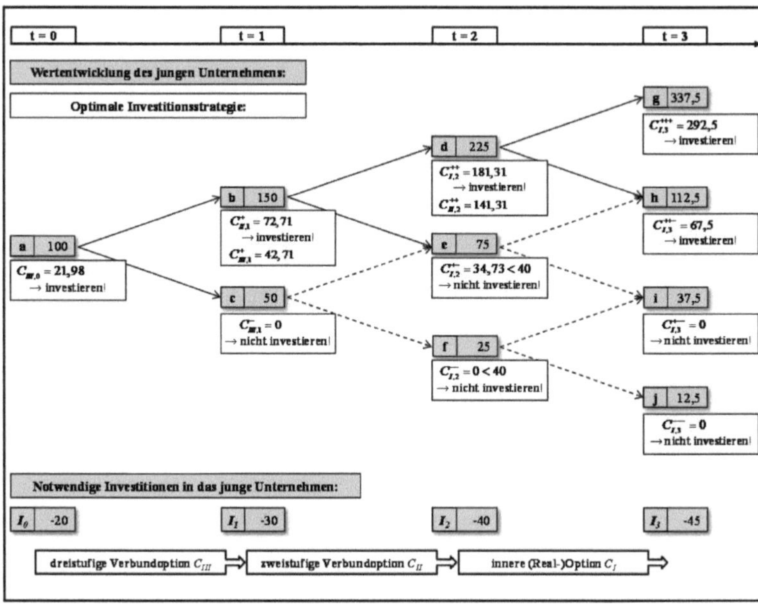

Abbildung 27: Optionspreistheoretische Bewertung im Zielmodell (Beispiel)

Die exemplarische Bewertung sequenzieller Investitionen erlaubt zudem eine *Sensitivitätsanalyse* verschiedener Optionspreisparameter. Von Interesse ist hier insbesondere der Einfluss des *Risikos* des Underlyings, das durch den Wertveränderungsfaktor d ausgedrückt wird. Je geringer d ist, desto höher ist der (maximale) Wertverlust des Underlyings.[650] Von Interesse für den Entscheider ist nun, wie sich ein Anstieg des Ver-

[650] Mithilfe der Wachstumsfaktoren u und d wird in Binomialmodellen die Wertveränderung des Underlyings modelliert; mit dem Parameter d werden dabei negative Wertveränderungen erfasst, da annahmegemäß $0 < d < 1$. Der maximal mögliche Wertverlust des Underlyings in einer Periode beträgt also $(1\text{-}d) \cdot V_t$. Je größer der Wertverlust des Underlyings ist, desto größer ist die Wahrscheinlichkeit, dass sich für den CVC-Geber weitere Investitionen nicht mehr lohnen.

lustpotenzials des Underlyings auf den Wert der Realoption auswirkt. Der *isolierte* Einfluss des Risikos lässt sich allerdings nur analysieren, wenn durch dessen Veränderung nicht bereits der Wert des Investitionsprojektes verändert wird.[651] Insofern bedarf es im binomialen Verbundoptionsmodell einer gemeinsamen Variation der Wachstumsfaktoren u und d, um den Einfluss des Risiko des Underlyings auf den Wert der Option erfassen zu können. Bei einer systematischen Variation der Faktoren zeigt sich ein positiver Einfluss auf den Wert der dreistufigen Verbundoption (siehe auch Abbildung A8 im Anhang). Das Risiko wirkt sich mithin in dem binomialen Verbundoptionsmodell in gleicher Weise wertsteigernd aus wie im Zwei-Zeitpunkt-zwei-Zustands-Modell von COX / ROSS / RUBINSTEIN (1979) und dem zeitkontinuierlichen Bewertungsmodell für Verbundoptionen von GESKE (1979).

Wie die konzeptionellen Arbeiten von HSU (2010) und SCHNABEL (2010) erwarten lassen, reagiert der Optionswert vergleichsweise insensitiv auf Veränderungen des risikolosen *Zinssatzes*.[652] Die Operationalisierung dieses Optionswertparameters ist insofern als unkritisch anzusehen. Der Ausübungspreis ist bereits im Zuge der Analyse des Verschuldungsgrades L der einstufigen Option und der zweistufigen Verbundoption variiert worden; deren Ergebnisse gelten hier analog: Mit zunehmendem Ausübungspreis I_2 – dies kann in dem hier dargelegten Modell als zeitliche Verschiebung von Zahlungen in die Zukunft aufgefasst werden – steigt c.p. der Verschuldungsgrad des Duplikationsportfolios; dies drückt das sinkende Commitment des CVC-Gebers und mithin seine größere Flexibilität bei der Entscheidung über weitere Investitionen in das junge Unternehmen aus. Eine darüber hinausgehende Variation der Parameter, wie der Dauer der Entwicklungsphasen oder der Anzahl der Investitionsrunden, ist nur unter plausiblen Annahmen darüber möglich, welchen Einfluss dies auf die Entwicklung des jungen Unternehmens hat. So können z.B. Investitionen nicht beliebig aufgeschoben werden und damit kann die Laufzeit der Option nicht verlängert werden, ohne dass dies die Entwicklung des jungen Unternehmens verzögert.[653] Weitere Sensitivitätsanalysen können insofern nur im (situations-)*spezifischen* Anwendungskontext geleistet werden.

Darüber hinaus ist von Interesse, wie sich der implizite *Verschuldungsgrad L* des Duplikationsportfolios entwickelt. Dieser wurde zuvor als Kennzahl sequenzieller Investiti-

---

[651] Siehe hierzu auch Willershausen / Mölls / Schild (2007). Aus diesem Grunde wird bei der Risikoanalyse das Risiko so variiert, dass der Erwartungswert unverändert ist („mean preserving spread/ contraction"); vgl. grundlegend Rothschild / Stiglitz (1970); Menezes / Geiss / Tressler (1980).

[652] Vgl. Abbildung A9 im Anhang.

[653] In der Regel erfordern Investitionsprojekte eine „minimale Investitionsrate", um das Projekt weiterführen zu können; vgl. Mölls / Schild (2006, 2012). Auch die Investitionen in junge Unternehmen können nicht beliebig hinausgezögert werden, da hier *laufende* Ausgaben anfallen, z.B. für Personal. Die Investitionen können auch aufgrund von *Transaktionskosten* nicht beliebig gestaffelt werden, z.B. wenn davon ausgegangen wird, dass jede Kapitalbereitstellung mit (fixen) Kosten verbunden ist.

onsprojekte eingeführt, die das Commitment der irreversiblen Ressourcenbereitstellung ausdrückt. Da sich das sukzessive Investieren nur in den Knoten *a*, *b*, *d*, *g* und *h* lohnt (siehe Abbildung 27), wird hier nur das Duplikationsportfolio der Verbundoption in den Knoten *a* ($t = 0$), *b* ($t = 1$) und *d* ($t = 2$) betrachtet.[654] Hierbei zeigt sich, dass der Verschuldungsgrad in $t = 0$, 1 maximal ist, also durch seine Obergrenze limitiert wird. Mit Vornahme der Investition I_2 jedoch sinkt der Verschuldungsgrad und spiegelt das steigende Commitment des CVC-Gebers wieder (siehe Tabelle 13). Mit der Ausübung der inneren Option, also der Akquisition eines jungen Unternehmens, wird das Commitment des CVC-Gebers dann in $t = 3$ maximal.[655] So kann der CVC-Geber sein Commitment langsam steigern, in Abhängigkeit des Erfolgs des jungen Unternehmens.[656]

	$a\,(t = 0)$	$b\,(t = 1)$	$d\,(t = 2)$
Verschuldungsgrad des Duplikationsportfolios *L*	48,54%	48,54%	19,42%

Tabelle 13: Entwicklung des Leverage bei sukzessiver Investition

Dieses Ergebnis ist zum Teil dadurch geprägt, dass die *Investitionen* im Zeitablauf *ansteigen*, weil so c.p. das Commitment geringer ist, als bei konstanten oder sinkenden Investitionen. Wird der zeitliche Schwerpunkt der Zahlungen vorverlegt, z.B. indem die Reihenfolge der Investitionen umgekehrt wird, so dass die größte Investitionen in $t = 0$ anfällt und diese im Zeitablauf *geringer* werden, dann sinkt der Leverage monoton mit der Vornahme jeder weiteren Investition (siehe hierzu Abbildung A10 und Tabelle A7 im Anhang).[657] Das Absinken des Leverage und das Ansteigen des Commitments zeigen sich in diesem Fall noch deutlicher.

Die exemplarische Anwendung des Bewertungsmodells auf eine dreistufige Verbundoption vermittelt zum einen ein realistischeres Bild der Bewertung sequenzieller CVC-Investitionen, bei denen in der Regel mehr Investitionen als im zweistufigen Grundmodell vorgenommen werden. Zum anderen erlaubt die Modellanwendung – neben Sensitivitätsanalysen – die Betrachtung der Veränderung des Verschuldungsgrades des Duplikationsportfolios; hierbei wird mit jeder weiteren betrachteten Periode ein zusätzlicher

[654] Bei Ausübung der Option in $t = 3$ kann kein Duplikationsportfolio mehr bestimmt werden.

[655] Vgl. in diesem Sinne Roberts (1980), S. 135-136; van de Vrande / Lemmens / Vanhaverbeke (2006), S. 355.

[656] Vgl. Ghemawat / del Sol (1998), S. 40; Hatfield / Tegarden / Echols (2001), S. 64; Burgelman / Välikangas (2005), S. 32.

[657] Allein die Reihenfolge der Investitionen wurde umgekehrt, während alle anderen Parameter unverändert geblieben sind. Allerdings lohnt sich bei dieser Variante die Vornahme der Initialinvestition in Höhe von dann $I_0 = 45$ nicht mehr; hierdurch wird zugleich der Mehrwert einer zeitlichen Verlagerung großer Ausgaben auf spätere Zeitpunkte deutlich; siehe hierzu auch Dahiya / Ray (2012), S. 1195-1197.

Vergleichswert gewonnen, anhand dessen sich die zuvor formal abgeleiteten Aussagen veranschaulichen lassen.

c. Erkenntnispotenzial der Modellanwendung

Das Potenzial des hier entworfenen binomialen Bewertungsmodells für Verbundoptionen erschließt sich einerseits – auf eher bewertungs*methodischer* Ebene – im Vergleich zu den bestehenden Optionspreismodellen. Andererseits ist dessen *Anwendungs*potenzial in Relation zu den (etablierten) Bewertungsmodellen für junge Unternehmen zu sehen.[658] Methodisch ist der hier vorgeschlagene Bewertungsansatz in die Modellwelt der Optionspreismodelle einzuordnen, wobei ein merklich weiteres Spektrum an Bewertungsmodellen für Finanzoptionen besteht als für Realoptionen. Der hier skizzierte Ansatz zur Bewertung von Verbundoptionen weist sowohl Parallelen zu bestehenden zeitdiskreten als auch zeitkontinuierlichen Optionspreismodellen auf, die als Referenzpunkt für die hier vorgenommene *Modellgenese* und die Einordnung zentraler Modellergebnisse herangezogen werden können.[659] Damit fügt sich der hier gewählte heuristische Modellierungsansatz wie folgt in die Modellwelt der Optionspreismodelle ein (siehe im Folgenden Abbildung 28).

Ausgehend von dem zeitkontinuierlichen Modell von BLACK / SCHOLES (1973) zur Bewertung von Kauf- und Verkaufsoptionen, aus dem die anderen hier vorgestellten Optionspreismodelle abgeleitet sind, verallgemeinert zunächst MARGRABE (1978) dieses Modell durch die Betrachtung von *Austauschoptionen*. Definiert als das Recht, einen risikoreichen Vermögensgegenstand gegen einen anderen einzutauschen, lässt sich eine solche Austauschoption in eine Kaufoption überführen, wenn der Wert des einzutauschenden Gegenstandes (Ausübungspreis) fixiert wird (z.B. als konstanter Geldwert).[660] CARR (1988) wiederum erweitert das Modell MARGRABES (1978) auf eine Folge *sequenzieller* Tauschoptionen (Verbundoptionen).[661] Insofern weist der gewählte Modell-

---

[658] Ein Überblick über die Bewertungsverfahren für junge Unternehmen – hier sind neben dem Realoptionsansatz insbesondere DCF-Verfahren und die Bewertung mit Multiples zu nennen – bieten Kiener (2001); Rudolf / Witt (2002) und Achleitner / Nathusius (2004).

[659] Als Referenzmodelle für die binomiale Modellierung dienen die Arbeiten von Cox / Ross / Rubinstein (1979) und Rendleman / Bartter (1979); für die Modellgenese und die Interpretation der Ergebnisse wird in dieser Arbeiten auch auf die Modelle von Black / Scholes (1973) sowie dessen Erweiterung durch Margrabe (1978), Geske (1979) und Carr (1988) rekurriert.

[660] Analog kann eine Austauschoption in eine Verkaufsoption überführt werden, wenn der Wert des zu erhaltenden Vermögensgegenstandes (als Geldwert) fixiert wird.

[661] Margrabes Modell stellt den einstufigen Fall einer sequenziellen Austauschoption dar. Insofern lassen sich die Modelle von Black / Scholes (1973), Margrabe (1978), Geske (1979) und Carr (1988) – unter Veränderung der Prämissen – ineinander überführen.

ansatz der vorliegenden Arbeit in Bezug auf das Bewertungsproblem eine gewisse Verwandtschaft zu dem Modell von CARR (1988) auf.

Das Modell von GESKE (1979) stellt eine Erweiterung des Modells von BLACK / SCHOLES (1973) dar, als das Eigenkapital einer verschuldeten Unternehmung als (Kauf-)Option auf den Unternehmenswert aufgefasst wird mit dem Nennwert des Fremdkapitals als Ausübungspreis. Eine (Aktien-)Option auf das Eigenkapital der Unternehmung stellt in diesem Modell entsprechend eine *simultane* Verbundoption dar.[662] Wird das Modell von BLACK / SCHOLES (1973) um eine Betrachtung (sequenzieller) Verbundoptionen erweitert oder das Modell von CARR (1988) auf die Betrachtung verbundener Kaufoptionen reduziert, dann ergeben sich *zeitkontinuierliche* Vergleichsmodelle zu dem hier gewählten binomialen Modellierungsansatz.[663]

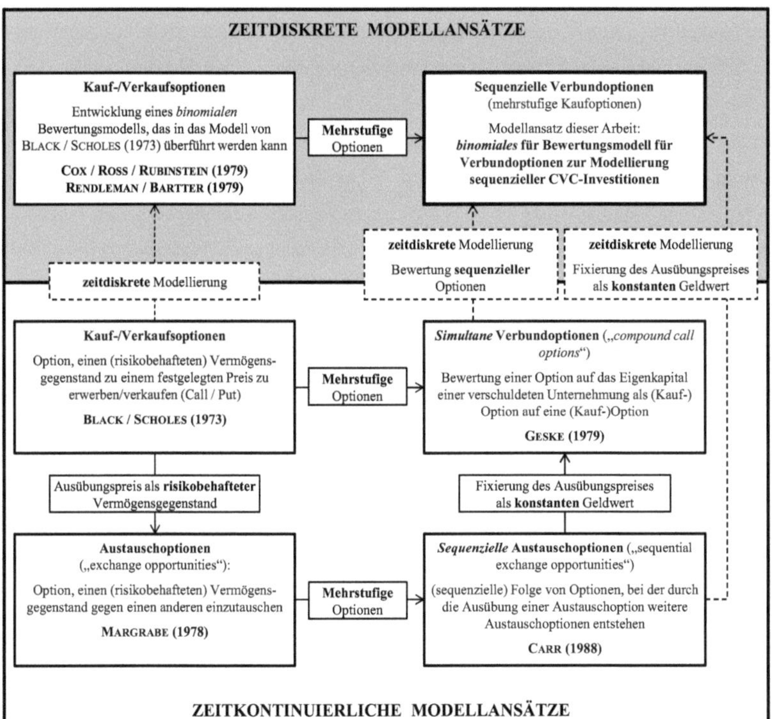

Abbildung 28: Einordnung der eigenen Modellierung in die bestehende Modellwelt

[662] Das Modell von Carr (1988) kann in einem Grenzfall wiederum in das Modell von Geske (1979) überführt werden.

[663] Auf Grundlage dieser Modelle wurde eine Vielzahl von Anwendungen zur Bewertung junger Unternehmen entwickelt, auf die teilweise bereits in dieser Arbeit verwiesen wurde; vgl. z.B. Keeley / Punjabi / Turki (1996) oder Schwartz / Moon (2000, 2001).

Die zuvor genannten Bewertungsmodelle zielen auf die Bewertung von Finanzoptionen ab. Bei der Anwendung des binomialen Bewertungsmodells für Verbundoptionen auf sequenzielle *Real*investitionen sind jedoch die (in Abschnitt II.2. angeführten) Abweichungen von dem Postulat vollkommener und vollständiger Märkte zu beachten.[664] Hierbei ist die *Exklusivität* der Realoptionen, die sich aus dem Beteiligungserwerb an jungen Unternehmen ergibt, zu prüfen. Diese Frage lässt sich (nur) *empirisch* beantworten. Verschiedene Studien haben gezeigt, dass Wettbewerb unter den VC-Gebern um den Erwerb von Beteiligungen an aussichtsreichen Unternehmen besteht; mit zunehmendem Konkurrenzdruck investieren konventionelle VC-Geber *früher* und bewerten die jungen Unternehmen höher, investieren also zugleich auch *mehr* Kapital je Unternehmen.[665] Dies gilt nicht nur für die Initialinvestition zum Erwerb der Beteiligung, sondern auch für die weiteren Investitionsrunden.[666]

Die Veräußerung von Unternehmensanteilen an einen CVC-Geber stellt aus Sicht junger Unternehmen eine Alternative zur Finanzierung durch einen konventionellen VC-Geber dar.[667] Es ist insofern zu vermuten, dass der Wettbewerb zwischen VC-Gebern, der sie zu Zugeständnissen bei den Finanzierungskonditionen für junge Unternehmen bewegt, auch für CVC-Geber relevant wird:[668] Der Beteiligungserwerb durch den CVC-Geber ist nur möglich, wenn er im Vergleich zu anderen Kapitalgebern sein Angebot anpasst. Zudem kann nicht ausgeschlossen werden, dass auch Wettbewerb unter den CVC-Gebern um aussichtsreiche junge Unternehmen besteht. Hier zeigt sich bei CVC-finanzierten jungen Unternehmen, dass diese eher akquiriert werden, wenn weitere strategisch motivierte CVC-Geber an demselben jungen Unternehmen beteiligt sind; die Akquisitionsoptionen werden in diesem Fall also früher ausgeübt.[669] Mithin ist zu vermuten, dass die Realoptionen, die sich aus sequenziellen Beteiligungsinvestitionen ergeben, zu einem hohen Grad, jedoch nicht vollständig exklusiv sind. Diese Wettbewerbsüberlegungen können in dem hier aufgezeigten Modell über eine Variation der Investitionen I_t oder der Laufzeiten der Realoptionen τ_i abgebildet werden. Die einge-

[664] Auf die Nicht-Additivität der einzelnen Optionsrechte wird hier nicht eingegangen; hieraus ist die Bewertung der Investitionssequenz als Verbundoption abgeleitet.

[665] Vgl. Gompers / Lerner (2000b); Li (2008); Gu / Lu (2011); Li / Mahoney (2011). Allgemein hierzu Hurry (1993), S. 75-76; McGrath / Nerkar (2004), S. 5-6

[666] Vgl. Li (2008).

[667] Vgl. De Clercq et al. (2006); Katila / Rosenberger / Eisenhardt (2008); Fulghieri / Sevilir (2009a); Guo / Lou / Perez-Castrillo (2011); Kang (2012), Kapitel IV.

[668] Die Gründer junger Unternehmen wägen bei der Auswahl einer Finanzierungsquelle neben der erwarteten Betreuung durch den Financier insbesondere Finanzierungskonditionen ab; eine Reihe empirischer Studien lässt darauf schließen, dass die Gründer (aussichtsreicher) junger Unternehmen eine bewusste *Auswahl*entscheidung treffen, bei der Kriterien wie die Betreuung und Managementunterstützung oder die Finanzierungskonditionen maßgeblich sind; vgl. z.B. Hsu (2004); Katila / Rosenberger / Eisenhardt (2008); Bengtsson / Wang (2010); Bengtsson / Hsu (2012); Kang (2012, Kapitel IV); Reimer / Momsen / Quauke (2012).

[669] Vgl. Dimitrova (2013).

schränkte Exklusivität lässt sich bei der Bewertung also insbesondere über *Sensitivitätsanalysen* berücksichtigen.

Die Einbeziehung von *Transaktionskosten* beeinflusst bei dem hier gewählten Vorgehen die Bewertung der Verbundoption nicht: Bei dem Duplikationsportfolio handelt es sich um ein gedachtes Portfolio, um den Wert der Verbundoption ermitteln zu können; eine Investitionsalternative aber stellt es für den CVC-Geber nicht dar. Jedoch wirken sich Transaktionskosten auf die tatsächlichen Investitionsentscheidungen aus. So kann die Kapitalbereitstellung nicht in beliebig kleine Beträge gestaffelt werden, da in der Regel bei jeder Transaktion (fixe) Kosten anfallen können.[670] Die Anzahl der Investitionsrunden wird im Zielmodell als *exogener* Parameter berücksichtigt, sodass modellbasiert keine Aussagen über den Einfluss von Transaktionskosten getroffen werden können. Die konzeptionellen und empirischen Determinanten der Anzahl an Investitionsrunden können dennoch implizit bei der Modellgenese berücksichtigt werden.

Die fehlende Handelbarkeit der Beteiligung an einem jungen Unternehmen ist für die Bildung des Duplikationsportfolios von untergeordneter Bedeutung;[671] bei der Bewertung einer Verbundoption kann – wie bei der exemplarischen Anwendung veranschaulicht wurde – zur Bildung des (fiktiven) Duplikationsportfolios auf das Underlying selbst zurückgegriffen werden. Relevant wird die eingeschränkte Handelbarkeit lediglich in zwei denkbaren Fällen: Zum einen ist dies möglich, wenn der CVC-Geber nach einer realen Investitions*alternative* zum Erwerb der Beteiligung sucht; dies ist möglicherweise der Fall, wenn ein Wettbewerber eine solche strategische Beteiligung erworben hat und dem CVC-Geber der Zugang zu dieser spezifischen Investitionsgelegenheit verschlossen ist. Dann kann der CVC-Geber lediglich in ein Unternehmen mit einem verwandten Geschäftsmodell investieren. Da dieses jedoch in der Regel mit dem Geschäftsmodell des eigentlichen Zielunternehmens keine identische, sondern nur *ähnliche* Wertentwicklung aufweist, ist der ermittelte Wert dieser Realoption als Grenzwert im Sinne einer *Wertobergrenze* zu verstehen.[672] Zum anderen stellt die Investition in das Duplikationsportfolio eine Investitionsalternative dar, wenn der CVC-Geber seine Risiken aus der Beteiligung in das junge Unternehmen *absichern* möchte; dies erscheint jedoch im Lichte der bisherigen Analyse eher als theoretischer Grenzfall:[673] Mit CVC-

---

[670] Kosten fallen beispielsweise für die Vorbereitung der Investitionsentscheidung an; die so entstehenden Kosten stehen dem Flexibilitätsvorteil einer Staffelung der Investitionen gegenüber und begrenzt die Anzahl der Investitionsrunden; vgl. Brachtendorf / Witt (2004); Witt / Brachtendorf (2006). Ähnlich auch Kanniainen / Keuschnigg (2003, 2004).

[671] Vgl. hierzu die Ausführungen in Abschnitt II.2.d.

[672] Siehe hierzu Abschnitt II.2.a.iii.

[673] Mithilfe von Realoptionen lassen sich strategische Risiken absichern, wie z.B. das ökonomische Wechselkursrisiko; siehe hierzu Kogut / Kulatilaka (1994a); Aabo / Simkins (2005).

Investitionen in junge Unternehmen möchten etablierte Unternehmen Zugang zu neuen Märkten und Innovationen eröffnen, also ein „Exposure" aufbauen.[674] CVC-Investitionen stellen insofern auch ein Instrument dar, um die Risiken des Innovationsprozesses mit anderen Beteiligten zu *teilen*.[675]

Der *praktische* Anwendungsnutzen des hier entwickelten Realoptionsmodells zur Bewertung von CVC-Investitionen zeigt sich im Vergleich mit in der Praxis verwendeten Bewertungsverfahren für junge Unternehmen. Als alternative Bewertungsmethoden kommen insbesondere *DCF-Verfahren* sowie *Multiples* in Betracht.[676] Hierbei zeigt sich erstens, dass eine Bewertung mit Realoptionen mit ähnlichen Schwierigkeiten konfrontiert ist wie die „klassischen" Bewertungsmodelle, denn auch ein realoptionspreistheoretischer Ansatz bedarf der *Prognose* der künftigen Entwicklung des jungen Unternehmens. Die Strukturierung der Investitionssequenz als Verbundoption erfordert in einem ersten Schritt die Bewertung der inneren Option, die am weitesten in der Zukunft liegt.[677] Die Unsicherheit bei der Prognose der Entwicklung des Unternehmenswertes überträgt sich mithin von der Bewertung der inneren Option auf den zu bestimmenden Verbundoptionswert als Entscheidungswert für die Investition. Dies schränkt die Validität des errechneten Wertes ein. Diese Einschränkung gilt aber gleichermaßen für *alle* Bewertungsverfahren, die prognostizierte Unternehmensdaten als Basis für die Wertermittlung heranziehen,[678] und ist nicht speziell Schwachpunkt einer realoptionsbasierten Bewertung.[679]

Damit zeigt sich zweitens, dass der eigentliche Beitrag einer Bewertung sequenzieller Investitionen als Verbundoption nicht in der Bestimmung eines exakteren Unternehmenswertes im Vergleich zu anderen Bewertungsverfahren zu sehen ist.[680] Der Nutzen liegt vielmehr in der andersartigen *Strukturierung* des Investitionsproblems in eine Se-

---

674 Denkbar ist auch, dass mit der Beteiligung eine Absicherung bereits bestehender Innovationsrisiken angestrebt wird.

675 Vgl. Basu / Kotha / Phelps (2011), S. 155; van de Vrande / Vanhaverbeke / Duysters (2011b), S. 977.

676 In den empirischen Erhebungen von Manigart et al. (2000), Peemöller / Geiger / Barchet (2001) und Dittmann / Maug / Kemper (2004) zeigt sich, dass die Bewertung mithilfe von Multiples sowie DCF-Verfahren die in der Praxis mit Abstand am häufigsten verwendeten Bewertungsverfahren für junge Unternehmen sind.

677 So auch z.B. bei Kellog / Charnes (2000); Brous (2011).

678 Vgl. Bretzke (1975a), S. 87. Überblickartig zu zukunftserfolgswertorientierten Unternehmensbewertungsverfahren siehe auch Coenenberg / Schultze (2002), S. 603-610. Einschränkend ist aber anzumerken, dass das Ausmaß dieser Prognoseunsicherheit und die Auswirkungen auf den Optionspreis bei der Bewertung komplexer Optionen, zu denen auch Verbundoptionen zu zählen sind, deutlich schlechter abgeschätzt werden können; vgl. Hull / Suo (2002), S. 298; implizit auch Green / Figlewski (1999), S. 1466-1468.

679 Aufgrund des Datengewinnungsproblems ist die sukzessive Planung eine in der Praxis weit verbreitete, wenn auch konzeptionell unbefriedigende Alternative zur flexiblen Planung.

680 Ähnlich auch Fichman / Keil / Tiwana (2005), S. 74.

quenz von Realoptionen,[681] bei der die Ausübung einer jeden Realoption einer vorherigen Bewertung bedarf. Deutlich wird hierbei, dass ein großer Teil des Gesamtwertes des (optionspreistheoretischen) Projektwertes in der Flexibilität besteht, über weitere Investitionen in Abhängigkeit der Entwicklung des jungen Unternehmens entscheiden zu können. Die Vornahme von weiteren Investitionen durch den CVC-Geber hängt von dem Erreichen von Meilensteinen im Innovationsprozess ab; so besteht – bei begrenztem Verlustpotenzial – die *Chance*, an der Wertsteigerung des jungen Unternehmens zu *partizipieren.* Der hier vorgeschlagene Ansatz zur Modellierung von CVC-Investitionen macht mithin den *Optionscharakter* der sequenziellen Beteiligungsinvestitionen deutlich. Wird die Investitionssequenz in ein junges Unternehmen als *Verbund*option modelliert, dann wird der sukzessive Charakter der Geschäftsmodellentwicklung erkennbar. Dazu gehört insbesondere auch die Möglichkeit eines *Scheiterns* und einer dann frühestmöglichen Reallokation frei werdender Ressourcen.[682]

Eine Bewertung mit Multiples bildet dahingegen den Wert der Möglichkeit zum Abbruch der Investitionssequenz nicht ab und das DCF-Verfahren nur dann, wenn es im Rahmen der *flexiblen Planung* – z.B. bei einer Integration in das Entscheidungsbaumverfahren – angewendet wird.[683] Dann bestehen jedoch die in Kapitel II angesprochenen Grenzen dieses Verfahrens gegenüber dem Realoptionsansatz.[684] Bei konsistenter Anwendung der Prämissen kommen das Entscheidungsbaumverfahren und die Realoptionsbewertung zu demselben Ergebnis.[685] Der Gehalt des hier gewählten Realoptionsansatzes besteht darin, die Handlungsoptionen des CVC-Gebers zu *identifizieren*, zu *strukturieren* sowie (heuristisch) zu *bewerten* und so zu *repräsentieren*, dass das CVC-Management diese ausschöpfen kann.[686] In der Unternehmenspraxis zeigt sich, dass Manager Realoptionen bereits effektiver ausüben, wenn sie diese als solche *erkennen* und sich ihrer Entscheidungsflexibilität *bewusst* sind.[687]

---

681 Ähnlich auch Larrick (2004) allgemein über den Nutzen von Entscheidungsmodellen (S. 329).

682 Vgl. McGrath (1997), S. 976-977; Dahiya / Ray (2012), S. 1198-1199.

683 Auf das Verhältnis des Realoptionsansatzes zur flexiblen Planung sei auf die Ausführungen des Kapitels II.1.b. verwiesen.

684 Für einen weiterführenden Vergleich des Realoptionsansatzes und des Entscheidungsbaumverfahrens siehe z.B. Trigeorgis (1996), Kapitel 2; Copeland / Antikarov (2001), Kapitel 4. Die Wahl eines binomialen *Optionspreis*modells wurde bereits Kapitel II. begründet.

685 Vgl. die Smith / Nau (1995); Breuer / Gürtler / Schuhmacher (1999); Fischer / Hahnenstein / Heitzer (1999) und die Ausführungen in Abschnitt II.1.b.

686 Ähnlich auch Kumar (1999).

687 Vgl. analog Driouchi / Bennett (2011); Klingebiel (2012). Die Autoren untersuchen am Beispiel multinationaler Unternehmen, ob Manager Flexibilitätsoptionen ausüben, die sich aus der Vielzahl von Produktionsstandorten ergeben. Zu ähnlichen Ergebnissen kommt Denison (2009) in einer experimentellen Studie, die explizit die Verwendung des Realoptionsansatzes fokussiert. Siehe hierzu auch Barnett (2005, 2008).

Ein (weiterer) Vorzug des Realoptionsansatzes gegenüber anderen Verfahren ist darin zu sehen, dass er empirisch einen hohen *Erklärungsgehalt* für die Durchführung von (CVC-)Investitionen unter Unsicherheit aufweist.[688] Eine optionspreistheoretische Analyse von CVC-Investitionen lässt sich insofern auch anhand empirischer Erkenntnisse motivieren. Ziel des in dieser Arbeit entworfenen Bewertungsansatzes ist aber im Gegensatz zu der positiv-empirischen[689] Forschung auch die Ableitung entscheidungsnützlicher *normativer* Regeln für die Bewertung und Durchführung von (sequenziellen) Investitionsprojekten.[690] Das Verbundoptionsmodell ist – im Rahmen der gesetzten Prämissen – in der Lage, einen Wert für eine Reihe sequenzieller Investitionen zu ermitteln. Damit ist das Bewertungsmodell nicht als richtig oder falsch einzustufen. Sein Gehalt ist vielmehr danach zu beurteilen, inwiefern das *Modell* erlaubt, das Investitionsproblem zu strukturieren und eine entscheidungsnützliche Grundlage zur Bewältigung des Problems bereitzustellen.[691]

Bislang wird der Realoptionsansatz noch in vergleichsweise geringem Umfang zur Projektbewertung in der Unternehmenspraxis eingesetzt.[692] Als Hauptgrund hierfür führen befragte Manager die hohe Komplexität bestehender Bewertungsmodelle und die fehlende Anschaulichkeit an, mitunter werden auch begrenzte Kenntnisse über die Optionspreistheorie genannt.[693] Mit der Ableitung der *direkten Duplikation* wird jedoch einerseits der *Rechenaufwand* zur Ermittlung des (Verbund-)Optionswertes der sequenzi-

---

688 Siehe hierzu Baecker / Hommel (2004); Li et al. (2007); Reuer / Tong (2007); Driouchi / Bennett (2012), die jeweils einen umfassenden Überblick über die empirische Realoptionsforschung geben. Die *positive* empirische Forschung zum Realoptionsansatz hat bislang nicht explizit die Bewertung *sequenzieller* CVC-Investitionen untersucht. Allerdings lassen sich mithilfe des Realoptionsansatzes eine Reihe empirischer Beobachtungen deuten: So lässt sich beispielsweise anhand des Realoptionsansatzes die Wahl zwischen CVC und anderen Formen der Erschließung externer Innovationen (Akquisitionen, Joint Ventures, strategische Allianzen) erklären; vgl. van de Vrande / Vanhaverbeke / Duysters (2009); Tong / Li (2011); van de Vrande / Vanhaverbeke (2013). Ferner liefert der Realoptionsansatz einen Modellansatz zur Begründung der branchenspezifischen Verbreitung von CVC-Programmen; vgl. Sahaym / Steensma / Barden (2010); Basu / Phelps / Kotha (2011). Für einzelne CVC-Investitionen ist der Realoptionsansatz als Deutungsmuster darüber hinaus zur Erklärung der Entscheidungen über die Initialinvestition, die Staffelung der weiteren Beteiligungsinvestitionen und den möglichen Projektabbruch geeignet; vgl. analog für VC-Investitionen Witt / Brachtendorf (2006); Guler (2007b); Li (2008); Li / Mahoney (2011); Dahiya / Ray (2012); Li / Chi (2013). Zudem zeigt sich ganz allgemein, dass der Wert von Unternehmen unterschiedlicher Größe mithilfe des Realoptionsansatzes besser erklärt werden kann als mithilfe einer DCF-Bewertung; Ottoo (2000); Schwartz / Moon (2000, 2001); De Andres-Alonso / Azofra-Palenzuela / De La Fuente-Herrero (2005); Oriani (2007); Alessandri / Lander / Bettis (2007); Grullon / Lyandres / Zhdanov (2012).

689 Zum Begriff der positiven Theorie/Forschung siehe insbesondere Popper (1984), S. 211-214.

690 Siehe hierzu auch Miller / Arikan (2004), S. 473; Folta (2005), S. 93-94.

691 Vgl. Schirmeister (1990), S. 5; Shapira (2011), S. 1314.

692 Vgl. anstatt einer Vielzahl Graham / Harvey (2001); Peemöller / Beckmann / Kronmüller (2002).

693 Dies zeigt sich in den Befragungen von Peemöller / Beckmann / Kronmüller (2002); Vollrath (2003); Hartmann / Hassan (2006); Block (2007); Herrlinger (2007); Baker / Dutta / Saadi (2011). Zu diesem Ergebnis kommen auch die Analysen von Lander / Pinches (1998); Triantis (2005); McDonald (2006). Daher wird vermehrt die Entwicklung anschaulicher Modelle gefordert, die intuitiv nachvollziehbar sind; vgl. z.B. Lander / Pinches (1998); Triantis (2005); Ghosh / Troutt (2012).

ellen Investitionen im Vergleich zur indirekten Bewertung durch sequenzielle Duplikation erheblich vermindert.[694] Andererseits macht diese Vereinfachung das Bewertungsverfahren für Verbundoptionen zugleich *anschaulicher*:[695] Im Vergleich zur Bewertung mittels sequenzieller Duplikation wird deutlich, dass die Wertentwicklung der Verbundoption primär von der Wertentwicklung des originären Underlyings abhängt. Ersichtlich wird für den Bewertenden außerdem, dass auch für z-stufige Verbundoptionen ein Duplikationsportfolio aus dem originären Underlying und einer Kreditaufnahme zum risikolosen Zins gebildet werden kann.

Bislang verwenden insbesondere Unternehmen dynamischer und FuE-intensiver Branchen wie z.B. der Pharmaindustrie den Realoptionsansatz zur Bewertung von Innovationsprojekten.[696] Das lässt in diesen Branchen auf eine generelle Offenheit gegenüber Bewertungsverfahren schließen, die den komplexen Investitionsprozess strategischer Innovationsprojekte strukturieren.[697] Damit scheint eine Implementierung einer Verbundoptionsbewertung und damit auch des hier vorgestellten Modells in diesen FuE-intensiven Branchen am ehesten möglich, da hier das Potenzial des Realoptionsansatzes bereits in anderen Anwendungen erkannt wurde.

Ein Potenzial zur „Rationalisierung von Entscheidungsprozessen“[698] lässt sich der optionspreistheoretischen Modellierung sequenzieller CVC-Investitionen allerdings nur dann zusprechen, wenn die bislang getroffenen Entscheidungen als nicht optimal einzuschätzen sind.[699] Die Notwendigkeit der expliziten Bewertung der Handlungsoptionen des CVC-Gebers, die sich aus der Staffelung der Beteiligungsinvestitionen ergeben,

---

694 Dies zeigt sich besonders deutlich, wenn zur Bewertung auf Tabellenkalkulationsprogramme wie z.B. Microsoft Excel zurückgegriffen wird. Zudem wird der Bewertungsaufwand gegenüber *zeitkontinuierlichen* Modellen für Verbundoptionen reduziert; dieser zeigt sich z.B. bei der Modellanwendung bei Cassimon et al. (2004): Die Autoren erweitern das Modell von Geske (1979) zur Bewertung einer 6-stufigen Verbundoption, was eine Programmierung des Bewertungsproblems in einer numerischen Analysesoftware wie Mathematica© erfordert; siehe hierzu auch Ghosh / Troutt (2012), S. 543-544. Grundlegend zur Erweiterung des Modells von Geske (1979) siehe auch Thomassen / Van Wouwe (2001).

695 Bei der Beurteilung der Komplexität des binomialen Bewertungsmodells für Verbundoptionen darf die Komplexität der Herleitung des Modells nicht mit der Komplexität der Anwendung gleichgesetzt werden; siehe auch Astebro / Elhedhli (2006), S. 406.

696 Vgl. z.B. die (deskriptive) Erhebung von Hartmann / Hassan (2006) oder auch Nichols (1994). Exemplarische Fallstudien der *praktischen* Anwendung des Realoptionsansatzes zur Projektbewertung in Unternehmen finden sich bei Lint / Pennings / Natter (1999); Miller / O'Leary (2005); Woolley / Cannizzo (2005); Amram / Li / Perkins (2006); Mathews / Datar / Johnson (2007); Saenez-Diez / Gimeno (2008).

697 Siehe hierzu auch Verbeeten (2006), der nachweist, dass mit steigender Unsicherheit – gemessen wird die Unsicherheit der Unternehmensumwelt sowie branchen- und unternehmensspezifische Unsicherheitsfaktoren – die Verbreitung „anspruchsvoller Bewertungsverfahren“ („sophisticated capital budgeting practices“) zunimmt; hierunter fasst der Autor auch den Realoptionsansatz.

698 Bretzke (1984), S. 66.

699 Siehe hierzu grundlegend Bretzke (1984), S. 66-67.

lässt sich anhand zweier empirischer Beobachtungen begründen.[700] Einerseits zeigt sich in experimentellen Studien, dass Manager den Wert von Realoptionen aufgrund *kognitiver* Beschränkungen intuitiv (signifikant) falsch einschätzen (Bias).[701] Diese systematischen Fehler bei der Bewertung äußern sich in der Über- als auch in der Unterbewertung von Realoptionen.

Andererseits weist GULER (2007) in einer archival-empirischen Studie nach, dass neben kognitiven Verzerrungen auch soziale und organisationale Faktoren das Investitionsverhalten konventioneller VC-Geber beeinflussen:[702] VC-Manager brechen die Investitionssequenzen in wenig aussichtsreiche junge Unternehmen später ab, als es optimal wäre.[703] Entscheidend für die Realisierung der Vorteile sequenzieller Investitionen – eine Verminderung der Verluste aus erfolglosen Projekten (und damit des Downside-Risikos) – ist jedoch der tatsächliche Abbruch erfolgloser Investitionsprojekte.[704] Das suboptimale Investitionsverhalten der VC-Geber wird – neben kognitiven Verzerrungen der VC-Manager – insofern also auch durch *organisationale* Einflüsse determiniert wie beispielsweise den Druck von Co-Investoren.[705]

Bisher bestehen also Probleme in Unternehmen, den Wert strategischer Realoptionen durch *effektive* Nutzung der sich hieraus ergebenden Flexibilität auszuschöpfen.[706] Eine explizite Bewertung der Realoptionen aus den sequenziellen CVC-Investitionen erscheint mithin notwendig, weil intuitive Einschätzungen dieser Flexibilität in der Regel unzureichend sind und das tatsächliche Entscheidungsverhalten von (C)VC-Gebern von normativen Entscheidungsmodellen abweicht. Aus dieser Diskrepanz leitet sich der

---

[700] Die im Folgenden genannten empirischen Studien beziehen sich nicht explizit auf CVC-Investitionen, jedoch ist davon auszugehen, dass die so gewonnen Erkenntnisse *analog* auch für CVC-Manager gelten.

[701] Vgl. Howell / Jägle (1997); Miller / Shapira (2004); Ford / Lander (2011). Shavit / Sonsino / Benzion (2002) weisen dies explizit für Verbundoptionen nach.

[702] Zu ähnlichen Ergebnissen kommen auch Zacharakis / Shepherd (2001); Birmingham / Busenitz / Arthurs (2003); Guler (2007); Steinkühler (2010); Smith / Pedace / Sathe (2011). Hierbei ist zu beachten, dass die Ergebnisse nicht ohne Einschränkungen auf CVC übertragen werden können. Allerdings werden VC-Manager in deutlich stärkerem Maße erfolgsabhängig vergütet als CVC-Manager; VC-Manager haben insofern stärkere Anreize, unvorteilhafte Projekte frühzeitig abzubrechen als CVC-Manager; vgl. insbesondere Dushnitsky / Shapira (2010), oder auch Block / Ornati (1987). Insofern ist davon auszugehen, dass die Ergebnisse von Guler (2007a) für CVC-Manager analog gelten.

[703] Dies implizieren auch die Ergebnisse von Smith / Pedace / Sathe (2011). Hierbei kommt es dann häufig zu einer „Eskalation des Commitments", siehe hierzu insbesondere Zardkoohi (2004) sowie überblickartig Sleesman et al. (2012).

[704] Vgl. Adner / Levinthal (2004a), S. 78-81; Guler (2007), S. 249; Smith / Pedace / Sathe (2011), S. 1058; Klingebiel / Adner (2012), S. 5. Kritisch auch Reuer / Leiblein (2000).

[705] Eine Übersicht der psychologischen, kognitiven und sozialen Faktoren, die das Investitionsverhalten des CVC-Gebers beeinflussen, findet sich bei Guler (2007), S. 257. Ein weiterer Erklärungsgrund für den verspäteten Abbruch der Investitionen kann in der *Informationsasymmetrie* zwischen dem Gründer und den Kapitalgebern gesehen werden; siehe hierzu auch Coff / Laverty (2007).

[706] Vgl. Klingebiel (2012).

Nutzen einer *expliziten* Modellierung von Realoptionen ab:[707] Die optionspreistheoretische Modellierung hat als *Entscheidungshilfe* das Potenzial, die Investitionsentscheidungen von CVC-Managern um diese kognitiven Einflüsse zu *korrigieren* und eine stärkere Kongruenz mit normativen Modellen zu erreichen.[708] Bei der praktischen Anwendung optionspreistheoretischer Bewertungsmodelle sind allerdings die bereits angesprochenen Verwerfungen zwischen den Modell*prämissen* und der realen Entscheidungssituation zu beachten.

Damit stellt sich die Frage, inwiefern das Entscheidungsverhalten von Managern in Organisationen tatsächlich beeinflusst werden kann, um eine effektive Ausübung der Realoptionen zu gewährleisten.[709] Auch diese Frage kann an dieser Stelle nicht abschließend beurteilt werden. Allerdings zeigt sich wiederum in einer experimentellen Studie von DENISON (2009), dass Manager bei expliziter Anwendung des Realoptionsansatzes unvorteilhafte Investitionsprojekte früher abbrechen als sie es bei Anwendung einer DCF-Bewertung tun würden.[710] Dies kann als Beleg dafür gedeutet werden, dass eine optionspreistheoretische Modellierung von Investitionsproblemen zu einem effektiveren Projektmanagement beitragen kann. Insgesamt entsteht insofern der Eindruck, dass Manager die optionsartige Entscheidungsflexibilität bereits effektiver ausnutzen, wenn die Manager Realoptionen als solche *erkennen*.[711]

Der Wert einer Beteiligung an einem jungen Unternehmen wird jedoch auch durch die anderen CVC-Investitionen beeinflusst, die der CVC-Geber vornimmt. Diese *Portfolio*einflüsse werden im folgenden Kapitel untersucht.

---

707 Vgl. exemplarisch Howell / Jägle (1997).

708 Vgl. Larrick (2004), S. 329-331; Miller / Shapira (2004), S. 281. Maßnahmen zur Korrektur dieser „Biases“ werden in der Literatur unter dem Stichwort *Debiasing* diskutiert; siehe hierzu Fischhoff (1982) oder Larrick (2004). Das Potenzial von Entscheidungsmodellen zeigt sich in den empirischen Studien von Zacharakis / Meyer (2000); Bhandari / Deaves / Hassanein (2008); Meyer / Grisar / Kuhnert (2011); Bhandari / Hassanein (2012); Meissner / Wulf (2013).

709 Siehe auch Kogut / Kulatilaka (2004), S. 106.

710 Zudem zeigt sich (in einer weiteren Studie), dass entsprechende Weiterbildung von Managern die Effektivität der Anwendung des Realoptionsansatzes in der Unternehmenspraxis verbessern kann; vgl. Denison / Farrell / Jackson (2011).

711 Vgl. auch Barnett (2005, 2008); Denison (2009); Driouchi / Bennett (2011). Siehe hierzu auch die Ausführungen von Fichman / Keil / Tiwana (2005), S. 78-87. In diesem Sinne schlägt auch eine Reihe von Autoren für die Implementierung in der Praxis ein „Options Thinking“ vor; Ziel hierbei ist es, den (Options-)Wert der Flexibilität strategischer Innovationsprojekte zu *erkennen*, ohne diesen explizite rechnerisch zu ermitteln. Vgl. z.B. für Investitionen in (Produkt-)Plattformen und Markterschließungsprojekte Kogut / Kulatilaka (1994b), für FuE-Projekte Faulkner (1996) oder für IT-Investitionen Fichman / Keil / Tiwana (2005).

IV. CVC-Programme als Portfolios aus Realoptionen

1. Bewertungsrelevante Interdependenzen innerhalb von CVC-Portfolios

CVC-Geber investieren in der Regel parallel in verschiedene junge Unternehmen, was sich als *Portfolio* aus Realoptionen deuten lässt. Bislang wurde in Kapitel III ein binomialer Modellierungsansatz entwickelt, mit dem sich sequenzielle CVC-Investitionen *einzeln* bewerten lassen. Der Modellansatz erlaubt eine Strukturierung des Bewertungsproblems als Verbundoption und damit eine grundsätzliche Einschätzung der Vorteilhaftigkeit im Vergleich mit der Nullalternative[712].

Für eine darüber hinausgehende Betrachtung der *relativen* Vorteilhaftigkeit einzelner CVC-Investitionen im Portfolioverbund ist eine Programmplanung notwendig, die mögliche Verbundeffekte zwischen den Projekten berücksichtigt.[713] Diese Interdependenzen sind sowohl bei der Zusammenstellung als auch der dynamischen Anpassung des Investitionsprogramms zu berücksichtigen, um ein optimales Portfolio aus jungen Unternehmen bilden zu können. In der aktuellen Literatur finden sich empirische Studien, die den Einfluss *einzelner* Faktoren auf den Wert des Portfolios untersuchen.[714] In diesen Studien zeigt sich unter anderem, dass die Zusammenstellung des CVC-Portfolios dessen Wert entscheidend beeinflusst und wichtiger ist als allein die Anzahl der Beteiligungen oder die Summe der Investitionen.[715]

Entscheidend bei der Erklärung des Portfolioerfolgs ist nicht nur die Beziehung zwischen CVC-Geber und *einem* Portfoliounternehmen, sondern auch die *zwischen* den jungen Unternehmen.[716] Diese Beziehung wurde bislang nicht systematisch untersucht.[717] Eine Vielzahl optionspreistheoretisch fundierter *empirischer* Studien weist verschiedene Portfolioeffekte zwischen unterschiedlichsten Investitionen unter Unsicher-

[712] Hierunter wird die Möglichkeit verstanden, *nicht* zu investieren.

[713] Vgl. Jacob (1964), S. 487-489; Friedl (2001), S. 21. Zum Begriff der Investitionsprogrammplanung siehe auch Schirmeister (2006), S. 2695-2699; bei der Programmplanung geht es um die Berücksichtigung finanz- und realwirtschaftlicher Interdependenzen zwischen Investitionsprojekten. Es handelt sich also um Entscheidungen über *abhängige* Investitionsprojekte; diese lassen sich nicht einfach bewerten, in dem die Zahlungen zu jedem Zeitpunkt saldiert werden; vgl. Kruschwitz (2011), S. 206.

[714] Vgl. Wadhwa / Kotha (2006); Yang (2006), Kapitel 4; Lin / Lee (2011); Toschi / Munari / Nightingale (2012). Andere empirische Studien betrachten CVC-Programme lediglich als „Black Box", so z.B. Gompers / Lerner (2000a); Dushnitsky / Lenox (2005b).

[715] Vgl. Wadhwa / Kotha (2006); Lin / Lee (2011); Frankort / Hagedoorn / Letterie (2012).

[716] Vgl. analog Wassmer / Dussauge (2011, 2012); Baldi (2013, Kapitel 3 und 4).

[717] Vgl. analog Lavie (2007), S. 1189-1192; Wassmer (2010), S. 156-157, 164-165.

heit nach.[718] Das Prinzip der Wertadditivität für Portfolios aus Realoptionen gilt bei Vorliegen (real-)wirtschaftlicher Interdependenzen nicht notwendigerweise. Dennoch unterstellt bislang die Mehrzahl der *konzeptionellen* Studien zur Analyse von Portfolios aus Realoptionen die Unabhängigkeit bzw. Abwesenheit von Interdependenzen zwischen den Investitionsprojekten und nimmt lediglich eine Bestimmung des (isolierten) Projektwertes vor.[719] Jene Arbeiten, die eine modelltheoretische Analyse der Verbundeffekte zum Ziel haben, bleiben insofern unbefriedigend, als sie nicht die systematische Ableitung der wertbestimmenden Faktoren für die Portfoliozusammensetzung erlauben.[720]

Bislang wurde die (optimale) Zusammenstellung eines Portfolios aus *Optionen* also weitgehend vernachlässigt.[721] Insofern fehlt es an einem Portfoliomodell, das es erlaubt, Aussagen über wertbestimmende Faktoren einer Portfoliobildung für Realoptionen im Allgemeinen abzuleiten; speziell für CVC-Portfolios mangelt es ebenfalls an einem solchen Konzept. Es besteht hier insofern weiterer *Forschungsbedarf*.[722] Um zur Schließung dieser Forschungslücke beizutragen, werden im Folgenden die Ergebnisse der optionspreistheoretischen Modellierung aus Kapitel III. einerseits und die Erkenntnisse der angeführten empirischen Studien andererseits in ein *Strukturmodell*[723] zusammengeführt mit dem Ziel, *systematisch* Aussagen über die Portfolioeffekte von CVC-Investitionen ableiten zu können.

[718] So z.B. die Studien von Moel / Tufano (2002); McGrath / Nerkar (2004); Vassolo / Anand / Folta (2004); Girotra / Terwiesch / Ulrich (2007); Belderbos / Zou (2009); Lin / Lee (2011); Fisch / Zschoche (2012); Belderbos / Tong / Wu (im Erscheinen); Li / Chi (2013).

[719] Vgl. Childs / Ott / Triantis (1998), S. 305; Vassolo / Ravara / Connor (2005), S. 85. Die Modelle von Childs / Ott / Triantis (1998) und Childs / Triantis (1999) bilden zwar Interdependenzen zwischen Realoptionen ab, beschränken sich aber auf den Fall sich gegenseitig ausschließender Projekte, d.h., von mehreren Projekten wird nur eines fertiggestellt.

[720] Als Beispiel können die Ausführungen von Luehrman (1998) herangezogen werden; der Autor beschränkt sich darauf, den Wert der Optionen in einer zweidimensionalen Matrix zu visualisieren, wobei an den Achsen Kennzahlen für den Zeitwert und den inneren Wert abgetragen werden. Als Portfolio interdependenter Realoptionen betrachtet der Autor jedoch das Optionsbündel, das sich aus einem sequenziellen Investitionsprojekt ergibt und bewertet sie als Verbundoption; es handelt sich damit nicht um ein Realoptionsportfolio im Sinne dieser Arbeit. Smit / Trigeorgis (2006a) erweitern die Portfolioanalyse von Luehrman (1998) um wettbewerbsstrategische Aspekte; weitere Interdependenzen zwischen einzelnen Projekten des Portfolios werden nicht betrachtet. MacMillan / McGrath (2002) nehmen ebenfalls eine Matrixanalyse vor, wobei das Ausmaß technischer Unsicherheit sowie Marktunsicherheit als Dimensionen gewählt werden; hieraus leiten sie normative Empfehlungen für eine Allokation des Investitionsbudgets ab; eine Berücksichtigung möglicher realwirtschaftlicher Interdependenzen unterbleibt aber. Childs / Triantis (1999) und Smith / Thompson (2008) beschränken sich auf die Betrachtung der Korrelation als Maß für die Interdependenzen.

[721] Vgl. Korn / Trautmann (1999), S. 124; Kavadias / Loch / Tapper (2001), S. 3; Anand / Oriani / Vassolo (2007), S. 276.

[722] Vgl. auch Folta (2005), S. 101.

[723] Ein Strukturmodell ist damit Teil eines Strukturgleichungsmodells, das der formalisierten Darstellung der (interdependenten) Beziehungen zwischen exogenen und endogenen Variablen dient. Dies erlaubt die systematische Analyse und Darstellung wertbestimmender Faktoren der CVC-Portfolios; siehe auch z.B. Weiber / Mühlhaus (2010), S. 31-34; Backhaus / Erichson / Weiber (2011), S. 65-93.

Vor diesem Hintergrund sollen CVC-Programme als Portfolios realer Verbundoptionen betrachtet werden. Solche *Portfolios aus Realoptionen* werden im Folgenden definiert als Kombination verschiedener (sequenzieller) Investitionsprojekte unter Unsicherheit; mithin bestehen Realoptionen zur Durchführung *unterschiedlicher* Projekte.[724] Realoptionsportfolios sind damit abzugrenzen von dem Bündel an Optionen, das sich aus *einem* einzelnen sequenziellen Investitionsprojekt ergibt. Die in diesem Kapitel eingenommene Portfolioperspektive zielt auf die Berücksichtigung realwirtschaftlicher Interdependenzen *zwischen* jungen Unternehmen ab, die dazu führen, dass sich der Portfoliowert nicht durch einfache Addition der Projektwerte bestimmen lässt.[725] Die Analyse fokussiert Investitionsprojekte, die *parallel* vorgenommen werden (können);[726] die sequenzielle Durchführung von CVC-Investitionsprojekten ist nicht Gegenstand dieser Untersuchung.

Die folgende Entwicklung des Strukturmodells knüpft an bestehenden Portfoliokonzepten unterschiedlicher Disziplinen an; hierbei ist jedoch zu beachten, dass Portfoliomodelle für Finanzinvestitionen aufgrund verschiedener Verwerfungen nur eingeschränkt auf CVC-Portfolios übertragbar sind (siehe auch Tabelle 14).[727] Der Vergleich der Portfoliotheorie[728] mit Erkenntnissen der empirischen (C)VC-Forschung erlaubt jedoch die Herausarbeitung der Anforderungen für die Entwicklung eines Portfoliomodells für CVC-Beteiligungen.

---

724 Ähnlich auch Smith / Thompson (2005), S. 7; Brosch (2008), S. 12.

725 Vgl. auch Brosch (2008), S. 2; analog auch Aggarwal / Hsu (2009), S. 838-840.

726 Ähnlich auch Vassolo / Ravara / Connor (2005) und Anand / Oriani / Vassolo (2007). Vassolo / Ravara / Connor (2005) bezeichnen die hier parallel ausübbaren Verbundoptionen als simultane Verbundoptionen; diese Bezeichnung ist aber in dieser Arbeit irreführend, da diese Unterscheidung zwischen sequenziellen und simultanen Realoptionen bereits auf Projektebene vorgenommen wurde.

727 In diesem Sinne betont bereits Jacob (1979, S. 34-36) die Probleme, die sich bei der Übertragung des Konzepts der Diversifikation auf *Realinvestitionen* ergeben: (i) Die Ermittlung der statistischen Abhängigkeiten im Sinne von Korrelationen zwischen Investitionsprojekten ist kaum möglich; (ii) anders als bei Finanzinvestitionen verhalten sich die Investitionen und die Investitionsgewinne nicht notwendigerweise proportional zueinander; vielmehr sind beispielsweise (Dis-)Economies of Scale zu berücksichtigen; (iii) zudem können zwischen Realinvestitionen direkte Interdependenzen bestehen, d.h., der Wert einer Investition hängt auch davon ab, welche Projekte parallel oder zukünftig durchgeführt wurden; Jacob (1964) bezeichnet diese als „zeitlich-horizontale" und „zeitlich-vertikale" Verflechtungen (S. 502-505).

728 Bei der Portfoliotheorie wird auf das Modell von Markowitz (1952) sowie das CAPM und das intertemporale CAPM abgestellt, vgl. bereits zuvor Fußnote 65. Das Modell von Markowitz (1952) sowie das CAPM basieren auf den gleichen Prämissen wie die Optionspreistheorie; vgl. grundlegend Galai / Masulis (1976), die eine Integration des Optionspreismodells von Black / Scholes (1973) in das CAPM vornehmen. Die im Folgenden abgeleiteten Ergebnisse beruhen also im Kern *nicht* auf unterschiedlichen Prämissen; vielmehr wird deutlich, dass die Beteiligungen an jungen Unternehmen aufgrund deren Wertentwickung und der sequenziellen Ressourcenbereitstellung eher einer Option als einer Aktie im Sinne der Portfoliotheorie entsprechen; siehe hierzu auch Kapitel III.

<table>
<tr><th rowspan="2"></th><th rowspan="2">Portfoliotheorie</th><th colspan="2">Empirische Erkenntnisse zu</th></tr>
<tr><th>VC-Portfolios</th><th>CVC-Portfolios</th></tr>
<tr><td rowspan="2">Portfoliostrategie:</td><td>- passiv: kein Einfluss auf Unternehmen</td><td colspan="2">- aktiv: Auswahl und Betreuung der Portfoliounternehmen</td></tr>
<tr><td>- Diversifikation zur Reduktion idiosynkratischer Risiken (Marktindex)</td><td>- Diversifikation und Spezialisierung vorteilhaft</td><td>- Spezialisierung: enger Portfoliofokus aufgrund strategischer Zielsetzungen
- Selektive Akquisition von Portfoliounternehmen</td></tr>
<tr><td>(Re-)Allokation von Ressourcen</td><td>- Einperiodenmodell: (Re-)Allokation von Kapital über sukzessive Modellanwendung
- unbedingte Finanzkontrakte, insbes. Aktien</td><td colspan="2">- dynamisch: Möglichkeit zum Abbruch sequenzieller Investitionen und Reallokation freiwerdender Ressourcen
- sequenzielle (bedingte) Investitionen: (Real-)Optionen</td></tr>
<tr><td rowspan="2">Berücksichtigung finanz- und realwirtschaftlicher Interdependenzen</td><td rowspan="2">- Korrelation (bzw. Kovarianz): Abbildung stochastischer Abhängigkeiten</td><td colspan="2">- Portfoliounternehmen konkurrieren um knappe Ressourcen
- (Management-)Synergien bei Auswahl und Betreuung von Portfoliounternehmen
- Synergien zwischen Portfoliounternehmen</td></tr>
<tr><td></td><td>- Synergien zwischen CVC-Geber und Portfoliounternehmen</td></tr>
<tr><td>Wertentwicklung</td><td>- im Allgemeinen (log-)normalverteilte Renditen</td><td colspan="2">- signifikanter Anteil an Totalausfällen
- i.d.R. wenige (hoch-)profitable Portfoliounternehmen</td></tr>
</table>

Tabelle 14: Vergleich von Aktien-, VC- und CVC-Portfolios

Finanzwirtschaftliche Portfoliomodelle wurden bislang insbesondere für unbedingte Finanzkontrakte – Kredite und Aktien – entwickelt.[729] Ein wesentlicher Unterschied zwischen den Modellen für Finanzinvestitionen – als Referenzmodelle werden im Folgenden das Portfoliomodell von MARKOWITZ (1952) und das *CAPM* herangezogen – und den hier weiter betrachteten CVC-Portfolios ist darin zu sehen, dass CVC-Geber eine *aktive* Investitionsstrategie verfolgen. Im CAPM wird unterstellt, dass das Fondsmanagement keinen Einfluss auf die (Portfolio-)Unternehmen hat und zur Diversifikation idiosynkratischer Risiken in den Marktindex und eine risikolose Kapitalanlage/-aufnahme investiert.[730] VC- und CVC-Geber können hingegen durch die Betreuung und

[729] Für Finanzoptionen wurde die Kombination verschiedener Optionen insbesondere im Rahmen des *Financial Engineering* untersucht; Ziel ist es, aus den streng wertadditiven Auszahlungsprofilen ein zielgerichtetes Auszahlungsprofil für das Portfolio zu bilden, das den Risikopräferenzen eines Investors entspricht. Hierbei handelt es sich um Strategien zur Weitergabe von Risiken, nicht jedoch um Strategien zur Risikominderung durch Diversifikation (oder Spezialisierung); sie werden aus diesem Grund auch als „Handelsstrategien" bezeichnet; vgl. z.B. Hull (2012), Kapitel 11.

[730] Die Fonds-Performance lässt sich dann auf die Selektions- und Timingfähigkeiten des Fondsmanagements zurückführen; vgl. überblickartig Sahu / Kleiman / Callaghan (1998). Bei CVC wird der Erfolg des CVC-Portfolios dahingegen mit der Fähigkeit des Managements erklärt, aussichtsreiche junge Unternehmen zu *selektieren* und deren Erfolgsaussichten durch aktive *Betreuung* zu steigern; vgl. exemplarisch Ivanov / Xie (2010b); Park / Steensma (2012). Das Timing der Investition können CVC-Geber hingegen nur in begrenztem Maße beeinflussen: Die Vornahme der (Initial-)Investitionen kann

Bereitstellung von Managementressourcen die Erfolgsaussichten ihrer Portfoliounternehmen steigern.[731] Konsequenz hieraus ist zugleich, dass neben reinen Diversifikationsstrategien auch Spezialisierungsstrategien vorteilhaft sein können, wenn der VC-Geber bei der Betreuung der jungen Unternehmen *Spezialisierungsvorteile* erlangt.[732] Einem CVC-Geber sind bei der Wahl des Portfoliofokus zudem enge Grenzen gesetzt, da er mit seinen Beteiligungen strategische Zielsetzungen verfolgt.

Um die Risiken aus dem Beteiligungserwerb zu reduzieren, staffelt der CVC-Geber die Kapitalbereitstellungen für junge Unternehmen. Das sorgt zugleich dafür, dass der CVC-Geber eine *dynamische* Kapitalallokation zwischen der begrenzten Anzahl an jungen Unternehmen im Portfolio vornehmen kann. Das CAPM ist dahingegen ein Einperiodenmodell,[733] bei dem zu Beginn der Periode die Allokation des gesamten zu investierenden Kapitals erfolgt. Die sukzessive Modellanwendung erlaubt die Anpassung der Ressourcenallokation im Zeitablauf, jeweils in Abhängigkeit der Veränderung des *Markt*portfolios, des risikolosen Zinssatzes und der individuellen Risikopräferenz eines Investors. Die (risikoreduzierende) Möglichkeit einer sequenziellen Kapitalbereitstellung für ein einzelnes Unternehmen, jeweils in Abhängigkeit von dessen Entwicklung, besteht in dieser Modellwelt nicht.

Aus der sequenziellen Kapitalbereitstellung resultiert der Optionscharakter der Beteiligungsinvestitionen in ein junges Unternehmen.[734] Die hier betrachteten Realoptionen weisen insofern ein stückweise-lineares Auszahlungsprofil auf,[735] weil der CVC-Geber sie nur im Falle einer vorteilhaften Wertentwicklung des jungen Unternehmens ausüben wird. Scheitert ein Portfoliounternehmen, dann können hierdurch freiwerdende Mittel für andere Projekte eingesetzt werden. Das Auszahlungsprofil ist aufgrund der Mög-

zeitlich nur begrenzt verschoben werden, da sich junge Unternehmen möglicherweise eine andere Finanzierungsquelle suchen oder insolvent werden. Der Exit ist aufgrund des Fehlens liquider Sekundärmärkte für Beteiligungen an jungen Unternehmen schlechter planbar, als dies auf effizienten Aktienmärkten möglich ist, die das CAPM unterstellt.

[731] Vgl. stellvertretend für viele zu Knyphausen-Aufseß (2005); Ivanov / Xie (2010b); Park / Steensma (2012).

[732] Vgl. Yang / Narayanan / Zahra (2009); Kang / Burton / Mitchell (2011); Matusik / Fitza (2012).

[733] Das intertemporale CAPM erweitert das einperiodige CAPM auf mehrere Perioden, um *Konsum*entscheidungen von Investoren berücksichtigen zu können. Die Kapitalallokation erfolgt allerdings weitgehend analog zum einperiodigen CAPM.

[734] Hierzu sei auf die Ausführungen des vorangehenden Kapitels III. verwiesen.

[735] Das stückweise lineare Auszahlungsprofil einer Option im Vergleich zu einem unbedingten Finanzkontrakt zeigt sich in sogenannten *Payoff-Diagrammen*, die den Gewinn/ Verlust eines Investors in Abhängigkeit von der Wertentwicklung des Underlyings darstellen; stimmt der Wert des Underlyings mit dem Ausübungspreis überein, dann weist die Funktion des Optionsgewinns einen Knick auf. Das Payoff-Profil einer Option setzt sich also aus zwei linearen Funktionen zusammen. Garman (1976) bezeichnet das Auszahlungsprofil von Optionen daher als „stückweise linear" („piecewise linear"). Ein *lineares Auszahlungsprofil* liegt hingegen vor, wenn die Wertentwicklung des betrachteten Unternehmens zu einer proportionalen Wertveränderung der (Beteiligungs-)Investition führt; dies ist beispielsweise bei Aktien der Fall.

lichkeit zum Abbruch der Investitionen, anders als bei unbedingten Investitionen, also *stückweise-linear*.

Aus diesem Grund kann zugleich deren Diversifikationspotenzial erheblich von dem unbedingter Finanzkontrakte abweichen.[736] Die Modelle der Portfoliotheorie beschränken die Abbildung von (stochastischen) Beziehungen zwischen Finanzinvestitionen auf die *Korrelation* als zentrales Maß; sie wird zur analytischen Bestimmung des Portfoliorisikos benötigt.[737] Die Erfassung realwirtschaftlicher Interdependenzen zwischen sequenziellen Realinvestitionen allein anhand derer Korrelation ist jedoch unzureichend. Einerseits setzt die Korrelation als statistisches Maß für den Zusammenhang der Entwicklung zweier Investitionsprojekte ein *lineares* Auszahlungsprofil voraus:[738] Der Korrelationskoeffizient gibt den Grad des linearen Zusammenhangs zwischen der Wertentwicklung zweier Unternehmen an. Wird der Wert einer (Minderheits-)Beteiligung jedoch als Realoption modelliert, dann besteht *kein* linearer Zusammenhang zwischen der Wertentwicklung des jungen Unternehmens und dem Wert der Realoption. Insofern kann das Diversifikationspotenzial des hier betrachteten Portfolios aus Realoptionen nicht analog zur Portfoliotheorie aus der Korrelation der Wertentwicklung zweier Unternehmen abgeleitet werden.[739] Portfoliomodelle für unbedingte Ansprüche können insofern zu einer Fehleinschätzungen des *Risikos* führen, wenn sie auf (Real-)Optionen übertragen werden. Aus diesem Grunde erscheint eine Analyse der Risikowirkungen einer Portfoliobildung aus Realoptionen untersuchungswürdig.[740]

Andererseits ergeben sich aus den Interdependenzen zwischen Investitionsprojekten weitere Einschränkungen bei der Übertragung der Portfoliomodelle.[741] Anders als bei Finanzinvestitionen können auch *real*wirtschaftliche *Synergien* bei der Durchführung der Projekte den Wert des gesamten Portfolios beeinflussen.[742] Synergien ergeben sich sowohl zwischen dem CVC-Geber und einem jungen Unternehmen als auch zwischen

---

[736] Vgl. Brosch (2008), Kapitel 5; van Bekkum / Pennings / Smit (2009). Daher werden im Folgenden explizit die Risikowirkungen der Portfoliobildung für Realoptionen betrachtet.

[737] Vgl. überblickartig Elton / Gruber (1997) oder Steiner / Uhlir (2001), Kapitel 3. Die Korrelation wird zur Berechnung der Portfoliovarianz bzw. -standardabweichung benötigt. Im vorangehenden Kapitel wurde der maximal mögliche Verlust eines Projektes als Risikomaß herangezogen. Wird davon ausgegangen, dass auf Portfolioebene die Gewinne die Verluste aus den Beteiligungen (über-)kompensieren, dann ist mithin die Portfolio*varianz* ein geeignetes Risikomaß, die daher auch in IV.2.c. betrachtet wird.

[738] Vgl. z.B. van Bekkum / Pennings / Smit (2009), S. 1156; siehe hierzu auch Fußnote 735. Im Folgenden wird Bezug genommen auf den *Bravais-Pearson-Korrelationskoeffizienten*; zur Definition siehe z.B. Bamberg / Baur / Krapp (2008), S. 36-38.

[739] Vgl. grundlegend van Bekkum / Pennings / Smit (2009).

[740] Die Risikowirkungen der Portfoliobildung bei Realoptionen werden in Abschnitt IV.2.c. ausführlich analysiert.

[741] Vgl. bereits Weingartner (1966).

[742] Vgl. Kang / Burton / Mitchell (2011); Nishihara (2012).

den jungen Unternehmen innerhalb des CVC-Portfolios.[743] Synergien treten aber auch beim CVC-Geber auf, wenn er junge Unternehmen verwandter Branchen betreut.[744] Diese (Management-)Synergien, die der CVC-Geber realisieren kann, verändern aber den Wert der jungen Unternehmen nicht unmittelbar und sind mithin gesondert zu erfassen.[745] Interdependenzen innerhalb des Portfolios bestehen allerdings auch, weil die Portfoliounternehmen um *knappe* finanzielle und personelle Ressourcen des CVC-Gebers *konkurrieren.* So muss der CVC-Geber z.B. entscheiden, ob er ein kleines Portfolio an jungen Unternehmen intensiv betreut oder stattdessen eine größere Zahl an Beteiligungen erwirbt, die er folglich weniger intensiv beraten kann.[746] Interdependenzen bestehen aber auch dann, wenn Ressourcen aus einem gescheiterten Portfoliounternehmen in ein aussichtsreicheres reallokiert werden (können).[747] Es stellt sich mithin die Aufgabe, diese Verbundeffekte bei der Bewertung von CVC-Investitionen auf Portfolioebene zu berücksichtigen:[748] Innerhalb eines Portfolios aus Realoptionen beeinflussen sowohl komplementäre als auch substitutive Effekte den Gesamtwert des Portfolios.[749] Dies hat zur Folge, dass der Wert des Portfolios aus Realoptionen superadditiv bzw. subadditiv wird.

Bei der Analyse von CVC-Portfolios ist ferner zu berücksichtigen, dass bei Investitionen in junge Unternehmen ein signifikantes Risiko eines Totalverlustes besteht (siehe hierzu Tabelle 14).[750] Der *Ausfall* einzelner junger Unternehmen beeinflusst wiederum die Interdependenzen innerhalb des CVC-Portfolios, weil mit der Liquidation einer Beteiligung freiwerdende (personelle, finanzielle) Ressourcen für andere Portfoliounternehmen eingesetzt werden können. Zugleich weisen nur wenige Unternehmen ein überdurchschnittliches Wertsteigerungspotenzial auf, in die sukzessive weiter investiert wird. Der Wert eines CVC-Portfolios hängt entscheidend von diesen jungen Unternehmen ab.

---

[743] Vgl. analog Lindsey (2008); Aggarwal / Hsu (2009); Wassmer / Dussauge (2011, 2012).

[744] Diese ergeben sich insbesondere aus Spezialisierungsvorteilen; siehe hierzu Gompers / Kovner / Lerner (2009).

[745] Aus diesem Grunde sind Synergien auch bei der Unternehmensbewertung im Rahmen von Unternehmenszusammenschlüssen separat zu berücksichtigen; vgl. hierzu Coenenberg / Sautter (1988); Dirrigl (1994); Kalayci / Sommer (2012).

[746] Vgl. z.B. Inderst / Mueller / Münnich (2007).

[747] Vgl. analog Moel / Tufano (2002); Fulghieri / Sevilir (2009b).

[748] Vgl. ähnlich auch Vassolo / Anand / Folta (2004), S. 1045-1046; Wassmer / Dussauge / Planellas (2010), S. 78-82; Wassmer / Dussauge (2012), S. 872-873.

[749] Vgl. Anand / Oriani / Vassolo (2007), S. 276-277; Lin / Lee (2011), S. 492-493.

[750] Im CAPM werden dahingegen normalverteilte Renditen unterstellt. Die Annahme der Normalverteilung schließt die Möglichkeit eines (Total-)Ausfalls eines Unternehmens ein, diese Wahrscheinlichkeit ist allerdings vergleichsweise gering. Die Wahrscheinlichkeit des Eintretens extremer Wertveränderungen wird insofern (systematisch) unterschätzt; vgl. z.B. Lucas / Klaassen (1998).

Als Aufgabe stellt sich nun die Entwicklung eines Portfoliomodells für CVC-Programme, das diesen bewertungsrelevanten Eigenschaften gerecht wird. Portfoliokonzepte für *konventionelle* VC-Portfolios beschränken sich überwiegend auf die Bestimmung der optimalen Portfoliogröße.[751] Nur wenige Modellierungsansätze untersuchen den Zusammenhang zwischen der Portfoliogröße und der Portfoliostrategie.[752] Einschränkungen bei der Übertragung dieser Ansätze ergeben sich insbesondere aufgrund der strategischen Zielsetzung von CVC-Gebern. Während bei VC-Gebern die Portfoliobildung primär als Instrument zur Risikosteuerung dient, verteilt der CVC-Geber sein Investitionsbudget auch auf unterschiedliche junge Unternehmen, um an der Entwicklung mehrerer Innovationen *partizipieren* zu können. Hierbei sind ihm aber engere Grenzen gesetzt als konventionellen VC-Gebern, weil er primär Beteiligungen an jenen jungen Unternehmen erwirbt, die komplementäre oder substitutive Geschäftsmodelle aufweisen; sie werden also aus der gleichen oder aber einer verwandten Branche stammen.

2. Entwurf eines Strukturmodells für Portfolios aus Realoptionen

a. CVC-Portfolios als Option zur selektiven Akquisition erfolgreicher Portfoliounternehmen

CVC-Geber halten parallel Beteiligungen an verschiedenen jungen Unternehmen, also ein *Portfolio* an Realoptionen. Jedoch werden nicht alle Realoptionen aus den Beteiligungen an jungen Unternehmen ausgeübt: Ein Teil der jungen Unternehmen wird erfolgreiche Geschäftsmodelle entwickeln, während andere zu einem (Total-)Verlust des eingesetzten Kapitals führen. Der CVC-Geber wird folglich nicht allen jungen Unternehmen, an denen er beteiligt ist, weiteres Investitionskapital zur Verfügung stellen. Jene jungen Unternehmen, die erfolgreiche Geschäftsmodelle entwickeln und entsprechende Wertsteigerungen erzielen, wird der CVC-Geber nur dann akquirieren und integrieren, wenn sie zu seinem Geschäftsmodell passen oder es ergänzen. Für den CVC-Geber ist es also optimal, nicht alle Realoptionen auszuüben.[753] Nicht ausgeübte Optio-

[751] Vgl. statt vieler Kanniainen / Keuschnigg (2003, 2004). Hierbei hat der CVC-Geber den zusätzlichen Nutzen (stärkere Risikominderung, Ertragschancen) mit den zusätzlichen Kosten jeder weiteren Beteiligung (Beteiligungsprüfung, Betreuung, Exit) abzuwägen; zu beachten ist hierbei, dass – bei kurzfristig begrenzten personellen Ressourcen – die Betreuung der Portfoliounternehmen mit jedem weiteren Unternehmen schlechter wird, was sich negativ auf den Erfolg der einzelnen Portfoliounternehmen auswirken kann.

[752] Solche Ansätze finden sich bei Fulghieri / Sevilir (2009b), Hauschild (2009) sowie Hochberg / Westerfield (2011).

[753] Inderst / Mueller / Münnich (2007) betonen zudem die Anreizwirkungen für die Unternehmer, die sich aus dem Wettbewerb der Portfoliounternehmen um knappe Ressourcen des VC-Gebers ergeben; auch

nen verfallen, z.B. wenn ein insolventes Unternehmen liquidiert wird. Es verbleiben mithin die für ihn wertvollsten jungen Unternehmen im Portfolio, die potenziell für eine Akquisition in Frage kommen.[754] Der CVC-Geber wird die Realoptionen aus seinem Beteiligungsportfolio insofern *selektiv* ausüben.

Entsprechend kann der CVC-Geber den erwarteten Anteil scheiternder junger Unternehmen bei der Zusammenstellung des CVC-Portfolios antizipieren und in eine größere Anzahl Unternehmen investieren, als er später akquiriert.[755] Um seine Ziele – den Zugang zu erfolgreichen neuen Geschäftsmodellen respektive Innovationen – erreichen zu können, investieren CVC-Geber auch in konkurrierende Technologien, bei denen zunächst unklar ist, welche sich als erfolgreich erweisen werden.[756] Dies ist beispielsweise der Fall bei Technologien, die einen Standardisierungsprozess durchlaufen, wodurch alternative Technologien wertlos werden.[757]

Die Unsicherheit darüber, welche Technologie sich als erfolgversprechend erweist, führt also dazu, dass der CVC-Geber in mehr junge Unternehmen in der ersten Runde investiert, als er aufgrund seines Investitionsbudgets bis zur Later Stage finanzieren kann oder möchte.[758] Aus diesen finanzwirtschaftlichen Restriktionen können Ausübungs*beschränkungen* für die Realoptionen im Portfolio des CVC-Gebers entstehen. Ähnliche Beschränkungen können aber auch daraus erwachsen, dass der CVC-Geber nur eine begrenzte Anzahl erfolgreicher junger Unternehmen akquirieren kann, da dies neben finanziellen auch erhebliche personelle Ressourcen in etablierten Unternehmen bindet (begrenzte Akquisitionskapazität).[759] Solche Beschränkungen finanzwirtschaftlicher oder organisationaler Art treten insbesondere bei explorativen Investitionen auf, bei denen der CVC-Geber in eine Vielzahl von jungen Unternehmen investiert.[760]

Wenn solche Ausübungsbeschränkungen greifen, dann kann ein Portfolio aus Realoptionen wiederum als Option aufgefasst werden, die wertvollsten β von den insgesamt α

---

aus diesem Grund kann es für CVC-Geber vorteilhaft sein, in mehr Unternehmen zu investieren, als bis zum Exit weiterfinanziert werden können.

[754] Vgl. Vassolo / Anand / Folta (2004), S. 1049; Goldenberg (2010), S. 87.

[755] Vgl. analog Nelson (1961), S. 361. Parallele Investitionen in *konkurrierende* Projekte erweisen sich insbesondere für langfristige und irreversible Entwicklungsprojekte als vorteilhaft, die zunächst geringe Investitionen erfordern; vgl. Childs / Ott / Triantis (1998), S. 307.

[756] Vgl. Vassolo / Anand / Folta (2004), S. 1047.

[757] Beispiele finden sich bei Afuah (2003), S. 355-356. Eine solcher Standard wird auch als „dominant design" bezeichnet, siehe hierzu Tegarden / Hatfield / Echols (1999).

[758] Vgl. Childs / Triantis (1999), S. 1360; Laamanen (2000), S. 1.

[759] Vgl. z.B. Zahra / George (2002), S. 189.

[760] Vgl. Wadhwa / Kotha (2006), S. 821-822; McGill / Santoro (2009), S. 392. Zum explorativen Charakter von CVC-Investitionen sei auf die Ausführungen in II.1.a.ii. verwiesen.

Optionen auszuüben.[761] Diese Option wird im Folgenden als *Portfoliooption* bezeichnet. Der CVC-Geber hat in seinem Portfolio α Beteiligungen; jede dieser Beteiligungen δ mit $\delta = 1, 2, \ldots, \alpha$ stellt für ihn eine Realoption dar. Von diesem kann er aber aufgrund der angeführten Beschränkungen lediglich β ausüben, also ist stets $\beta \leq \alpha$. Für den CVC-Geber besteht insofern die Möglichkeit – jedoch auch zugleich die Notwendigkeit –, von den Portfoliounternehmen jene *auszuwählen*, in die er weiter investiert.[762] Die Realoptionen *konkurrieren* daher um eine Ausübung durch den CVC-Geber.[763] Diese Konkurrenzbeziehung zwischen Realoptionen bildet eine Quelle von Interdependenzen bei der Bewertung der Realoptionen im Portfolioverbund.[764] Für die weitere Analyse einer Portfoliooption ist es unerheblich, ob der CVC-Geber aufgrund von Ausübungsbeschränkungen (Investitionsbudget, Akquisitionskapazität) oder aufgrund der typischen Erfolgswahrscheinlichkeit (Möglichkeit des Totalverlustes) lediglich einen Teil der realen Verbundoptionen ausübt.[765]

Im einfachsten Fall eines Portfolios aus lediglich *zwei* Realoptionen, von denen nur eine ausgeübt werden kann, handelt es sich um eine Option auf das wertvollere der beiden Underlyings. Für diesen Fall zeigt STULZ (1982), dass der Wert der Portfoliooption wesentlich durch den Wert beider Optionen und die Möglichkeit bestimmt wird, zwischen beiden Optionen *wählen* zu können.[766] JOHNSON (1987) erweitert diesen Modellansatz auf eine beliebige Anzahl an Realoptionen, von denen eine ausgeübt werden kann, während LAAMANEN (2000) zudem die Zahl der ausübbaren Realoptionen als (exogene) Va-

[761] Vgl. analog Stulz (1982), S. 179-180; Laamanen (2000), S. 1-2; Anand / Oriani / Vassolo (2007), S. 281; Nishihara (2012), S. 108. Ähnlich auch Goldenberg (2010), S. 88-89; Kang / Burton / Mitchell (2011), S. 229-230. Um eine eindeutige Abgrenzung der unterschiedlichen Parameter auf Ebene einzelner Verbundoptionen und des Portfolios zu gewährleisten, werden für die zusätzlichen Portfolioparameter *griechische* Buchstaben verwendet.

[762] Vgl. ähnlich auch Yang (2006), S. 72.

[763] Vgl. analog Inderst / Mueller / Münnich (2007), S. 1289-1290.

[764] Vgl. Childs / Triantis (1999), S. 1360; Laamanen (2000), S. 2; Kavadias / Loch / Tapper (2001), S. 2; Anand / Oriani / Vassolo (2007), S. 281-283. Diese Budgetrestriktion ist Quelle *finanzwirtschaftlicher* Interdependenzen; realwirtschaftliche Interdependenzen ergeben sich hingegen aus der Konkurrenz um limitierte *materielle* Ressourcen (z.B. Laborplätze) sowie leistungswirtschaftliche Verflechtungen; vgl. Zapata / Reklaitis (2010), S. 655.

[765] Diese Idee wurde konzeptionell von Laamanen (2000) in einem analytischen Bewertungsmodell für Finanzoption entwickelt und von Anand / Oriani / Vassolo (2007) auf Realoptionen übertragen; die folgenden Ausführungen bauen auf den zuvor genannten Ansätzen auf. Das Modell von Laamanen (2000) erweitert die Modelle von Stulz (1982) und Johnson (1987): Stulz (1982) entwickelt ein Modell zur Bewertung der Option auf das Maximum (oder Minimum) zweier risikobehafteter Vermögensgegenstände. Johnson (1987) erweitert dieses Modell auf eine beliebige Anzahl an Vermögensgegenständen; siehe auch Abbildung A11 und Abbildung A12 im Anhang.

[766] Stulz (1982) zeigt, dass sich eine Option auf das Maximum zweier Vermögensgegenstände (X, Y) zerlegen lässt in ein Portfolio aus zwei Kaufoptionen auf die beiden Vermögensgegenstände und den Wert einer Austauschoption der beiden Vermögensgegenstände (siehe hierzu Margrabe (1978)), abzüglich des Wertes eines Vermögensgegenstandes (siehe Abbildung A12 im Anhang). Der Wert der Portfoliooption wird neben dem Wert der Kaufoptionen durch den der Austauschoption beeinflusst. Der Einfluss dieser zentralen Portfolioelemente gilt unabhängig von der konkret zugrundgelegten Verteilung des Underlyings; vgl. Stulz (1982), S. 168-169.

riable einführt. Ein Portfolio aus Realoptionen, die selektiv ausgeübt werden (können), lässt sich mithin anhand des Modells von LAAMANEN (2000) strukturieren.[767] Basierend auf diesen Ansätzen wird im Folgenden schrittweise ein *Strukturmodell* zur Analyse wertbestimmender Faktoren für CVC-Portfolios entwickelt, das den zuvor identifizierten Anforderungen gerecht wird.[768]

Wird also ein Realoptionsportfolio als Option betrachtet, die besten β aus den insgesamt α Optionen auszuüben, dann hängt der Wert dieser Portfoliooption von zwei Arten von Teilelementen ab:[769] Zum einen beeinflusst der Wert jeder einzelnen Realoption den Wert der Portfoliooption.[770] Mit zunehmendem Wert einzelner Realoptionen steigt der Wert des Portfolios, da die wertvollsten Realoptionen als erstes ausgeübt werden.[771] Zum anderen determiniert der Wert der *Auswahloption(en)*[772], also der Wahlmöglichkeit zwischen den einzelnen Projekten, den Wert der Portfoliooption.[773] Hat der CVC-Geber die Möglichkeit, von zwei jungen Unternehmen eines auszuwählen, in das weiter investiert wird, dann kann er das aussichtsreichere auswählen, während die Beteiligung an einem erfolglosen Unternehmen liquidiert wird. In diesem Fall macht die Auswahloption einen erheblichen Teil des Wertes der Portfoliooption aus.[774]

Der Wert der Portfoliooption wird neben der Portfoliogröße – der Anzahl der ursprünglich erworbenen (α) sowie die Anzahl der ausübbaren Realoptionen (β) – auch durch die *Korrelation* ρ der Wertentwicklung der Underlyings im Zeitablauf sowie die realisierbaren Synergien bestimmt. Der Einfluss einzelner Faktoren auf den Wert des Portfolios wird allerdings auch durch andere Faktoren beeinflusst; es bestehen insofern *moderie-*

---

767 Allerdings betrachtet Laamanen (2000) *unkorrelierte* Projekte, um das Modell analytisch lösen zu können; in dieser Arbeit wird die Korrelation explizit berücksichtigt und stattdessen von einer analytischen Ermittlung des Portfoliowertes abgesehen.

768 Die Analyse beschränkt sich deshalb auf ein Strukturmodell, weil sich ein Portfolio interdependenter Verbundoptionen bislang nicht analytisch bewerten lässt; vgl. Laamanen (2000); van Bekkum / Pennings / Smit (2009). Daher simulieren van Bekkum / Pennings / Smit (2009) den Portfoliowert und die Portfoliovarianz.

769 Vgl. im Folgenden Stulz (1982), S. 165-166 (Gleichungen (11') und (12)); Johnson (1987), S. 279-281. Ähnlich auch Belderbos / Zou (2009), S. 601-602; Goldenberg (2010), S. 88-89; Fisch / Zschoche (2012), S. 1543.

770 Die wertdeterminierenden Faktoren einer einzelnen Verbundoption wurden bereits im vorangehenden Kapitel dargestellt; siehe hierzu die Formeln (10) und (11) sowie Abbildung A13 im Anhang.

771 Vgl. Stulz (1982), S. 168-169. Ähnlich auch Belderbos / Zou (2009), S. 601-602.

772 Diese Option wird in der Literatur auch als Auswahl- oder Wechseloption („option to switch") bezeichnet; rein bewertungstechnisch handelt es sich um eine Austauschoption, wie sie von Margrabe (1978) modelliert wurde. Strenggenommen hat der CVC-Geber insgesamt β Auswahloptionen, die es ihm erlauben, die β wertvollsten Realoptionen auszuüben.

773 Vgl. Kang / Burton / Mitchell (2011), S. 229.

774 Vgl. Kang / Burton / Mitchell (2011), S. 230.

rende Effekte[775] zwischen den wertbestimmenden Faktoren.[776] Als Beispiel hierfür kann der Einfluss der Korrelation auf den Portfoliowert genannt werden: Wenn alle Realoptionen im Portfolio ausgeübt werden können ($\alpha = \beta$), dann besteht keine Auswahloption und die Korrelation ist für den *Wert* des Portfolios unerheblich; der Einfluss der Korrelation auf den Wert des Portfolios wird hingegen dann maximal, wenn lediglich eine Realoption ausgeübt werden kann.[777]

Dieses Beispiel zeigt zum einen, dass sich bei der hier entwickelten Modellierung von CVC-Programmen als Portfolios aus Realoptionen abweichende Ergebnisse im Vergleich zur Portfoliotheorie ergeben; im Portfoliomodell von MARKOWITZ (1952) und dem CAPM findet die Korrelation allein bei der Ermittlung des Portfolio*risikos* Berücksichtigung, hier bestimmt die Korrelation jedoch auch den Wert des Portfolios.[778] Zum anderen ist der Einfluss der zuvor genannten wertbestimmenden Faktoren einer systematischen Analyse zu unterziehen; erst die Berücksichtigung der *interdependenten* Einflüsse erlaubt die Ableitung fundierter Aussagen über die optimale Zusammenstellung von CVC-Portfolios.[779]

b. Wertbestimmende Faktoren der Portfoliooption

(i) Größe des Beteiligungsportfolios

Die Unterscheidung zwischen der Anzahl der insgesamt im Portfolio vorhandenen Realoptionen α und der Anzahl der ausübbaren Realoptionen β ermöglicht eine differenzierte Analyse der werttreibenden Faktoren des Realoptionsportfolios.[780] Beide Portfolioparameter werden wiederum durch zum Teil unterschiedliche Einflussgrößen bestimmt (siehe Abbildung 29). Zugleich ist der Einfluss beider Parameter auf den Wert der Portfoliooption *interdependent*.

---

[775] Ein moderierender Effekt liegt vor, wenn die Beziehung zwischen zwei Variablen durch eine weitere (Moderator-)Variable beeinflusst wird; vgl. grundlegend Baron / Kenny (1986), sowie stellvertretend für eine Vielzahl ähnlicher Quellen Holmbeck (1997); Wu / Zumbo (2008).

[776] Vgl. Anand / Oriani / Vassolo (2007), S. 283-291.

[777] Vgl. Anand / Oriani / Vassolo (2007), S. 289-291. Dieser Gedanke wird im folgenden Abschnitt IV.2.b. aufgriffen und weiter ausgeführt.

[778] Hier wird also, ähnlich der Portfoliotheorie, eine gedankliche Trennung in *Rendite* („μ") und *Risiko* („σ") vorgenommen. In der Portfoliotheorie wirkt die Korrelation nur mittelbar negativ, über die Portfoliovarianz, auf den Wert des (Aktien-)Portfolios; vgl. insbesondere Markowitz (1952).

[779] Im Folgenden werden daher die wertbestimmenden Faktoren näher untersucht; dies erlaubt die schrittweise Berücksichtigung von moderierenden Effekten zwischen diesen Faktoren. Diese Vorgehensweise findet sich auch bei Anand / Oriani / Vassolo (2007).

[780] Vgl. Anand / Oriani / Vassolo (2007), S. 281-283.

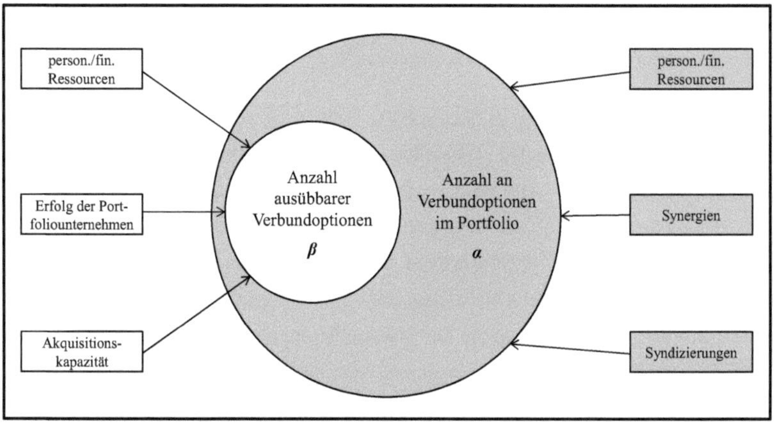

Abbildung 29: Dimensionen der Größe des CVC-Portfolios

Je größer α ist, desto wertvoller ist die Portfoliooption des CVC-Gebers zur Ausübung der wertvollsten β Realoptionen, weil er insgesamt eine größere Auswahl hat. Hierbei wird (implizit) unterstellt, dass sich die Erfolgsaussichten einzelner junger Unternehmen im Portfolio des CVC-Gebers ex ante nicht signifikant unterscheiden. Diese Prämisse kann damit begründet werden, dass der CVC-Geber die Erfolgsaussichten der Portfoliounternehmen beim Beteiligungserwerb nur in begrenztem Maße abschätzen kann, d.h., der Erfolg einzelner Projekt kann nicht vollständig antizipiert werden.[781] In diesem Fall nimmt der Wert der Auswahloptionen – und damit der Portfoliooption – c.p. mit zunehmendem α zu, allerdings mit einer abnehmenden Rate:[782] Wenn die Zahl der ausübbaren Realoptionen β begrenzt ist, dann verbessern sich die Auswahlmöglichkeiten des CVC-Gebers mit einem bereits großen Beteiligungsportfolio durch den Erwerb weiterer Beteiligungen lediglich geringfügig.[783] Einzuschränken ist die Aussage jedoch um jene Fälle, bei denen in ein besonders aussichtsreiches junges Unternehmen investiert wird. Hat der CVC-Geber hingegen ein kleines Beteiligungsportfolio, dann steigt der Wert der Portfoliooption durch das Hinzufügen weiterer Akquisitionsobjekte

[781] Wird hingegen unterstellt, dass sich die Erfolgsaussichten der Portfoliounternehmen (deutlich) unterscheiden und dass der CVC-Geber diese richtig einschätzt, dann würde der CVC-Geber nur in die aussichtsreichen jungen Unternehmen investieren; in diesem Fall bestünde allerdings nicht (mehr) die Notwendigkeit, in mehr junge Unternehmen zu investieren, als später akquiriert werden. Eine vergleichbare Prämisse treffen daher auch Laamanen (2000); Kang / Burton / Mitchell (2011).

[782] Vgl. Anand / Oriani / Vassolo (2007), S. 288. Siehe auch McGrath / Nerkar (2004), S. 4.

[783] Bei unterstellten Ausübungsbeschränkungen steigert jede weitere Beteiligung den Wert des Portfolios maximal um jenen Betrag, der gegenüber der Ausübung der (ex post) nächstbesten Realoption gewonnen wird. Hieraus resultiert der abnehmende Einfluss weiterer Beteiligungen auf den Wert des Portfolios; siehe hierzu auch Johnson (1987); Laamanen (2000); Anand / Oriani / Vassolo (2007). Der abnehmende Wert jeder weiteren Beteiligung beruht also nicht (allein) auf einer Rangfolge der Projekte, von der die vorteilhaftesten als erstes erworben werden.

stärker als bei einem großen Portfolio. Es lassen sich mithin – unter restriktiveren Annahmen – optimale Portfoliogrößen bestimmen.[784]

Die Anzahl der Beteiligungen α, die ein CVC-Geber eingehen kann, werden durch die hierfür zu Verfügung stehenden personellen und finanziellen Ressourcen bestimmt (siehe auch Abbildung 29).[785] Die finanziellen Ressourcen determinieren unmittelbar, wie viele Beteiligungen der CVC-Geber erwerben und in welchem Ausmaß er Folgeinvestitionen vornehmen kann.[786] Positiv wirken sich hierbei *Syndizierungen* mit anderen Investoren aus,[787] wodurch der CVC-Geber seine Investitionen (zunächst) auf eine Minderheitsbeteiligung begrenzen kann. Die personellen Ressourcen wirken ebenfalls restriktiv, da vor dem Erwerb jeder Beteiligung eine ausführliche Due Diligence erfolgt. Während der Beteiligungsphase übernimmt der CVC-Geber zudem Beratungsleistungen und ist typischerweise in den Aufsichtsgremien des Portfoliounternehmens vertreten.[788] Bei einer Spezialisierung des Portfolios können mit den gleichen personellen c.p. Ressourcen mehr junge Unternehmen betreut werden; auch diese Synergien führen mithin dazu, dass *mehr* Beteiligungen erworben werden können.

Bei unterstellten *begrenzten* personellen Ressourcen muss der CVC-Geber einen *Zielkonflikt* berücksichtigen: Mit zunehmender Portfoliogröße kann er die Portfoliounternehmen weniger intensiv betreuen, was sich negativ auf deren Erfolgsaussichten auswirken kann.[789] Er hat jedoch eine größere Anzahl an jungen Unternehmen zur Auswahl. Investiert er hingegen in weniger Unternehmen, dann kann der CVC-Geber diese eingehender betreuen, was deren Erfolgsaussichten verbessert. Dies führt zu einem umgekehrt U-förmigen Zusammenhang zwischen der Anzahl der Beteiligungen und deren Erfolgspotenzial.[790] Synergien bei der Betreuung eines spezialisierten CVC-Portfolios können hingegen dazu führen, dass sowohl finanzielle wie auch personelle Ressourcen eingespart werden können, was sich positiv auf α auswirkt.[791]

---

784 Solche Ansätze für FuE-Projekte finden sich z.B. bei Dahan / Mendelson (2001) oder Ding / Eliashberg (2002).

785 Vgl. Wadhwa / Kotha (2006), S. 821-822.

786 Insofern sind auch die Variablen α und β interdependent, da bei einem gegebenen Investitionsbudget mit wachsender Beteiligungszahl die Mittel für mögliche Folgeinvestitionen oder Ausübung von Akquisitionsoptionen abnehmen.

787 Vgl. Jääskeläinen / Maula / Seppä (2006).

788 Vgl. Gorman / Sahlman (1989).

789 Grundlegend hierzu Stein (1997), S. 122-124.

790 Vgl. Deeds / Hill (1996); Keil / Zahra / Maula (2004); Wadhwa / Kotha (2006); Frankort / Hagedoorn / Letterie (2012). Dies impliziert, dass es eine optimale Größe für das CVC-Portfolio gibt. Siehe hierzu bereits Fußnote 751 und Kanniainen / Keuschnigg (2003); Fulghieri / Sevilir (2009b); Dushnitsky / Lavie (2010).

791 Der Einfluss möglicher Synergien auf den Wert der Portfoliooption wird im folgenden Abschnitt IV.2.b.iii ausführlicher erläutert.

Wie viele dieser Realoptionen der CVC-Geber ausüben kann, gibt der Parameter β an. Dabei steigt der Wert der Portfoliooption mit wachsendem β, da so die Ausübungsgewinne unmittelbar erhöht werden können. Mit fortschreitender Entwicklung der jungen Unternehmen kann der CVC-Geber das Erfolgspotenzial der jungen Unternehmen besser abschätzen als zum Zeitpunkt des Beteiligungserwerbs. Es kann insofern davon ausgegangen werden, dass der CVC-Geber in der Lage ist, die tendenziell aussichtsreichsten Akquisitionsobjekte zu identifizieren. Beträgt $\beta = 1$, dann hat der CVC-Geber eine Auswahloption zur Ausübung der wertvollsten Realoption; ist $\beta = 2$, dann hat er zusätzlich die Option, die zweitwertvollste Option auszuüben. Allgemein gilt, dass der CVC-Geber insgesamt β Auswahloptionen hat, die es ihm erlauben, die aussichtsreichsten β jungen Unternehmen zu akquirieren.[792]

Die Anzahl der ausübbaren Realoptionen β wird insbesondere durch zwei Restriktionen bestimmt:[793] Zum einen begrenzt die *Entwicklung* der jungen Unternehmen β; wenn nur ein geringer Anteil ein erfolgreiches Geschäftsmodell entwickelt, dann ist auch nur die Akquisition weniger Portfoliounternehmen vorteilhaft für den CVC-Geber.[794] Zum anderen bestimmen die finanziellen und personellen *Ressourcen* die Größe β. Die Ressourcen, die der CVC-Geber für ein CVC-Programm bereitstellt, sind begrenzt. Insofern konkurrieren die Realoptionen um die selektive Ausübung durch den CVC-Geber und die Inanspruchnahme knapper Ressourcen.

Für die folgende Analyse bietet sich eine Betrachtung des *Verhältnisses* der Größen α und β an, um allgemeinere Aussagen über den Einfluss der Portfoliogröße ableiten zu können.[795] Das Verhältnis von α zu β kann als (Auswahl-) *Breite* des Portfolios aufgefasst werden, die angibt, wie viele Realoptionen (Beteiligungen) im Portfolio des CVC-Gebers auf eine ausübbare Realoption (akquirierbares junges Unternehmen) entfallen. Damit wird der Einfluss von α und β auf den Wert der Auswahloption(en) deutlich; je größer die Auswahlbreite, desto wertvoller ist die Möglichkeit, zwischen alternativen Realoptionen wählen zu können. Weist α einen hohen und β einen geringen Wert auf, dann bewirkt eine Erweiterung des Portfolios um weitere Beteiligungen eine geringe

792 Vgl. Laamanen (2000), S. 5-7. In verschiedenen empirischen Studien wird stattdessen nur von *einer* Auswahloption gesprochen; dies ist aber formal unpräzise.

793 Eine Realoption wird hier als ausübbar bezeichnet, wenn die Ausübung vorteilhaft für den CVC-Geber ist und er die hierfür notwendigen Ressourcen zur Verfügung stellen kann.

794 Die Anzahl der ausübbaren Realoptionen kann ein CVC-Geber dadurch steuern, in welchen Entwicklungsphasen und Branchen er investiert. Dies kann er im Rahmen des Portfoliomanagements festlegen, das in Abschnitt IV.3. weiter betrachtet wird.

795 Vgl. analog Anand / Oriani / Vassolo (2007), S. 290-291.

Steigerung des Wertes der Portfoliooption, da die Ausübungsgewinne begrenzt sind.[796] In diesem Fall bewirkt lediglich das Hinzufügen solcher Beteiligungen eine Wertsteigerung der Auswahloption, die eine (möglichst) *negative* Korrelation mit den anderen jungen Unternehmen aufweisen und mithin das Auswahlspektrum signifikant erweitern;[797] der Wert der Portfoliooption wächst in diesem Fall mit steigendem α, allerdings mit einer (stark) abnehmenden Grenzrate.[798] Ist hingegen $\alpha = \beta$, dann werden alle Realoptionen ausgeübt und eine Auswahloption besteht nicht.[799]

Bei der Analyse des Einflusses von α und β auf den Portfoliowert ist zu beachten, dass ein steigendes α den Wert der β Auswahloptionen erhöht. Durch β werden jedoch die gesamten Ausübungsgewinne limitiert, d.h., mit steigendem β sinkt zwar der Wert jeder weiteren Auswahloption, jedoch können die Ausübungsgewinne unmittelbar erhöht werden, was sich positiv auf den Wert der Portfoliooption auswirkt. Zugleich kann festgehalten werden, dass der Einfluss von α auf den Wert der Portfoliooption durch β (positiv) *moderiert* wird:[800] Je größer die Anzahl der ausübbaren Realoptionen β ist, desto größer ist der positive Einfluss der Anzahl der Realoptionen α auf den Wert der Portfoliooption.

Für einen CVC-Geber ist zwar unmittelbar ersichtlich, dass die Anzahl der Beteiligungen einen positiven Einfluss auf den *Wert* des CVC-Portfolios hat. Deutlich wird bei der hier vorgeschlagenen Modellierung von CVC-Programmen als Portfolios aus Realoptionen aber auch, dass hierbei zwischen der Anzahl ursprünglich erworbener Beteiligungen (α) und der Anzahl erfolgreicher Portfoliounternehmen (β), die für eine Akquisition in Betracht kommen, zu *differenzieren* ist: Sowohl α als auch β haben c.p. einen positiven Einfluss auf den Wert des Portfolios, allerdings hängt die Stärke des Einflusses von α auf den Portfoliowert von β ab. *Empirische* Untersuchungen bestätigen diesen Einfluss der Portfoliogröße auf den Gesamtwert des Portfolios: In diesen konnte nachgewiesen werden, dass Ausübungsbeschränkungen, die aus einer begrenzten Ressourcenbasis entstehen, sowohl den Portfoliowert negativ beeinflussen als auch einen moderierenden Einfluss auf die Häufigkeit der Akquisition innovativer Unternehmen haben.[801]

---

[796] Dieser abnehmende Wert des Hinzufügens weiterer Beteiligung zum Portfolio ist konzeptionell von der Subadditivität zu unterscheiden, die sich ergibt, wenn in korrelierte Projekte investiert wird; vgl. auch Belderbos / Tong / Wu (im Erscheinen).

[797] Auf die Bedeutung und die Möglichkeiten zur Abschätzung der Korrelation der Portfoliounternehmen wird im folgenden Abschnitt IV.2.b.ii. weiter eingegangen.

[798] Vgl. Anand / Oriani / Vassolo (2007), S. 291.

[799] In diesem Fall ($\alpha = \beta$) hat die Korrelation keinen Einfluss auf den Wert der Auswahloption; siehe ausführlich hierzu den folgenden Abschnitt.

[800] Vgl. Laamanen (2000), S. 8; Anand / Oriani / Vassolo (2007), S. 288-289.

[801] Vgl. analog Girotra / Terwiesch / Ulrich (2007), Basu / Phelps / Kotha (2011) und Kaul (2012). Siehe hierzu auch O'Brien (2003).

(ii) Korrelation zwischen der Wertentwicklung der Portfoliounternehmen

Neben der Anzahl beeinflusst die Korrelation zwischen den einzelnen Elementen den Wert der Portfoliooption.[802] Je größer die Korrelation ρ zwischen der Wertentwicklung zweier Projekte im Zeitablauf, desto geringer ist c.p. der Wert der Portfoliooption.[803] Der isolierte Wert *einer* Realoption wird hierdurch zwar nicht tangiert, jedoch hängt der Wert der Auswahloption maßgeblich von der Korrelation ab. Der Wert der Auswahlmöglichkeit zwischen der Akquisition verschiedener junger Unternehmen wird dann maximal, wenn diese eine möglichst entgegengesetzte Wertentwicklung aufweisen. Je größer die Korrelation hingegen ist, desto geringer ist der Wert der Auswahloption, weil beide jungen Unternehmen eine zunehmend gleiche Wertentwicklung aufweisen.[804] Entwickeln sich die Unternehmenswerte identisch ($\rho = 1$), dann ist die Auswahloption wertlos. Der isolierte Wert einer Realoption ist unabhängig von der Korrelation zweier Projekte. Daher beeinflusst die Korrelation den Wert der Auswahloption und den der Portfoliooption gleichermaßen.[805] Dieser Effekt wurde empirisch bereits für verschiedene Arten von Investitionsprojekten nachgewiesen, die als Realoption bewertet werden können, so z.B. für Portfolios von FuE-Projekten[806], internationalen Joint Ventures und Tochterunternehmen[807] sowie für Beteiligungen an jungen Unternehmen[808].

Eine *Schätzung* der Korrelation ρ der Wertentwicklung zweier Unternehmen erfolgt in der Regel, indem anhand der (historischen) Verteilung der Wertentwicklungen beider Unternehmen die Varianz und *Kovarianz* ermittelt werden, aus denen der Korrelationskoeffizient bestimmt werden kann. Eine Alternative kann darin gesehen werden, (subjektive) Analystenerwartungen zur Schätzung von Varianz und Kovarianz heranzuziehen.[809] Bei jungen Unternehmen tritt das Problem auf, dass aufgrund des geringen Unternehmensalters keine historischen Verteilungen vorliegen und Bewertungen nur erfolgen, wenn Investoren (weiteres) Kapital investieren. Ziel dieser Arbeit ist es daher nicht, eine (möglichst) exakte empirische Quantifizierung der Korrelation vorzunehmen.

---

802 Den Einfluss der Korrelation auf die Vorteilhaftigkeit *sequenzieller* Entwicklungsstrategien untersuchen Childs / Ott / Triantis (1998) und Smith / Thompson (2005, 2008); in dieser Arbeit werden hingegen nur *parallele* Investitionen untersucht. Die Korrelation der Wertentwicklungen des CVC-Gebers und eines Portfoliounternehmens ist hier zunächst von untergeordneter Bedeutung.

803 Vgl. Stulz (1982), S. 171, oder auch Kritzman (1987), S. 25; Maurer (1998), S. 528; Goldenberg (2010), S. 88.

804 Vgl. auch Stulz (1982), S. 171.

805 Vgl. Stulz (1982), S. 180; Boyle / Tse (1990), S. 222-225; Triantis / Hodder (1990), S. 557-559; Childs / Ott / Triantis (1998), S. 320-321; Anand / Oriani / Vassolo (2007), S. 289-290; ähnlich auch Geltner / Riddiough / Stojanovic (1996), S. 37-45. Die Sensitivitätsanalysen bei Boyle / Tse (1990) zeigen bei Variation verschiedener Parameter, dass c.p. der Optionswert mit steigender Korrelation sinkt (vgl. die Tabellen 2 und 4, 3 und 5 sowie 6 und 7 auf den Seiten 222-225 miteinander).

806 Vgl. McGrath / Nerkar (2004); Girotra / Terwiesch / Ulrich (2007).

807 Vgl. Belderbos / Zou (2009); Belderbos / Tong / Wu (im Erscheinen).

808 Vgl. Vassolo / Anand / Folta (2004).

809 Vgl. Breuer / Schuhmacher (2005); Breuer / Feilke / Gürtler (2008).

Anhand theoretischer Überlegungen kann aber der mögliche Wertebereich der Korrelation zwischen zwei jungen Unternehmen eingegrenzt werden,[810] um so deren Einfluss auf den Portfoliowert aufzeigen zu können.

Die Korrelation zwischen zwei jungen Unternehmen wird insbesondere durch deren *Geschäftsmodelle* bestimmt. Je ähnlicher sich beide Geschäftsmodelle sind, desto stärker ist die Wertentwicklung beider Unternehmen korreliert, solange keine direkte Wettbewerbsbeziehung zwischen beiden Unternehmen besteht.[811] Eine tendenziell (stark) *positive* Korrelation zweier junger Unternehmen ist in den Regel dann zu erwarten, wenn sie mit ihren Innovationen den gleichen *Markt* bedienen, ohne jedoch miteinander in Konkurrenz zu stehen. Werden also mehrere Unternehmen von denselben (makroökonomischen) Risiken beeinflusst, dann ist die Auswahlmöglichkeit zwischen ihnen weniger Wert als im Falle unkorrelierter Unternehmen.[812]

Dieser Einfluss auf die Korrelation der Unternehmenswerte kann allerdings durch den Einfluss der *Wettbewerbsbeziehung* überlagert werden: Wenn ein CVC-Geber in mehrere junge Unternehmen investiert, die konkurrierende Technologien entwickeln, von denen letztendlich nur eine implementiert wird, dann weisen die jungen Unternehmen tendenziell eine *negative* Korrelation auf.[813] Es ist allerdings nicht auszuschließen, dass konkurrierende Technologien in einem hinreichend großen Markt *nebeneinander* bestehen; dann ist nicht von einer negativen Korrelation der Wertentwicklung der beiden Unternehmen auszugehen. Die Korrelation lässt sich insofern nicht allein aus der Wettbewerbsbeziehung ableiten, sondern wird auch durch eine Vielzahl weiterer Faktoren bestimmt.

Der Fall vollständiger Substitutionalität zwischen zwei jungen Unternehmen aus Sicht des CVC-Gebers kann z.B. bei Patentierungen eintreten, bei dem das erste Unternehmen ein Patent anmeldet und die anderen Unternehmen von der Nutzung dieser Technologie/Innovation ausschließt.[814] Dann haben die durch das Patent ausgeschlossenen Unternehmen keinen Wert für den CVC-Geber,[815] sofern dieser (ausschließlich) an der pa-

[810] Der Korrelationskoeffizient als *stochastisches* Zusammenhangsmaß erlaubt keinerlei Aussagen über die Kausalität des Zusammenhangs; aus einer kausalen Beziehung können jedoch Schlüsse auf die mögliche Korrelation gezogen werden.

[811] Vgl. van Bekkum / Pennings / Smit (2009), S. 1155, sowie analog Dias (2006); Nishihara (2012).

[812] Vgl. Belderbos / Zou (2009), S. 601-602; Belderbos / Tong / Wu (im Erscheinen).

[813] Vgl. z.B. Pennings / Lint (2002), S. 12-13. Für Pharmaunternehmen sind parallele Investitionen in Biotechnologieunternehmen, die substitutive Wirkstoffe entwickeln, nicht ungewöhnlich; vgl. z.B. Vassolo / Anand / Folta (2004), S. 1050; Malik (2011), S. 494.

[814] Vgl. Vassolo / Anand / Folta (2004), S. 1058; dieser Fall wird hier auch als „winner-take-all"-Situation bezeichnet.

[815] Die durch das Patent ausgeschlossenen Unternehmen werden insofern kein auf dieser Technologie basierendes Geschäftsmodell entwickeln können; siehe hierzu auch Schilling (1998, 2002).

tentierten Innovation interessiert ist. Eine negative Korrelation der Wertentwicklung zweier Unternehmen ist aber auch dann zu erwarten, wenn bei der Vermarktung der Innovation Netzwerkeffekte[816] auftreten oder Technologien einen Standardisierungsprozess durchlaufen.[817] In beiden Fällen kann dies dazu führen, dass nur eines der Unternehmen erfolgreich ist, während andere scheitern. Dabei wird der Wert des einen erfolgreichen jungen Unternehmens, dessen Technologie sich am Markt durchsetzt, im Zeitablauf (erheblich) steigen, während der Wert der anderen Unternehmen stark sinkt.[818] Die Korrelation ist in diesem Fall *negativ*.[819]

Weist die Wertentwicklung zweier junger Unternehmen eine negative Korrelation auf, dann steigt der Wert der Auswahloption.[820] Jedoch können lediglich die Ausübungsgewinne *einer* Realoption realisiert werden ($\beta = 1$). Diese wertvolle Realoption besteht in der Akquisitionsmöglichkeit jenes Portfoliounternehmens, dessen Geschäftsmodell sich als erfolgreich erweist. Die anderen Realoptionen werden vom CVC-Geber nicht ausgeübt, d.h., die Beteiligungen an diesen jungen Unternehmen werden desinvestiert oder liquidiert.[821] Dieser Gesamteffekt führt im Ergebnis dazu, dass zwar der Wert der Auswahloption maximal wird, die Investitionen in konkurrierende Technologien jedoch *subadditiv* sind.[822] Das bedeutet allerdings nicht, dass Investitionen in konkurrierende Unternehmen per se unvorteilhaft sind.[823] Vielmehr hängt dies von den *Zielen* des CVC-Gebers ab: Wenn mit den Investitionen der Zugang zu einer (Schlüssel-)Technologie oder zu neuen Wachstumsmärkten verfolgt wird, dann lässt sich die Investition in konkurrierende junge Unternehmen als *Absicherungs*strategie deuten. Der CVC-Geber kann mit derartigen Parallelinvestitionen die Wahrscheinlichkeit erhöhen, seine strategischen Ziele zu erreichen.

Wenn keine Ausübungsbeschränkungen bestehen ($\alpha = \beta$), dann kann der CVC-Geber maximale Ausübungsgewinne aus dem Realoptionsportfolio realisieren. Eine solche Situation ist beispielweise denkbar, wenn beide Portfoliounternehmen *komplementäre*

---

816 Netzwerkeeffekte entstehen, wenn der Nutzen eines Kunden dadurch verändert wird, dass andere Kunden dieselbe Technologie/das gleiche Produkt verwenden; vgl. Borowicz / Scherm (2001), S. 393, und die dort zitierte Literatur.

817 Vgl. z.B. Suarez / Utterback (1995).

818 Vgl. Anand / Oriani / Vassolo (2007), S. 293.

819 Vgl. van Bekkum / Pennings / Smit (2009), S. 1155.

820 Vgl. Oriani / Sobrero (2008), S. 348. Bei einer perfekt negativen Korrelation ($\rho = -1$) wird der Wert der Auswahloption maximal.

821 Vgl. analog Oriani / Sobrero (2008), S. 348.

822 Vgl. Vassolo / Anand / Folta (2004), S. 1047.

823 Childs / Ott / Triantis (1998) und Childs / Triantis (1999) zeigen, dass parallele Investitionen in konkurrierende Technologien selbst dann vorteilhaft sein können, wenn sich letztendlich nur eine tatsächlich durchsetzt.

Leistungen oder Produkte erbringen.[824] In diesem Fall ist die Korrelation aufgrund der leistungswirtschaftlichen Beziehungen tendenziell hoch. Die Auswahloption ist dann wertlos,[825] allerdings wird dieser Effekt durch die höheren Ausübungsgewinne (über-) kompensiert. Die Korrelation der jungen Unternehmen hat keinen *unmittelbaren* Einfluss auf den *Wert* des Portfolios.[826]

Neben den angesprochenen Faktoren können also die Geschäftsmodelle zweier junger Unternehmen als entscheidend bei der Abschätzung der Korrelation der Wertentwicklung der Unternehmen angesehen werden. Es besteht ein *Spektrum*, das von vollkommener Substitutionalität bis zur vollkommenen Komplementarität zwischen den jungen Unternehmen reichen kann.[827] Der CVC-Geber muss bei der Zusammenstellung des Beteiligungsportfolios zwischen Investitionen abwägen, die den Wert der Austauschoptionen oder die Ausübungsgewinne steigern;[828] die optimale Portfoliozusammenstellung hängt von seinen konkreten Zielen ab. Zugleich wird deutlich, dass der Einfluss der Korrelation ρ durch die Anzahl der ausübbaren Realoptionen β *moderiert* wird: Je größer die Anzahl der ausübbaren Realoptionen β, desto geringer ist der (negative) Einfluss der Korrelation auf den Wert der Portfoliooption.[829] Ein zunehmendes β schwächt also den negativen Einfluss von ρ auf den Wert des Portfolios aus Realoptionen ab. Insgesamt hat β damit einen *positiven* Einfluss auf den Wert der Portfoliooption. Hierbei ist die Subadditivität, die sich aus Übereinstimmungen in dem Risikoprofil der jungen Unternehmen im Portfolio des CVC-Gebers ergeben kann, konzeptionell abzugrenzen von dem abnehmenden Grenznutzen des Hinzufügens weiterer Beteiligungen zu einem ausübungsbeschränkten Portfolio.[830] Für die bislang betrachteten Determinanten des Portfoliowertes ergibt sich das in Abbildung 30 dargestellte *Strukturmodell*.

Empirische Untersuchungen scheinen den Erklärungsgehalt dieser betrachteten Faktoren für den Wert unterschiedlicher Realoptionsportfolios zu bestätigen. Es hat sich zum einen gezeigt, dass die Wahrscheinlichkeit einer Beendigung des Beteiligungsverhältnisses durch den CVC-Geber bei tendenziell positiv korrelierten jungen Unternehmen

---

[824] Vgl. Childs / Ott / Triantis (1998), S. 306; Gao (2011), S. 60. Eine derart starke Abhängigkeit rechtlich selbstständiger Unternehmen innerhalb des CVC-Portfolios wird aber eher eine Ausnahme darstellen. Dieser Fall ließe sich strenggenommen auch als (simultane) Verbundoption bewerten.

[825] Vgl. Childs / Ott / Triantis (1998), S. 321.

[826] Realwirtschaftliche Synergien zwischen den komplementären jungen Unternehmen können dann aber dazu führen, dass deren Wert superadditiv wird; vgl. Yang (2006), S. 73-74; Vassolo / Anand / Folta (2004), S. 1047-1048; implizit Nishihara (2012), S. 108-109. Dieser Zusammenhang wird im folgenden Abschnitt weiter untersucht. Die Korrelation beeinflusst allerdings das Portfolio*risiko*; dieser siehe hierzu Abschnitt IV.2.c.

[827] Vgl. Childs / Ott / Triantis (1998), S. 306; Angelou / Economides (2008), S. 481-482.

[828] Vgl. Anand / Oriani / Vassolo (2007), S. 277.

[829] Vgl. Anand / Oriani / Vassolo (2007), S. 290-291.

[830] Vgl. analog Belderbos / Tong / Wu (im Erscheinen).

größer ist als bei unkorrelierten oder negativ korrelierten Unternehmen.[831] Zum anderen wird empirisch nachgewiesen, dass der Einfluss des Scheiterns eines FuE-Projektes auf den Wert des gesamten FuE-Portfolios geringer ist, wenn die Entwicklungsprojekte den gleichen Markt bedienen.[832] In beiden Fällen impliziert dies die Subadditivität positiv korrelierter Realoptionen innerhalb des Portfolios.[833] Auch wenn diese empirischen Ergebnisse nicht verallgemeinert werden können, so zeigt sich doch, dass sie sich mithilfe des hier entworfenen Strukturmodells deuten lassen.

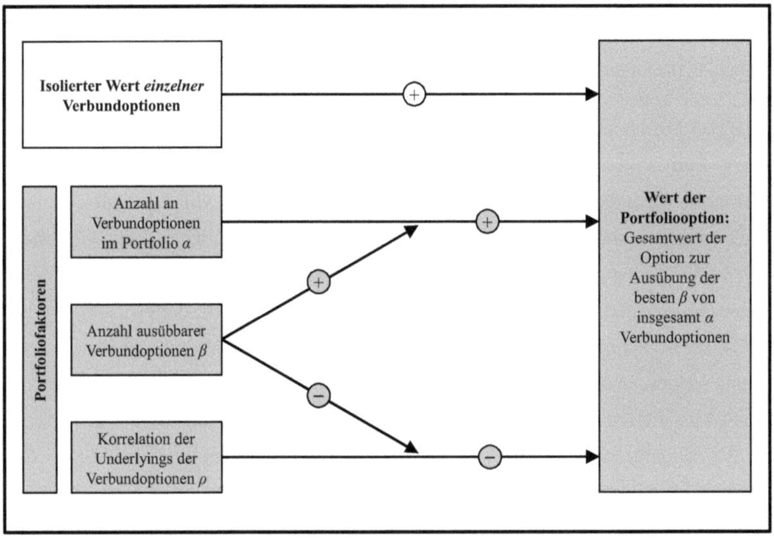

Abbildung 30: Einfluss von Portfoliogröße und Korrelation auf den Wert der Portfoliooption[834]

---

[831] Vgl. Vassolo / Anand / Folta (2004). Bei der Interpretation der Ergebnisse der genannten Studie sind die zuvor genannten *Grenzen* bei der Gewinnung empirischer Daten zu berücksichtigen, die den Aussagegehalt der Untersuchung zwangsläufig relativieren.

[832] Vgl. Girotra / Terwiesch / Ulrich (2007).

[833] Vgl. Vassolo / Anand / Folta (2004), S. 1047; Girotra / Terwiesch / Ulrich (2007), S. 1464.

[834] Quelle: Eigene Darstellung in Anlehnung an Anand / Oriani / Vassolo (2007), S. 291. Ein Pluszeichen (Minuszeichen) markiert einen positiven (negativen) Zusammenhang. Die Anzahl der ausübbaren Realoptionen β moderiert sowohl den Einfluss der Korrelation ρ (negativ) als auch den Einfluss der Anzahl der Realoptionen α (positiv). Anand / Oriani / Vassolo (2007) stellen die erste systematische Analyse der wertbestimmenden Faktoren eines Portfolios aus Realoptionen vor, die den Einfluss unterschiedlicher (finanzwirtschaftlicher) Einflussgrößen – der Portfoliogröße, einer Budgetbeschränkung und der Korrelation der Investitionsprojekte – auf den Portfoliowert analysieren. Zentrale Aussagen leiten die Autoren aus einem von Laamanen (2000) entwickelten analytischen Modell zur Bewertung der komplexen „*Option auf die besten M von N Vermögegenständen*" („*Options on the M Best of N Risky Assets*") ab. Das Modell von Laamanen (2000) stellt dabei eine Weiterentwicklung der Modelle von Stulz (1982) und Johnson (1987) dar; siehe auch Abbildung A11 im Anhang.

(iii) Einfluss von Synergien auf den Portfoliowert

Neben diesen zuvor angeführten Portfolioeffekten beeinflussen *realwirtschaftliche* Synergien den Wert der CVC-Portfolios. Der Begriff der Synergien wird in der Literatur vielfach synonym verwandt mit Economies of Scale/Scope oder der Subadditivität der Produktionskosten.[835] In dieser Arbeit sollen unter dem Begriff *Synergien* alle realwirtschaftlichen Portfolioeffekte zusammengefasst werden, die zur Folge haben, dass der gemeinsame Wert der Investitionen in zwei Unternehmen größer (positive Synergien) oder kleiner (negative Synergien) ist als die Summe deren isolierter Werte.[836] Hierzu werden auch Managementsynergien gezählt, die der CVC-Geber bei der *Betreuung* der jungen Portfoliounternehmen realisieren kann.

Synergien können zum einen zwischen Portfoliounternehmen und dem CVC-Geber bestehen. Zum anderen entstehen Synergien auch zwischen jungen Unternehmen, beispielsweise wenn diese untereinander kooperieren. Strategische Allianzen und Kooperationen zwischen jungen Unternehmen ergeben sich häufig dann, wenn diese durch *denselben* CVC-Geber finanziert werden.[837] Dies wird einerseits auf den Abbau von Informationsasymmetrien *innerhalb* des CVC-Portfolios zurückgeführt; die Investitionen des CVC-Gebers sind entsprechend als „Zertifizierung“ und damit als ein Signal an die anderen Portfoliounternehmen aufzufassen. Zum anderen vermitteln die CVC-Geber im Rahmen der Betreuung der Portfoliounternehmen auch aktiv Kontakte zwischen einzelnen Portfoliounternehmen. Die hieraus resultierenden Synergien sind insofern bei der Ermittlung des Portfoliowertes zu berücksichtigen.

Die zuvor geschätzte Korrelation ρ bezieht sich auf die „Stand-alone“-Wertentwicklung der jungen Unternehmen, die also von jedem Investor realisiert werden kann, unabhängig davon, in welches Portfolio die Beteiligung integriert wird. Mögliche Synergien, die hingegen entstehen können, wenn zwei Unternehmen durch denselben CVC-Geber finanziert werden, sind hierin nicht enthalten. Diese sind insofern als *eigenständiger*

835 Vgl. Davis / Thomas (1993), S. 1334; Tanriverdi / Venkataraman (2005), S. 99. In der Literatur zur Realoptionen werden sie hingegen als „Spillovers“ (Kang / Burton / Mitchell (2011), „Interrelationships“ (Childs / Ott / Triantis (1998)) oder auch als „Interactions“ (Vassolo / Anand / Folta (2004)) bezeichnet.

836 Davis / Thomas (1993) definieren Synergien als *realwirtschaftliche* Effekte, die unmittelbar zur Superadditivität zweier Unternehmen führen; Synergien können sich sowohl in kostenbasierten als auch umsatzbasierten Wertveränderungen äußern (S. 1334); ähnlich auch Tanriverdi / Venkataraman (2005), S. 99. Realwirtschaftliche Synergien sind dabei von rein *finanzwirtschaftlichen* Synergien abzugrenzen; zu Letzteren siehe Leland (2007).

837 Vgl. auch Lindsey (2008), die nachweist, dass die jungen Unternehmen insbesondere dann *untereinander* kooperieren, wenn sie von demselben (C)VC-Geber finanziert werden. Derartige Kooperationen werden dabei auf den Einfluss des VC-Gebers zurückgeführt; vgl. hierzu auch Hsu (2006).

Werttreiber des CVC-Portfolios zu erfassen,[838] da aufgrund dieser realwirtschaftlichen Effekte der Wert junger Unternehmen im Portfolio des CVC-Gebers sub- oder auch superadditiv werden kann. Die Berücksichtigung der Synergien erfolgt hier also analog zur Unternehmensbewertung sowohl im Rahmen von M&A-Transaktionen als auch im Portfoliomanagement diversifizierter Konzerne.[839]

Wenn zwei junge Unternehmen in ein CVC-Portfolio aufgenommen werden und Synergien zwischen beiden Unternehmen realisiert werden können, dann erhöht dies tendenziell auch die *Korrelation* der Portfoliounternehmen.[840] Dies führt in dem hier skizzierten Portfolio aus Realoptionen dazu, dass der Wert der Auswahloption sinkt und damit der der Portfoliooption. Auch dieser Einfluss auf den Wert des Portfolios ist entsprechend zu berücksichtigen.[841]

Zusätzlich kann der CVC-Geber auch Synergien realisieren, wenn er in Unternehmen *verwandter* Branchen investiert.[842] Der Investitionsprozess ist für den CVC-Geber mit Aufwand verbunden, der insbesondere für die Auswahl und die Betreuung der jungen Unternehmen während der Beteiligungsphase entsteht.[843] Investiert der CVC-Geber in Unternehmen verwandter Branchen, dann kann er *Spezialisierungs*vorteile erlangen.[844] Diese äußern sich unter anderem darin, dass der CVC-Geber bei der Betreuung der jungen Unternehmen branchenspezifisches Wissen nutzen kann, das er im Zeitablauf erwirbt. Diese „betreuungsseitigen" Managementsynergien kann der CVC-Geber dann optimal ausschöpfen, wenn beide Unternehmen eine hohe Korrelation aufweisen: Entwickeln sich beide Unternehmen positiv, können die Synergiepotenziale während der gesamten Beteiligungsphase realisiert werden. Dies ist insbesondere der Fall, wenn beide Portfoliounternehmen auf die gleiche Infrastruktur zurückgreifen.[845] Scheitert aller-

---

[838] Dieser direkte positive Einfluss ist in Abbildung 31 durch den Pfeil von den Synergien auf den Portfoliowert dargestellt.

[839] Siehe hierzu z.B. Coenenberg / Sautter (1988); Dirrigl (1994); Funk (1999).

[840] Dies ist darauf zurückzuführen, dass in der Regel in *beiden* Unternehmen Synergien anfallen; vgl. z.B. Berkovitch / Narayanan (1990, 1993).

[841] Wassmer / Dussauge (2011) konstatieren aus diesem Grund, dass Interdependenzen innerhalb eines Portfolios aus Kooperationspartnern bislang nicht hinreichend *formalisiert* wurden (S. 48). Die Modelle von Stulz (1982), Johnson (1987), Laamanen (2000) und Anand / Oriani / Folta (2007) betrachten keinerlei *realwirtschaftliche* Synergien; eine *Erweiterung* ist daher in dem hier aufgezeigten Anwendungskontext notwendig.

[842] Vgl. analog Norton / Tenenbaum (1993), S. 435-436; Matusik / Fitza (2012), S. 408-411.

[843] Vgl. Gorman / Sahlman (1989).

[844] Vgl. Kang / Burton / Mitchell (2011), S. 227-228; Matusik / Fitza (2012), S. 408-409. VC- und CVC-Geber unterstützen junge Unternehmen neben der Bereitstellung von Investitionskapital durch nichtfinanzielle (Beratungs-)Leistungen. Z.B. sitzen sie in Aufsichtsgremien, beraten das Management bei operativen und strategischen Entscheidungen und stellen im Rahmen von Syndizierungen den Kontakt zu weiteren Kapitalgebern her. Siehe auch Gorman / Sahlman (1989).

[845] Markides / Williamson (1994) bezeichnen die Synergien, die sich aus der Nutzung derselben Ressourcen ergibt, auch als „asset amortization". Die gemeinsame Nutzung von Ressourcen wirkt sich bereits kurzfristig auf den Unternehmenserfolg aus (S. 150).

dings *eines* der beiden Unternehmen, dann entfällt auch deren gemeinsames Synergiepotenzial.[846] Die Synergien, die der CVC-Geber bei der Betreuung junger Unternehmen realisieren kann, hängen insofern positiv von der Korrelation der Wertentwicklung der beiden Unternehmen ab.[847]

Diese Synergien kann der CVC-Geber realisieren und wirken sich daher nicht unmittelbar auf die operative Geschäftstätigkeit der jungen Unternehmen aus. Es ist insofern nicht davon auszugehen, dass ein unmittelbarer Zusammenhang zwischen diesen Synergien bei der Betreuung und der Korrelation der Wertentwicklung der Portfoliounternehmen besteht.[848] Diese realwirtschaftlichen Verbundeffekte sollen daher als *korrelationsirrelevante* Synergien bezeichnet werden, da sich diese nicht in einer Veränderung des Korrelationskoeffizienten ρ niederschlagen. Dennoch beeinflussen diese Synergien die Vorteilhaftigkeit einzelner Projekte und damit die (optimale) Allokation von Ressourcen zwischen zwei sequenziellen CVC-Investitionsprojekten.[849] Bei der Modellierung der Einflussfaktoren des CVC-Portfolios sind also sowohl Synergien innerhalb des Portfolios und zwischen dem CVC-Geber und den jungen Unternehmen als auch Synergien des CVC-Gebers bei der Betreuung der Portfoliounternehmen zu berücksichtigen (siehe hierzu auch Abbildung A14 im Anhang).[850]

Synergien können auch danach unterschieden werden, ob sie bei der Bereitstellung finanzieller und nicht-finanzieller Ressourcen entstehen oder erst bei der Ausübung der Realoption.[851] Im ersten Fall können die Investitionen in zwei oder mehrere junge Unternehmen aufgrund synergetischer *Ressourcennutzung* geringer ausfallen, wenn diese auf einen gemeinsamen Ressourcenpool zurückgreifen, wie z.B. Laborarbeitsplätze.[852] Synergien entstehen zudem, wenn Ressourcen aus einem gescheiterten Unternehmen in ein anderes transferiert werden können.[853] Dies ist beispielsweise der Fall, wenn ein CVC-Geber frei werdende spezialisierte Mitarbeiter, die mit der Betreuung eines gescheiterten Portfoliounternehmens beauftragt waren, für ein anderes Unternehmen ein-

846 In diesem Fall ist es entsprechend unerheblich, ob nur eines oder beide Unternehmen scheitern; das Synergiepotenzial entfällt in jedem Fall.

847 Vgl. grundlegend Nishihara (2012).

848 Die Synergien, die der CVC-Geber bei der Betreuung der jungen Unternehmen realisieren kann, beeinflussen zumindest nicht den Wert, den andere Investoren den jungen Unternehmen beimessen.

849 Vgl. grundlegend Kang / Burton / Mitchell (2011); Nishihara (2012).

850 Vgl. auch Vassolo / Anand / Folta (2004) sowie analog Wassmer / Dussauge (2011, 2012); Baldi (2013).

851 Vgl. Fox / Baker / Bryant (1984), S. 891-892; Yang (2006) unterscheidet analog „option cost additivity" und „growth benefit additivity" (S. 73-76). Analog werden in der Produktionstheorie inputseitige und outputseitige Synergien unterschieden.

852 Vgl. Yang (2006), S. 70; von Ahsen / Heesen (2009), S. 598; Zapata / Reklaitis (2010), S. 655; Nishihara (2012), S. 108.

853 Vgl. Fulghieri / Sevilir (2009b); Kang / Burton / Mitchell (2011); Gao (2011).

setzen kann.[854] Scheitert ein Unternehmen im Zeitpunkt $t^* < n$, dann können alle ursprünglich geplanten weiteren Investitionen $I_{t>t^*}$ sowie die bereits investierten verwendbaren Ressourcen dieses Unternehmens auf andere Portfoliounternehmen reallokiert werden. Da die Ressourcen überwiegend unternehmens- oder branchenspezifisch sind, hängt die Möglichkeit zur *Reallokation* spezifischer Ressourcen von der Branchenstrategie des CVC-Gebers und der Portfoliogröße ab:[855] Zum einen ist die Möglichkeit zur Ressourcenreallokation größer, je mehr sich die Geschäftsmodelle gleichen; zum anderen vergrößert sich die Wahrscheinlichkeit einer anderweitigen effizienten Nutzung von Ressourcen, wenn die Zahl verwandter Geschäftsmodelle im Portfolio des CVC-Gebers steigt.[856]

Im Falle positiver Synergien sind die Investitionen für den Erwerb der Verbundoptionen (in $t = 0$) bzw. bei der sukzessiven Ausübung der Realoption ($t < n$) *geringer* und/oder die Ausübungsgewinne höher. Dies ist zum einen möglich, wenn die Summe der notwendigen Investitionen I_t in die Portfoliounternehmen $\delta = 1, 2, \ldots, \alpha$ aus dem Portfolio des CVC-Gebers geringer ist, als wenn isoliert in diese jungen Unternehmen investiert wird.[857] Diese *Subadditivität* der Investitionen I_t in die jungen Unternehmen führt c.p. zu einer Superadditivität der Realoptionen.[858] Zum anderen können positive Synergien bei der *Ausübung* von Realoptionen entstehen, wenn der CVC-Geber durch die Akquisition mehrerer junger Unternehmen einen hohen Marktanteil erzielen kann, der ihm *Marktmachtvorteile* gegenüber Lieferanten oder Kunden verschafft oder ein potenzieller Wettbewerber akquiriert wird.[859] Im Falle einer Marktkonsolidierung ist die Summe der Ausübungsgewinne $\max[V_n - I_n]$ einer gemeinsamen Ausübung der (Akquisitions-)Optionen größer als bei einer isolierten Ausübung. Negative Synergien können sich hingegen aufgrund eines stark zunehmenden *Koordinationsaufwandes* zwischen den jungen Unternehmen ergeben.[860]

Unabhängig davon, wo positive (negative) Synergien anfallen, also bei der Ressourcenbereitstellung oder der Ausübung, ist der *gemeinsame* Wert der in dem Portfolio an Be-

---

[854] Vgl. Fulghieri / Sevilir (2009b), S. 4649.

[855] Vgl. Fulghieri / Sevilir (2009b), S. 4652-4661.

[856] Vgl. Kang / Burton / Mitchell (2011), S. 230.

[857] Ähnlich auch Nishihara (2012), S. 109. Hierbei wird unter den Investitionen I_t auch die Bereitstellung nicht-finanzieller Ressourcen subsumiert.

[858] Vgl. Vassolo / Anand / Folta (2004), S. 1050; Tanriverdi / Venkataraman (2005), S. 99-100; Dias (2006), S. 2. In diesem Sinne betonen Vassolo / Anand / Folta (2004), dass der Wert einer Realoption auch von den „Kosten" für den Erwerb der Realoption abhängt (S. 1050).

[859] Vgl. z.B. Palich / Cardinal / Miller (2000), S. 156-157, und die dort zitierte Literatur.

[860] Vgl. Palich / Cardinal / Miller (2000), S. 159-160; Franke / zu Knyphausen-Aufseß (2012), S. 5-6, und die dort zitierte Literatur.

teiligungen an jungen Unternehmen ($\delta = 1, 2, \ldots, \alpha$) enthaltenen Realoptionen höher (geringer) als bei isolierter Betrachtung. In diesem Fall gilt also:[861]

$$(15)\quad f\left(C^{1}_{z,t}, C^{2}_{z,t}, \ldots, C^{\alpha}_{z,t}\right) \;\geq\; f\left(C^{1}_{z,t}\right) + f\left(C^{2}_{z,t}\right) + \ldots + f\left(C^{\alpha}_{z,t}\right)$$

Die Synergien sind zum einen bei der Zusammenstellung des Beteiligungsportfolios im Rahmen von CVC-Programmen zu berücksichtigen, weil sie dessen Wert unmittelbar positiv beeinflussen (siehe auch Abbildung 31).[862] Zum anderen haben diese Synergien einen eher mittelbaren Einfluss, weil sie den Einfluss der *Korrelation* auf den Wert der Portfoliooption *moderieren.* (Potenzielle) Synergien zwischen zwei Unternehmen können nämlich dann bestmöglich ausgeschöpft werden, wenn zwei Unternehmen eine hohe Korrelation aufweisen:[863] Entwickeln beide Unternehmen ein erfolgreiches Geschäftsmodell, dann können über die gesamte Projektdauer $t = 0$ bis $t = \mathrm{n}$ Synergien realisiert werden. Scheitert hingegen ein Unternehmen zu einem früheren Zeitpunkt $t^* < n$, dann können nur bis zu diesem Zeitpunkt Synergien genutzt werden; ab t^* entfällt der positive Einfluss auf den Wert der Portfoliooption. Wenn zwei Portfoliounternehmen eine negative Korrelation aufweisen, dann ist die Wahrscheinlichkeit höher, dass wenigstens eines der Portfoliounternehmen scheitert, als wenn beide Unternehmen eine stark positive Korrelation aufweisen. In letzterem Fall ist hingegen eher möglich, dass beide Unternehmen gleichzeitig scheitern oder beide Unternehmen erfolgreich sind. D.h., je größer die Korrelation zwischen zwei jungen Unternehmen ist, desto höher fallen die potenziell realisierbaren Synergien aus.

Das bedeutet zugleich, dass mit der zunehmenden Realisierung von Synergien der negative Einfluss der Korrelation auf den Portfoliowert abnimmt. Je nach Ausmaß der Synergien zwischen zwei jungen Unternehmen kann dies sogar den negativen Einfluss der Korrelation auf den Wert der Auswahloption überkompensieren, so dass die Korrelation insgesamt einen positiven Einfluss auf den Portfoliowert hat.[864]

Kooperationsmöglichkeiten und damit Potenziale zur Realisierung von Synergien bestehen vielfach zwischen Unternehmen mit *verwandten* Geschäftsmodellen; bei diesen Unternehmen erscheint eine gemeinsame Nutzung von z.B. Unternehmensinfrastruktur

---

[861] Die Zurechnung der Synergien zu einem Portfoliounternehmen kann anhand des *Marginalprinzips* erfolgen; sie ist für den Wert den CVC-Portfolios nicht entscheidend.

[862] Dies ist in Abbildung 31 durch den direkten Pfeil (+) von den Synergien auf den Portfoliowert dargestellt.

[863] Ähnlich auch Dias (2006), S. 7; Nishihara (2012), S. 108.

[864] Für eine konzeptionelle Fundierung dieser Aussage siehe Nishihara (2012). Dieser moderierende Einfluss ist in Abbildung 31 durch den Pfeil von den Synergien auf den (Einfluss-) Pfeil zwischen der Korrelation und dem Portfoliowert dargestellt.

am ehesten möglich.[865] Investiert der CVC-Geber also in junge Unternehmen derselben Branche oder mit verwandten Geschäftsmodellen, dann können sowohl die Synergien zwischen einzelnen Portfoliounternehmen als auch Synergien des CVC-Gebers bei deren Betreuung einen erheblichen wertbestimmenden Faktor des CVC-Portfolios darstellen. Je mehr sich die Geschäftsmodelle der Portfoliounternehmen ähneln, desto größer ist das realisierbare *Synergiepotenzial* χ.[866] Mit zunehmender Geschäftsmodell-Diversifikation des Beteiligungsportfolios sinkt hingegen das Synergiepotenzial zwischen den jungen Unternehmen.[867] Eine Spezialisierung auf bestimmte Branchen erlaubt mithin eher die Realisierung signifikanter Synergieeffekte als eine starke Diversifikation des CVC-Portfolios.[868]

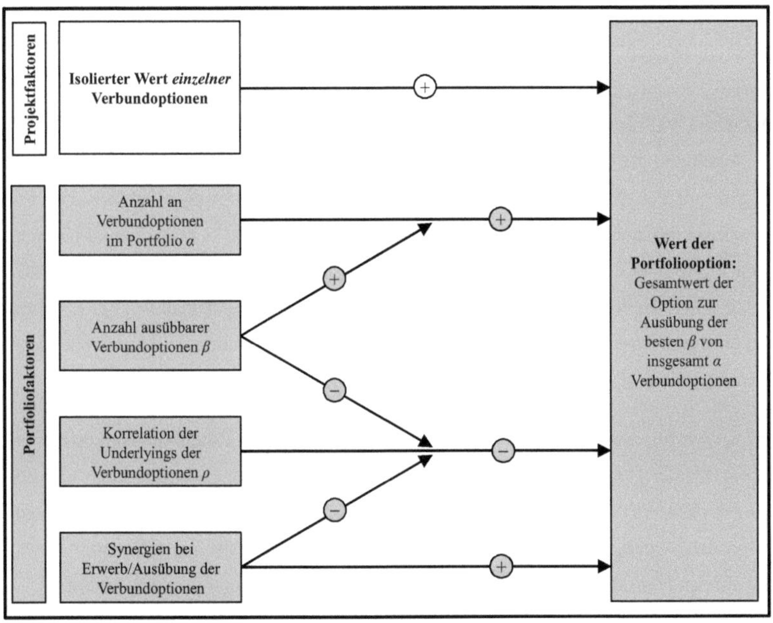

Abbildung 31: Strukturmodell der Einflussgrößen auf den Wert der Portfoliooption

Es lässt sich also zusammenfassen, dass die *Anzahl* der Beteiligungen im Portfolio α einen positiven Einfluss auf den Wert der Portfolios hat; die Stärke dieses Einflusses hängt aber von β ab, also wie viele Realoptionen ausgeübt werden können. Die *Korrela-*

865 Vgl. Cantwell / Colombo (2000), S. 141-142; Palich / Cardinal / Miller (2000), S. 159; Yang (2006), S. 73-74; von Ahsen / Heesen (2009), S. 596-598. Grundlegend auch Harrison et al. (2001).

866 Vgl. Yang (2006), S. 74. Zu Knyphausen-Aufseß / Zaby / Kind (2006) und Haeussler (2007) dokumentieren, dass spezialisierte VC-Fonds teilweise die Akquisition bzw. Verschmelzung von Portfoliounternehmen untereinander als Mittel zur Realisierung von Synergien einsetzen.

867 Vgl. Yang (2006), S. 74; Kang / Burton / Mitchell (2011), S. 229-230.

868 Siehe hierzu auch Lin / Lee (2011); Matusik / Fitza (2012).

tion zwischen der Wertentwicklung der Beteiligungen hat einen negativen Einfluss auf den Wert des Portfolios. Dieser Einfluss wird jedoch abgeschwächt durch die Anzahl ausübbarer Realoptionen β sowie Synergien χ zwischen den Portfoliounternehmen; Synergien können den Einfluss der Korrelation im Grenzfall sogar über*kompensieren*. Die Synergien haben zudem einen direkt positiven Einfluss auf den Wert des Portfolios, ebenso wie der *isolierte Wert* einzelner Beteiligungen (siehe zusammenfassend Abbildung 31).

Verschiedene empirische Studien weisen einen positiven Einfluss synergetischer Effekte auf den Wert eines Realoptionsportfolios nach.[869] Einerseits zeigt sich, dass der negative Einfluss des Abbruchs eines Investitionsprojektes auf den Wert des Portfolios geringer ist, wenn Ressourcen in anderen Unternehmen verwendet werden können.[870] Andererseits weisen VASSOLO / ANAND / FOLTA (2004) empirisch nach, dass Synergien sowohl zwischen jungen Unternehmen als auch zwischen einem jungen Unternehmen und dem CVC-Geber den Wert von Realoptionen und damit die Wahrscheinlichkeit einer Ausübung der Akquisitionsoption steigern.[871] Der hier formulierte Einfluss von Synergien auf den Wert von Realoptionsportfolios bildet insofern diese empirischen Erkenntnisse anschaulich in einem Strukturmodell ab; Abbildung 31 fasst die hier betrachteten Werttreiber des Portfoliowertes zusammen. Zu beachten ist hierbei, dass der CVC-Geber durch die Realisierung von Synergien – je nach deren Ausmaß – unter Umständen eine größere Anzahl α an Beteiligungen eingehen oder auch mehr Akquisitionsoptionen β ausüben kann.

Die *optionspreistheoretische* Modellierung der sequenziellen Beteiligungsinvestitionen erlaubt insofern eine differenziertere Analyse der wertbestimmenden Faktoren und deren *Interdependenzen* im Vergleich zur Portfoliotheorie. Darüber hinaus lässt sich im Folgenden zeigen, dass die Korrelation der Wertentwicklung der Portfoliounternehmen sowohl den *Wert* als auch das *Risiko* eines Portfolios aus Realoptionen beeinflusst.[872]

---

869 Patzelt / zu Knyphausen-Aufseß / Arnoldt (2006) merken aus diesem Grund an, dass die Berücksichtigung von Synergien bei der Untersuchung von Investitionsstrategien für VC-Portfolios mehr Beachtung beizumessen ist (S. 123).

870 Vgl. analog Moel / Tufano (2002), S. 55-56; Girotra / Terwiesch / Ulrich (2007), S. 1457.

871 Siehe hierzu auch Lindsey (2008). Belderbos / Tong / Wu (im Erscheinen) weisen zudem darauf hin, dass für eine Realisierung potenzieller Synergien zwischen den rechtlich selbstständigen Unternehmen auch entsprechende *organisationale* Voraussetzungen bestehen müssen. Die Autoren zeigen empirisch am Beispiel der Tochterunternehmen multinationaler Konzerne, dass eine Realisierung der Synergien von dem Einfluss der Konzernmutter auf die Tochterunternehmen im Portfolio abhängt.

872 Vgl. Anand / Oriani / Vassolo (2007), S. 289-290. Im CAPM wird die Portfoliorendite μ als gewogenes arithmetisches Mittel aus den Renditen der Portfolioelemente ermittelt; allein bei der Ermittlung der Portfoliovarianz σ^2 wird die Korrelation relevant.

c. Varianz eines Portfolios aus Realoptionen

Bislang wurden die *wert*bestimmenden Faktoren des CVC-Portfolios näher betrachtet. Für den CVC-Geber ist bei der Portfoliozusammenstellung aber auch das *Risiko* des Portfolios entscheidungsrelevant. Hier wird also, wie in der Portfoliotheorie, eine gedankliche Trennung der – im vorangegangenen Abschnitt analysierten – „Rendite" und dem Risiko vorgenommen. Im Folgenden werden die *Varianz* des Portfolios σ^2 bzw. die Standardabweichung σ als Maßgröße für das Risiko betrachtet. Auf Projektebene wurde der maximal mögliche Verlust als Risikomaß für eine einzelne CVC-Investition gewählt; der maximal mögliche Verlust lässt sich auch für ein Portfolio bestimmen, indem die möglichen Verluste der einzelnen Beteiligungen kumuliert werden.[873] Auf Portfolioebene können die Gewinne die Verluste aus anderen Beteiligungen zumindest teilweise (über-)kompensieren. In diesem Fall ist für den CVC-Geber auch die *Variabilität* des Portfoliowertes interessant. Daher wird auf Portfolioebene zusätzlich die Varianz des Realoptionsportfolios als Risikomaß betrachtet.[874]

Die explizite Betrachtung der Risikowirkungen einer Portfoliobildung aus Realoptionen erscheint notwendig, weil das Diversifikationspotenzial einer Realoption von dem einer unbedingten Finanzinvestition abweicht.[875] So ist beispielsweise das Risiko eines Portfolios aus Realoptionen nicht vollständig diversifizierbar, selbst wenn die Underlyings der Optionen perfekt negativ korreliert sind, da ein sich negativ entwickelndes Projekt abgebrochen wird.[876] Modelle der Portfoliotheorie sind damit nicht unmittelbar anwendbar, sie werden jedoch für die folgende Analyse des Diversifikationspotenzials von Realoptionen als *Referenzmaßstab* herangezogen. Interessant sind die Erkenntnisse, die sich für ein Realoptionsportfolio im Vergleich zur Portfoliotheorie ableiten lassen.

VAN BEKKUM / PENNINGS / SMIT (2009)[877] untersuchen in einer Monte Carlo-Simulation das Risiko eines Portfolios – ausgedrückt in der Varianz bzw. Standardabweichung –

---

[873] Vgl. hierzu die Ausführungen des Abschnitts III.1.

[874] Zur Bestimmung der Portfoliovarianz wird die Projektvarianz sowie die Kovarianz der Projekte benötigt. Auf die eingeschränkten Möglichkeiten einer Schätzung von Varianz und Kovarianz aus empirischen Daten wurde bereits im vorherigen Abschnitt hingewiesen; hierin ist eine *Grenze* des hier entwickelten Vorgehens zu sehen.

[875] Vgl. Brosch (2008), Kapitel 5; van Bekkum / Pennings / Smit (2009).

[876] Dies ist jedoch möglich für zwei perfekt negativ korrelierte Aktien; vgl. z.B. Schäfer (2005), S. 293-295.

[877] Die Simulationsstudie von van Bekkum / Pennings / Smit (2009) ist die einzige dem Autor bekannte Untersuchung, die die Risikowirkungen einer *Portfolio*bildung aus Realoptionen fokussiert. Das Risiko eines Portfolios von Optionen kann bislang nur für die Grenzfälle von Optionen auf unabhängige oder perfekt positiv wie negativ korrelierte Underlyings analytisch bestimmt werden; vgl. van Bekkum / Pennings / Smit (2009), S. 1152. Aus diesem Grund verwenden die Autoren ein Simulationsmodell zur Analyse des Risikos eines Realoptionsportfolios. Ähnlich modelliert Brosch (2008) ein Portfolio aus zwei Optionen binomial (Kapitel 4) und untersucht die Portfolioeffekte anschließend in einer Simulation (Kapitel 5).

aus zunächst zwei einstufigen Realoptionen in Abhängigkeit von der Korrelation der Wertentwicklung deren Underlyings.[878] Hierbei unterstellen die Autoren eine Normalverteilung der Wertveränderung der Underlyings der beiden Realoptionen. Zudem wird vereinfachend angenommen, dass keinerlei Interdependenzen zwischen zwischen den beiden Realoptionen bestehen.[879] Der Korrelationskoeffizient wird in 21 Schritten von 0,1 jeweils von –1 bis +1 variiert und bei jeweils 50.000 Durchläufen der Portfoliowert P bestimmt; dies erlaubt die Schätzung der Portfoliovarianz σ_P^2.[880]

Die dort zugrunde gelegten Annahmen unterscheiden sich also teilweise von denen dieser Arbeit. Dennoch sind die grundlegenden Erkenntnisse der Simulation auf Verbundoptionen übertragbar: Die Ergebnisse beruhen wesentlich auf der Modellierung von Investitionsprojekten als Realoptionen und der daraus resultierenden Möglichkeit, unvorteilhafte Projekte *abbrechen* zu können; dies trifft gleichermaßen auf Verbundoptionen zu. Anders als in der Portfoliotheorie ist die Varianz eines Portfolios aus Realoptionen eine Funktion der Korrelation der Underlyings der Optionen *und* der Wahrscheinlichkeit, dass ein nicht erfolgreiches Projekt abgebrochen wird.[881] Ein abgebrochenes Projekt kann die Wertentwicklung des anderen Projektes nicht mehr ausgleichen und so das Portfoliorisiko mindern.

Bei der Simulation der Portfoliovarianz zeigt sich zum einen, dass das zu erwartende Diversifikationspotenzial *negativ* korrelierter Projekte geringer ist als bei einem Portfolio unbedingter Ansprüche (siehe Abbildung 32). Für negative Korrelationen ($\rho < 0$) verläuft die Kurve der Portfoliovarianz des Portfolios aus Realoptionen oberhalb der Kurve für unbedingte Finanzkontrakte; bei letzteren besteht ein linearer Zusammenhang zwischen der Korrelation und der Portfoliovarianz.

Dieser Kurvenverlauf lässt sich wie folgt erklären: In einem Portfolio aus zwei unbedingten, negativ korrelierten Investitionen sinkt der Wert des einen Projektes, während der des anderen steigt; diese Gewinne und Verluste gleichen sich tendenziell aus. Im Falle negativ korrelierter, *bedingter* Investitionen hingegen ist die Wahrscheinlichkeit hoch, dass eines der Projekte abgebrochen wird. Dieses gescheiterte Projekt wird wert-

---

878 Grundlegend zur Monte Carlo-Simulation von Optionswerten siehe Boyle (1977).

879 In diesem Fall ergibt sich der Portfoliowert durch Saldierung der Auszahlungen der Realoptionen.

880 Die Schätzung der Portfoliovarianz σ_P erfolgt bei R = 50.000 Durchläufen anhand der erwartungstreuen Schätzung:

$$\sigma_P = \frac{1}{R}\sum_{j=1}^{R}(P_j - \overline{P})^2, \quad mit \quad \overline{P} = \frac{1}{R}\sum_{j=1}^{R}P \cdot$$

881 Für unbedingte Finanzinvestitionen hingegen kann die Portfoliovarianz allein anhand der Korrelation und der Varianz der Portfolioelemente bestimmt werden; vgl. grundlegend Markowitz (1952).

los und kann nicht zu einer Minderung der Portfoliovarianz beitragen.[882] Das Vorliegen einer Realoption begrenzt zwar die Verluste eines einzelnen Projektes auf die Optionsprämie und mindert insofern das *Downside-Risiko* im Sinne des maximal möglichen Verlustes des Portfolios. Ein risikoloses Portfolio, das eine sichere „Rendite" aufweist, kann aber selbst bei Vorliegen perfekt negativ korrelierter Underlyings nicht gebildet werden. Die Varianz bzw. Standardabweichung eines Portfolios aus bedingten Ansprüchen ist in diesem Fall höher als diejenige unbedingter Ansprüche, das Diversifikationspotenzial entsprechend *geringer*.[883]

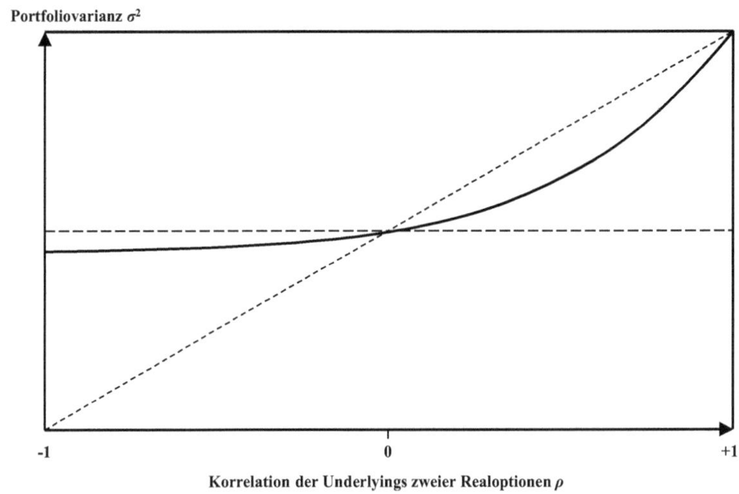

Abbildung 32: Diversifikationspotenzial von bedingten und unbedingten Investitionen[884]

Im umgekehrten Fall von Realoptionen auf *positiv* korrelierte Underlyings ist das Diversifikationspotenzial hingegen *größer* als das unbedingter Ansprüche. In Abbildung 32 liegt die Varianz des Realoptionsportfolios für positive Korrelationen ($\rho > 0$) unterhalb des Portfolios aus unbedingten Investitionen. Verlaufen beide Projekte aussichtsreich, dann wird in beide bis zur Fertigstellung investiert. Entwickeln sich beide Projekte hingegen negativ, dann werden beide unmittelbar abgebrochen, um die Verluste gering zu halten. Dies begrenzt wiederum das Verlustpotenzial und damit die Bandbreite möglicher Portfoliowerte nach unten. In Gegensatz zu unbedingten Finanzkontrakten

[882] Vgl. van Bekkum / Pennings / Smit (2009), S. 1152.

[883] Vgl. van Bekkum / Pennings / Smit (2009), S. 1151-1152.

[884] Quelle: Modifizierte Darstellung von van Bekkum / Pennings / Smit (2009), S. 1153.

fällt die Portfoliovarianz durch diese Möglichkeit zur Verlustbegrenzung geringer aus. Insgesamt ergibt sich das in Abbildung 32 dargestellte Bild für das Diversifikationspotenzial der Realoptionen. Formal ausgedrückt gilt also für die Standardabweichung σ von Portfolios bedingter und unbedingter Investitionen:

$$(16)\quad \begin{aligned} \sigma_P^{unbedingt} &\leq \sigma_P^{bedingt} \qquad \textit{für} \quad \rho \leq 0 \\ \sigma_P^{unbedingt} &\geq \sigma_P^{bedingt} \qquad \textit{für} \quad \rho \geq 0 \end{aligned}$$

Für negativ (positiv) korrelierte Realoptionen ist das Diversifikationspotenzial also geringer (größer), als bei Zugrundelegung der Portfoliotheorie zu erwarten ist. Für Beteiligungen an jungen Unternehmen bestehen allerdings nur begrenzte Möglichkeiten, die Varianz und Kovarianz zu schätzen, insbesondere weil (historische) Marktpreise für die jungen Unternehmen in der Regel nicht vorliegen. Als Ausweg bleibt aber die bereits erwähnte Möglichkeit einer Ableitung möglicher Werte für den Korrelationskoeffizienten anhand der Geschäftsmodelle der jungen Unternehmen; dies erlaubt gegebenenfalls die Einordnung von Unternehmen als tendenziell positiv oder negativ korreliert bzw. unkorreliert.[885] Der CVC-Geber kann die Korrelation der Wertentwicklung der Portfoliounternehmen primär durch die Wahl der Branchen und die den jungen Unternehmen zugrundeliegenden Geschäftsmodelle beeinflussen. Bei CVC-Investitionen ist zu erwarten, dass die Portfoliounternehmen tendenziell eine positive Korrelation aufweisen, da sie einen strategischen Fit zum CVC-Geber aufweisen müssen; der Fall einer negativen Korrelation ist entsprechend seltener zu erwarten.

Das Diversifikationspotenzial eines jungen Unternehmens im Portfolio des CVC-Gebers hängt neben dessen Korrelation mit anderen Portfoliounternehmen auch von der Wahrscheinlichkeit ab, dass es ein erfolgreiches Geschäftsmodell entwickelt und die Investitionen fortgesetzt werden. Die Wahrscheinlichkeit eines Projektabbruchs wird unter anderem dadurch bestimmt, wie weit die Realoption „im Geld“ ist. Sind die Realoptionen weit „*im* Geld“, sodass die Wahrscheinlichkeit des Abbruchs eines Projektes gering ist, dann ähnelt das Diversifikationspotenzial zunehmend dem eines Portfolios unbedingter Projekte.[886] Dies ist beispielsweise dann der Fall, wenn die jungen Unternehmen bereits erste Entwicklungsphasen erfolgreich durchlaufen haben und vorerst keine weiteren hohen Investitionen notwendig sind.

Im Umkehrschluss bedeutet das, dass der Diversifikationseffekt fast vollständig entfällt, wenn die Wahrscheinlichkeit des Abbruchs eines der Investitionsprojekte hoch ist, also

[885] Hierzu sei auf die Ausführungen des Abschnitts IV.2.b.ii. verwiesen.

[886] Vgl. van Bekkum / Pennings / Smit (2009), S. 1153-1154.

die Optionen weit „*aus* dem Geld" sind.[887] Bei CVC-Investitionen ist die Wahrscheinlichkeit eines Abbruchs insbesondere in *frühen* Entwicklungsphasen hoch. Für CVC-Investitionen in frühen Entwicklungsstadien fällt der Diversifikationseffekt folglich *gering* aus. Es ist somit festzuhalten, dass das Diversifikationspotenzial innerhalb eines CVC-Programms deutlich von dem eines Aktienportfolios abweichen kann.[888]

Die Ergebnisse von VAN BEKKUM / PENNINGS / SMIT (2009) gelten sowohl für einstufige als auch für Verbundoptionen; entscheidend für die bei der Bestimmung des Einflusses der Portfoliobildung auf die (Gesamt-)Varianz ist primär, dass der vorzeitige Abbruch der sequenziellen Projekte möglich ist.[889] Bei der Simulation des Risikos eines Portfolios aus *Verbundoptionen* hängen die Ergebnisse allerdings auch davon ab, *wann* ein Projekt abgebrochen wird, da hierbei mehrere (Investitions-)Zeitpunkte betrachtet werden.[890] Der grundlegende Zusammenhang zwischen der Korrelation und dem Diversifikationspotenzial ist jedoch auch für Verbundoptionen plausibel.[891]

Bei der Zusammenstellung eines CVC-Portfolios ist mithin zu berücksichtigen, dass die Diversifikation ein weniger wirksames Instrument zur Risikosteuerung darstellt, als dies bei unbedingten Finanzinvestitionen der Fall ist. Hierbei sind zudem die zuvor aufgezeigten Interdependenzen wie auch das Risiko auf Portfolioebene zu berücksichtigen. Deshalb können diese Parameter bei der folgenden Ableitung strategischer Implikationen für das CVC-*Portfoliomanagement* nicht isoliert voneinander betrachtet werden.

3. Implikationen für das CVC-Portfoliomanagement

a. Grenzen der Diversifikation strategisch motivierter CVC-Programme

CVC-Geber wählen in der Regel – ähnlich wie konventionelle VC-Geber – eine Investitions*strategie* für ihr Beteiligungsportfolio, bevor sie Investitionen in junge Unternehmen vornehmen.[892] Im Rahmen der Portfoliostrategie kann der CVC-Geber insbesondere festlegen, in welchen *Branchen* er investieren möchte und in welcher Entwicklungs-

---

887 Siehe auch van Bekkum / Pennings / Smit (2009), S. 1154, Figure 2.

888 Die Implikationen für die Portfoliowahl des CVC-Gebers werden im folgenden Abschnitt IV.3. untersucht.

889 Vgl. van Bekkum / Pennings / Smit (2009), S. 1154.

890 van Bekkum / Pennings / Smit (2009) betrachten hingegen *einstufige* Optionen in einem Einperiodenmodell, es finden also lediglich zu *zwei* Zeitpunkten mögliche Investitionen statt.

891 Vgl. van Bekkum / Pennings / Smit (2009), S. 1154.

892 Portfoliostrategien konventioneller VC-Geber wurden in zahlreichen empirischen Studien untersucht; siehe z.B. Gupta / Sapienza (1992); Norton / Tenenbaum (1993); De Clercq et al. (2001); Dimov / De Clercq (2006); Gompers / Kovner / Lerner (2009); Knill (2009); Matusik / Fitza (2012).

phase sich die Zielunternehmen befinden sollen (siehe auch Abbildung 33).[893] Ziel der *Portfoliostrategie* ist es, den Wert des CVC-Programms aus Sicht des CVC-Gebers zu optimieren, also den Wert der Portfoliooption zu maximieren. Bei dem Entwurf einer Portfoliostrategie sind sowohl die bereitgestellten personellen wie finanziellen Ressourcen als auch die *Ziele* des CVC-Gebers zu berücksichtigen.[894] CVC-Geber verfolgen im Gegensatz zu konventionellen VC-Gebern primär *strategische* Ziele, die bei der Wahl der Portfoliostrategie zur berücksichtigen sind.[895]

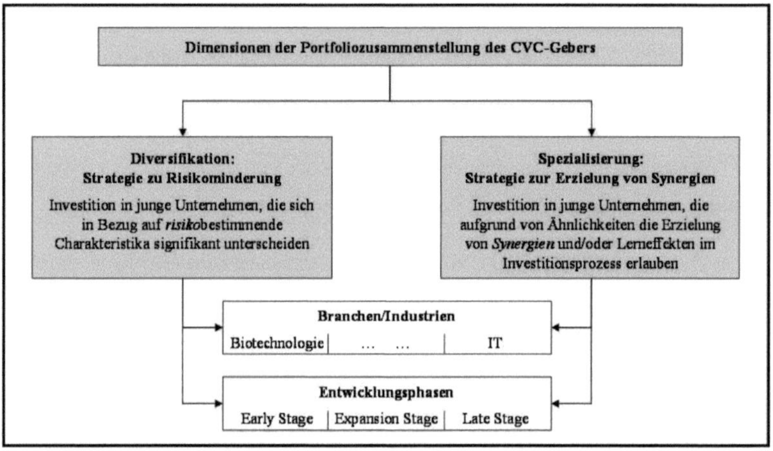

Abbildung 33: Dimensionen der Investitionsstrategie des CVC-Gebers

Sowohl die Wahl des *Branchen*fokus als auch der *Entwicklungsphasen* der jungen Unternehmen bieten Potenzial zur Realisierung von Diversifikations- und Spezialisierungsvorteilen für den CVC-Geber. Damit einher geht die Entscheidung, in wie viele Portfoliounternehmen (α) er zunächst investieren möchte und welches Beteiligungsvolumen je Portfoliounternehmen bereitgestellt wird.[896] Mit der Disposition dieser Portfolioparameter begrenzt er zugleich die Anzahl ausübbarer Realoptionen β, die Korrelation der Wertentwicklung der jungen Unternehmen ρ sowie die Synergiepotenziale χ.[897]

[893] Vgl. Lin / Lee (2011), S. 500-501, sowie analog für konventionelle VC-Fonds Norton / Tenenbaum (1993), S. 433-436; Jungwirth (2006), S. 37; Kang / Burton / Mitchell (2011), S. 227-229; Matusik / Fitza (2012), S. 408.

[894] Vgl. Toschi / Munari / Nightingale (2012), S. 1-2; dieser Aspekt wurde bislang in der Literatur weitgehend vernachlässigt.

[895] Vgl. hierzu auch Abschnitt II.1.

[896] Siehe auch Cumming (2006b), S. 1084-1086; Fulghieri / Sevilir (2009b), S. 4658-4661. Grundlegend hierzu Stein (1997), S. 111-113. Grundsätzlich können weitere Dimensionen berücksichtigt werden, so z.B. die geografische oder zeitliche Diversifikation; vgl. auch Loshkin (2013). Diese Aspekte sind für CVC-Investitionen aber von eher untergeordneter Bedeutung, weswegen sie nicht weiter betrachtet werden.

[897] Die Interdependenzen dieser Faktoren und deren Einfluss auf den Portfoliowert wurden im vorangehenden Abschnitt ausführlich dargelegt. Damit unterscheidet sich der Modellansatz von dem Steins

Die Wahl zwischen Spezialisierungs- oder Diversifikationsstrategien bezüglich der Branchen und Entwicklungsstadien der Portfoliounternehmen ist dabei eher als ein kontinuierliches Spektrum möglicher Investitionsstrategien als eine diskrete Entscheidung anzusehen.[898]

Ähnlich wie bei Portfolios aus Finanzinvestitionen ist das Ziel einer *Diversifikationsstrategie* von (C)VC-Gebern primär eine Minderung finanzieller Risiken.[899] Hierbei wird das Investitionsbudget in jene jungen Unternehmen allokiert, die eine möglichst geringe Korrelation ρ aufweisen; dies führt – unabhängig von dem konkret zugrunde gelegten Portfoliomodell – zu einer Verminderung der Portfoliovarianz.[900] Konkret äußert sich eine Diversifikationsstrategie in einer Allokation des Investitionsbudgets auf Portfoliounternehmen verschiedener *Branchen*.[901]

Anders als bei Finanzinvestitionen kann der CVC-Geber aber einen Informationsvorteil erlangen und das so erworbene Wissen *aktiv* einsetzen, um die Erfolgsaussichten der jungen Unternehmen zu verbessern.[902] Dieses spezifische Wissen über Technologien, mögliche Zielmärkte und Wettbewerber des jungen Unternehmens kann er bei der *Betreuung* der Portfoliounternehmen einbringen, was sich nachweislich positiv auf deren Erfolg auswirkt.[903] Der CVC-Geber kann mithin branchen- und entwicklungsphasenspezifisches Wissen nutzen und so *Spezialisierungsvorteile* erzielen.[904] Diese Vorteile einer Spezialisierung des CVC-Portfolios lassen sich bei der *Auswahl* von Beteiligungsunternehmen, der Allokation von Ressourcen sowie bei deren Betreuung realisieren.[905]

Bei der Ausübung der mit dem Beteiligungserwerb verbundenen Akquisitionsoptionen wird der CVC-Geber berücksichtigen, inwiefern die jungen Unternehmen zu einer Erschließung neuer strategischer (Ziel-)*Geschäftsfelder* beitragen können. Dies grenzt das Spektrum potenziell interessanter Portfoliounternehmen für den CVC-Geber auf jene

(1997), der die Entscheidungen über Portfoliofokus und -größe unabhängig voneinander betrachtet (S. 122-128).

[898] Vgl. Lai / Chiu / Liaw (2010), S. 185.

[899] Siehe auch grundlegend Stein (1997), S. 125.

[900] Vgl. Markowitz (1952); van Bekkum / Pennings / Smit (2009).

[901] Vgl. z.B. Matusik / Fitza (2012), S. 408-411.

[902] Erst die Existenz dieser Informationsvorteile begründet den Erfolg einer Spezialisierungsstrategie; bei Abwesenheit dieser Vorteile dominiert eine Diversifikationsstrategie; siehe hierzu auch Kang / Burton / Mitchell (2011), S. 232-233.

[903] Vgl. Maula (2001); Rauser (2002); zu Knyphausen-Aufseß (2005); Maula / Autio / Murray (2005, 2006); Steensma / Park (2012) sowie analog Fitza / Matusik / Mosakowski (2009); Chemmanur / Nandy / Krishnan (2011); Jackson / Bates / Bradford (2012).

[904] Vgl. Inderst / Mueller / Münnich (2007), S. 1289-1293; Gompers / Kovner / Lerner (2009), S. 843; Matusik / Fitza (2012), S. 408-411.

[905] Vgl. Jääskeläinen / Maula / Seppä (2006), S. 187.

ein, die einen *strategischen Fit* zu seinem Geschäftsmodell aufweisen.[906] Auch wenn in frühen Stadien der Entwicklung des Geschäftsmodells nicht genau absehbar ist, ob ein junges Unternehmen für den etablierten CVC-Geber künftig relevant sein wird, so scheiden doch einige Branchen aus, in die der CVC-Geber *nicht* investieren wird.[907] Beispielsweise investieren Pharmaunternehmen insbesondere in unterschiedliche Biotechnologieunternehmen,[908] nicht jedoch in junge Unternehmen der IT- oder Automobilbranche.[909]

Ein weiterer Faktor, der den Erfolg der CVC-Programme entscheidend beeinflusst und damit die Investitionsstrategie des CVC-Gebers begrenzt, sind die mit den Beteiligungen realisierbaren *Synergien*.[910] Empirische Studien haben zum einen ergeben, dass der Diversifikationsgrad des CVC-Portfolios geringer ist als der Diversifikationsgrad der bestehenden Aktivitäten des CVC-Gebers.[911] Strategisch motivierte CVC-Investitionen werden also weit überwiegend in Portfolios gebündelt, die stärker fokussiert sind als die bestehenden Geschäftsaktivitäten des CVC-Gebers. Übereinstimmend mit dieser Erkenntnis zeigt sich zudem, dass CVC-Geber ihre Portfolios nicht so stark diversifizieren wie konventionelle VC-Geber.[912] Zum anderen belegen empirische Studien, dass sich eine zunehmende Diversifikation negativ auf den Erfolg der einzelnen Portfoliounternehmen und damit den Erfolg der CVC-Programme auswirkt.[913] GOMPERS / LERNER (2000a) weisen nach, dass ein enger strategischer *Fokus* von CVC-Programmen den Erfolg der Portfoliounternehmen und damit des ganzen CVC-Programms *positiv* beeinflusst.[914] Unfokussierte und breit diversifizierte CVC-Bemühungen hingegen werden zugleich signifikant schneller wieder eingestellt werden als Programme, die einen klar

---

906 Vgl. Gupta / Sapienza (1992), S. 351-352; De Clercq et al. (2006), S. 94; Lin / Lee (2011), S. 493. CVC-Geber investieren insbesondere in junge Unternehmen, die eine potenzielle Konkurrenz für das eigenes Geschäftsmodell darstellen oder dieses ergänzen; vgl. auch Witt / Brachtendorf (2002); Hellmann (2002); Riyanto / Schwienbacher (2006); Masulis / Nahata (2009).

907 In diesem Sinne äußert sich der Roel Bulthuis, Leiter des CVC-Programms von Merck (Merck Serono Ventures): „Neben Investmentkriterien wie einem guten Managementteam ist ein strategischer Fit zu unserem Portfolio unabdingbar“; zitiert nach Bengs / Kirchhoff (2012), S. 14. Ähnlich beschreibt auch René Obermann, Vorstandsvorsitzender der Telekom AG, die strategische Ausrichtung von T-Ventures, dem CVC-Geschäft der Telekom AG; vgl. Metzger (2012).

908 Vgl. z.B. McGill / Santoro (2009).

909 Ausnahmen hiervon sind eher theoretisch denkbar, falls der CVC-Geber die Beteiligungen an jungen Unternehmen als Instrument zur lateralen Diversifikation nutzen möchte; *laterale Diversifikation* zielt auf die Erschließung strategischer Geschäftsfelder ab, die sowohl neue Märkte als auch neue Produkte/Dienstleistungen umfassen, also keinerlei Bezug zum bestehenden Geschäftsmodell des CVC-Gebers aufweisen.

910 Vgl. Maula / Murray (2002), S. 170-171; Lin / Lee (2011), S. 493.

911 Vgl. Toschi / Munari / Nightingale (2012). Bei der Betrachtung des Branchenfokus des CVC-Portfolios ist zu unterscheiden, inwiefern die Geschäftsmodelle der Portfoliounternehmen untereinander verwandt sind und sie einen Fit zum Geschäftsmodell des CVC-Gebers aufweisen; vgl. auch Thornhill / Amit (2001); Gompers / Lerner (2000a); Lin / Lee (2011).

912 Vgl. Gupta / Sapienza (1992); Shrader / Simon (1997); Gao (2011).

913 Vgl. Shrader / Simon (1997); Gompers / Lerner (2000a).

914 Ähnlich auch Gao (2011).

eingegrenzten strategischen Fokus haben.[915] Zudem wird ein positiver Zusammenhang zwischen dem strategischen Fit der Portfoliounternehmen und dem Erfolg der CVC-Programme nachgewiesen.[916] Insofern ist davon auszugehen, dass ein strategischer *Fit* zwischen den Portfoliounternehmen und dem CVC-Geber den Erfolg von CVC-Programmen – und damit den Wert der Portfoliooption – erhöht.[917]

Innerhalb dieses abgesteckten Rahmens der möglichen Diversifikationsbreite wirkt es sich jedoch auf den Wert der Portfoliooption positiv aus, wenn die Portfoliounternehmen möglichst unterschiedlich sind, deren Geschäftsmodelle also eher Komplemente als Substitute sind.[918] TOSCHI / MUNARI / NIGHTINGALE (2012) weisen in diesem Zusammenhang nach, dass CVC-Geber ihr Beteiligungsportfolio in Bezug auf die Branchen der Portfoliounternehmen stärker fokussieren, jedoch innerhalb dieses Branchenfokus im Hinblick auf die zugrundeliegenden Technologien und Geschäftsmodelle der Portfoliounternehmen zu *diversifizieren* versuchen. Hierdurch erhalten CVC-Geber Zugang zu einer Bandbreite unterschiedlicher Innovationen und können ihre Basis technologischer Kompetenzen erweitern.[919]

Das Spektrum möglicher Investitionsstrategien wird neben den zuvor genannten Faktoren auch durch das *Management* des CVC-Programms und dessen fachliche Qualifikationen begrenzt.[920] Wird das Management überwiegend aus den Fachbereichen des CVC-Gebers rekrutiert, dann verfügt es über spezifisches Wissen, insbesondere über die eigene Branche und verwandte Geschäftsmodelle.[921] CVC-Geber tendieren dazu, die CVC-Manager überwiegend intern zu rekrutieren.[922] Um ein stark diversifiziertes CVC-Portfolio erfolgreich betreuen zu können, bedarf es aber eines breiten Wissens über andere Branchen.[923] Dieses Wissen ist weitgehend erfahrungsbasiert und kann daher nur

---

915 Dies gibt insofern auch Aufschluss über das Scheitern vieler CVC-Programme; siehe hierzu auch Hill / Birkinshaw (im Erscheinen).

916 Vgl. Thornhill / Amit (2001); Lin / Lee (2011); Toschi / Munari / Nightingale (2012).

917 Vgl. Thornhill / Amit (2001); Gompers / Lerner (2000a); Lin / Lee (2011).

918 Vgl. Lin / Lee (2011), S. 501. In diesem Sinne weisen Patzelt / zu Knyphausen-Aufseß / Arnoldt (2006) nach, dass spezialisierte VC-Geber Subportfolios mit einem spezifischen Fokus zu diversifizieren versuchen.

919 Vgl. Lai / Chiu / Liaw (2010).

920 Vgl. Yang (2006), S. 76. Hierdurch wird wesentlich die „absorptive capacity" des CVC-Gebers beeinflusst; vgl. Dushnitsky / Lenox (2005a), S. 952; Keil et al. (2008), S. 897-898; Dushnitsky (2012), S. 198.

921 Vgl. Lin / Lee (2011), S. 493.

922 Vgl. Lupberger (2002), S. 378.

923 Vgl. z.B. Prahalad / Bettis (1986), S. 489-494.

langfristig erworben werden;[924] auch hierdurch kann mithin die Portfoliostrategie des CVC-Gebers limitiert werden.[925]

Insgesamt kann mithin festgehalten werden, dass durch die strategischen Ziele der Branchenfokus des CVC-Programms abgesteckt wird. Dies begrenzt einerseits die Bandbreite der Korrelation ρ der Wertentwicklung der jungen Unternehmen untereinander. Andererseits werden die Portfoliounternehmen durch ähnliche Risiken beeinflusst. Weist die Wertentwicklung der jungen Unternehmen in einem spezialisierten CVC-Portfolio eine positive Korrelation auf ($\rho > 0$), dann ist zu erwarten, dass das Risiko des hier modellierten Portfolios aus Realoptionen jedoch aufgrund der Möglichkeit, Investitionen jederzeit abbrechen zu können, geringer ist als das Risiko eines Portfolios sonst gleicher unbedingter Investitionen.[926]

Eng verbunden mit der Festlegung des Portfoliofokus ist die Frage nach der optimalen Gesamtzahl α der Beteiligungen an jungen Unternehmen. Auch die *Portfoliogröße* wird durch die Wahl einer Diversifikations- oder Spezialisierungsstrategie beeinflusst; in den verschiedenen Branchen begrenzt allerdings das *„Angebot"* an vielversprechenden jungen Unternehmen die Portfoliogröße: Je enger der Portfoliofokus gewählt wird, desto geringer ist die Anzahl in Betracht kommender junger Unternehmen und mithin die (optimale) Portfoliogröße.[927] Das Angebot an aussichtsreichen Investitionsgelegenheiten für einen einzelnen CVC-Geber wird zudem durch den *Wettbewerb* mit anderen Kapitalgebern beeinflusst.[928]

Neben dem „Angebot" an jungen Unternehmen ist bei der Zusammenstellung des Portfolios zudem die ex ante *Erfolgswahrscheinlichkeit* der einzelnen Unternehmen maßgeblich für die Wahl der Anzahl zu erwerbender Beteiligungen α, da hiervon auch die Zahl ausübbarer Akquisitionsoptionen β abhängt. Relevant ist in diesem Zusammenhang die Unterscheidung zwischen High Tech- und Low Tech-Branchen:[929] Unternehmen der *High Tech*-Branchen zeichnen sich durch hohe Aufwendungen für FuE aus, wobei der Erfolg des Unternehmens zentral von dem Ergebnis dieser FuE-Bemühungen

---

924 Vgl. Sorensen (2008); Wasserman (2008); Gompers / Kovner / Lerner (2009); Matusik / Fitza (2012).

925 Vgl. Fulghieri / Sevilir (2009b), S. 4647-4648.

926 Vgl. van Bekkum / Pennings / Smit (2009), S. 1155, und siehe Abschnitt IV.2.c. Für einen CVC-Geber macht es auch aus Risikogesichtspunkten eher Sinn, in verwandte Geschäftsmodelle zu investieren, wenn er diese im Misserfolgsfall einfach liquidieren kann.

927 Vgl. Hochberg / Westerfield (2011).

928 Vgl. Gompers / Lerner (2000b); Gu / Lu (2011); Li / Mahoney (2011); Hochberg / Mazzeo / McDevitt (2013).

929 In der Literatur findet sich vielfach diese Unterscheidung von High Tech- und Low Tech-Branchen; siehe hierzu auch Hauschild (2009), S. 52-53, und die dort zitierte Literatur.

abhängt.[930] Der Erfolg junger Unternehmen aus High Tech-Branchen ist mithin schwer abzuschätzen und zugleich sind die Verluste aus den Beteiligungen im Misserfolgsfall hoch. Empirische Untersuchungen belegen, dass die Erfolgswahrscheinlichkeit geringer ist als in Low Tech-Branchen.[931] Wenn die *Erfolgsaussichten* eines einzelnen Portfoliounternehmens gering sind, dann wird der CVC-Geber in eine größere Anzahl an Unternehmen α investieren, um eine bestimmte Anzahl ausübbarer Realoptionen β zu erlangen.[932] Ein Beispiel hier sind junge Unternehmen aus dem Bereich „Life Sciences", also Biotechnologie- und Medizintechnikunternehmen. Deren ex ante Erfolgswahrscheinlichkeit ist im Vergleich mit anderen Branchen gering.

Unternehmen aus Low Tech-Branchen sind im Vergleich dazu weniger risikoreich, die ex ante Erfolgswahrscheinlichkeit eines einzelnen Portfoliounternehmens ist höher. Auf Low Tech-Branchen fokussierte CVC-Geber müssen c.p. in weniger Unternehmen α investieren, um eine bestimmte Anzahl an Realoptionen β ausüben zu können.[933] CUMMING (2006b) weist nach, dass auf Life Sciences spezialisierte Portfolios von konventionellen CVC-Gebern größer sind als Portfolios mit einem Fokus auf Low Tech-Branchen.[934] Dieser Zusammenhang kann entweder auf das „Angebot" an jungen Unternehmen oder auch deren Erfolgswahrscheinlichkeit zurückgeführt werden; diese Frage lässt sich bislang nicht empirisch klären, weil die Quantität und die Qualität des Angebots an Investitionsgelegenheiten nicht abgeschätzt werden können. In empirischen Untersuchungen finden sich zwar Angaben zur Anzahl der Beteiligungen im Portfolio eines CVC-Gebers,[935] diese Daten erlauben aber keine Unterscheidung der zunächst eingegangenen Beteiligungen α und der letztendlich ausübbaren Realoptionen β, da nicht nachvollzogen werden kann, ob in der Zahl der Portfoliounternehmen auch die bereits gescheiterten enthalten sind.

Abbildung 34 fasst zusammen, inwiefern die Korrelation und die Synergiepotenziale des CVC-Portfolios durch die Wahl einer Diversifikations- bzw. Spezialisierungsstrate-

930 Ausführlich zur Charakterisierung und Abgrenzung von High Tech- und Low Tech-Branchen siehe Jungwirth / Moog (2004), S. 109; Jungwirth (2006), S. 41-44; Hauschild (2009), S. 52-53. Zu den High Tech-Branchen gehören insbesondere die Bio-, Gen- oder Computertechnologie sowie die Pharmaforschung. Zu Low Tech-Branchen gehören Handel und Konsumgüterhersteller sowie (Online-)Dienstleister.

931 Vgl. z.B. Cumming (2008). Die Wertsteigerungen im Falle eines Erfolges des jungen Unternehmens sind in der Regel größer, was die geringeren Erfolgsaussichten auf Portfolioebene ausgleicht.

932 Vgl. z.B. Cumming (2006b).

933 Zu diesem Ergebnis kommt auch die konzeptionelle Studie von Fulghieri / Sevilir (2009b).

934 Die Studie von Cumming (2006b) fokussiert VC-Portfolios im Allgemeinen und umfasst auch CVC-Portfolios.

935 Cumming (2006b) berichtet eine durchschnittliche Portfoliogröße von 17,05 Beteiligungen (S. 1094); Gao (2001) kommt mit 15,54 Beteiligungen zu einem vergleichbaren Wert (S. 66); diese Werte erlauben aber keine Unterscheidung der zunächst erworbenen Beteiligungen α und der letztendlich ausübbaren Anzahl an Realoptionen β.

gie beeinflusst werden. Im Falle einer *Spezialisierung* des Portfolios lässt sich zudem ein Zusammenhang zwischen der Wahl einer High Tech- oder Low Tech-Branche und der Portfoliogröße herstellen. In High Tech-Branchen, in denen die Wahrscheinlichkeit eines Misserfolgs eines Portfoliounternehmens und dessen darauf folgende Liquidation hoch sind, erlangt die Möglichkeit einer Reallokation von Ressourcen zunehmende Bedeutung. In diesen Branchen bestehen mithin Anreize, den Portfoliofokus so zu wählen, dass Ressourcen aus einem gescheiterten Portfoliounternehmen auf ein anderes reallokiert werden können.

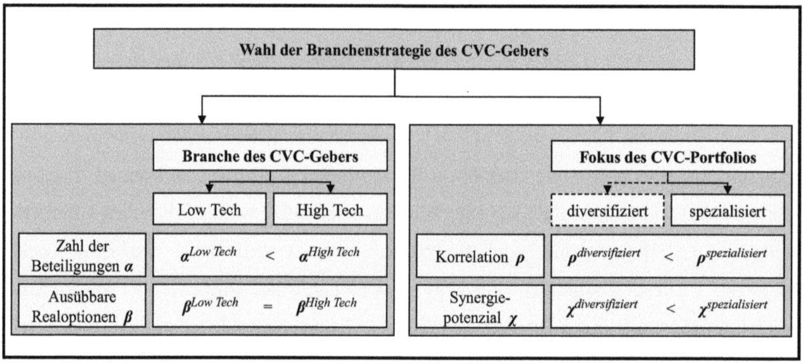

Abbildung 34: Dispositive Parameter der Branchenstrategie des CVC-Gebers[936]

Die bisherigen Ergebnisse lassen sich wie folgt zusammenfassen: Der Wert der Portfoliooption wird durch drei *Effekte* beeinflusst: Zentral ist zum einen, dass strategische CVC-Geber eher in spezialisierte CVC-Portfolios investieren, die für das eigene Geschäftsmodell relevant sind („*strategischer Effekt*"). Aufgrund der strategischen Fokussierung des CVC-Portfolios werden die jungen Unternehmen c.p. eine höhere Korrelation aufweisen als in einem diversifizierten Portfolio; dies mindert den Wert der Auswahloption und damit den Wert der Portfoliooption („*Korrelationseffekt*"). Die Fokussierung des CVC-Portfolios erzeugt aber auch Synergiepotenziale innerhalb des CVC-Programms, was sich positiv auf den Wert der Portfoliooption auswirkt. Synergien bei der Betreuung der Portfoliounternehmen ähnlicher Geschäftsmodelle kann der CVC-Geber allerdings dann optimal ausschöpfen, wenn diese eine hohe Korrelation aufweisen („*Synergieeffekte*").

[936] Die Wahl zwischen High Tech- und Low Tech-Branchen beeinflusst die Portfolioparameter α und β: Wird eine gleiche Anzahl von Initialinvestitionen α zugrunde gelegt, dann werden aus einem Low Tech-Portfolio mehr ausübbare Realoptionen verbleiben als aus einem High Tech-Portfolio: Umgekehrt bedeutet dies, dass bei einem gleichen angestrebten Wert für β in einem High Tech-Portfolio c.p. mehr Beteiligungen α eingegangen werden müssen als in einem Low Tech-Portfolio.

Bei der Modellierung der Beteiligungen als *Realoptionen* werden zudem moderierende Effekte zwischen den wertbestimmenden Faktoren deutlich, deren Einfluss mithin nicht isoliert voneinander betrachtet werden kann. Diese Interdependenzen gilt es bei der Portfoliowahl zu beachten. Die wertbestimmenden Faktoren des Portfolios kann der CVC-Geber allerdings nicht nur durch den Branchenfokus, sondern auch durch die Wahl der Entwicklungsphasen steuern.

b. Konsequenzen einer Wahl der Entwicklungsphasen

Ähnlich wie die Branche determiniert auch die Entwicklungsphase der Portfoliounternehmen die ex ante Erfolgswahrscheinlichkeit und damit das Risiko der sequenziellen Investition. Die Wahl der Entwicklungsstadien der Portfoliounternehmen hat damit ebenfalls Einfluss auf die Portfolioparameter. Auch hierbei kann der CVC-Geber zwischen einer Diversifikations- oder Spezialisierungsstrategie wählen. Die *Aufgabenspektren* der CVC-Portfoliomanager bei der Auswahl und Betreuung von jungen Unternehmen unterschiedlicher Stadien der Geschäftsmodellentwicklung weichen in der Regel erheblich voneinander ab:[937] Bei Early Stage-Investitionen sind die Einschätzung des Gründers und der technischen Risiken entscheidend, während hingegen in späteren Phasen die Größe des Zielmarktes und das Wachstumspotenzial des Portfoliounternehmens in den Fokus rückt. Mithin bietet auch die Wahl der Entwicklungsphasen das Potenzial zur Realisierung von *Spezialisierungsvorteilen*.

Anders als bei der Wahl des Branchenfokus folgen jedoch nicht notwendigerweise Einschränkungen aus den strategischen Zielen des CVC-Gebers für die Wahl des Investitionszeitpunktes im Entwicklungszyklus junger Unternehmen. Eine stärkere Fokussierung auf frühe Entwicklungsphasen ist jedoch dann zu erwarten, wenn der CVC-Geber die Beteiligungen als Alternative zur eigenen FuE erwirbt. Ist er hingegen primär an dem Umsatzwachstum aus den neuen Innovationen interessiert, dann wird er eher in späteren Entwicklungsphasen investieren.[938] Die von CVC-Gebern geäußerten Zielsetzungen lassen darauf schließen, dass mit CVC insbesondere künftiges Umsatzwachstum angestrebt wird. Das Investitionsverhalten der CVC-Geber belegt entsprechend, dass diese überwiegend in der Expansion und Late Stage investieren.[939] Allein anhand der

[937] Vgl. Wasserman (2008), S. 246-248.

[938] Vgl. Lupberger (2002), S. 369.

[939] Vgl. Gompers / Lerner (2000a), S. 32-33; Röper (2004), S. 343-344; Reichardt / Weber (2006), S. 822; es sei angemerkt, dass sich die von den Autoren dieser Studien differenzierten Entwicklungsstadien und deren Bezeichnungen unterscheiden.

Entwicklungsphasen lassen sich keinerlei generelle Aussagen über die Korrelation der Wertentwicklung der Portfoliounternehmen oder deren Synergiepotenziale ableiten.

Die Wahl der Investitionsstrategie bezüglich der Entwicklungsphase hat aber unmittelbare Implikationen für die Portfolio*größe*: Charakteristisch für die Entwicklung junger Unternehmen ist, dass ein Teil dieser Unternehmen in frühen Phasen scheitert, während der andere Teil sich erfolgreich entwickelt. Die späteren Entwicklungsstadien durchlaufen also nur die bis dahin erfolgreichen Unternehmen. Die ex ante Erfolgswahrscheinlichkeit zum Investitionszeitpunkt steigt daher mit jedem erfolgreich durchlaufenen Entwicklungsstadium.[940] Stehen Early Stage-Investitionen im Fokus, dann wird in der Regel ein relativ höherer Anteil der Portfoliounternehmen scheitern als bei einer Investition in der Expansion oder Late Stage. Die Wahl der Entwicklungsphasen der Portfoliounternehmen determiniert mithin, ähnlich wie die Wahl zwischen High Tech- und Low Tech-Branchen, das Verhältnis von α und β.[941] Dieser Zusammenhang wird durch das tatsächliche Investitionsverhalten von CVC-Gebern belegt: In einer Studie von MALIK (2011) erwerben Pharmaunternehmen mehr Beteiligungen an jungen Biotechnologieunternehmen, wenn sich diese in einer früheren Entwicklungsphase befinden.[942] Der CVC-Geber wird c.p. also ein größeres Beteiligungsportfolio α halten müssen, je früher er im Entwicklungsprozess der jungen Unternehmen investiert, um die gleiche Anzahl ausübbarer Realoptionen β zu erhalten.

Betrachtet man die Wahl des Branchenfokus und der Entwicklungsphasen der Portfoliounternehmen zusammen, dann lassen sich daraus weitere Implikationen für das CVC-Portfoliomanagement ableiten. Je geringer die Erfolgswahrscheinlichkeit eines jungen Unternehmens ist, desto wichtiger wird die Möglichkeit, Ressourcen aus scheiternden in erfolgreiche Portfoliounternehmen transferieren zu können.[943] Die Reallokation geplanter, aber noch nicht durchgeführter Investitionen bringt keine Probleme, weil das Investitionskapital unspezifisch ist. Jedoch werden mit dem Scheitern eines Portfoliounternehmens auch spezifische nicht-finanzielle Ressourcen freigesetzt. Hierbei handelt es

---

940 Vgl. Ruhnka / Young (1987, 1991); Brüderl / Schüssler (1990); Brüderl / Preisendörfer / Ziegler (1992); Giot / Schwienbacher (2007): Diese Studien belegen empirisch, dass die Wahrscheinlichkeit des Scheiterns junger Unternehmen im Zeitablauf sinkt. Siehe hierzu auch die Daten des BVK (2012), S. 16.

941 Siehe hierzu auch Hauschild (2009), S. 51-57.

942 Für konventionelle VC-Geber zeigt sich ebenfalls, dass diese c.p. ein größeres Portfolio an Beteiligungen halten, wenn sie auf Frühphasen spezialisiert sind; vgl. Gupta / Sapienza (1992); Cumming (2006b); Dimov / Murray (2008).

943 Vgl. Fulghieri / Sevilir (2009b), S. 4664-4665. Es wird also ein vorab festgelegtes (jährliches) Investitions*budget* oder eine *Fonds*struktur für die CVC-Programme unterstellt; diese Formen stellen die am häufigsten gewählte Form der Mittelallokation dar. Die Bereitstellung im Rahmen eines Investitionsgenehmigungsverfahren in etablierten Unternehmen ist hingegen eher eine Ausnahme; vgl. z.B. Weber (2005); MacMillan et al. (2008). Für ein CVC-Programm bereitgestellte Mittel konkurrieren also nicht unmittelbar mit anderen Alternativen zur Erschließung von Innovationen wie z.B. eigener FuE.

sich zum einen um Humanressourcen – z.B. die ungenutzten Kapazitäten des betreuenden CVC-Managers –, die zu reallokieren sind.[944] Zum anderen sind auch die Wiederverwendung von Forschungsmaterial oder die Weiterbeschäftigung des Personals des gescheiterten Unternehmens denkbar. Mit abnehmender Erfolgswahrscheinlichkeit einzelner Portfoliounternehmen nimmt die Bedeutung einer effizienten Reallokation für den Wert des CVC-Portfolios zu.[945] Je stärker in frühen Entwicklungsphasen und in High Tech-Branchen investiert wird, desto bedeutender ist mithin der „Synergieeffekt".

Die Wahl des Entwicklungsphasenfokus für die Beteiligungen beeinflusst aber nicht nur den Wert der Portfoliooption, sondern auch deren *Diversifikationspotenzial*, also die Möglichkeit zur Minderung der Portfoliovarianz σ^2: Wenn der CVC-Geber in einer frühen Entwicklungsphase investiert, dann ist zudem die Realoption aus dieser Beteiligung „weit aus dem Geld".[946] Bis das junge Unternehmen ein erfolgreiches Geschäftsmodell entwickelt, sind weitere Investitionsrunden notwendig; zudem ist deren Erfolg kaum abschätzbar. Im Laufe der erfolgreichen Entwicklung der Portfoliounternehmen kommen diese Realoptionen aber zunehmend „ans Geld" bzw. „ins Geld", wodurch sich deren Diversifikationspotenzial dem unbedingter Investitionen annähert.[947] Je früher der CVC-Geber also im Entwicklungszyklus der jungen Unternehmen investiert, desto stärker ist der risikomindernde Effekt sequenzieller Investitionen in jene Unternehmen, die eine positive Korrelation aufweisen. Auch dies kann der CVC-Geber bei der *dynamischen* Anpassung des CVC-Portfolios berücksichtigen.

Bislang hat sich in empirischen Studien gezeigt, dass realwirtschaftliche Verbundeffekte kritisch für den Wert von CVC-Portfolios sind.[948] Für das CVC-Portfoliomanagement stellt sich insofern die Aufgabe, diese Interdependenzen zu *bewerten*, um sie zielgerichtet *nutzen* zu können;[949] deren Vernachlässigung führt hingegen häufig zu Fehlallokationen strategischer Investitionsbudgets[950] und ist eine häufige Ursache für das Scheitern eines effektiven Portfoliomanagements strategischer (Innovations-)Projekte.[951] Die Strukturierung der sequenziellen Beteiligungsinvestitionen als *Verbundoptionen* erlaubt dabei die Analyse dieser Effekte auf Portfolioebene in einem *Mehrperiodenmodell*.

---

[944] Vgl. Fulghieri / Sevilir (2009b); Kang / Burton / Mitchell (2011).

[945] Vgl. analog Fulghieri / Sevilir (2009b), S. 4657-4658.

[946] Vgl. van Bekkum / Pennings / Smit (2009), S. 1155.

[947] Vgl. analog van Bekkum / Pennings / Smit (2009), S. 1155.

[948] Vgl. Wadhwa / Kotha (2006); Lin / Lee (2011).

[949] Vgl. auch McGrath (1997), S. 979; Anand / Oriani / Vassolo (2007), S. 279; Nishihara (2012), S. 117.

[950] Vgl. Fox / Baker / Bryant (1984), S. 890-891; Paulson / O'Connor / Robeson (2007), S. 19; Diepold et al. (2011), S. 807. Diepold et al. (2011) zeigen exemplarisch im Rahmen einer optionspreistheoretischen Bewertung anhand von IT-Investitionen, dass eine Vernachlässigung intra- und intertemporaler Projektinterdependenzen zu einer systematischen Fehleinschätzung von Projekten führen kann.

[951] Vgl. McGrath / MacMillan (2000a), S. 180-188; MacMillan / McGrath (2002), S. 56-58; Paulson / O'Connor / Robeson (2007), S. 19-22; von Ahsen / Heesen (2009), S. 594.

Durch die explizite Betrachtung mehrerer Perioden kann der Einfluss der Korrelation der Wertentwicklung der Portfoliounternehmen auf den Portfoliowert berücksichtigt werden. Bei der mehrperiodigen Betrachtung besteht die Möglichkeit eines *vorzeitigen* Ausfalls eines der Portfoliounternehmen. In dem hier skizzierten Strukturmodell wird deutlich, dass der CVC-Geber Synergien bei der Betreuung von Portfoliounternehmen dann optimal ausschöpfen kann, wenn diese möglichst lange gemeinsam im Portfolio verbleiben, mithin also eine tendenziell hohe Korrelation aufweisen. Dieser Effekt kann den negativen Einfluss der Korrelation auf den Wert der Portfoliooption (über-)kompensieren. Dies lässt sich in einem Einperiodenmodell, in dem ein Projekt lediglich am Ende der ersten Periode abgebrochen werden kann, nur eingeschränkt analysieren.

Zudem kann erst bei einer mehrperiodigen Betrachtung die Möglichkeit der *Reallokation* finanzieller und nicht-finanzieller Ressourcen zwischen den einzelnen jungen Unternehmen im Portfolio des CVC-Gebers bei einem vorzeitigen Investitionsabbruch berücksichtigt werden.[952] Diese Möglichkeit zur *dynamischen* Anpassung der Ressourcenallokation kann – im Rahmen des hier skizzierten Modellansatzes – die Auswahl der Portfoliounternehmen bei der Zusammenstellung des CVC-Portfolios entscheidend beeinflussen; bei der Investition in junge Unternehmen mit verwandten Geschäftsmodellen ist die Reallokation insbesondere nicht-finanzieller Ressourcen eher möglich als in einem breit diversifizierten Portfolio.[953] In High Tech-Branchen und frühen Entwicklungsphasen fällt dieser Einfluss auf den Portfoliowert entsprechend stärker aus als in Low Tech-Branchen und späteren Entwicklungsphasen.

Im Rahmen der optionspreistheoretischen Modellierung der Beteiligungen wird zugleich ersichtlich, dass zwischen den wertbestimmenden Faktoren *moderierende* Effekte bestehen, die im Rahmen des Portfoliomanagements zu berücksichtigen sind.[954] Im Rahmen des hier skizzierten *Struktur*modells können diese Interdependenzen zwar nicht (exakt) quantifiziert werden, jedoch wird die Art des Einflusses auf den Portfoliowert ersichtlich. Dies erlaubt, die in Kapitel III ermittelten Wertansätze – wenigstens näherungsweise – um die Verbundeffekte zu korrigieren. Im Rahmen der Bewertung sequenzieller Beteiligungsinvestitionen ist deutlich geworden, dass ein erheblicher Teil des Wertes in der Flexibilität besteht, über weitere Investitionen in Abhängigkeit des Investitionsfortschritts entscheiden zu können.[955] Auf Portfolioebene gilt es zudem, die

---

[952] Vgl. Fulghieri / Sevilir (2009b); Kang / Burton / Mitchell (2011); Chen / Fabozzi / Huang (2013).

[953] Vgl. Fulghieri / Sevilir (2009b), S. 4671-4672; Kang / Burton / Mitchell (2011), S. 229. Klingebiel / Adner (2012) weisen in diesem Sinne empirisch anhand von Innovationsprojekten nach, dass die Reallokation von Ressourcen aus gescheiterten in aussichtsreichere Projekte entscheidend für den Erfolg einer realoptionsbasierten Investitionsstrategie ist.

[954] Vgl. Anand / Oriani / Vassolo (2007).

[955] Vgl. hierzu auch Klingebiel / Adner (2012); Klingebiel / Rammer (im Erscheinen).

Interdependenzen zwischen den CVC-Projekten zu beachten, um CVC-Programme erfolgreich *steuern* zu können.[956]

Um die Komplexität des Strukturmodells für CVC-Portfolios in der Praxis zu begrenzen, bietet sich unter Umständen die Bildung von *Subportfolios* an.[957] Bei einer hohen Anzahl an Beteiligungen können mehrere junge Unternehmen zu einem entsprechend kleineren (Sub-)Portfolio zusammengefasst werden, auf das dann jeweils das hier skizzierte Strukturmodell angewendet wird. Die jungen Unternehmen sollten so gebündelt werden, dass zwischen den einzelnen Portfolioelementen starke Interdependenzen bestehen, während die Interdependenzen zwischen den Elementen verschiedener Subportfolios gering sind. Kriterien für die Bildung von Subportfolios können z.B. das Vorliegen einer Wettbewerbsbeziehung zwischen den Portfoliounternehmen sein oder inwiefern mit den Beteiligungen die Erschließung verwandter Innovationen/Geschäftsmodelle verfolgt wird. Entsprechend können mithilfe des hier entwickelten Strukturmodells der wertbestimmenden Faktoren entscheidungsnützliche Informationen für das CVC-Portfoliomanagement gewonnen werden.

[956] Das Strukturmodell kann insofern auch als *Werttreiberkonzept* fungieren und dazu beitragen, *praktische* Entscheidungen in Bezug auf ein Portfolio von CVC-Investitionen zu fundieren.

[957] Vgl. auch Patzelt / zu Knyphausen-Aufseß / Arnoldt (2006), S. 110-111, die bei der Analyse konventioneller VC-Portfolios eine Einteilung in Subportfolios vornehmen.

V. Fazit

Mit CVC-Investitionen versuchen etablierte Unternehmen, das Innovationspotenzial junger Unternehmen zu erschließen, um ihre eigene Wettbewerbsfähigkeit sicherzustellen. Der Beteiligungserwerb sichert dem CVC-Geber den (bevorrechtigten) Zugriff auf oder zumindest eine Partizipation an der Wertentwicklung der Innovationen junger Unternehmen. Die typischerweise gestaffelte Bereitstellung von Kapital eröffnet dabei einen *diskretionären* Entscheidungsspielraum, weitere Investitionen von der Wertentwicklung des jungen Unternehmens abhängig zu machen. Der CVC-Geber erwirbt mit der Beteiligung damit faktisch zugleich die Option, das junge Unternehmen (schrittweise) zu *akquirieren*. Diese Charakteristika sind bei der Bewertung von CVC zu berücksichtigen, um vorteilhafte Investitionsstrategien ableiten zu können. Das Anliegen der Arbeit ist daher die *realoptionsbasierte* Strukturierung und Bewertung dieses strategischen Beteiligungserwerbs.

Bei der Anwendung der Optionspreistheorie auf *unvollkommenen* Märkten, wie dem Beteiligungsmarkt für junge Unternehmen, ergeben sich allerdings gewisse Einschränkungen: Das „Auszahlungsprofil" der Realoption kann nicht exakt dupliziert werden. Zudem lassen verschiedene empirische Beobachtungen den Schluss zu, dass die Realoptionen nicht vollkommen exklusiv sind. Daher kann lediglich eine *Wertobergrenze* für die Realoption bestimmt werden. Die einzelnen Optionsrechte, die sich aus einem *sequenziellen* Investitionsprojekt ergeben, sind zudem nicht-additiv. Um dennoch deren aggregierten Gesamtwert ermitteln zu können, ist die grundlegende Idee der vorliegenden Arbeit die Strukturierung der Investitionssequenz als *Verbundoption*.

Hierzu wird das *binomiale* Optionspreismodell von Cox / Ross / Rubinstein (1979) zur Bewertung von Verbundoptionen erweitert. Zu lösen ist hierbei, wie das Auszahlungsprofil einer Verbundoption *dupliziert* werden kann. In der bestehenden Literatur wird das Problem bewältigt, indem zunächst das Underlying der Verbundoption – wiederum eine Option – dupliziert wird. Bei der hier präsentierten Modellgenese zeigt sich aber, dass diese sequenzielle Duplikation bei unveränderten Prämissen *vereinfacht* werden kann, indem *direkt* ein Duplikationsportfolio aus einer risikolosen Kreditaufnahme und dem originären Underlying der Verbundoption, also dem Unternehmen, gebildet wird. Durch diese Vereinfachung sind bei der Bewertung von Verbundoptionen weniger Rechenschritte erforderlich und zudem wird das Vorgehen *anschaulicher*.

Der *Erkenntnisgewinn* der hier entwickelten realoptionsbasierten Modellierung ist mithin auf zwei Aspekte zurückzuführen. Zum einen verdeutlicht die Modellierung der sequenziellen Investitionen als Verbundoption den mehrstufigen Entscheidungsprozess eines CVC-Managers, vermag daher ggf. eine Rationalisierung des Entscheidungsverhaltens im Sinne einer effektiven Nutzung der diskretionären Handlungsspielräume zu induzieren. Eine optionspreistheoretische Projektbewertung durch die verantwortlichen Manager kann tatsächlich dazu beitragen, unvorteilhafte Projekte früher abzubrechen und bestehende (Innovations-)Potenziale zu nutzen.[958] Die Vereinfachung der Bewertungsmethodik auf der anderen Seite zielt entsprechend auch nicht auf eine exaktere Bewertung der Beteiligungen ab; hierbei trifft der Realoptionsansatz auf ähnliche Probleme bei der Prognose bewertungsrelevanter Daten wie andere Bewertungsverfahren. Vielmehr wird mit der direkten Duplikation der (intuitiv naheliegende) Sachverhalt explizit gemacht, dass der Wert der Realoption entscheidend von dem originären Underlying (also der Wertentwicklung des jungen Unternehmens im Zeitablauf) abhängt und eine Staffelung der Investitionen insbesondere zur Risikosteuerung auf Projektebene beitragen kann.

Daran anschließend wird im Rahmen dieser Arbeit der Einfluss der Staffelung auf die Irreversibilität der eingeschlagenen Investitionsstrategie aus Sicht eines CVC-Gebers betrachtet. Dazu wird der *Verschuldungsgrad* des Duplikationsportfolios als Kennzahl eingeführt. Als Komplement der „Eigenkapitalquote“ formuliert, gibt dieser wieder, wie viel Eigenkapital in Form der irreversiblen Optionsprämie als Anteil am Duplikationsportfolio bereitgestellt wird. Eine stärkere Staffelung führt dabei zu einem Ansteigen des Verschuldungsgrades, wie sich bei der Gegenüberstellung der direkten und der sequenziellen Duplikation zeigt. Mit der sequenziellen Investition in junge Unternehmen entsteht also ein impliziter Verschuldungsgrad; dieser sinkt aber sukzessive mit der Vornahme weiterer Investitionen und drückt insofern auch das entsprechend steigende *Commitment* des CVC-Gebers aus.

Bei der Modell*anwendung* werden aber auch die *Grenzen* des hier entwickelten Bewertungsansatzes deutlich. So wird für die Wertentwicklung junger Unternehmen ein multiplikativer Binomialprozess unterstellt; dies erlaubt die modelltheoretische Berücksichtigung der *unsicheren* Entwicklung junger Unternehmen, stellt aber zugleich eine Simplifizierung des Bewertungsproblems dar. Bei der Bestimmung weiterer Modellparameter stellt sich die kontextspezifische – nicht immer eindeutig mögliche – *Abgrenzung* der die sequenzielle Investitionen in junge Unternehmen repräsentierende Realoption als zentrale Aufgabe: Neben der Anzahl der Investitionsrunden gilt es die jeweiligen Investitionsbedarfe zu schätzen und das Underlying zu bestimmen, um den Wert der Realoption aus Sicht eines CVC-Gebers ermitteln zu können.

[958] Vgl. z.B. Denison (2009).

Um wertschaffende CVC-Investitionen vornehmen zu können, sind entsprechende Beteiligungen allerdings nicht nur isoliert zu bewerten. Vielmehr müssen auch mögliche *Portfolio*wirkungen zwischen den diversen Beteiligungen eines CVC-Gebers berücksichtigt werden. Ausgehend von der Strukturierung der Beteiligungsinvestitionen als Verbundoption werden daher auch *CVC-Programme* als Portfolios aus Realoptionen betrachtet und mit empirischen Erkenntnissen der bestehenden CVC-Forschung in einem *Strukturmodell* zusammengeführt. Das Portfolio aus Realoptionen wird hierzu wiederum als *Option zur Ausübung der wertvollsten Realoptionen* strukturiert; es besteht mithin die Möglichkeit zur *selektiven* Akquisition der Portfoliounternehmen. Dies kann einerseits mit der Tatsache begründet werden, dass ein signifikanter Teil der jungen Unternehmen scheitert und insolvent wird, eine Akquisition mithin ausscheidet. Andererseits wird der CVC-Geber bei zu unterstellender Kapitalknappheit nicht alle (verbleibenden) Akquisitionsoptionen ausüben (können). Der Wert der Portfoliooption hängt in diesem Fall von dem Wert der einzelnen Realoptionen ab sowie der Möglichkeit, zwischen diesen *auswählen* zu können. Wenn diese Portfoliostruktur zugrunde gelegt wird, dann hängt der Portfoliowert von der *Portfoliogröße* und, anders als vor dem Hintergrund der Portfoliotheorie zu erwarten, der *Korrelation* der Wertentwicklung der Portfolioelemente ab: Je stärker die Wertentwicklung der Portfoliounternehmen korreliert, desto weniger wert ist die Möglichkeit, zwischen diesen *auswählen* zu können.

Der Wert von CVC-Portfolios wird allerdings auch durch realwirtschaftliche *Synergien* getrieben. Diese Verbundeffekte gilt es also bei einer Übertragung der Optionspreistheorie auf CVC-Portfolios zu berücksichtigen. Synergiepotenziale von CVC-Portfolios existieren sowohl zwischen dem CVC-Geber und einem Portfoliounternehmen als auch zwischen den Portfoliounternehmen. In beiden Fällen wirkt sich dies unmittelbar *positiv* auf den Wert des Portfolios aus. Zudem kann der CVC-Geber Synergien bei der *Betreuung* der Portfoliounternehmen verwandter Branchen realisieren. Die betreuungsseitigen Synergien kann der CVC-Geber dann optimal ausschöpfen, wenn die Wertentwicklung der Portfoliounternehmen eine tendenziell *hohe* Korrelation aufweist. Dieser Effekt kann im Grenzfall den negativen Einfluss der Korrelation auf den Wert der Portfoliooption *überkompensieren*. Das auf die Erkenntnisse der optionspreistheoretischen Modellierung zurückgreifende Strukturmodell zeigt also erst diese *interdependenten* Einflüsse zwischen den Werttreibern des CVC-Portfolios auf, die es bei der Portfoliozusammenstellung zu berücksichtigen gilt.

Die Korrelation der Wertentwicklung der Portfoliounternehmen beeinflusst sowohl den Wert des Portfolios als auch dessen *Risiko* im Sinne der Varianz des Portfoliowertes. Basierend auf den Ergebnissen der Simulationsstudie von VAN BEKKUM / PENNINGS /

SMIT (2009) wird argumentiert, dass das *Diversifikationspotenzial* positiv (negativ) korrelierter Unternehmen größer (geringer) ist, als bei Zugrundelegung der Portfoliotheorie zu erwarten wäre. Das Diversifikationspotenzial einer Real*option* hängt nämlich nicht allein von der Korrelation ab, sondern auch von der Wahrscheinlichkeit eines Abbruchs der Investitionssequenz, also inwieweit die Realoption „im Geld" oder „aus dem Geld" ist. Erkennbar wird bei der Strukturierung eines sequenziellen Investitionsprojektes als *mehrstufige* Verbundoption, dass das Diversifikationspotenzial eines jungen Portfoliounternehmens auch dadurch bestimmt wird, welche Investitionen bereits geleistet wurden und welche bis zu einer möglichen Akquisition noch zu tätigen sind. Diese von der Portfoliotheorie abweichenden Ergebnisse sind für den CVC-Geber relevant, da er insbesondere in Unternehmen investiert, die einen (potenziellen) strategischen Fit und daher eine tendenziell *positive* Korrelation aufweisen, also auch eine geringere Portfoliovarianz erwarten lassen.

Anhand des bewertungsrelevante Charakteristika zusammenführenden Strukturmodells können anschließend mögliche *Portfoliostrategien* für CVC-Programme abgeleitet werden. Ansatzpunkte zur Steuerung der Portfolioparameter sind dabei insbesondere die Wahl der Branchen und Entwicklungsstadien der Portfoliounternehmen sowie die Zahl der insgesamt erworbenen Beteiligungen. CVC-Geber investieren aufgrund *strategischer* Erwägungen in verwandte Branchen bzw. Unternehmen mit ähnlichen Geschäftsmodellen, die daher eine tendenziell positive Korrelation aufweisen. Entsprechend hoch ist die Bedeutung des *Synergiepotenzials* bei der Ermittlung des Portfoliowertes einzuschätzen. Insofern gilt es für den CVC-Geber abzuwägen, wann jeweils eine Spezialisierung oder eine – im Rahmen strategischer Erwägungen mögliche – Diversifikation den Erfolg des CVC-Programms steigert. Hierbei hängt der Einfluss der Korrelation auf den Portfoliowert von der Portfoliogröße wie auch den realisierbaren Synergien zwischen Portfoliounternehmen ab. Bei der Zusammenstellung und dynamischen Anpassung des Portfolios sind diese interdependenten, teilweise *gegenläufigen* Verbundeffekte mithin zu berücksichtigen.

Insgesamt verdeutlicht die *realoptionsbasierte* Modellierung der Beteiligungsinvestitionen auf Projektebene die Bedeutung einer effektiven Nutzung der Flexibilität der sequenziellen Investitionen in junge Unternehmen. Auf Portfolioebene werden die *moderierenden* Effekte zwischen den wertbestimmenden Faktoren deutlich, die sich in empirischen Studien der aktuellen CVC-Forschung als kritisch für den Portfoliowert erwiesen haben. Modelltheoretisch werden diese Portfolioeffekte in einem *Mehrperiodenmodell*, wie es im Rahmen dieser Arbeit präsentiert wurde, erfassbar. Durch die Strukturierung der Beteiligungsinvestitionen als Verbundoptionen wird erst die Analyse eines *vorzeitigen* Projektabbruchs möglich. Dies ist einerseits bei der *Reallokation* der Ressourcen aus gescheiterten Portfoliounternehmen innerhalb des Portfolios relevant; je wahrscheinlicher das Scheitern eines der Portfoliounternehmen ist, desto stärker ist der Anreiz, den Portfoliofokus eng zu wählen, weil dies am ehesten die Reallokation von Ressourcen erlaubt.[959] Andererseits zeigt sich erst in einer mehrperiodigen Modellierung der *moderierende* Einfluss von Synergien auf die Korrelation, wohingegen dieser Effekt in einem Einperiodenmodell nur sehr eingeschränkt untersucht werden kann.[960]

Sowohl das quantitative Bewertungsmodell in Kapitel III. als auch das Portfolio-Strukturmodell in Kapitel IV. *erweitern* insofern die aktuelle (CVC-)Forschung: Die Bewertung der Beteiligung als Verbundoption vertieft jene Ansätze, die eine Bewertung als einstufige Option vornehmen. Hierdurch wird die Entscheidungsflexibilität des CVC-Gebers adäquat modelliert. Zudem wird auf methodischer Ebene die Bewertung von Verbundoptionen im Rahmen des Binomialmodells vereinfacht. Die Modellierung von CVC-Programmen als Portfoliooption erlaubt die systematische Analyse wechselseitiger Interdependenzen zwischen einzelnen Einflussfaktoren. Die Ergebnisse der optionspreistheoretischen Analyse sind dabei in der Lage, die empirischen Ergebnisse der bestehenden CVC-Forschung zu deuten und bieten mithin ein theoretisches Fundament für weitere Untersuchungen.

959 Vgl. Fulghieri / Sevilir (2009b); Kang / Burton / Mitchell (2011); Chen / Fabozzi / Huang (2013).

960 Siehe hierzu auch die Modelle von Kang / Burton / Mitchell (2011) und Nishihara (2012).

Anhang

Verzeichnis der Abbildungen im Anhang

Verzeichnis der Tabellen im Anhang

<table>
<tr><th>Autoren</th><th>Methodik der Studie</th><th>Ergebnis</th></tr>
<tr><td>SIEGEL / SIEGEL / MACMILLAN (1988)</td><td>Befragung von 52 CVC-Gebern in den USA;

Bewertung von Zielen auf einer Skala von 1 (= unwichtig) bis 4 (= sehr wichtig)</td><td>Wichtigste Zielsetzungen:
1. Kapitalverzinsung (RoI) (3,38)
2. Zugang zu neuen Technologien und Märkten (3,12)
3. Möglichkeiten zur Herstellung oder Vermarktung neuer Produkte (2,39)
4. Möglichkeit zur Akquisition von Unternehmen (2,13)
5. Verbesserungen im Produktionsprozess (1,88)
Die Autoren identifizieren zwei Gruppen von CVC-Gebern: primär finanziell motivierte und primär strategisch motivierte CVC-Geber</td></tr>
<tr><td>SYKES (1990)</td><td>Befragung von 31 Großunternehmen, die ein strategisch motiviertes CVC-Programm aufweisen;

Unterscheidung zwischen direkten und indirekten Investitionen;

Bildung einer Rangfolge der möglichen Ziele</td><td><table>
<tr><th>Durchschnittlicher Rang der strategischen Zielsetzung</th><th>direkt</th><th>indirekt</th></tr>
<tr><td>Erkennen neuer Chancen</td><td>2,0</td><td>2,9</td></tr>
<tr><td>Entwicklung von Geschäftsbeziehungen</td><td>2,4</td><td>2,7</td></tr>
<tr><td>Identifizierung neuer Akquisitionskandidaten</td><td>3,3</td><td>3,8</td></tr>
<tr><td>Know How-Erwerb über VC-Investitionen</td><td>-</td><td>4,0</td></tr>
<tr><td>Veränderung der Unternehmenskultur</td><td>4,2</td><td>-</td></tr>
<tr><td>Unterstützung von Spin Offs aus dem eigenen Unternehmen</td><td>4,7</td><td>4,7</td></tr>
</table></td></tr>
<tr><td>SCHWEEN (1996)</td><td>Befragung von 12 deutschen CVC-Gebern;

zunächst sollte eine Präferenz für finanzielle oder strategische Zielsetzungen angegeben werden;

anschließend Nennung konkreter Einzelziele</td><td>Verhältnis von strategischen / finanziellen Zielen:
von den 12 befragten Unternehmen verfolgen
- drei (bzw. 25%) eine rein strategische Zielsetzung,
- sieben (bzw. 58%) eine primär strategische Zielsetzung,
- zwei (bzw. 17%) gleichgewichtig strategische und finanzielle Zielsetzungen.
- kein Unternehmen verfolgt primär finanzielle Ziele.
Rangfolge der Einzelziele:
1. Identifikation neuer Märkte und Technologien
2. Generierung von Produkt- und Prozessinnovationen
3. Auswahl potentiell akquirierbarer Unternehmen
4. Entwicklung von Geschäftsbeziehungen
5. Sammlung von Erfahrungen mit dem Instrument CVC
6. Erzielung einer hohen Kapitalverzinsung (RoI)
7. Förderung von Spin Offs
8. Veränderung der Unternehmenskultur
9. Regionale Wirtschaftsförderung</td></tr>
</table>

<table>
<tr><td rowspan="7">McNally (1997)</td><td rowspan="7">Befragung von 73 Unternehmen in England; aus einer Liste 16 möglicher Ziele sollten Primär- und Sekundärziele bestimmt werden, von denen die sechs wichtigsten Primärziele und deren Rang als Sekundärziel hier aufgeführt sind (gleich häufige Nennungen führen zu einem identischen Rang)</td><td>Rang der am häufigsten genannten Zielsetzungen</td><td>Primärziel</td><td>Sekundärziel</td></tr>
<tr><td>Identifizierung neuer Märkte</td><td>1</td><td>8</td></tr>
<tr><td>Zugang zu neuen Technologien</td><td>2</td><td>11</td></tr>
<tr><td>Kapitalverzinsung (RoI)</td><td>3</td><td>1</td></tr>
<tr><td>Entwicklung von Geschäftsbeziehungen</td><td>3</td><td>3</td></tr>
<tr><td>Identifizierung neuer Produkte</td><td>3</td><td>11</td></tr>
<tr><td>Verbesserung des Produktionsprozesses</td><td>6</td><td>8</td></tr>
<tr><td>Kann (2000)</td><td>Befragung von 152 US-amerikanischen CVC-Gebern; hierbei war eines von drei möglichen (Primär-) Zielen auszuwählen</td><td colspan="3">Primäre Motive für CVC-Investitionen:
- Externe Forschung und Entwicklung (45%)
- (Schnellerer) Zugang zu neuen Märkten (30%)
- Erzeugung/Verstärkung der Nachfrage nach eigenen Produkten (24%)</td></tr>
<tr><td>Europäische Kommission (2001)</td><td>Befragung von 84 CVC-Gebern aus der EU; aus einer Befragung von ca. 2000 Unternehmen antworteten 369, von denen 84 in CVC investierten</td><td colspan="3">Zentrale (primäre) Motive für CVC-Investitionen:
- Strategische Motive (62%),
- Finanzielle Motive (27%),
- Soziale Motive (5%),
- Andere (6%).</td></tr>
<tr><td>von Daniels / Leker / Seeliger (2002)</td><td>Befragung von 12 deutschen CVC-Gebern;

Bewertung von 9 Zielen auf einer Skala von 1 (= unwichtig) bis 7 (= sehr wichtig). Die hieraus abgeleitete Rangfolge dieser Ziele zeigt folgende Spalte</td><td colspan="3">Rangfolge der Motive für den Einsatz von CVC:
1. Kontakt mit und Informationsgewinnung in dynamisch wachsenden, innovativen Geschäftsfeldern
2. Option auf den Erwerb neuer Technologien
3. Zentraler Bestandteil der Unternehmensstrategie
4. Optimale Ausnutzung unternehmenseigener Ressourcen
5. Bindung von jungen und hochqualifizierten Mitarbeitern
6. Technologieverfolgung in Geschäftsfeldern, die unternehmensintern auf hohe Widerstände stoßen
7. Optimale Verzinsung des eingesetzten Kapitals
8. Aufbau und Unterstützung von eigenen potentiellen Zulieferern und Abnehmern
9. Regionale Wirtschaftsförderung</td></tr>
</table>

<table>
<tr>
<td>WITT / BRACHTEN-DORF (2002)</td>
<td>Interviews mit 21 deutschen CVC-Gebern; hierbei wurden sowohl die Geschäftsführung des Mutterunternehmens (Mutter) als auch die Manager der CVC-Gesellschaft (CVCG) befragt

Bewertung von Zielen auf einer Skala von 1 (= äußerst wichtig) bis 5 (= nicht relevant) aus Sicht der Mutter und aus Sicht der Corporate Venture Capital-Gesellschaft</td>
<td>
<table>
<tr><th>Rang der Zielsetzungen:</th><th>Mutter</th><th>CVCG</th></tr>
<tr><td>Zugang zu neuen Technologien („window on technology“)</td><td>1</td><td>1</td></tr>
<tr><td>Steigerung der Innovationsfähigkeit</td><td>2</td><td>3</td></tr>
<tr><td>Aufbau neuer Geschäftsfelder</td><td>3</td><td>5</td></tr>
<tr><td>Förderung des Unternehmertums</td><td>4</td><td>6</td></tr>
<tr><td>Erzielung von realem Gewinn</td><td>5</td><td>2</td></tr>
<tr><td>Verbesserung des Unternehmen-simages</td><td>6</td><td>7</td></tr>
<tr><td>Erhöhung des Unternehmenswertes</td><td>7</td><td>4</td></tr>
<tr><td>Verwertung nicht-strategischen IP-Know-Hows</td><td>8</td><td>8</td></tr>
<tr><td>Erschließung neuer Absatzmärkte</td><td>9</td><td>9</td></tr>
</table>
90% der Befragten sehen insgesamt keinen oder nur einen geringen Zielkonflikt zwischen den Zielen der Mutter und der CVCG.
</td>
</tr>
<tr>
<td>RÖPER (2004)</td>
<td>Befragung von 63 (internationalen) CVC-Gebern;

Zunächst sollte eine Priorität für strategische oder finanzielle Ziele festgelegt werden;

anschließend waren verschiedene strategische und finanzielle Zielsetzungen zu bewerten</td>
<td>Die Festlegung einer Priorität für strategische oder finanzielle Zielsetzungen führte zu keinem signifikanten Ergebnis zugunsten einer der beiden Zielkategorien.
Rangfolge der finanziellen Ziele:
1. Hohe Kapitalverzinsung (RoI)
2. Kostengünstige Alternative zu eigener FuE
3. Kostengünstiger Ideentransfer für eigene FuE-Bemühungen
Rangfolge der strategischen Ziele:
1. Beobachtung aktueller (technischer) Entwicklungen
2. Zugang zu neuen Technologien
3. Entwicklung von Geschäftsbeziehungen
4. Erschließung neuer Absatzmöglichkeiten für das aktuelle Produktportfolio
5. Nutzung der Kreativität und (Innovations-)Geschwindigkeit der Startup-Unternehmen
6. Diversifikation des Mutterunternehmens
7. Optionen für künftige Akquisitionen
8. Veränderung der Unternehmenskultur
9. Unterstützung von Spin Offs</td>
</tr>
</table>

WEBER (2005)[961]	Befragung von 23 deutschen CVC-Gebern; Bewertung von insgesamt 21 Zielen auf einer Skala von 1 (= unbedeutend) bis 5 (= sehr bedeutend); hier werden nur die sechs wichtigsten aufgeführt	**Rangfolge der Ziele:** 1. Einschätzung neuer Technologien 2. Effiziente Alternative zu interner FuE 3. Förderung von Partnerschaften zwischen Business Units des Mutterunternehmens und Portfoliounternehmen 4. Zugang zu neuen Technologien, Produktionsverfahren, Rechten oder Patenten 5. Wissenstransfer von Portfoliounternehmen und Mutterunternehmen 6. Überdurchschnittliche Investitionsrendite Der Anteil an Unternehmen, die primär strategische Ziele verfolgen, stieg von 42% in 2000 auf 61% in 2003. Entsprechend sank der Anteil jener, die gleichgewichtig finanzielle Ziele verfolgen (37% → 30%) und jener, die primär finanzielle Ziele verfolgen (21% → 9%).
MACMILLAN / ROBERTS / LIVADA / WANG (2008)	Befragung von 48 CVC-Einheiten; zunächst waren finanzielle oder strategische Ziele zu priorisieren; anschließend sollte die Bedeutung strategischer Ziele auf einer vierstufigen Skala (extrem wichtig, sehr wichtig, relativ wichtig, unwichtig) eingeordnet werden	**Prioritäten der Zielkategorien**: - 15% der Unternehmen investieren ausschließlich aus strategischen Erwägungen; - 50% verfolgen primär strategische Ziele und finanziellen Erfolg als Sekundärziel; - 20% verfolgen primär finanzielle Ziele und strategische als Sekundärzielsetzungen; - 15% verfolgen ausschließlich finanzielle Ziele. **Rangfolge *strategischer* Zielsetzungen:** 1. Zugang zu neuen Technologien 2. Zugang zu neuen Märkten 3. Unterstützung bestehender Geschäftsfelder 4. Entwicklung neuer Produkte 5. Erkennen von Trends / Entwicklungsmöglichkeiten 6. Verbesserung bestehender Produktionsprozesse

[961] Die Untersuchung von Weber (2005) baut auf einer empirischen Studie von Weber / Dierkes (2002) auf und baut diese und zu einer Langzeitstudie aus.

ERNST & YOUNG (2009)	Befragung von 37 CVC-Einheiten aus 8 Ländern; Bewertung *strategischer* Ziele auf einer Skala von 1 (= unwichtig) bis 5 (= sehr wichtig)	**Rangfolge *strategischer* Ziele:** 1. Erkennen von neuen Innovationen und technischen Entwicklungen 2. Zugang zu neuen Märkten 3. Einbringen neuer oder Verbesserung eigener Innovationen in bestehenden Geschäftsfeldern 4. Entwicklung neuer Produkte 5. Neues (Umsatz-)Wachstumspotenzial für den CVC-Geber 6. Aufbau von Beziehungen zu konventionellen VC-Gesellschaften 7. Aufbau von Partnerschaften und Joint Ventures 8. Identifizierung von Akquisitionskandidaten 9. Nutzung/Verwertung interner technischer FuE
LANTZ / SAHUT / TEULON (2011)	Befragung von 412 Großunternehmen aus USA und Europa, von denen 40% (Europa) bzw. 60% (USA) in CVC investierten; Wichtigste Ziele nach Häufigkeit der Nennung durch CVC-Geber	**Rangfolge *strategischer* Ziele:** 1. Zugang zu neuen Märkten (90%) 2. Entwicklung neuer Produkte (88%) 3. Zugang zu neuen Technologien (83%) 4. Erschließung neuer Geschäftsfelder (77%) 5. Stärkung bestehender Geschäftsfelder (65%) 6. Verbesserung der Produktionsabläufe (58%)

Tabelle A1: Ergebnisse empirischer Zielforschung bei CVC-Programmen[962]

[962] Quelle: Eigene Darstellung. Die Studien sind in der chronologischen Reihenfolge ihrer Publikation geordnet. Die Übersicht erhebt keinen Anspruch auf eine vollständige Darstellung aller empirischen Studien; vielmehr wurden die vom Umfang der Erhebung bedeutendsten publizierten Studien aufgeführt.

Studie	Design	Aussage
WEBSTER (1976)	(modell-) theoretisch	**sechs Entwicklungsstufen** 1. Pre-Venture Stage 2. Stage of Team Work, Hard Work, and Enthusiasm 3. Stage of Financial jeopardy 4. Stage of Product Introduction, Overdue Payables, Initial Market Success, and Revived Hope 5. Stage of Rapacity 6. Stage of Re-Negotiation or Termination of Venture
GALBRAITH (1982)	theoretisch	**Fünf Entwicklungsstufen:** 1. Proof-of-Principle/Prototype Stage 2. Model-Shop Stage 3. Startup Stage 4. Natural Growth Phase 5. Strategic Maneuvering Stage
PRATT (1983)	theoretisch	**Sechs Entwicklungsstufen:** 1. Seed Financing 2. Start-up Financing 3. First Stage Financing 4. Second Stage Financing 5. Third Stage Financing 6. Bridge Financing.
GARTNER (1985)	Literature Review / Metaanalyse	**Sechs Entwicklungsstufen:** The Entrepreneur… 1. ...locates a Business Opportunity 2. ...accumulates Resources 3. ...markets Products and Services 4. ...produces the Product 5. ...builds an Organization 6. ...responds to Government and Society
SCOTT / BRUCE (1987)	theoretisch	**Fünf Entwicklungsstufen:** 1. Inception 2. Survival 3. Growth 4. Expansion 5. Maturity

RUHNKA / YOUNG (1987, 1991)	empirisch	**Fünf Entwicklungsstufen:** 1. Seed 2. Start-up 3. Second stage 4. Third stage 5. Exit stage
KAZANJIAN (1988) KAZANJIAN / DRAZIN (1989, 1990)	empirisch	**Vier Entwicklungsstufen:** 1. Conception and Development 2. Commercialization 3. Growth 4. Stability
BHAVE (1994)	empirisch (aus Sicht der Unternehmensgründer)	**Drei Entwicklungsstufen:** 1. Opportunity Stage 2. Technology Set up and Organization 3. Exchange Stage

Tabelle A2: Phasenbezogene Entwicklungsmodelle junger Unternehmen

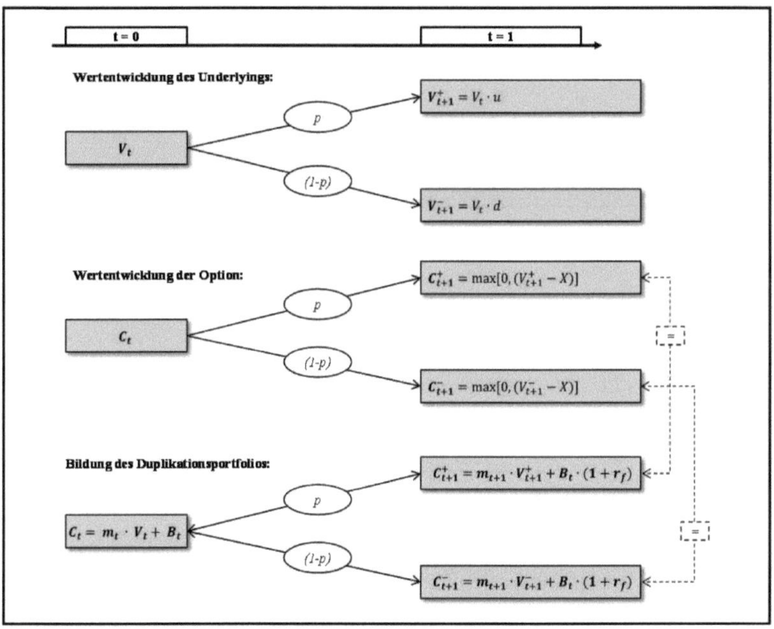

Abbildung A1: Arbitragefreie Optionsbewertung im Zwei-Zeitpunkt-zwei-Zustands-Modell

Industry	Number of Financing Rounds				
	Full	IPO	Bankrupt	Acquired	n
Communications	**2,78**	3,41	2,44	2,47	98
Computers	**3,89**	4,60	4,33	3,42	27
Computer related	**3,66**	4,00	3,47	3,32	90
Computer software	**2,99**	2,91	2,00	3,22	77
Electronic components	**3,27**	4,00	n.a.	3,50	22
Other electronics	**3,21**	2,50	3,50	2,78	41
Biotechnology	**3,69**	3,56	4,00	4,60	29
Medical/health	**2,98**	3,94	1,91	2,53	90
Energy	**1,91**	2,25	2,00	1,67	22
Consumer products	**2,14**	2,16	2,33	1,20	103
Industrial products	**2,09**	3,75	2,17	1,65	89
Transportation	**1,93**	2,00	2,00	2,50	15
Other	**1,60**	1,63	1,78	1,80	96
(gewogener) Durchschnitt:	**2,69**			**Summe:**	**799**

Tabelle A3: Durchschnittliche Anzahl an Finanzierungsphasen der von GOMPERS (1995) untersuchten VC-Finanzierungen[963]

Type of Funding	Time to Next Funding*	Cash Utilization**	n		(Gewogene) Durchschnitte: Time to Next Funding*	Cash Utilization**	n
Seed	1,63	565	122	**Early Rounds**	1,41	1.296	251
Startup	1,21	1.987	129				
Early Stage	1,03	1.023	114	**Middle Rounds**	1,07	1.729	623
First Stage	1,08	1.785	288				
Other Early	1,08	2.020	221				
Expansion	1,26	1.860	377	**Later Rounds**	1,05	2.511	1363
Second Stage	1,01	2.482	351				
Third Stage	0,86	3.237	181				
Bridge	0,97	2.785	454				
*in Jahren / ** in Tausend Dollar			**2237**				**2237**

Tabelle A4: Durchschnittliche Dauer einer Finanzierungsrunde und bereitgestellter Investitionsbetrag der Studie von GOMPERS (1995)[964]

[963] Quelle: Eigene Berechnungen, basierend auf Daten aus Gompers (1995), S. 1474-1475, Tabelle IV.

[964] Quelle: Eigene Berechnungen, basierend auf Daten von Gompers (1995), S. 1476, Tabelle V.

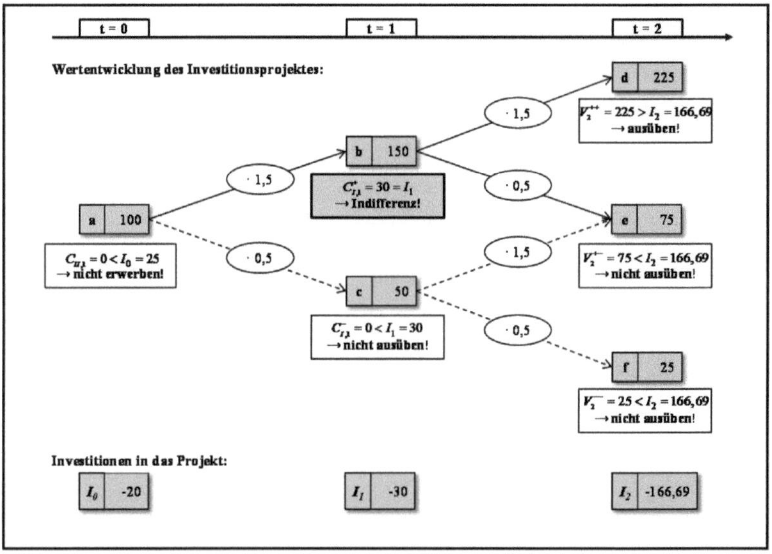

Abbildung A2: Optimale Investitionsstrategie für die Verbundoption bei $I_2 = 166{,}69$ (Beispiel)

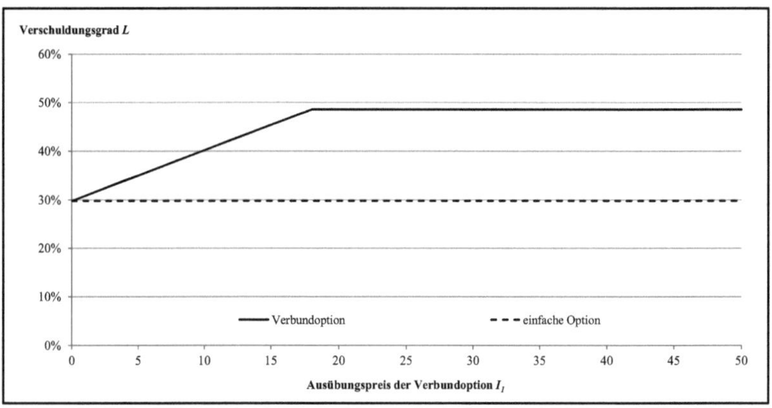

Abbildung A3: Verschuldungsgrad in Abhängigkeit des Ausübungspreises I_1 (Beispiel)[965]

[965] Die Verschuldungsgradfunktion der Verbundoption bei Variation der Investition I_1 weist einen Knick bei 18,01 auf, da sich hier eine Ausübung der Option im Knoten c nicht mehr lohnt; der Verschuldungsgrad der einfachen Option bleibt untangiert, da keine vergleichbare Zahlung I_1 anfällt.

Es kann gezeigt werden, dass die Verschuldungsgradfunktion L_t in Abhängigkeit der Investition I_{t+1} intervallweise *linear* verläuft:

$$L_t = \frac{|B_t|}{m_t \cdot V_t} = \frac{d \cdot C_{t+1}^{+} - u \cdot C_{t+1}^{-}}{(1+r_f)\cdot(C_{t+1}^{+} - C_{t+1}^{-})}$$

$$= \frac{d \cdot \max[0,(V_{t+1}^{+} - I_{t+1})] - u \cdot \max[0,(V_{t+1}^{-} - I_{t+1})]}{(1+r_f)\cdot\left(\max[0,(V_{t+1}^{+} - I_{t+1})] - \max[0,(V_{t+1}^{-} - I_{t+1})]\right)}$$

Es wird mithin Fallunterscheidung notwendig, um Einfluss von I_{t+1} auf den Verschuldungsgrad bestimmen zu können.

1. Fall: $I_{t+1} < V_{t+1}^{-}$ $(< V_{t+1}^{+})$ („Ausübung ist stets vorteilhaft")

$$L_t = \frac{d \cdot (V_{t+1}^{+} - I_{t+1}) - u \cdot (V_{t+1}^{-} - I_{t+1})}{(1+r_f)\cdot\left((V_{t+1}^{+} - I_{t+1}) - (V_{t+1}^{-} - I_{t+1})\right)}$$

$$= \frac{d \cdot V_{t+1}^{+} - u \cdot V_{t+1}^{-} + (u-d)\cdot I_{t+1}}{(1+r_f)\cdot(V_{t+1}^{+} - V_{t+1}^{-})}$$

$$= \frac{d \cdot V_{t+1}^{+} - u \cdot V_{t+1}^{-}}{(1+r_f)\cdot(V_{t+1}^{+} - V_{t+1}^{-})} + \frac{(u-d)}{(1+r_f)\cdot(V_{t+1}^{+} - V_{t+1}^{-})}\cdot I_{t+1}$$

$$\frac{\partial L_t}{\partial I_{t+1}} = \frac{(u-d)}{(1+r_f)\cdot(V_{t+1}^{+} - V_{t+1}^{-})} \equiv \textit{konst.}$$

Der Verschldungsgrad des Duplikationsportfolios steigt also für $I_{t+1} < V_{t+1}^{-}$ linear an.

2. Fall: $V_{t+1}^{-} < I_{t+1} < V_{t+1}^{+}$ („Ausübung nur bei positiver Wertentwicklung des Underlyings")

$$L_t = \frac{d \cdot (V_{t+1}^{+} - I_{t+1}) - u \cdot 0}{(1+r_f)\cdot\left((V_{t+1}^{+} - I_{t+1}) - 0\right)}$$

$$= \frac{d}{(1+r_f)} \quad (\textit{Verschuldungsobergrenze})$$

Der Verschldungsgrad des Duplikationsportfolios erreicht für $V_{t+1}^{-} < I_{t+1} < V_{t+1}^{+}$ seine Obergrenze, bleibt also konstant.

3. Fall: $I_{t+1} > V_{t+1}^{+}$ $(> V_{t+1}^{-})$ („Ausübung der Option stets unvorteilhaft")

Option wertlos, Duplikationsportfolio (und dessen Verschuldungsgrad) nicht definiert.

Abbildung A4: Konstanz der Steigung der Verschuldungsgradfunktion

Kreditaufnahme bei der Duplikation von *Kauf*optionen:
Es kann gezeigt werden, dass eine Kaufoption stets durch eine *Kreditaufnahme* (d.h. $B_t < 0$) und den anteiligen Erwerb des Underlyings dupliziert werden kann:

Bestimmungsgleichung von B_t:

$$B_t = \frac{C^-_{t+1} \cdot V^+_{t+1} - C^+_{t+1} \cdot V^-_{t+1}}{(1+r_f)\cdot(V^+_{t+1} - V^-_{t+1})} = \frac{u \cdot C^-_{t+1} - d \cdot C^+_{t+1}}{(u-d)\cdot(1+r_f)}$$

$$= \frac{u \cdot \left[\max\left(0,(V_t \cdot d - I_{t+1})\right)\right] - d \cdot \left[\max\left(0,(V_t \cdot u - I_{t+1})\right)\right]}{(u-d)\cdot(1+r_f)}$$

Fallunterscheidung:

1. Fall: $I_{t+1} \leq V_t \cdot d$

$$B_t = \frac{u \cdot (V_t \cdot d - I_{t+1}) - d \cdot (V_t \cdot u - I_{t+1})}{(u-d)\cdot(1+r_f)}$$

$$= \frac{-u \cdot I_{t+1} + d \cdot I_{t+1}}{(u-d)\cdot(1+r_f)} = \frac{(d-u)\cdot I_{t+1}}{(u-d)\cdot(1+r_f)} < 0, \quad da \quad d<1<u$$

2. Fall: $V_t \cdot d \leq I_{t+1} \leq V_t \cdot u$

$$B_t = \frac{u \cdot \left[\max\left(0,(V_t \cdot d - I_{t+1})\right)\right] - d \cdot \left[\max\left(0,(V_t \cdot u - I_{t+1})\right)\right]}{(u-d)\cdot(1+r_f)}$$

$$= \frac{-d \cdot (V_t \cdot u - I_{t+1})}{(u-d)\cdot(1+r_f)} < 0, \quad da \quad d<1<u$$

3. Fall: $I_{t+1} \geq V_t \cdot d$

Option wertlos, Duplikationsportfolio nicht definiert.

Abbildung A5: Kreditaufnahme bei der Duplikation von Kaufoptionen

Beweis zum Verhältnis der Verschuldungsgrade z-stufiger und (z-1)-stufiger Verbundoptionen

Das Duplikationsportfolio einer *einstufigen* Verbundoption kann aus dem *originären* Underlying und einer risikolosen Kreditaufnahme gebildet werden (dies wurde zuvor in Abschnitt III.1.b.ii. gezeigt); deren Verschuldungsgrad lässt sich dann wie folgt ermitteln:

$$(8) \quad D_{I,t} = m_{I,t} \cdot V_t + B_{I,t}$$

$$(12) \quad L_{I,t} = \frac{-B_{I,t}}{m_{I,t} \cdot V_t}$$

Für eine *zweistufige* Option ergeben sich Duplikationsportfolio und Verschuldungsgrad wie folgt:

$$(9) \quad D_{II,t} = m^*_{II,t} \cdot D_{I,t} + B^*_{II,t} = m^*_{II,t} \cdot \left[m_{I,t} \cdot V_t + B_{I,t} \right] + B^*_{II,t}$$

$$= m_{II,t} \cdot V_t + B_{II,t}$$

$$mit \quad m_{II,t} = m^*_{II,t} \cdot m_{I,t}$$

$$B_{II,t} = m^*_{II,t} \cdot B_{I,t} + B^*_{II,t}$$

$$(17) \quad L_{II,t} = \frac{-B_{II,t}}{m_{II,t} \cdot V_t} = \frac{-(m^*_{II,t} \cdot B_{I,t} + B^*_{II,t})}{m_{I,t} \cdot m^*_{II,t} \cdot V_t}$$

In Abbildung 21 wurde gezeigt, dass der Verschuldungsgrad der zweistufigen Verbundoption größer ist als der der einstufigen Option und lediglich im Grenzfall (dem Erreichen der Verschuldungsobergrenze) beide Verschuldungsgrade übereinstimmen. Dies soll zunächst auch für das Verhältnis zwei- und dreistufiger Verbundoptionen demonstriert und anschließend für (z-1)-stufige und z-stufige Verbundoptionen verallgemeinert werden:

$$(18) \quad D_{III,t} = m^*_{III,t} \cdot D_{II,t} + B^*_{III,t} = m^*_{III,t} \cdot \left[m^*_{II,t} \cdot D_{I,t} + B^*_{II,t} \right] + B^*_{III,t}$$

$$= m^*_{III,t} \cdot \left[m^*_{II,t} \cdot \left(m_{I,t} \cdot V_t + B_{I,t} \right) + B^*_{II,t} \right] + B^*_{III,t}$$

$$mit \quad m_{III,t} = m^*_{III,t} \cdot m^*_{II,t} \cdot m_{I,t} \quad und$$

$$B_{III,t} = B^*_{III,t} + m^*_{III,t} \cdot B^*_{II,t} + m^*_{III,t} \cdot m^*_{II,t} \cdot B_{I,t}$$

$$(19) \quad L_{III,t} = \frac{-B_{III,t}}{m_{III,t} \cdot V_t} = \frac{-(B^*_{III,t} + m^*_{III,t} \cdot B^*_{II,t} + m^*_{III,t} \cdot m^*_{II,t} \cdot B_{I,t})}{m^*_{III,t} \cdot m^*_{II,t} \cdot m_{I,t} \cdot V_t}$$

Beim Vergleich der zweistufigen mit der dreistufigen Option kann analog zu Abbildung 21 gezeigt werden, dass der Verschuldungsgrad der dreistufigen (19) Verbundoption nicht kleiner ist als der der zweistufigen Verbundoption (17):

$$L_{II,t}=\frac{-(m^*_{II,t}\cdot B_{I,t}+B^*_{II,t})}{m^*_{II,t}\cdot m_{I,t}\cdot V_t}\quad\leq\quad\frac{-(B^*_{III,t}+m^*_{III,t}\cdot B^*_{II,t}+m^*_{III,t}\cdot m^*_{II,t}\cdot B_{I,t})}{m^*_{III,t}\cdot m^*_{II,t}\cdot m_{I,t}\cdot V_t}=L_{III,t}$$

$$\Leftrightarrow\quad m^*_{II,t}\cdot B_{I,t}+B^*_{II,t}\quad\geq\quad\frac{B^*_{III,t}+m^*_{III,t}\cdot B^*_{II,t}+m^*_{III,t}\cdot m^*_{II,t}\cdot B_{I,t}}{m^*_{III,t}}$$

$$\Leftrightarrow\quad m^*_{II,t}\cdot B_{I,t}+B^*_{II,t}\quad\geq\quad\frac{B^*_{III,t}}{m^*_{III,t}}+\frac{m^*_{III,t}\cdot B^*_{II,t}}{m^*_{III,t}}+\frac{m^*_{III,t}\cdot m^*_{II,t}\cdot B_{I,t}}{m^*_{III,t}}$$

$$\Leftrightarrow\quad m^*_{II,t}\cdot B_{I,t}+B^*_{II,t}\quad\geq\quad\frac{B^*_{III,t}}{m^*_{III,t}}+B^*_{II,t}+\cdot m^*_{II,t}\cdot B_{I,t}$$

$$\Leftrightarrow\quad 0\quad\geq\quad\frac{B^*_{III,t}}{m^*_{III,t}}$$

Diese Ungleichung ist stets erfüllt, weil bei der Duplikation von Kaufoptionen stets eine Kreditaufnahme ($B_t \leq 0$) und ein anteiliger Erwerb des Underlyings ($0 \leq m_t \leq 1$) notwendig wird.

Allgemein lassen sich durch *vollständige Induktion* Aussagen für das Verhältnis z-stufiger und (z-1)-stufiger Optionen ableiten. Das Duplikationsportfolio und der Verschuldungsgrad einer (z-1)-stufigen und einer z-stufigen Verbundoption ergeben sich wie folgt:

(20) $$D_{z-1,t}=m^*_{z-1,t}\cdot D_{z-2,t}+B^*_{z-1,t}$$
$$=m^*_{z-1,t}\cdot\left[m^*_{z-2,t}\cdot D_{z-3,t}+B^*_{z-2,t}\right]+B^*_{z-1,t}$$
$$=m^*_{z-1,t}\cdot\left[m^*_{z-2,t}\cdot\left(m^*_{z-3,t}\cdot\left\{m_{z-4}\cdot(\ldots)+B^*_{z-4,t}\right\}+B^*_{z-3,t}\right)+B^*_{z-2,t}\right]+B^*_{z-1,t}$$

(21) $$L_{z-1,t}=\frac{-B_{z-1,t}}{m_{z-1,t}\cdot V_t}$$
$$=\frac{-(B^*_{z-1,t}+m^*_{z-1,t}\cdot B^*_{z-2,t}+m^*_{z-1,t}\cdot m^*_{z-2,t}\cdot B^*_{z-3,t}+m^*_{z-1,t}\cdot m^*_{z-2,t}\cdot m^*_{z-3,t}\cdot B^*_{z-4,t}+\ldots)}{m^*_{z-1,t}\cdot m^*_{z-2,t}\cdot m^*_{z-3,t}\cdot\ \ldots\ m_{1,t}\cdot V_t}$$

(22) $$D_{z,t}=m^*_{z,t}\cdot D_{z-1,t}+B^*_{z,t}$$

(23) $$L_{z,t}=\frac{-B_{z,t}}{m_{z,t}\cdot V_t}$$
$$=\frac{-(B^*_{z,t}+m^*_{z,t}\cdot B^*_{z-1,t}+m^*_{z,t}\cdot m^*_{z-1,t}\cdot B^*_{z-2,t}+m^*_{z,t}\cdot m^*_{z-1,t}\cdot m^*_{z-2,t}\cdot B^*_{z-3,t}+\ldots)}{m^*_{z,t}\cdot m^*_{z-1,t}\cdot m^*_{z-2,t}\cdot m^*_{z-3,t}\cdot\ \ldots\ m_{1,t}\cdot V_t}$$

Dann lässt sich allgemein für die Verschuldungsgrade der beiden Verbundoptionen zeigen, dass $L_{z,t} \geq L_{z\text{-}1,t}$:

$$\frac{-(B^*_{z-1,t}+m^*_{z-1,t}\cdot B^*_{z-2,t}+m^*_{z-1,t}\cdot m^*_{z-2,t}\cdot B^*_{z-3,t}+m^*_{z-1,t}\cdot m^*_{z-2,t}\cdot m^*_{z-3,t}\cdot B^*_{z-4,t}+...)}{m^*_{z-1,t}\cdot m^*_{z-2,t}\cdot m^*_{z-3,t}\cdot\ ...\ m^*_{1,t}\cdot V_t}\leq$$

$$\frac{-(B^*_{z,t}+m^*_{z,t}\cdot B^*_{z-1,t}+m^*_{z,t}\cdot m^*_{z-1,t}\cdot B^*_{z-2,t}+m^*_{z,t}\cdot m^*_{z-1,t}\cdot m^*_{z-2,t}\cdot B^*_{z-3,t}+...)}{m^*_{z,t}\cdot m^*_{z-1,t}\cdot m^*_{z-2,t}\cdot m^*_{z-3,t}\cdot\ ...\ m^*_{1,t}\cdot V_t}$$

$$\Leftrightarrow\quad B^*_{z-1,t}+m^*_{z-1,t}\cdot B^*_{z-2,t}+m^*_{z-1,t}\cdot m^*_{z-2,t}\cdot B^*_{z-3,t}+m^*_{z-1,t}\cdot m^*_{z-2,t}\cdot m^*_{z-3,t}\cdot B^*_{z-4,t}+...\geq$$

$$\frac{B^*_{z,t}+m^*_{z,t}\cdot B^*_{z-1,t}+m^*_{z,t}\cdot m^*_{z-1,t}\cdot B^*_{z-2,t}+m^*_{z,t}\cdot m^*_{z-1,t}\cdot m^*_{z-2,t}\cdot B^*_{z-3,t}+...}{m^*_{z,t}}$$

$$\Leftrightarrow\quad B^*_{z-1,t}+m^*_{z-1,t}\cdot B^*_{z-2,t}+m^*_{z-1,t}\cdot m^*_{z-2,t}\cdot B^*_{z-3,t}+m^*_{z-1,t}\cdot m^*_{z-2,t}\cdot m^*_{z-3,t}\cdot B^*_{z-4,t}+...\geq$$

$$\frac{B^*_{z,t}}{m^*_{z,t}}+B^*_{z-1,t}+m^*_{z-1,t}\cdot B^*_{z-2,t}+m^*_{z-1,t}\cdot m^*_{z-2,t}\cdot B^*_{z-3,t}+m^*_{z-1,t}\cdot m^*_{z-2,t}\cdot m^*_{z-3,t}\cdot B^*_{z-4,t}+...$$

$$\Leftrightarrow\quad 0\ \geq\ \frac{B^*_{z,t}}{m^*_{z,t}}$$

Da bei der Bewertung von Kaufoptionen $0 \leq m_{z,t} \leq 1$ und $B_{z,t} \leq 0$ stets gilt, wird unmittelbar offensichtlich, dass oben stehende Ungleichung stets erfüllt ist.

Abbildung A6: Verhältnis der Verschuldungsgrade unterschiedlichstufiger Verbundoptionen[966]

[966] Das Verhältnis der Verschuldungsgrade wird dabei durch vollständige Induktion aus Abbildung 21 abgeleitet.

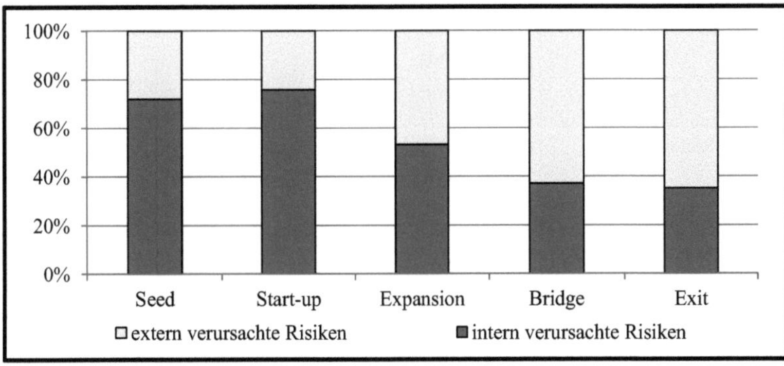

Abbildung A7: Anteil interner und externer Risiken in der Unternehmensentwicklung[967]

Methodik:	Studien zur Bewertung von jungen Unternehmen	Studien zur Bewertung von Technologien
theoretisch, konzeptionell	Trigeorgis (1993a) Kellogg / Charnes (2000) Rudolf / Witt (2002, Kapitel 8) Shockley et al. (2003) Achleitner / Nathusius (2004, Kapitel 3) Beaton (2010, Kapitel 4)	Panayi / Trigeorgis (1998) Jägle (1999) Herath / Park (2002) Benaroch / Shah / Jeffrey (2006) Pendarkhar (2010)
empirisch	Keeley / Turki (1993a, b) Keeley / Punjabi / Turki (1996) Seppä / Laamanen (2001)	Loch / Bode-Greuel (2001) Amram / Li / Perkins (2006) Cassimon et al. (2006, 2011)

Tabelle A5: Multiplikative Binomialbäume in optionspreistheoretischen Modellierungen

[967] Quelle: Ruhnka / Young (1987), S. 180. Als interne Risiken werden insbesondere unternehmensspezifische, *idiosynkratische* Risiken bezeichnet, während unter externen Risiken *systematische* (Markt-)Risiken subsumiert werden; die Unterscheidung in interne und externe Risiken richtet sich nach dem Einwirkungsmöglichkeiten des Managements auf diese Risiken; vgl. Ruhnka / Young (1987), S. 172.

Forschungsfeld	Studien (exemplarisch)	Analogie zu sequenziellen CVC-Investitionen
Untersuchung von **Joint Ventures** als Realoptionen	KOGUT (1991) FISCHER (1993) CHI (2000) CHI / SETH (2002) REUER (2002) REUER / TONG (2005)	Erwerb einer (Minderheits-) Beteiligung an einem Unternehmen, ggf. spätere Akquisition des Beteiligungsunternehmens
Transaktionskosten- und (real-)optionspreistheoretische Untersuchung der **Unternehmensorganisation** und Unternehmensgrenzen („*governance mode choice*")	FOLTA / LEIBLEIN (1994) FOLTA (1998) MILLER / FOLTA (2002) DUSHNITSKY / LENOX (2005a) VAN DE VRANDE / LEMMENS / VANHAVERBEKE (2006) DIX / GANDELMAN (2007) VANHAVERBEKE / VAN DE VRANDE / CHESBROUGH (2008) VAN DE VRANDE / VANHAVERBEKE / DUYSTERS (2009) TONG / LI (2011)	CVC-Investitionen als Organisationsform zwischen Markt und Hierarchie;[968] der Realoptionsansatz misst flexiblen Beteiligungsformen (wie Minderheitsbeteiligungen) einen positiven Wert bei, während der Transaktionskostenansatz insbesondere deren (relativ höhere) Agency-Kosten fokussiert
Wahlentscheidungen bei Markteintritt zwischen **Akquisition** oder **Aufbau** eines **Tochterunternehmens**	HENNART / PARK (1993) BROUTHERS / BROUTHERS (2000) BROUTHERS / DIKOVA (2010) XU / ZHOU / PHAN (2010)	Entscheidung etablierter Unternehmen zur eigenen Unternehmensentwicklung oder Investition in junge Unternehmen
(Reproduktions-)kostenorientierte Bewertung **interner** und **externer Innovationen**	MANSFIELD / SCHWARTZ / WAGNER (1981) MANSFIELD (1988)	Entscheidung zwischen eigener FuE oder Erwerb von Technologien / Innovationen von CVC-Portfoliounternehmen
Konventionelle VC-Investitionen, hier insbes. - die Vertragsgestaltung, - die sukzessive Investitionen (*Staging*), - die (optionspreistheoretische) Bewertung - und Exitstrategien	KEELEY / TURKI (1993a, b) GOMPERS (1995, 1997) KEELEY / PUNJABI / TURKI (1996) KAPLAN / STRÖMBERG (2003, 2004) CUMMING (2008) CUMMING / JOHAN (2008, 2009) HSU (2010)	CVC als Finanzierungsalternative für junge Unternehmen Konkurrenzbeziehungen zwischen CVC und VC; zugleich dienen VC-Managementmethoden als Referenz für die Organisation von CVC

Tabelle A6: Analogie verwandter Forschungsgebiete zu CVC-Investitionen

[968] Vgl. hierzu überblickartig Williamson (2002).

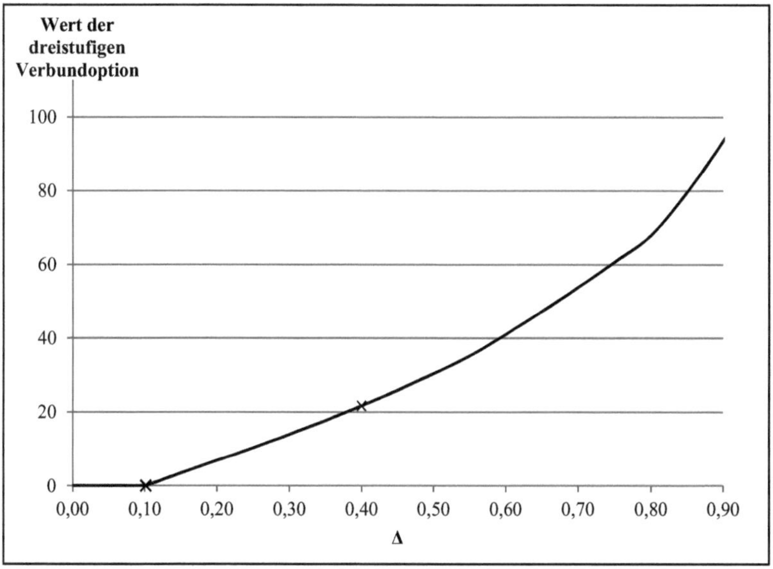

Abbildung A8: Einfluss des Risikos auf den Optionswert im binomialen Zielmodell (Beispiel)[969]

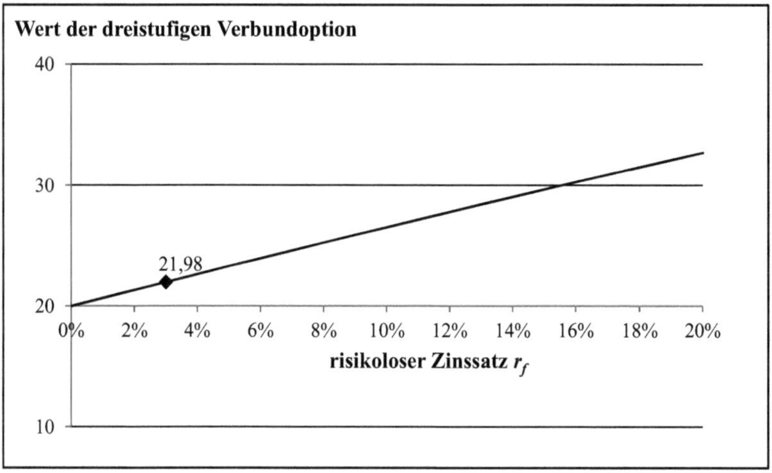

Abbildung A9: Einfluss des risikolosen Zinssatzes Optionswert im binomialen Zielmodell (Beispiel)[970]

---

[969] Das Risiko wird in der Abbildung über die negative Wertveränderungsrate Δ dargestellt, aus der die Wachstumsfaktoren abgeleitete werden; hierbei wird $d = (1 - \Delta)$ und $d = (1/u)$ gesetzt. In der Abbildung sind jeweils die kritischen Werte für Δ, bei denen der Optionswert positiv wird (Δ = 0,1012) und ab dem sich der Erwerb der Option lohnt (Δ = 0,4024) eingezeichnet.

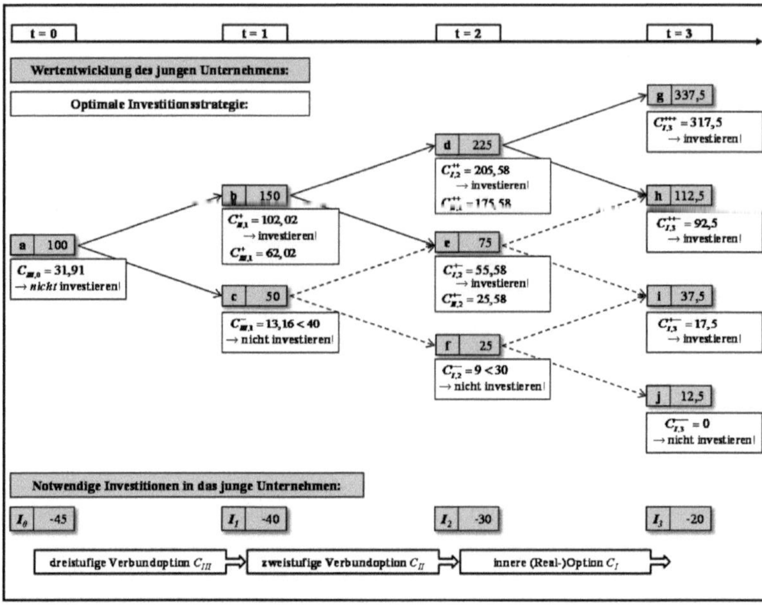

Abbildung A10: Zielmodell bei inverser Investitionsreihenfolge (Beispiel)

	$a\ (t = 0)$	$b\ (t = 1)$	$d\ (t = 2)$
Verschuldungsgrad des Duplikationsportfolios L	48,54%	31,99 %	8,63%

Tabelle A7: Entwicklung des Leverage bei inverser Investitionsreihenfolge (Beispiel)

[970] In der Abbildung ist der risikolose Zinssatz von $r_f = 3\%$ markiert, wie er den Berechnungen des Grundmodells als auch des Zielmodells zugrunde liegt.

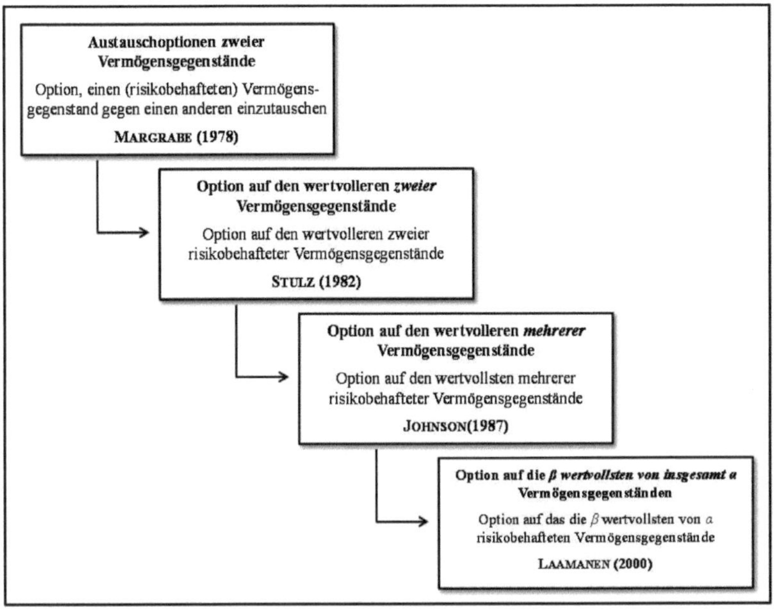

Abbildung A11: Einordnung des Modells von LAAMANEN (2000)

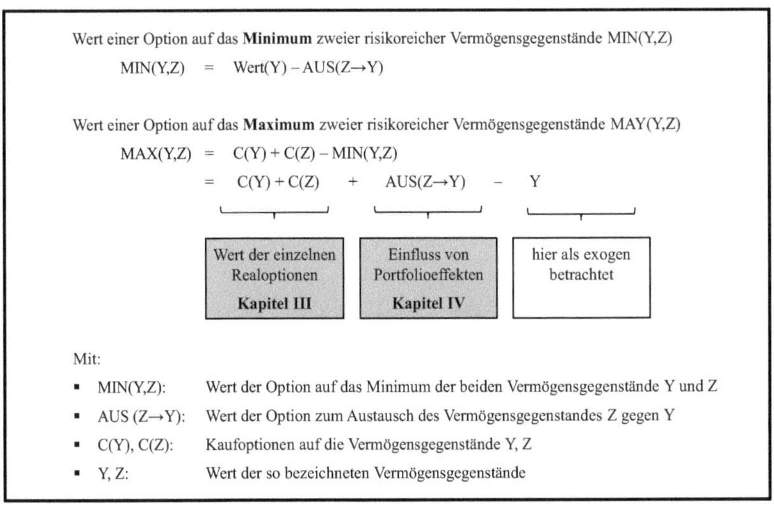

Abbildung A12: "Zerlegung" der Option auf das Maximum zweier Vermögensgegenstände nach STULZ (1982)[971]

[971] Quelle: Eigene Darstellung basierend auf den Ausführungen von Stulz (1982). Analog können auch Option auf das Maximum mehrerer Vermögensgegenstände sowie die Option auf β von insgesamt α Vermögensgegenständen aufgespalten werden.

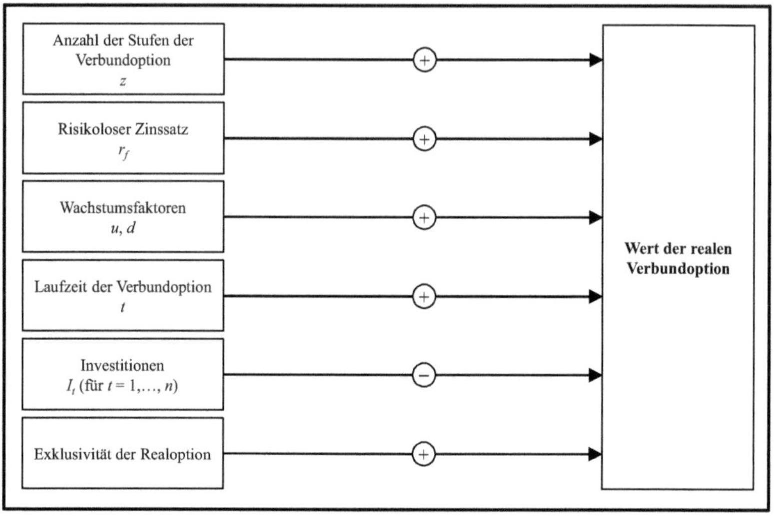

Abbildung A13: Einflussfaktoren auf den Wert einer Verbundoption[972]

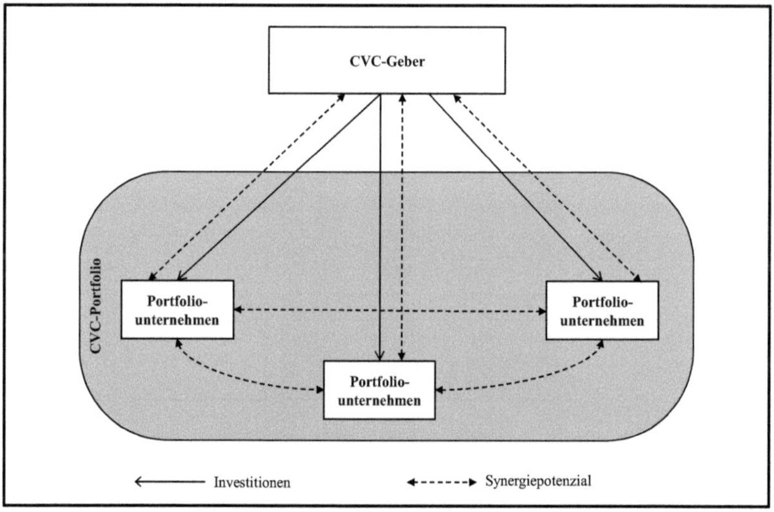

Abbildung A14: Synergiepotenziale von CVC-Investitionen[973]

[972] Bei dem Einfluss der Wachstumsfaktoren ist zu beachten, in welchem Verhältnis u und d zueinander stehen: Ist z.B. ein festes Verhältnis der beiden Faktoren so definiert, dass d sinkt, wenn u steigt (in der Literatur finden sich insbesondere Beispiele, bei denen $d = u^{-1}$ oder $u = (2-d)$, für $0 < d < 1 < u$ gilt), dann hat auch ein sinkendes d einen positiven Einfluss auf den Wert der Option (weil u steigt, gleichermaßen steigt das Risiko). Ist ein solches Verhältnis nicht definiert, dann haben sowohl u als auch d einen positiven Einfluss auf den Wert der Option (dies kommt einer Wertsteigerung des Underlyings gleich).

[973] Quelle: Eigene Darstellung in Anlehnung an Wassmer / Dussauge (2011), S. 54; Wassmer / Dussauge (2012), S. 873.

Literaturverzeichnis

Aabo, T. / Simkins, B. J. (2005): Interaction between real options and financial hedging: Fact or fiction in managerial decision-making. In: Review of Financial Economics, 14. Jg. 2005, S. 353-369.

Achleitner, A.-K. / Nathusius, E. (2004): Venture Valuation: Bewertung von Wachstumsunternehmen. Stuttgart 2004.

Adams, M. / Rudolf, M. (2009): Unternehmensbewertung auf Basis von Realoptionen: Der Wert unternehmerischer Flexibilität. In: Praxishandbuch Unternehmensbewertung: Grundlagen, Methoden, Fallbeispiele, hrsg. von Schacht, U. / Rudolf, M., Wiesbaden 2009, S. 360-381.

Adner, R. (2007): Real Options and Resource Reallocation Processes. In: Real Options Theory, hrsg. von Reuer, J. J. / Tong, T. W., Oxford 2007, S. 363-372.

Adner, R. / Levinthal, D. A. (2004a): What is not a real option: Considering boundaries for the application of real options to business strategy. In: Academy of Management Review, 29. Jg. 2004, S. 74-85.

Adner, R. / Levinthal, D. A. (2004b): Real Options and Real Tradeoffs. In: Academy of Management Review, 29. Jg. 2004, S. 120-126.

Afuah, A. (2003): Innovation Management: Strategies, Implementation, and Profits. New York 2003.

Aggarwal, V. A. / Hsu, D. A. (2009): Modes of cooperative R&D commercialization by start-ups. In: Strategic Management Journal, 30. Jg. 2009, S. 835-864.

Agliardi, E. / Agliardi, R. (2003): A generalization of the Geske formula for compound options. In: Mathematical Social Sciences, 45. Jg. 2003, S. 75-82.

Ahuja, G. / Lampert, C. M. (2001): Entrepreneurship in the large corporation: A longitudinal study of how established firms create breakthrough inventions. In: Strategic Management Journal, 22. Jg. 2001, S. 521-543.

Ahuja, G. / Lampert, C. M. / Tandon, V. (2008): Moving Beyond Schumpeter: Management Research on the Determinants of Technological Innovation. In: Academy of Management Annals, 2. Jg. 2008, 1-98.

Akerlof, G. A. (1970): The Market for "Lemons": Quality Uncertainty and the Market Mechanism. In: Quarterly Journal of Economics, 84. Jg. 1970, S. 488-500.

Alessandri, T. M. / Ford, D. N. / Lander, D. M. / Leggio, K. B. / Taylor, M. (2004): Managing risk and uncertainty in complex capital projects. In: Quarterly Review of Economics and Finance, 44. Jg. 2004, S. 751-767.

Alessandri, T. M. / Lander, D. M. / Bettis, R. A. (2007): Strategic Implications of Valuation: Evidence from Valuing Growth Options. In: Real Options Theory, hrsg. von Reuer, J. J. / Tong, T. W., Oxford 2007, S. 459-484.

Allen, S. A. / Hevert, K. T. (2007): Venture capital investing by information technology companies: Did it pay? In: Journal of Business Venturing, 22. Jg. 2007, S. 262-282.

Alvarez, S. A. / Barney, J. B. (2001): How entrepreneurial firms can benefit from alliances with large partners. In: Academy of Management Perspectives, 15. Jg. 2001, S. 139-148.

Amit, R. / Brander, J. / Zott, C. (1998): Why do venture capital firms exist? Theory and Canadian evidence. In: Journal of Business Venturing, 13 Jg. 1998, S. 441-466.

Amram, M. / Kulatilaka, N. (1999): Real Options: Managing Strategic Investment in an Uncertain World. Boston 1999.

Amram, M. / Li, F. / Perkins, C. A. (2006): How Kimberly Clark Uses Real Options. In: Journal of Applied Corporate Finance, 18. Jg. 2006, S. 40-47.

Anand, J. / Oriani, R. / Vassolo, R. S. (2007): Managing a Portfolio of Real Options. In: Real Options Theory, hrsg. von Reuer, J. J. / Tong, T. W., Oxford 2007, S. 275-303.

Anderson, T. J. (2000): Real Options Analysis in Strategic Decision Making: An applied approach in dual options framework. In: Journal of Applied Management Studies, 9. Jg. 2000, S. 235-255.

Ang, J. S. / Clark, J. A. (1997): The Market Valuation of Bank Shares: With Implications for the Value Additivity Principle. In: Financial Markets, Institutions & Instruments, 6. Jg. 1997, S. 1-22.

Angelou, G. N. / Economides, A. A. (2008): A decision analysis framework for prioritizing a portfolio of ICT infrastructure projects. In: IEEE Transactions on Engineering Management, 55. Jg. 2008, S. 479-495.

Anokhin, S. / Örtqvist, D. / Thorgren, S. / Wincent, J. (2011): Corporate Venturing Deal Syndication and Innovation: The Information Exchange Paradox. In: Long Range Planning, 44. Jg. 2011, S. 134-151.

Ansari, S. / Krop, P. (2012): Incumbent performance in the face of a radical innovation: Towards a framework for incumbent challenger dynamics. In: Research Policy, 41. Jg. 2012, S. 1357-1374.

Arora, A. / Gambardella, A. (1990): Complementarity and External Linkages: The Strategies of the Large Firms in Biotechnology. In: Journal of Industrial Economics, 38. Jg. 1990, S. 361-379.

Arping, S. / Falconieri, S. (2010): Strategic versus financial investors: The role of strategic objectives in financial contracting. In: Oxford Economic Papers, 62. Jg. 2010, S. 691-714.

Astebro, T. / Elhedhli, S. (2006): The Effectiveness of Simple Decision Heuristics: Forecasting Commercial Success for Early-Stage Ventures. In: Management Science, 52. Jg. 2006, S. 395-409.

Backhaus, K. / Erichson, B. / Weiber, R. (2011): Fortgeschrittene Multivariate Analysemethoden. Berlin 2011.

Baecker, P. N. / Hommel, U. (2004): 25 Years Real Options Approach to Investment Valuation: Review and Assessment. In: ZfB-Ergänzungsheft 3/2004, S. 1-53.

Baecker, P. N. / Hommel, U. / Lehmann, H. (2003): Marktorientierte Investitionsrechnung bei Unsicherheit, Flexibilität und Irreversibilität: Eine Systematik der Bewertungsverfahren. In: Reale Optionen: Konzepte, Praxis und Perspektiven strategischer Unternehmensfinanzierung, hrsg. von Hommel, U. / Scholich, M. / Baecker, P., Berlin 2003, S. 15-36.

Baird, I. S. / Thomas, H. (1990): What is risk anyway? Using and measuring risk in strategic management. In: Risk, Strategy, and Management, hrsg. von Bettis, R. A. / Thomas, H., Greenwich 1990, S. 21-52.

Baker, H. K. / Dutta, S. / Saadi, S. (2011): Management Views on Real Options in Capital Budgeting. In: Journal of Applied Finance, 21. Jg. 2011, S. 18-29.

Baldi, F. (2013): Options in Alliances: Valuing Flexibility in Inter-Firm Collaborations. Mailand 2013.

Ballwieser, W. (2002): Unternehmensbewertung und Optionspreistheorie. In: Die Betriebswirtschaft, 62. Jg. 2002, S. 184-201

Bamberg, G. / Baur, F. / Krapp, M. (2008): Statistik. 14. Auflage, München 2008.

Bamberg, G. / Coenenberg, A. G. / Krapp, M. (2008): Betriebswirtschaftliche Entscheidungslehre. 14. Auflage, München 2008.

Bar-Ilan, A. / Strange, W. (1998): A model of sequential investment. In: Journal of Economic Dynamics and Control, 22. Jg. 1998, S. 437-463.

Barnett, M. L. (2005): Paying attention to real options. In: R&D Management, 35. Jg. 2005, S. 61-72.

Barnett, M. L. (2008): An Attention-Based View of Real Options Reasoning. In: Academy of Management Review, 33. Jg. 2008, S. 606-628.

Barney, J. B. (1986): Strategic Factor Markets: Expectations, Luck, and Business Strategy. In: Management Science, 32. Jg. 1986, S. 1231-1241.

Barney, J. B. (1991): Firm Resources and Sustained Competitive Advantage. In: Journal of Management, 17. Jg. 1991, S. 99-120.

Baron, R. M. / Kenny, D. A. (1986): The moderator-mediator variable distinction in social psychological research: Conceptual, strategic, and statistical considerations. In: Journal of Personality and Social Psychology, 51. Jg. 1986, S. 1173-1182.

Barrett, S. D. (2004): The sustainability of the Ryanair model. In: International Journal of Transport Management, 2. Jg. 2004, S. 89-98.

Basu, S. / Phelps, C. / Kotha, S. (2011): Towards understanding who makes corporate venture capital investments and why. In: Journal of Business Venturing, 26. Jg. 2011, S. 153-171.

Basu, S. / Wadhwa, A. (2011): Growth Options And Exit Decisions: Does External Venturing Generate Discontinuous Strategic Renewal? In: Academy of Management Proceedings 2011.

Battistini, B. / Hacklin, F. / Baschera, P. (2013): The State of Corporate Venturing: Insights from a Global Study. In: Research-Technology Management, 56. Jg. 2013, S. 31-39.

Beaton, N. J. (2010): Valuing Early Stage and Venture Capital-Backed Companies. Hoboken 2010.

Bednarczyk, T. / Golla, S. / Klandt, H. (2006): Berücksichtigung von Unsicherheiten bei der Business Plan-Erstellung: Theoretische Konzepte und praktische Anwendungsmöglichkeiten von Simulationsrechnungen. In: Finanz Betrieb, 8. Jg. 2006, S. 56-62.

Belderbos, R. / Tong, T. W. / Wu, S. (im Erscheinen): Multinationality and Downside Risk: The Roles of Option Portfolio and Organization. Erscheint in: Strategic Management Journal.

Belderbos, R. / Zou, J. L. (2007): On the Growth of Foreign Affiliates: Multinational Plant Networks, Joint Ventures, and Flexibility. In: Journal of International Business Studies, 38. Jg. 2007, S. 1095-1112.

Belderbos, R. / Zou, J. L. (2009): Real options and foreign affiliate divestments: A portfolio perspective. In: Journal of International Business Studies, 40. Jg. 2009, S. 600-620.

Benaroch, M. / Shah, S. / Jeffrey, M. (2006): On the Valuation of Multistage Information Technology Investments Embedding Nested Real Options. In: Journal of Management Information Systems, 23. Jg. 2006, S. 239-261.

Bengs, H. / Kirchhoff, T. (2012): Trends in der Life Sciences-Finanzierung: Neuer Kapitalzufluss durch Corporate Venture Capital und Founding Angels. In: Venture Capital Magazin, 4/2012, S. 12-16.

Bengtsson, O. / Hsu, D. H. (2012): Ethnic Matching in the U.S. Venture Capital Market. Working Paper, 2012.

Bengtsson, O. / Wang, F. (2010): What Matters in Venture Capital? Evidence from Entrepreneurs' Stated Preferences. In: Financial Management, 39. Jg. 2010, S. 1367-1401.

Benninga, S. / Tolkowsky, E. (2002): Real Options: An Introduction and an Application to R&D Valuation. In: Engineering Economist, 47. Jg. 2002, S. 151-168.

Bensaid, B. / Lesne, J. P. / Pages, H. / Scheinkman, J. (1992): Derivative Asset Pricing with Transaction Cost. In: Mathematical Finance, 2. Jg. 1992, S. 63-86.

Benson, D. / Ziedonis, R. H. (2009): Corporate Venture Capital as a Window on New Technologies: Implications for the Performance of Corporate Investors when acquiring Startups. In: Organization Science, 20. Jg. 2009, S. 329-351.

Benson, D. / Ziedonis, R. H. (2010): Corporate Venture Capital and the returns to acquiring portfolio companies. In: Journal of Financial Economics, 37. Jg. 2010, S. 478-499.

Beraldi, P. / De Simone, F. / Violi, A. (2010): Generating scenario trees: A parallel integrated simulation-optimization approach. In: Journal of Computational and Applied Mathematics, 36. Jg. 2010, S. 2322-2331.

Berchicci, L. (2013): Towards an open R&D system: Internal R&D investment, external knowledge acquisition and innovative performance. In: Research Policy, 42. Jg. 2013, S. 117-127.

Berger, P. G. / Ofek, E. / Swary, I. (1996): Investor valuation of the abandonment option. In: Journal of Financial Economics, 23. Jg. 1996, S. 257-287.

Bergman, Y. Z. (1995): Option Pricing with Differential Interest Rates. In: Review of Financial Studies, 8. Jg. 1995, S. 475-500.

Berk, J. / DeMarzo, P. (2011): Grundlagen der Finanzwirtschaft: Analyse, Entscheidung und Umsetzung. München 2011.

Berkovitch, E. / Narayanan, M. P. (1990): Competition and the Medium of Exchange in Takeovers. In: Review of Financial Studies, 3. Jg. 1990, S. 153-174.

Berkovitch, E. / Narayanan, M. P. (1993): Motives for Takeovers: An Empirical Investigation. In: Journal of Financial and Quantitative Analysis, 28. Jg. 1993, S. 347-362.

Bernstein, P. L. (1956): Growth Companies vs. Growth Stocks. In: Harvard Business Review, 34. Jg. 1956, S. 87-98.

Bettis, R. A. / Bradley, S. P. / Hamel, G. (1992): Outsourcing and industrial decline. In: Academy of Management Executive, 6. Jg. 1992, S. 7-22.

Bettis, R. A. / Hitt, M. A. (1995): The New Competitive Landscape. In: Strategic Managment Journal, 16. Jg. 1995, S. 7-19.

Bhandari, G. / Deaves, R. / Hassanein, K. (2008): Debiasing investors with decision support systems: An experimental investigation. In: Decision Support Systems, 46. Jg. 2008, S. 399-410.

Bhandari, G. / Hassanein, K. (2012): An agent-based debiasing framework for investment decision-support systems. In: Behaviour & Information Technology, 31. Jg. 2012, S. 495-507.

Bhave, M. P. (1994): A process model of entrepreneurial venture creation. In: Journal of Business Venturing, 9. Jg. 1994, S. 223-242.

Bienz, C. / Hirsch, J. / Walz, U. (2009): Governance und Vertragsstrukturen in der deutschen VC-Industrie: Eine empirische Einschätzung. In: ZFB-Special Issue 6/2009, S. 15-42.

Bienz, C. / Walz, U. (2010): Venture Capital Exit Rights. In: Journal of Economics & Management Strategy, 19. Jg. 2010, S. 1071-1116.

Billitteri, C. / Lo Nigro, G. / Perrone, G. (2013): Drivers influencing the governance of inter-firm relationships in the biopharmaceutical industry: An empirical survey in the Italian context. In: Technology Analysis & Strategic Management, 25. Jg. 2013, S. 107-126.

Birmingham, C. / Busenitz, L. W. / Arthurs, J. D. (2003): The escalation of commitment by venture capitalists in reinvestment decisions. In: Venture Capital, 5. Jg. 2003, S. 218-230.

Black, F. / Scholes, M. (1973): The Pricing of Options and Corporate Liabilities. In: Journal of Political Economy, 81. Jg. 1973, S. 637-654.

Bleicher, K. / Paul, H. (1987): The external Corporate Venture Capital Fund: A valuable Vehicle for Growth. In: Long Range Planning, 20. Jg. 1987, S. 64-70.

Block, S. (2007): Are “Real Options” Actually Used in the Real World? In: Engineering Economist, 52. Jg. 2007, S. 255-267.

Block, Z. / Ornati, O. A. (1987): Compensating corporate venture managers. In: Journal of Business Venturing, 2. Jg. 1987, S. 41-51.

Bonesso, S. / Comacchio, A. / Pizzi, C. (2011): Technology sourcing decisions in exploratory projects. In: Technovation, 31. Jg. 2011, S. 573-585.

Borison, A. (2005): Real Options Analysis: Where are the Emperor's Clothes. In: Journal of Applied Corporate Finance, 17. Jg. 2005, S. 17-31.

Borowicz, F. / Scherm, E. (2001): Standardisierungsstrategien: Eine erweiterte Betrachtung des Wettbewerbs auf Netzeffektmärkten. In: Zeitschrift für betriebswirtschaftliche Forschung, 53. Jg. 2001, S. 391-416.

Börner, C. J. (2000): Porter und der "Resource-based View". In: Das Wirtschaftsstudium, 29. Jg. 2000, S. 689-693.

Bound, J. / Cummins, C. / Griliches, Z. / Hall, B. H. / Jaffe, A. B. (1984): Who does R&D and who patents? In: R&D, Patents, and Productivity, hrsg. von Griliches, Z., Chicago 1984, S. 21-54.

Bourque, D. D. (2005): Radical Innovation: How Established Companies Must Compete. In: Erfolgsfaktor Innovation, hrsg. von Berndt, R., Berlin 2005, S. 71-79.

Bower, J. L. / Christensen, C. M. (1995): Disruptive Technologies: Catching the Wave. In: Harvard Business Review, 73. Jg. 1995, S. 43-53.

Bowman, E. H. / Hurry, D. (1993): Strategy through the Option Lens: An Integrated View of Resource Investments and the Incremental-Choice Process. In: Academy of Management Review, 18. Jg. 1993, S. 760-782.

Bowman, E. H. / Moskowitz, G. T. (2001): Real Options Analysis and Strategic Decision Making. In: Organization Science, 12. Jg. 2001, S. 772-777.

Boyle, P. P. (1977): Options: A Monte Carlo Approach. In: Journal of Financial Economics, 4. Jg. 1977, S. 323-338.

Boyle, P. P. (1988): A Lattice Framework for Option Pricing with Two State Variables. In: Journal of Financial and Quantitative Analysis, 23. Jg. 1988, S. 1-12.

Boyle, P. P. / Lin, X. S. (1997): Bounds on contingent claims based on several assets. In: Journal of Financial Economics, 24. Jg. 1997, S. 383-400.

Boyle, P. P. / Tse, Y. K. (1990): An Algorithm for Computing Values of Options on the Maximum or Minimum of Several Assets. In: Journal of Financial and Quantitative Analysis, 25. Jg. 1990, S. 215-227.

Boyle, P. P. / Vorst, T. (1992): Option Replication in Discrete Time with Transaction Costs. In: Journal of Finance, 47. Jg. 1992, S. 271-293.

Brachtendorf, G. (2004): Gestaffelte Finanzierung junger Unternehmen: Eine empirische Untersuchung in Deutschland. Wiesbaden 2004.

Brachtendorf, G. / Witt, P. (2004): Gründungsfinanzierung und optimale Kassenhaltung. In: Kredit und Kapital, 37. Jg. 2004, S. 86-116.

Brealey, R. A. / Myers, S. C. / Allen, F. (2011): Principles of Corporate Finance. 10. Auflage, New York 2011.

Brennan, M. J. (1979): The Pricing of Contingent Claims in Discrete Time Models. In: Journal of Finance, 34. Jg. 1979, S. 53-68.

Brennan, M. J. / Schwartz, E. S. (1985): Evaluating Natural Resource Investments. In: Journal of Business, 58. Jg. 1985, S. 135-157.

Brenner, M. / Eldor, R. / Hauser, S. (2001): The Price of Options Illiquidity. In: Journal of Finance, 56. Jg. 2001, S. 789-805.

Bretzke, W.-R. (1975a): Das Prognoseproblem bei der Unternehmensbewertung: Ansätze zu einer risikoorientierten Bewertung ganzer Unternehmungen auf der Grundlage modellgestützter Erfolgsprognosen. Düsseldorf 1975.

Bretzke, W.-R. (1975b): Möglichkeiten und Grenzen einer wissenschaftlichen Lösung praktischer Prognoseprobleme. In: Betriebswirtschaftliche Forschung und Praxis, 27. Jg. 1975, S. 496-515.

Bretzke, W.-R. (1980): Der Problembezug von Entscheidungsmodellen. Tübingen 1980.

Bretzke, W.-R. (1984): Homo oeconomicus: Wiederbelebungsversuche an einem Totgesagten. In: Das Wirtschaftsstudium, 13. Jg. 1984, S. 63-67.

Bretzke, W.-R. (1993): Unternehmungsbewertung in dynamischen Märkten. In: Betriebswirtschaftliche Forschung und Praxis, 45. Jg. 1993, S. 39-45.

Breuer, W. (2001): Investition II: Entscheidungen bei Risiko. Wiesbaden 2001.

Breuer, W. / Feilke, F. / Gürtler, M. (2008): Portfolioselektion und die Schätzung von Renditemomenten: Ein Überblick. In: Wirtschaftswissenschaftliches Studium, 37. Jg. 2008, S. 297-302.

Breuer, W. / Gürtler, M. / Schuhmacher, J. (1999): Die Bewertung betrieblicher Realoptionen. In: Betriebswirtschaftliche Forschung und Praxis, 51. Jg. 1999, S. 213-231.

Breuer, W. / Schumacher, F. (2005): Portfolioselektion bei unbekannten Renditemomenten. In: Das Wirtschaftsstudium, 34. Jg. 2005, S. 83-89.

Broadie, M. / Detemple, J. B. (2004): Option Pricing: Valuation Models and Applications. In: Management Science, 50. Jg. 2004, S. 1145-1177.

Brosch, R. (2001): Portfolio-aspects in real options management. Working Paper, 2001.

Brosch, R. (2008): Portfolios of Real Options. o.O., 2008.

Brous, P. A. (2011): Valuing an Early-Stage Biotechnology Investment as a Rainbow Option. In: Journal of Applied Corporate Finance, 23. Jg. 2011, S. 94-103.

Brouthers, K. D. / Brouthers, L. E. (2000): Acquisition or greenfield start-up? Institutional, cultural and transaction cost influences. In: Strategic Management Journal, 21. Jg. 2000, S. 89-98.

Brouthers, K. D. / Dikova, D. (2010): Acquisitions and Real Options: The Greenfield Alternative. In: Journal of Management Studies, 47. Jg. 2010, S. 1048-1071.

Brown, S. L. / Eisenhardt, K. M. (1997): The Art of Continuous Change: Linking Complexity Theory and Time-Paced Evolution in Relentlessly Shifting Organizations. In: Administrative Science Quarterly, 42. Jg. 1997, S. 1-34.

Brüderl, J. / Preisendörfer, P. / Ziegler, R. (1992): Survival Chances of Newly Founded Business Organizations. In: American Sociological Review, 57. Jg. 1992, 227-242.

Brüderl, J. / Schüssler, R. (1990): Organizational Mortality: The Liabilities of Newness and Adolescence. In: Administrative Science Quarterly, 35. Jg. 1990, S. 530-547.

Bruno, A. V. / Cooper, A. C. (1982): Patterns of development and acquisitions for silicon valley startups. In: Technovation, 1. Jg. 1982, S. 275-290.

Bruno, A. V. / McQuarrie, E. F. / Torgrimson, C. G. (1992): The evolution of new technology ventures over 20 years: Patterns of failure, merger, and survival. In: Journal of Business Venturing, 7. Jg. 1992, S. 291-302.

Buckley, P. J. / Casson, M. C. (1998): Models of the Multinational Enterprise. In: Journal of International Business Studies, 29. Jg. 1998, S. 21-44.

Bulow, J. / Huang, M. / Klemperer, P. (1999): Toeholds and Takeovers. In: Journal of Political Economy, 107. Jg. 1999, S. 427-454.

Bunn, D. W. / Salo, A. A. (1993): Forecasting with scenarios. In: European Journal of Operational Research, 17. Jg. 1993, S. 291-303.

Burgelman, R. A. / Välikangas, L. (2005): Managing Internal Corporate Venturing Cycles. In: Sloan Management Review, 46. Jg. 2005, S. 26-34.

Burns, M. R. (1987): New Evidence on the Value Additivity Principle. In: Journal of Financial and Quantitative Analysis, 22. Jg. 1987, S. 65-77.

Busby, J. S. / Pitts, C. G. C. (1997): Real options in practice: An exploratory survey of how finance officers deal with flexibility in capital appraisal. In: Management Accounting Research, 8. Jg. 1997, S. 169-186.

BVK Bundesverband Deutscher Kapitalbeteiligungsgesellschaften (2002): BVK Statistik: Das Jahr 2002 in Zahlen. Berlin 2002.

BVK Bundesverband Deutscher Kapitalbeteiligungsgesellschaften (2011): BVK Statistik: Das Jahr 2010 in Zahlen. Berlin 2011.

BVK Bundesverband Deutscher Kapitalbeteiligungsgesellschaften (2012): BVK Statistik: Das Jahr 2011 in Zahlen. Berlin 2012.

Cantwell J. / Colombo, M. G. (2000): Technological and output complementarities: Inter-firm cooperation in information technology ventures. In: Journal of Management and Governance, 4. Jg. 2000, S. 117-147.

Cardenas, F. / Burkert, M. / Davila, T. / Oyon, D. (2012): Contribution of CVC, R&D, and their interaction to Market and Profitability Value Creation. Working Paper, 2012.

Carr, P. (1988): The Valuation of Sequential Exchange Opportunities. In: Journal of Finance, 43. Jg. 1988, S. 1235-1256.

Cassimon, D. / De Backer, M. / Engelen, P. J. / Van Wouwe, M. / Yordanov, V. (2011): Incorporating technical risk in compound real option models to value a pharmaceutical R&D licensing opportunity. In: Research Policy, 40. Jg. 2011, S. 1200-1216.

Cassimon, D. / Engelen, P. J. / Thomassen, L. / Van Wouwe, M. (2004): The valuation of a NDA using a 6-fold compound option. In: Research Policy, 33. Jg. 2004, S. 41-51.

Cassimon, D. / Engelen, P. J. / Yordanov, V. (2011): Compound real option valuation with phase-specific volatility: A multi-phase mobile payments case study. In: Technovation, 31. Jg. 2011, S. 240-255.

Ceccagnoli, M. / Graham, S. J. H. / Higgins, M. J. / Lee, J. (2010): Productivity and the role of complementary assets in firms' demand for technology innovations. In: Industrial and Corporate Change, 19. Jg. 2010, S. 839-869.

Ceccagnoli, M. / Higgings, M. J. / Kang, D. H. (2011): Corporate Venture Capital as an Ex-Ante Evaluation Mechanism in the Market for Technology. Working Paper, 2011.

Chan, T. / Nickerson, J. A. / Owan, H. (2007): Strategic management of R&D pipelines with cospecialized investments and technology markets. In: Management Science, 53. Jg. 2007, S. 667-682.

Chan, Y.-S. (1983): On the Positive Role of Financial Intermediation in Allocation of Venture Capital in a Market with Imperfect Information. In: Journal of Finance, 38. Jg. 1983, S. 1543-1568.

Chang, S.-J. / Rosenzweig, P. M. (2001): The choice of entry mode in sequential foreign direct investment. In: Strategic Management Journal, 22. Jg. 2001, S. 747-776.

Chemmanur, T. / Nandy, D. / Krishnan, K. (2011): How does Venture Capital Financing Improve Efficiency in Private Firms? A Look Beneath the Surface. In: Review of Financial Studies, 24. Jg. 2011, S. 4037-4090.

Chemmanur, T. J. / Loutskina, E. / Tian, X. (2011): Corporate Venture Capital, Value Creation, and Innovation. Working Paper, 2011.

Chen, A. H. / Fabozzi, F. J. / Huang, D. (2013): Optimal corporate strategy under uncertainty. In: Applied Economics, 45. Jg. 2013, S. 2877-2882.

Chesbrough, H. (2002): Making Sense of Corporate Venture Capital. In: Harvard Business Review, 80. Jg. 2002, S. 90-99.

Chesbrough, H. (2006): Open Business Models. Boston 2006.

Chesbrough, H. (2007a): Business model innovation: It's not just about technology anymore. In: Strategy & Leadership, 35. Jg. 2007, S. 12-17.

Chesbrough, H. (2007b): The Market for Innovation: Implications for Corporate Strategy. In: California Management Review, 49. Jg. 2007, S. 45-66.

Chesbrough, H. (2012): Open Innovation: Where We've Been and Where We're Going. In: Research-Technology ManagementResearch-Technology Management, 55. Jg. 2012, S. 20-27.

Chevalier-Roignant, B. / Flath, C. M. / Huchzermeier, A. / Trigeorgis, L. (2011): Strategic investment under uncertainty: A synthesis. In: European Journal of Operational Research, 35. Jg. 2011, S. 639-650.

Chi, T. (1994): Trading in strategic resources: Necessary conditions, transaction cost problems, and choice of exchange structure. In: Strategic Management Journal, 15. Jg. 1994, S. 271-290.

Chi, T. (2000): Option to acquire or divest a joint venture. In: Strategic Management Journal, 21. Jg. 2000, S. 665-687.

Chi, T. L. / Seth, A. (2002): Joint ventures through a real options lens. In: Cooperative strategies and alliances, hrsg. von Contractor, F. J. / Lorange, P., Amsterdam 2007, S. 71-88.

Childs, P. D. / Ott, S. H. / Triantis, A. J. (1998): Capital Budgeting for Interrelated Projects: A Real Options Approach. In: Journal of Financial and Quantitative Analysis, 33. Jg. 1998, S. 305-334.

Childs, P. D. / Triantis, A. J. (1999): Dynamic R&D Investment Policies. In: Management Science, 45. Jg. 1999, S. 1359-1377.

Chiu, Y.-C. / Liaw, Y.-C. / Tseng, W.-K. (2012): Firm Resources and Corporate Venturing Investment. In: Canadian Journal of Administrative Sciences, 29. Jg. 2012, S. 40-49.

Christensen, C. M. (1997): The Innovator's Dilemma: When New Technologies Cause Great Firms to Fail. Boston 1997.

Christensen, C. M. / Bower, J. L. (1996): Customer Power, Strategic Investment, and the Failure of Leading Firms. In: Strategic Management Journal, 17. Jg. 1996, S. 197-218.

Christensen, C. M. / Overdorf, M. (2000): Meeting the Challenge of Disruptive Change. In: Harvard Business Review, 78. Jg. 2000, S. 66-76.

Chung, Y. P. / Johnson, H. (2011): Extendible options: The general case. In: Finance Research Letters, 8. Jg. 2011, S. 15-20.

Coenenberg, A. G. / Sautter, M. T. (1988): Strategische und finanzielle Bewertung von Unternehmensakquisitionen. In: Die Betriebswirtschaft, 48. Jg. 1988, S. 691-710.

Cochrane, J. H. (2005): The risk and return of venture capital. In: Journal of Financial Economics, 32. Jg. 2005, S. 3-52.

Coenenberg, A. G. / Schultze, W. (2002): Unternehmensbewertung: Konzeptionen und Perspektiven. In: Die Betriebswirtschaft, 62. Jg. 2002, S. 597-621.

Coff, R. W. / Laverty, K. J. (2007): Real options meet organizational theory: Coping with path dependencies, agency costs, and organizational form. In: Real Options Theory, hrsg. von Reuer, J. J. / Tong, T. W., Oxford 2007, S. 333-361.

Cohen, W. M. / Levinthal, D. A. (1990): Absorptive Capacity: A New Perspective on Learning and Innovation. In: Administrative Science Quarterly, 35. Jg. 1990, S. 128-152.

Cooper, A. C. / Smith, C. G. (1992): How Established Firms Respond to Threatening Technologies. In Academy of Management Executive, 6. Jg. 1992, S. 55-70.

Cooper, I. A. (2012): Valuing real options with estimation error: DCF vs. no-arbitrage. Working Paper, 2012.

Copeland, T. (2001): The Real-Options Approach to Capital Allocation. In: Strategic Finance, 83. Jg. 2001, S. 33-37.

Copeland, T. / Antikarov, V. (2001): Real Options: A Practitioner's Guide. New York 2001.

Copeland, T. / Koller, T. / Murrin, J. (2005): Valuation: Measuring and Managing the Value of Companies. 4. Auflage, Boston 2000.

Copeland, T. / Tufano, P. (2004): A Real-World-Way to manage Real Options. In: Harvard Business Review, 82. Jg. 2004, S. 90-99.

Copeland, T. E. / Weston, J. F. / Shastri, K. (2008): Finanzierungstheorie und Unternehmenspolitik: Konzepte der kapitalmarktorientierten Unternehmenspolitik. 4. Auflage, München 2008.

Corley, K. G. / Gioia, D. A. (2011): Building Theory about Theory Building: What Constitutes a Theoretical Contribution. In: Academy of Management Review, 36. Jg. 2011, S. 12-32.

Cossin, D. / Leleux, B. / Saliasi, E. (2002): Understanding the Economic Value of Legal Covenants in Investment Contracts: A Real-Options Approach to Venture Equity Contracts. Working Paper, 2002.

Cossin, D. / Leleux, B. / Saliasi, E. (2005): Venture investment contracts as baskets of real options. In: Journal of Financial Transformation, 2005, S. 93-101.

Courtney, H. / Kirkland, J. / Viguerie, P. (1997): Strategy under Uncertainty. In: Harvard Business Review, 75. Jg. 1997, S. 67-79.

Covin, J. G. / Miles, M. P. (2007): Strategic Use of Corporate Venturing. In: Entrepreneurship Theory & Practice, 31. Jg. 2007, S. 183-207.

Cox, J. C. / Ross, S. A. (1976): The valuation of options for alternative stochastic processes. In: Journal of Financial Economics, 3. Jg. 1976, S. 145-166.

Cox, J. C. / Ross, S. A. / Rubinstein, M. (1979): Option Pricing: A Simplified Approach. In: Journal of Financial Economics, 6. Jg. 1979, S. 229-263.

Coyle, R. G. (2006): Scenario Thinking and Strategic Modelling. In: Oxford Handbook of Strategy, hrsg. von Faulkner, D. O / Campbell, A., Oxford 2006, S. 308-349.

Crama, P. / De Reyck, B. / Degraeve, Z. (2013): Step by step: The benefits of stage-based R&D licensing contracts. In: European Journal of Operational Research, 37. Jg. 2013, S. 572-582.

Cressy, R. (2006): Venture Capital. In: Oxford Handbook of Entrepreneurship, hrsg. von Casson, M. / Yeung, B. / Basu, A. / Wadeson, N., Oxford 2006, S. 353-386.

Cumming, D. J. (2006a): Corporate Venture Capital Contracts. In: Journal of Alternative Investments, 9. Jg. 2006, S. 40-53.

Cumming, D. J. (2006b): The Determinants of Venture Capital Portfolio Size: Empirical Evidence. In: Journal of Business, 79. Jg. 2006, S. 1083-1126.

Cumming, D. J. (2008): Contracts and Exits in Venture Capital Finance. In: Review of Financial Studies, 21. Jg. 2008, S. 1947-1982.

Cumming, D. J. / Johan, S. A. (2008): Preplanned exit strategies in venture capital. In: European Economic Review, 52. Jg. 2008, S. 1209-1241.

Cumming, D. J. / Johan, S. A. (2009): Venture Capital and Private Equity Contracting: An International Perspective. Amsterdam 2009.

Cumming, D. J. / MacIntosh, J. G. (2003): A cross-country comparison of full and partial venture capital exits. In: Journal of Banking & Finance, 27. Jg. 2003, S. 511-548.

Da Gbadji, L. A. G. / Gailly, B. / Schwienbacher A. (2011): International Analysis of Venture Capital Programs of Large Corporations and Financial Institutions. Working Paper, 2011.

Da Rin, M. / Hellmann, T. / Puri, M. (2013): A Survey of Venture Capital Research. In: Handbook of the Economics of Finance, Band 2, Teil A, hrsg. von Constantinides, G. M. / Harris, M. / Stulz, R. M., Amsterdam 2013, S. 573-648.

Dahan, E. / Mendelson, H. (2001): An Extreme-Value Model of Concept Testing. In: Management Science, 47. Jg. 2001, S. 102-116.

Dahiya, S. / Ray, K. (2012): Staged investments in entrepreneurial financing. In: Journal of Corporate Finance, 18. Jg. 2012, S. 1193-1216.

Dai, N. (2011): Monitoring via staging: Evidence from Private investments in public equity. In: Journal of Banking & Finance, 35. Jg. 2011, S. 3417-3431.

Dalziel, M. (2009): Forgoing the Flexibility of Real Options: When and Why Firms Commit to Investment Decisions. In: British Journal of Management, 20. Jg. 2009, S. 401-412.

Dangl, T. / Kopel, M. O. (2003): Die Bedeutung vollständiger Märkte für die Anwendung des Realoptionsansatzes. In: Reale Optionen: Konzepte, Praxis und Perspektiven strategischer Unternehmensfinanzierung, hrsg. von Hommel, U. / Scholich, M. / Baecker, P., Berlin 2003, S. 37-62.

Das, T. K. / Teng, B.-S. (2000): A resource-based theory of strategic alliances. In: Journal of Management, 26. Jg. 2000, S. 31-61.

Dauderstädt, P. (2013): Success Factors in Strategic Corporate Venturing. Berlin 2013.

Davis, M. / Schachermayer, W. / Tompkins, R. G. (2004): The Evaluation of Venture Capital as an Instalment Option: Valuing Real Options Using Real Options. In: ZfB-Ergänzungsheft 3/2004, S. 77-96.

Davis, R. / Thomas, L. G. (1993): Direct Estimation of Synergy: A New Approach to the Diversity-Performance Debate. In: Management Science, 39. Jg. 1993, S. 1334-1346.

De Andres-Alonso, P. / Azofra-Palenzuela, V. / De La Fuente-Herrero, G. (2006): The Real Options Component of Firm Market Value: The Case of the Technological Corporation. In: Journal of Business Finance & Accounting, 33. Jg. 2006, S. 203-219.

De Clercq, D. / Fried, V. / Lehtonen, O. / Sapienza, H. J. (2006): An Entrepreneur's Guide to the Venture Capital Galaxy. In: Academy of Management Perspectives, 20. Jg. 2006, S. 90-112.

De Clercq, D. / Goulet, P. K. / Kumpulainen, M. / Mäkelä, M. (2001): Portfolio Investment Strategies in the Finnish Venture Capital Industry: A longitudinal Study. In: Venture Capital, 3. Jg. 2001, S. 41-62.

Dean, B. V. / Giglierano, J. J. (1990): Multi-stage financing of technical start-up companies in Silicon Valley. In: Journal of Business Venturing, 5. Jg. 1990, S. 375-389.

Deeds, D. L. / Hill, C. W. L. (1996): Strategic alliances and the rate of new product development: An empirical study of entrepreneurial biotechnology firms. In: Journal of Business Venturing, 11. Jg. 1996, S. 41-55.

Denison, C. A. (2009): Real Options and Escalation of Commitment: A Behavioral Analysis of Capital Investment Decisions. In: Accounting Review, 84. Jg. 2009, S. 133-155.

Denison, C. A. / Farrell, A. M. / Jackson, K. E. (2011): The Effect of Real Options Training on Managers' Risk Perceptions and Decision Models. Working Paper, 2011.

Detemple, J. / Sundaresan, S. (1999): Non-traded Asset Valuation with Portfolio Constraints: A Binomial Approach. In: Review of Financial Studies, 12. Jg. 1999, S. 835-872.

Dias, M. A. G. (2006): Real Options Theory for Real Asset Portfolios: The Oil Exploration Case. Working Paper, 2006.

Diepold, D. / Ullrich, C. / Wehrmann, A. / Zimmermann, S. (2011): Bewertung intertemporaler Abhängigkeiten zwischen IT-Projekten: Anwendung eines realoptionsbasierten Ansatzes unter Berücksichtigung projektspezifischer Risiken. In: Zeitschrift für Betriebswirtschaft, 81. Jg. 2011, S. 805-831.

Dimitrova, L. (2013): Strategic Acquisitions by Corporate Venture Capital Investors. Working Paper, 2013.

Dimov, D. / De Clercq, D. (2006): Venture Capital Investment Strategy and Portfolio Failure Rate: A Longitudinal Study. In: Entrepreneurship Theory & Practice, 30. Jg. 2006, S. 207-223.

Dimov, D. / Murray, G. (2008): Determinants of the Incidence and Scale of Seed Capital Investments by Venture Capital Firms. In: Small Business Economics, 30. Jg. 2008, S. 127-152.

Ding, M. / Eliashberg, J. (2002): Structuring the New Product Development Pipeline. In: Management Science, 48. Jg. 2002, S. 343-363.

Dirrigl, H. (1994): Konzepte, Anwendungsbereiche und Grenzen einer strategischen Unternehmensbewertung. In: Betriebswirtschaftliche Forschung und Praxis, 46. Jg. 1994, S. 409-433.

Dittmann, I. / Maug, E. / Kemper, J. (2004): How Fundamental are Fundamental Values? Valuation Methods and their Impact on the Performance of German Venture Capitalists. In: European Financial Management, 10. Jg. 2004, S. 609-638.

Dix, M. / Gandelman, N. (2007): R&D Institutional Arrangements: Start-Up Ventures Versus Internal Lab. In: Manchester School, 75. Jg. 2007, S. 218-236.

Dixit, A. K. / Pindyck, R. S. (1994): Investment under Uncertainty. Princeton 1994.

Dixit, A. K. / Pindyck, R. S. (1995): The Options Approach to Capital Investment. In: Harvard Business Review, 73. Jg. 1995, S. 105-115.

Dörschell, A. / Franken, L. / Schulte, J. (2009): Der Kapitalisierungszinssatz in der Unternehmensbewertung: Praxisgerechte Ableitung unter Verwendung von Kapitalmarktdaten. Düsseldorf 2009.

Driouchi, T. / Bennett, D. J. (2011): Real options in multinational decision-making: Managerial awareness and risk implications. In: Journal of World Business, 46. Jg. 2011, S. 205-219.

Driouchi, T. / Bennett, D. J. (2012): Real Options in Management and Organizational Strategy: A Review of Decision-making and Performance Implications. In: International Journal of Management Reviews, 14. Jg. 2012, S. 39-62.

Driouchi, T. / Leseure, M. / Bennett, D. (2009): A robustness framework for monitoring real options under uncertainty. In: Omega, 37. Jg. 2009, S. 698-710.

Duan, C.-W. / Lin, W. T. / Lee, C. F. (2003): Sequential Capital Budgeting as Real Options: The Case of a New DRAM Chipmaker in Taiwan. In: Review of Pacific Basin Financial Markets & Policies, 6. Jg. 2003, S. 87-112.

Dushnitsky, G. (2006): Corporate Venture Capital: Past evidence and future directions. In: Oxford Handbook of Entrepreneurship, hrsg. von Casson, M. / Yeung, B. / Basu, A. / Wadeson, N., Oxford 2006, S. 387-431.

Dushnitsky, G. (2011): Riding the next wave of corporate venture capital. In: Business Strategy Review, 22. Jg. 2011, S. 44-49.

Dushnitsky, G. (2012): Corporate Venture Capital in the Twenty-first Century: An Integral Part of Firms' Innovation Toolkit. In: Oxford Handbook of Venture Capital, hrsg. von Cumming, D. J., New York 2012, S. 156-210.

Dushnitsky, G. / Lavie, D. (2010): How alliance formation shapes Corporate Venture Capital Investment in the software industry: A resource based perspective. In: Strategic Entrepreneurship Journal, 4. Jg. 2010, S. 22-48.

Dushnitsky, G. / Lenox, M. J. (2005a): When do firms undertake R&D by investing in new ventures? In: Strategic Management Journal, 26. Jg, 2005, S. 947-965.

Dushnitsky, G. / Lenox, M. J. (2005b): When do incumbents learn from entrepreneurial ventures? Corporate venture capital and investing firm innovation rates. In: Research Policy, 34. Jg. 2005, S. 615-639.

Dushnitsky, G. / Lenox, M. J. (2006): When does corporate venture capital investment create firm value? In: Journal of Business Venturing, 21. Jg. 2006, S. 753-772.

Dushnitsky, G. / Shapira, Z. (2010): Entrepreneurial Finance meet organizational reality: Comparing investment practices by Corporate and Independent Venture Capitalist. In: Strategic Management Journal, 31. Jg. 2010, S. 990-1017.

Dyer, J. H. / Singh, H. (1998): The Relational View: Cooperative Strategy and Sources of Interorganizational Competitive Advantage. In: Academy of Management Review, 23. Jg. 1998, S. 660-679.

Edirisinghe, C. / Naik, V. / Uppal, R. (1993): Optimal Replication of Options with Transactions Costs and Trading Restrictions. In: Journal of Financial and Quantitative Analysis, 28. Jg. 1993, S. 117-138.

Eisenführ, F. / Weber, M. / Langer, T. (2010): Rationales Entscheiden. 5. Auflage, Berlin 2010.

Eisenhardt, K. M. / Schoonhoven, C. B. (1996): Resource-Based View of Strategic Alliance Formation: Strategic and Social Effects in Entrepreneurial Firms. In: Organization Science, 7. Jg. 1996, S. 136-150.

Eldor, R. / Hauser, S. / Kahn, M. / Kamara, A. (2006): The Nontradability Premium of Derivatives Contracts. In: Journal of Business, 79. Jg. 2006, S. 2067-2097.

Elton, E. J. / Gruber, M. J. (1997): Modern portfolio theory, 1950 to date. In: Journal of Banking & Finance, 21. Jg. 1997, S. 1743-1759.

Emery, D. R. / Parr, P. C. / Mokkelbost, P. B. / Gandhi, D. / Saunders, A. (1978): An Investigation of Real Investment Decision Making with the Options Pricing Model. In: Journal of Business, Finance & Accounting, 5. Jg. 1978, S. 363-369.

Engel, J. (2011): Accelerating corporate innovation: Lessons from the venture capital model. In: Research-Technology Management, 54. Jg. 2011, S. 36-43.

Ernst & Young (2009): Global Corporate Venture Capital Survey 2008-09: Benchmarking programs and practices. o.O. 2009.

Escribano, A. / Fosfuri, A. / Tribo, J. A. (2009): Managing external knowledge flows: The moderating role of absorptive capacity. In: Research Policy, 38. Jg. 2009, S. 96-105.

Europäische Kommision (2001): Corporate Venturing in Europe. Luxemburg 2001.

Faems, D. / De Visser, M. / Andries, P. / Van Looy, B. (2010): Technology Alliance Portfolios and Financial Performance: Value-Enhancing and Cost-Increasing Effects of Open Innovation. In: Journal of Product Innovation Management, 27. Jg. 2010, S. 785-796.

Faulkner, T. W. (1996): Applying 'Options Thinking' to R&D valuation. In: Research-Technology Management, 39. Jg. 1996, S. 50-56.

Feinstein, S. P. / Lander, D. M. (2002): A better understanding of why NPV undervalues managerial flexibility. In: Engineering Economist, 47. Jg. 2002, S. 418-435.

Ferreira, N. / Kar, J. / Trigeorgis, L. (2009): Option Games: The Key to Competing in Capital-Intensive Industries. In: Harvard Business Review, 87. Jg. 2009, S. 101-107.

Fey, C. F. / Birkinshaw, J. (2005): External Sources of Knowledge, Governance Mode, and R&D Performance. In: Journal of Management, 31. Jg. 2005, S. 597-621.

Fichman, R. G. / Keil, M. / Tiwana, A. (2005): Beyond valuation: 'Options Thinking' in IT project management. In: California Management Review, 47. Jg. 2005, S. 74-96.

Filson, F. / Morales, R. (2006): Equity links and information acquisition in biotechnology alliances. In: Journal of Economic Behavior & Organization, 59. Jg. 2006, S. 1-28.

Fisch, J. H. / Zschoche, M. (2012): The role of operational flexibility in the expansion of international production networks. In: Strategic Management Journal, 33. Jg. 2012, S. 1540-1556.

Fischer, K. M. (1993): Die Aufstockung von Minderheitsbeteiligungen als Realoption beim Unternehmenskauf. In: Management von Unternehmensakquisitionen, hrsg. von Frank, G.-M. / Stein, I. (1993), Stuttgart 1993, S. 109-118.

Fischer, T. R. / Hahnenstein, L. / Heitzer, B. (1999): Kapitalmarkttheoretische Ansätze zur Berücksichtigung von Handlungsspielräumen in der Unternehmensbewertung. In: Zeitschrift für Betriebswirtschaft, 69. Jg. 1999, S. 1207-1231.

Fischhoff, B. (1982): Debiasing. In: Judgment under Uncertainty: Heuristics and Biases, hrsg. von Kahneman, D. / Slovic, P. / Tversky, A., Cambridge 1982, S. 422-444.

Fitza, M. / Matusik, S. F. / Mosakowski, E. (2009): Do VCs matter? The importance of owners on performance variance in start-up firms. In: Strategic Management Journal, 30. Jg. 2009, S. 387-404.

Folta, T. B. (1998): Governance and uncertainty: The tradeoff between administrative control and commitment. In: Strategic Management Journal, 19. Jg. 1998, S. 1007-1028.

Folta, T. B. (2005): Are Real Options "Real"? In: Research Methodology in Strategy and Management, Band 2, hrsg. von Ketchen, D. J. / Bergh, D. D., Oxford 2005, S. 93-109.

Folta, T. B. / Johnson, D. R. / O'Brien, J. (2006): Uncertainty, irreversibility, and the likelihood of entry: An empirical assessment of the option to defer. In: Journal of Economic Behavior & Organization, 61. Jg. 2006, S. 432-452.

Folta, T. B. / Leiblein, M. J. (1994): Technology acquisition and the choice of governance by established firms: Insights from option theory in a multinomial logit model. In: Academy of Management Proceedings 1994, S. 27-31.

Folta, T. B. / Miller, K. D. (2002): Real Options in Equity Partnerships. In: Strategic Management Journal, 23. Jg. 2002, S. 77-88.

Ford, D. (1988): Develop your Technology Strategy. In: Long Range Planning, 21. Jg. 1988, S. 85-95.

Ford, D. N. / Lander, D. M. (2011): Real options perceptions among project managers. In: Risk Management, 13. Jg. 2011, S. 122-146.

Foster, M. J. (1993): Scenario planning for small businesses. In: Long Range Planning, 26. Jg. 1993, S. 123-129.

Fox, G. E. / Baker, N. R. / Bryant, J. L. (1984): Economic Models for R and D Project Selection in the Presence of Project Interactions. In: Management Science, 30. Jg. 1984, S. 890-902.

Franke, G. / Hax, H. (2009): Finanzwirtschaft des Unternehmens und Kapitalmarkt. 6. Auflage, Berlin 2009.

Franke, T. / zu Knyphausen-Aufseß, D. (2012): Combining activity systems and RBV lenses on cross-business synergy. Working Paper, 2012.

Frankort, H. T. W. / Hagedoorn, J. / Letterie, W. (2012): R&D partnership portfolios and the inflow of technological knowledge. In: Industrial and Corporate Change, 21. Jg. 2012, S. 507-537.

Freeman, J. / Engel, J. S. (2007): Models of Innovation: Startups and Mature Corporations. In: California Management Review, 50. Jg. 2008, S. 94-119.

Freese, B. / Keil, T. / Teichert, T. (2007): Fostering entrepreneurial firms: Recognizing and adapting radical innovation through corporate venture capital investments. In: Handbook of Research on Techno-Entrepreneurship, hrsg von Therin, F., Cheltenham 2007, S. 111-125.

Friedl, G. (2001): Sequentielle Investitionsentscheidungen unter Unsicherheit. Berlin 2001.

Friedl, G. (2002): Sequential Investment and Time to Build. In: Schmalenbach Business Review, 54. Jg. 2002, S. 56-79.

Fudenberg, D. / Tirole, J. (1983): Capital as a Commitment: Strategic Investment to Deter Mobility. In: Journal of Economic Theory, 31. Jg. 1983, S. 227-250.

Fulghieri, P. / Sevilir, M. (2009a): Organization and Financing of Innovation, and the Choice between Corporate and Independent Venture Capital. In: Journal of Financial and Quantitative Analysis, 44. Jg. 2009, S. 1291-1321.

Fulghieri, P. / Sevilir, M. (2009b): Size and Focus of a Venture Capitalist's Portfolio. In: Review of Financial Studies, 22. Jg. 2009, S. 4643-4680.

Funk, J. (1999): Wie schaffen diversifizierte Unternehmen Wert? In: Zeitschrift für betriebswirtschaftliche Forschung, 51. Jg. 1999, S. 759-772.

Gaba, V. / Bhattacharya, S. (2012): Aspirations, Innovation, and Corporate Venture Capital: A Behavioral Perspective. In: Strategic Entrepreneurship Journal, 6. Jg. 2012, S. 178-199.

Gaba, V. / Meyer, A. D. (2008): Crossing the organizational species barrier: How venture capital practices infiltrated the information technology sector. In: Academy of Management Journal, 51. Jg. 2008, S. 976-998.

Gaisbauer, H. J. (2006): Corporate Venture Capital: Ein Aspekt von Corporate Entrepreneurship. In: Corporate Entrepreneurship, hrsg. von Frank, H., Wien 2006, S. 169-192.

Gaitanides, M. (1979): Planungsmethodologie: Vorentscheidungen bei der Formulierung integrierter Investitionsplanungsmodelle. Berlin 1979.

Galai, D. / Masulis, R. W. (1976): The option pricing model and the risk factor of stock. In: Journal of Financial Economics, 3. Jg. 1976, S. 53-81.

Galbraith, C. / Schendel, D. (1983): An Empirical Analysis of Strategy Types. In: Strategic Management Journal, 4. Jg. 1983, S. 153-173.

Galbraith, J. (1982): The Stages of Growth. In: Journal of Business Strategy, 3. Jg. 1982, S. 70-79.

Gambardella, A. / McGahan, A. M. (2010): Business-Model Innovation: General Purpose Technologies and their Implications for Industry Structure. In: Long Range Planning, 43. Jg. 2010, S. 262-271.

Gao, L. S. (2011): Portfolio Industry Strategy in Venture Capital Investments. In: Journal of Private Equity, 14. Jg. 2011, S. 59-71.

Garman, M. B. (1976): An algebra for evaluating hedge portfolios. In: Journal of Financial Economics, 3. Jg. 1976, S. 403-427.

Gartner, W. B. (1985): A Conceptual Framework for Describing the Phenomenon of New Venture Creation. In: Academy of Management Review, 10. Jg. 1985, S. 696-706.

Gaur, V. / Seshadri, S. / Subrahmanyam, M. G. (2011): Securitization and Real Investment in Incomplete Markets. In: Management Science, 57. Jg. 2011, S. 2180-2196.

Gebhardt, G. / Daske, H. (2005): Kapitalmarktorientierte Bestimmung von risikofreien Zinssätzen für die Unternehmensbewertung. In: Die Wirtschaftsprüfung, 58. Jg. 2005, S. 649-654.

Geltner, D. / Riddiough, T. / Stojanovic, S. (1996): Insights on the Effect of Land Use Choice: The Perpetual Option on the Best of Two Underlying Assets. In: Journal of Urban Economics, 39. Jg. 1996, S. 20-50.

Gemünden, H. G. / Salomo, S. (2006): Innovationsmanagement. In: Wirtschafts-Lexikon: Das Wissen der Betriebswirtschaftslehre, Band 5, Wiesbaden 2006, Sp. 2491-2498.

Geske, R. (1977): The Valuation of Corporate Liabilities as Compound Options. In: Journal of Financial and Quantitative Analysis, 12. Jg. 1977, S. 541-552.

Geske, R. (1979): The Valuation of Compound Options. In: Journal of Financial Economics, 6. Jg. 1979, S. 63-81.

Ghemawat, P. (1991): Commitment: The Dynamic of Strategy. New York 1991.

Ghemawat, P. / del Sol, P. (1998): Commitment versus Flexibility? In: California Management Review, 40. Jg. 1998, S. 26-42.

Ghosh, S. / Troutt, M. D. (2012): Complex compound option models: Can practitioners truly operationalize them? In: European Journal of Operational Research, 36. Jg. 2012, S. 542-552.

Gilster, J. E. / Lee, W. (1984): The Effects of Transaction Costs and Different Borrowing and Lending Rates on the Option Pricing Model: A Note. In: Journal of Finance, 39. Jg. 1984, S. 1215-1221.

Gintschel, A. (1999): Ein allgemeines Binomialmodell zur Bewertung von Realoptionen. In: Kredit und Kapital, 32. Jg. 1999 S. 60-84.

Giot, P. / Schwienbacher, A. (2007): IPOs, tradesales and liquidations: Modelling venture capital exits using survival analysis. In: Journal of Banking & Finance, 31. Jg. 2007, S. 679-702.

Girotra, K. / Terwiesch, C. / Ulrich, K. T. (2007): Valuing R&D Projects in a Portfolio: Evidence from the Pharmaceutical Industry. In: Management Science, 53. Jg. 2007, S. 1452-1466.

Goldenberg, D. H. (2010): Managing VC Investments in Competing Technologies Using Exotic Options and Secondary Markets. In: Journal of Private Equity Fall, 13. Jg. 2010, S. 86-103.

Goldenberg, D. H. / Goldenberg, M. D. (2009): Why Entrepreneurs and VCs Disagree in Valuing Start-up Firms: Imputing the Target Rate of Return using DCF vs. Option-Based Approaches. In: Journal of Private Equity, 13. Jg. 2009, S. 73-79.

Goldman, E. / Qian, J. (2005): Optimal toeholds in takeover contests. In: Journal of Financial Economics, 32. Jg. 2005, S. 321-346.

Gompers, P. A. (1995): Optimal Investment, Monitoring, and the Staging of Venture Capital. In: Journal of Finance, 50. Jg. 1995, S. 1461-1489.

Gompers, P. A. (2002): Corporations and the Financing of Innovation: The Corporate Venturing Experience. In: Federal Reserve Bank of Atlanta Economic Review, 87. Jg. 2002, S. 1-17.

Gompers, P. A. / Kovner, A. / Lerner, J. (2009): Specialization and Succes: Evidence from Venture Capital. In: Journal of Economics & Management Strategy, 18. Jg. 2009, S. 817-844.

Gompers, P. A. / Lerner, J. (2000a): The determinants of Corporate Venture Capital success: Organizational structure, incentives and complementarities. In: Concentrated Corporate Ownership, hrsg. von Morck, R. K., Chicago 2000, S. 17-53.

Gompers, P. A. / Lerner, J. (2000b): Money chasing deals? The impact of fund inflows on private equity valuation. In: Journal of Financial Economics, 55. Jg. 2000, S. 281-325.

Gorman, M. / Sahlman, S. A. (1989): What do venture capitalists do? In: Journal of Business Venturing, 4. Jg. 1989, S. 231-248.

Götz, O. / Liehr-Gobbers, K. (2004): Analyse von Strukturgleichungsmodellen mit Hilfe der Partial-Least-Squares (PLS)-Methode. In: Die Betriebswirtschaft, 64. Jg. 2004, S. 714-738.

Götze, U, / Bloech, J. (2008): Investitionsrechnung: Modelle und Analysen zur Beurteilung von Investitionsvorhaben. Berlin 2008.

Graebner, M. E. / Eisenhardt, K. M. (2004): The Seller's Side of the Story: Acquisition as Courtship and Governance as Syndicate in Entrepreneurial Firms. In: Administrative Science Quarterly, 49. Jg. 2004, S. 366-403.

Graebner, M. E. / Eisenhardt, K. M. / Roundy, P. T. (2010): Success and Failure in Technology Acquisitions: Lessons for Buyers and Sellers. In: Academy of Management Perspectives, 24. Jg. 2010, S. 73-92.

Graham, J. R. / Harvey, C. R. (2001): The theory and practice of corporate finance: Evidence from the field. In: Journal of Financial Economics, 28. Jg. 2001, S. 187-243.

Grasselli, M. R. (2011): Getting Real with Real Options: A Utility-Based Approach for Finite-Time Investment in Incomplete Markets. In: Journal of Business Finance & Accounting, 38. Jg. 2011, S. 740-764.

Green, S. G. / Gavin, M. B. / Aiman-Smith, L. (1995): Assessing a Multidimensional Measure of Radical Technological Innovation. In: IEEE Transactions on Engineering Management, 42. Jg. 1995, S. 203-214.

Green, T. C. / Figlewski, S. (1999): Market Risk and Model Risk for a Financial Institution Writing Options. In: Journal of Finance, 54. Jg. 1999, S. 1465-1499.

Greve, H. R. (2007): Exploration and exploitation in product innovation. In: Industrial and Corporate Change, 16. Jg. 2007, S. 945-975.

Griliches, Z. (1990): Patent Statistics as Economic Indicators: A Survey. In: Journal of Economic Literature, 28. Jg. 1990, S. 1661-1707.

Gruber, M. / Venter, C. (2006): "Die Kunst, die Zukunft zu erfinden": Theoretische Erkenntnisse und empirische Befunde zum Einsatz des Corporate Foresight in deutschen Großunternehmen. In: Zeitschrift für betriebswirtschaftliche Forschung, 58. Jg. 2006, S. 958-984.

Grullon, G. / Lyandres, E. / Zhdanov, A. (2012): Real Options, Volatility, and Stock Returns. In: Journal of Finance, 67. Jg. 2012, S. 1499-1537.

Gu, Q. / Lu, J. W. (2011): Effects of inward investment on outward investment: The venture capital industry worldwide 1985-2007. In: Journal of International Business Studies, 42. Jg. 2011, S. 263-284.

Guler, I. (2007): Throwing Good Money after Bad? Political and Institutional Influences on Sequential Decision Making in the Venture Capital Industry. In: Administrative Science Quarterly, 52. Jg. 2007, S. 248-285.

Guo, B. / Lou, Y. / Perez-Castrillo, D. (2011): Optimal Exit Strategy for CVC and IVC Backed startups. Working Paper, 2011.

Gupta, A. K. / Sapienza, H. J. (1992): Determinants of venture capital firms' preferences regarding the industry diversity and geographic scope of their investments. In: Journal of Business Venturing, 7. Jg. 1992, S. 347-362.

Häckel, B. (2008): Sicherheitsäquivalente zur risikoadjustierten Bewertung: Unternehmensexterne Bewertungssicht vs. unternehmensinterne Steuerungssicht. In: Zeitschrift für Betriebswirtschaft, 78. Jg. 2008, S. 969-979.

Häckel, B. / Holtz, C. / Buhl, H. U. (2008): Sicherheitsäquivalente sind nicht überflüssig! In: Zeitschrift für Betriebswirtschaft, 78. Jg. 2008, S. 951-959.

Haeussler, C. (2007): Proactive versus reactive M&A activities in the biotechnology industry. In: Journal of High Technology Management Research, 17. Jg. 2007, S. 109-123.

Haeussler, C. / Higgins, M. J. / Hochhold, S. (2012): Does Being First Matter? Financial and Technological Returns to Corporate Venture Capital. Working Paper, 2012.

Hagedoorn, J. (2002): Inter-firm R&D partnerships: An overview of major trends and patterns since 1960. In: Research Policy, 31. Jg. 2002, S. 477-492.

Hagedoorn, J. / Sadowski, B. (1999): The Transition from Strategic Technology Alliances to Mergers and Acquisitions: An Exploratory Study. In: Journal of Management Studies, 36. Jg. 1999, S. 87-107.

Hagedoorn, J. / Wang, N. (2012): Is there complementarity or substitutability between internal and external R&D strategies? In: Research Policy, 41. Jg. 2012, S. 1072-1083.

Hahnenstein, L. / Erner, C. / Röder, K. (2002): Realoptionen und flexible Planung in der Investitionsrechnung. In: Wirtschaftswissenschaftliches Studium, 31. Jg. 2002, S. 729-732.

Hardymon, G. F. / DeNino, M. J. / Salter, M. S. (1983): When corporate venture capital doesn't work. In: Harvard Business Review, 61. Jg. 1983, S. 114-120.

Harrison, J. S. / Hitt, M. A. / Hoskisson, R. E. / Ireland, R. D. (2001): Resource complementarity in business combinations: Extending the logic to organizational alliances. In: Journal of Management, 27. Jg. 2001, S. 679-690.

Hartmann, M. / Hassan, A. (2006): Application of real options analysis for pharmaceutical R&D project valuation: Empirical results from a survey. In: Research Policy, 35. Jg. 2006, S. 353-354.

Hartmann-Wendels, T. (1987): Venture Capital aus finanzierungstheoretischer Sicht. In: Zeitschrift für betriebswirtschaftliche Forschung, 39. Jg. 1987, S. 16-30.

Hasegawa, K. (2011): Evolution of the corporate venture capital operations of Japanese electronics companies. In: Proceedings of the IEEE International Technology Management Conference 2011, S. 445-453.

Hatfield, D. E. / Tegarden, L. F. / Echols, A. E. (2001): Facing the uncertain environment from technological discontinuities: Hedging as a technology strategy. In: Journal of High Technology Management Research, 12. Jg. 2001, S. 63-76.

Hauschild, B. (2009): Performance-Messung bei Venture Capital-Fonds: Eine Analyse des Rendite-Risiko-Profils von Venture Capital Portfolios. Düsseldorf 2009.

Hax, H. / Laux, H. (1972): Flexible Planung: Verfahrensregeln und Entscheidungsmodelle für die Planung bei Ungewißheit. In: Zeitschrift für betriebswirtschaftliche Forschung, 24. Jg. 1972, S. 318-340.

Hayes, R. H. / Abernathy, W. J. (1980): Managing Our Way to Economic Decline. In: Harvard Business Review, 58. Jg. 1980, S. 67-77.

Hayes, R. H. / Abernathy, W. J. (2007): Managing Our Way to Economic Decline. In: Harvard Business Review, 85. Jg. 2007 S. 138-149.

Hayes, R. H. / Garvin, D. A. (1982): Managing as if tomorrow mattered. In: Harvard Business Review, 60. Jg. 1982, S. 70-79.

Heitsch, H. / Römisch, W. (2009): Scenario tree reduction for multistage stochastic programs. In: Computational Management Science, 6. Jg. 2009, S. 117-133.

Hellmann, T. (2002): A theory of strategic venture investing. In: Journal of Financial Economics, 29. Jg. 2002, S. 285-314

Henderson, J. / Leleux, B. (2005): Corporate venture capital: Realizing resource combinations and transfers. In: Corporate Entrepreneurship and Venturing, hrsg. von Elfring, T., New York 2005, S. 73-100.

Henderson, R. (1993): Underinvestment and Incompetence as Responses to Radical Innovation: Evidence from the Photolithographic Alignment Equipment Industry. In: Rand Journal of Economics, 24. Jg. 1993, S. 248-270.

Henderson, V. (2007): Valuing the option to invest in an incomplete market. In: Mathematics and Financial Economics, 1. Jg. 2007, S. 103-128.

Henderson, V. / Hobson, D. (2009): Utility Indifference Pricing: An Overview. In: Indifference Pricing: Theory and Applications, hrsg. von Carmona, R., Princeton 2009, S. 44-74.

Hennart, J.-F. / Park, Y.-R. (1993): Greenfield vs. Acquisition: The Strategy of Japanese Investors in the United States. In: Management Science, 39. Jg. 1993, S. 1054-1070.

Herath, H. S. B. / Park, C. S. (1999): Economic analysis of R&D projects: An options approach. In: Engineering Economist, 44. Jg. 1999, S. 1-35.

Herath, H. S. B. / Park, C. S. (2002): Multi-Stage Capital Investment Opportunities as Compound Real Options. In: Engineering Economist, 47. Jg. 2002, S. 1-27.

Herrlinger, A. (2007): Methoden der Investitionsrechnung in der Praxis: Eine empirische Untersuchung unter besonderer Berücksichtigung des Realoptions-Ansatzes. Saarbrücken 2007.

Herrmann, H.-J. (1993): Modellgestützte Handlungsvorbereitung. In: Zeitschrift für Betriebswirtschaft, 63 Jg. 1993, S. 664-690.

Hielscher, H. (2009): Das letzte Gefecht. In: WirtschaftsWoche 31/2009, S. 54-55.

Hielscher, H. (2012): Erfolglose Beraterprosa. In: WirtschaftsWoche 30/2012, S. 54-55.

Higgins, M. J. / Rodriguez, D. (2006): The outsourcing of R&D through acquisitions in the pharmaceutical industry. In: Journal of Financial Economics, 33. Jg. 2006, S. 351-383.

Hill, C. W. L. / Rothaermel, F. T. (2003): The performance of incumbent firms in the face of radical technological innovation. In: Academy of Management Review, 28. Jg. 2003, S. 257-274.

Hill, S. A. / Birkinshaw, J. (2008): Strategy-organization configurations in corporate venture units: Impact on performance and survival. In: Journal of Business Venturing, 23. Jg. 2008, S. 423-444.

Hill, S. A. / Birkinshaw, J. (im Erscheinen): Ambidexterity and Survival in Corporate Venture Units. Erscheint in: Journal of Management.

Hill, S. A. / Maula, M. V. J. / Birkinshaw, J. M. / Murray, G. C. (2009): Transferability of the Venture Capital Model to the Corporate Context: Implications for the Performance of Corporate Venture Units. In: Strategic Entrepreneurship Journal, 3. Jg. 2009, S. 3-27.

Hilverkus, G. / von Rosenberg, O. (2003): Die Liquidation von Start-up Unternehmen: Rechtliche Grundlagen und Erfahrungen aus der Praxis. In: ZfB Ergänzungsheft 2/2003, S. 127-143.

Hochberg, Y. V. / Mazzeo, M. J. / McDevitt, R. C. (2013): Specialization and Competition in the Venture Capital Industry. Working Paper, 2013.

Hochberg, Y. V. / Westerfield, M. M. (2011): The Size and Specialization of Direct Investment Portfolios. Working Paper, 2011.

Hodges, S. D. / Neuberger, A. (1989): Optimal Replication of Contingent Claims under Transaction Costs. In: Review of Futures Markets, 8. Jg. 1989, S. 222-239.

Hoffmann, W. H. (2007): Strategies for managing a portfolio of alliances. In: Strategic Management Journal, 28. Jg. 2007, S. 827-856.

Hoggard, T. / Whalley, A. E. / Wilmott, P. (1994): Hedging option portfolios in the presence of transaction costs. In: Advances in Futures and Options Research, 7. Jg. 1994, S. 21-35.

Hohensee, M. (2012): Weniger bezahlen. In: WirtschaftsWoche 46/2012, S. 81.

Holland, L. C. (2001): Constructing Multinomial Option Pricing Model: Illustrations for Practice and Education. In: Journal of Applied Finance, 11. Jg. 2001, S. 93-101.

Holmbeck, G. N. (1997): Toward terminological, conceptual, and statistical clarity in the study of mediators and moderators: Examples from the child-clinical and pediatric psychology literatures. In: Journal of Consulting and Clinical Psychology, 65. Jg. 1997, S. 599-610.

Hommel, U. / Lehmann, H. (2001): Die Bewertung von Investitionsprojekten mit dem Realoptionsansatz: Ein Methodenüberblick. In: Realoptionen in der Unternehmenspraxis, hrsg. von Hommel, U. / Scholich, M. / Vollrath, R., Berlin 2001, S. 113-129.

Hommel, U. / Pritsch, G. (1999): Marktorientierte Investitionsbewertung mit dem Realoptionsansatz. In: Finanzmarkt- und Portfoliomanagement, 13. Jg. 1999, S. 121-144.

Houlihan Valuation Advisors / Ventureone Study (1998): The pricing of successful venture capital-backed high-tech and life sciences companies. In: Journal of Business Venturing, 13. Jg. 1998, S. 333-351.

Howell, S. D. / Jägle, A. J. (1997): Laboratory evidence on how managers intuitively value real growth options. In: Journal of Business Finance & Accounting, 24. Jg. 1997, S. 915-935.

Hoyland, K. / Kaut, M. / Wallace, S. W. (2003): A Heuristic for Moment-Matching Scenario Generation. Computational Optimization and Applications, 24. Jg. 2003, S. 169-185.

Hoyland, K. / Wallace, S. W. (2001): Generating Scenario Trees for Multistage Decision Problems. In: Management Science, 47. Jg. 2001, S. 295-307 .

Hsu, D. H. (2006): Venture Capitalists and Cooperative Start-up Commercialization Strategy. In: Management Science, 52. Jg. 2006, S. 204-219.

Hsu, Y.-W. (2010): Staging of venture capital investment: A real options analysis. In: Small Business Economics, 35. Jg. 2010, S. 265-281.

Huang, Y.-L. / Pi, C.-C. (2011): Competition, Dedicated Assets, and Technological Obsolescence in Multistage Infrastructure Investments: A Sequential Compound Option Valuation. In: IEEE Transactions on Engineering Management, 58. Jg. 2011, S. 141-153.

Hubalek, F. / Schachermayer, W. (2001): The Limitations of No-Arbitrage Arguments for Real Options. In: International Journal of Theoretical & Applied Finance, 4. Jg. 2001, S. 361-373.

Huchzermeier, A. / Loch, C. H. (2001): Project Management Under Risk: Using the Real Options Approach to Evaluate Flexiblity in R&D. In: Management Science, 47. Jg. 2001, S. 85-105.

Hugonnier, J. / Morellec, E. (2007): Corporate control and real investment in incomplete markets. In: Journal of Economic Dynamics & Control, 31. Jg. 2007, S. 1781-1800.

Huisman, K. J. M. / Kort, P. M. / Pawlina, G. / Thijssen, J. J. J. (2004): Strategic Investment under Uncertainty: Merging Real Options with Game Theory. In: ZfB-Ergänzungsheft 3/2004, S. 97-123.

Hull, J. / Suo, W. (2002): A Methodology for Assessing Model Risk and Its Application to the Implied Volatility Function Model. In: Journal of Financial and Quantitative Analysis, 37. Jg. 2002, S. 297-318.

Hull, J. C. (2012): Optionen, Futures und andere Derivate. 8. Auflage, München 2012.

Hurry, D. (1993): Restructuring in the Global Economy: The Consequences of Strategic Linkages between Japanese and U.S. Firms. In: Strategic Management Journal, 14. Jg. 1993, S. 69-82.

Hurry, D. / Miller, A. T. / Bowman, E. H. (1992): Calls on high-technology: Japanese exploration of venture capital investments in the United States. In: Strategic Management Journal, 13. Jg. 1992, S. 85-101.

Inderst, R. / Mueller, H. R. / Münnich, F. (2007): Financing a Portfolio of Projects. In: Review of Financial Studies, 20. Jg. 2007, S. 1289-1325.

Ivanov, V. I. / Xie, F. (2010a): Corporate Venture Capital. In: Venture Capital: Investment Strategies, Structures, and Policies, hrsg. von Cumming, D. J., Hoboken 2010, S. 51-70.

Ivanov, V. I. / Xie, F. (2010b): Do Corporate Venture Capitalists Add Value to Start-Up Firms? Evidence from IPOs and Acquisitions of VC-Backed Companies. In: Financial Management, 39. Jg. 2010, S. 129-152.

Jääskeläinen, M. / Maula, M. / Seppä, T. (2006): Allocation of Attention to Portfolio Companies and the Performance of Venture Capital Firms. In: Entrepreneurship: Theory & Practice, 30. Jg. 2006, S. 185-206.

Jackson, W. E. / Bates, T. / Bradford, W. D. (2012): Does venture capitalist activism improve investment performance? In: Journal of Business Venturing, 27. Jg. 2012, S. 342-354.

Jacob, H. (1964): Neuere Entwicklungen in der Investitionsrechnung. In: Zeitschrift für Betriebswirtschaft, 34. Jg. 1964, S. 487-507.

Jacob, H. (1979): Zur Bedeutung von Flexibilität und Diversifikation bei Realinvestitionen: Ein Beitrag zur Theorie der Planung bei Unsicherheit. In: Unternehmenstheorie und Unternehmensplanung, hrsg. von Mellwin, W. / Kuhn, A. / Standop, D. / Strobel, W., Wiesbaden 1979, S. 31-67

Jacob, H. (1982): Die Bedeutung der Flexibilität im Rahmen der strategischen Planung. In: Neuere Entwicklungen in der Unternehmenstheorie, hrsg. von Koch, H., Wiesbaden 1982, S. 69-98.

Jägle, A. J. (1999): Shareholder value, real options, and innovation in technology-intensive companies. In: R&D Management, 29. Jg. 1999, S. 271-287.

Jansen, H. (2004): Neoklassische Theorie und Betriebswirtschaftslehre. In: Wirtschaftswissenschaftliches Studium, 33. Jg. 2004, S. 406-411.

Jansen, J. J. P. / Van Den Bosch, F. A. J. / Volberda, H. W. (2006): Exploratory Innovation, Exploitative Innovation, and Performance: Effects of Organizational Antecedents and Environmental Moderators. In: Management Science, 52. Jg. 2006, S. 1661-1674.

Jensen, M. C. (1993): The Modern Industrial Revolution, Exit, and the Failure of Internal Control. In: Journal of Finance, 48. Jg. 1993, 831-880.

Johanson, J. / Vahlne, J.-E. (1977): The Internationalization Process of the Firm: A Model of Knowledge Development and Increasing Foreign Market Commitments. In: Journal of International Business Studies, 8. Jg. 1977, S. 23-32.

Johnson, H. (1987): Options on the Maximum or the Minimum of Several Assets. In: Journal of Financial and Quantitative Analysis, 22. Jg. 1987, S. 277-283.

Johnson, P. (2006): Strategy and Valuation. In: Oxford Handbook of Strategy, hrsg. von Faulkner, D. O / Campbell, A., Oxford 2006, S. 173-202.

Johnson, W. C. (2013): Private Firm Investors and Product Market Relationships: Certification and Networking. In: Journal of Economics and Business, 65. Jg. 2013, S. 55-85.

Jungwirth, C. (2006): Wissensabhängige Strategiewahl in der Venture-Capital-Industrie: Eine theoretische und empirische Analyse. Wiesbaden 2006.

Jungwirth, C. / Moog, P. (2004): Selection and Support Strategies in Venture Capital Financing: High-Tech or Low-Tech, Hands-Off or Hands-On? In: Venture Capital, 6. Jg. 2004, S. 105-123.

Kalayci, D. / Sommer, F. (2012): Bewertung von Synergien bei Unternehmensakquisitionen. In: Wirtschaftswissenschaftliches Studium, 41. Jg. 2012, S. 134-143.

Kale, P. / Puranam, P. (2004): Choosing Equity Stakes in Technology-Sourcing Relationships: An Integrative Framework. In: California Management Review, 46. Jg. 2004, S. 77-99.

Kamrad, B. / Ritchken, P. (1991): Multinomial Approximating Models for Options with k State Variables. In: Management Science, 37. Jg. 1991, S. 1640-1652.

Kang, H. (2012): Essays on entrepreneurial finance: The role of corporate venture capital and its performance implications. Atlanta 2012.

Kang, D. H. / Nanda, V. (2011): Complements or Substitutes? Technological and Financial Returns Created by Corporate Venture Capital Investments. Working Paper, 2011.

Kang, H.-G. / Burton, R. M. / Mitchell, W. (2011): How potential knowledge spillovers between venture capitalists' entrepreneurial projects affect the specialization and diversification of VC funds when VC effort has value. In: Strategic Entrepreneurship Journal, 5. Jg. 2011, S. 227-246.

Kangis, P. / O'Reilly, M. D. (2003): Strategies in a dynamic marketplace: A case study in the airline industry. In: Journal of Business Research, 56. Jg. 2003, S. 105-111.

Kann, A. (2000): Strategic Venture Capital Investing by Corporations: A Framework for Structuring and Valuing Corporate Venture Capital Programs. Palo Alto 2000.

Kanniainen, V. / Keuschnigg, C. (2003): The optimal portfolio of start-up firms in venture capital finance. In: Journal of Corporate Finance, 9. Jg. 2003, S. 521-534.

Kanniainen, V. / Keuschnigg, C. (2004): Start-up investment with scarce venture capital support. In: Journal of Banking & Finance, 28. Jg. 2004, S. 1935-1959

Kaplan, S. N. / Schoar, A. (2005): Private Equity Performance: Returns, Persistence, and Capital Flows. In: Journal of Finance, 60. Jg. 2005, S. 1791-1823.

Kaplan, S. N. / Strömberg, P. (2003): Financial Contracting Theory Meets the Real World: An Empirical Analysis of Venture Capital Contracts. In: Review of Economic Studies, 70. Jg. 2003, S. 281-315.

Kaplan, S. N. / Strömberg, P. (2004): Characteristics, Contracts, and Actions: Evidence from Venture Capitalist Analyses. In: Journal of Finance, 59. Jg. 2004, S. 2173-2206.

Kasanen, E. / Triegorgis, L. (1995): Merging Finance Theory and Decision Analysis. In: Real Options in Capital Investment: Models, Strategies and Applications, hrsg. von Trigeorgis, L., London 1995, S. 47-68.

Katila, R. / Rosenberger, J. D. / Eisenhardt, K. M. (2008): Swimming with Sharks: Technology Ventures, Defense Mechanisms and Corporate Relationships. In: Administrative Science Quarterly, 53. Jg. 2008, S. 295-332.

Katzensteiner, T. (2009): Die Akte Porsche. In: WirtschaftsWoche 24/2009, S. 100-107.

Kaul, A. (2012): Technology and Corporate Scope: Firm and Rival Innovation as Antecedents of Corporate Transactions. In: Strategic Management Journal, 33. Jg. 2012, S. 347-367.

Kavadias, S. K. / Loch, C. H. / Tapper, U. A. S. (2001): When to Use Marginal Benefits to Maximize Project Portfolio Value. Working Paper, 2001.

Kazanjian, R. K. (1988): Relation of Dominant Problems to Stages of Growth in Technology-Based New Ventures. In: Academy of Management Journal, 31. Jg. 1988 S. 257-279.

Kazanjian, R. K. / Drazin, R. (1989): An Empirical Test of a Stage of Growth Progression Model. In: Management Science, 35. Jg. 1989, S. 1489-1503.

Kazanjian, R. K. / Drazin, R. (1990): A stage-contingent model of design and growth for technology based new ventures. In: Journal of Business Venturing, 5. Jg. 1990, S. 137-150.

Keeley, R. H. / Punjabi, S. / Turki, L. (1996): Valuation of Early-Stage Ventures: Option Valuation Models vs. Traditional Approaches. In: Journal of Entrepreneurial & Small Business Finance, 5. Jg. 1996, S. 115-138.

Keeley, R. H. / Turki, L. (1993a): A new approach to the valuation of new ventures. In: Frontiers of Entrepreneurship Research 1993, S. 661-675.

Keeley, R. H. / Turki, L. (1993b): Risk-Return Profiles of New Ventures: An Empirical Study. In: Journal of Small Business Finance, 2. Jg. 1993, S. 27-34.

Keil, T. (2000): External corporate venturing: Strategic renewal in rapidly changing industries. Helsinki 2000.

Keil, T. (2004): Building external Corporate Venture Capital Capability. In: Journal of Management Studies, 41. Jg. 2004, S. 799-825.

Keil, T. / Autio, E. / George, G. (2008): Corporate Venture Capital, Disembodied Experimentation and Capability Development. In: Journal of Management Studies, 45. Jg. 2008, S. 1475-1505.

Keil, T. / Maula, M. / Schildt, H. / Zahra, S. A. (2008): The Effect of Governance Modes and Relatedness of External Business Development Activities on Innovative Performance. In: Strategic Management Journal, 29. Jg. 2008, S. 895-907.

Keil, T. / Maula, M. V. J. / Wilson, C. (2010): Unique Resources of Corporate Venture Capitalists as a Key to Entry Into Rigid Venture Capital Syndication Networks. In: Entrepreneurship: Theory & Practice, 34. Jg. 2010, S. 83-103.

Keil, T. / McGrath, R. G. / Tukiainen, T. (2009): Gems from the Ashes: Capability Creation and Transformation in Internal Corporate Venturing. In: Organization Science, 20. Jg. 2009, S. 601-620.

Keil, T. / Zahra, S. A. / Maula, M. V. J. (2004): Explorative and Exploitative Learning from Corporate Venture Capital: A Model of Program Level Determinants. In: Academy of Management Proceedings 2004.

Kellogg, D. / Charnes, J. M. (2000): Real-Options Valuation for a Biotechnology Company. In: Financial Analysts Journal, 56. Jg. 2000, S. 76-84.

Kerins, F. / Smith J. K. / Smith, R. (2004): Opportunity Cost of Capital for Venture Capital Investors and Entrepreneurs. In: Journal of Financial and Quantitative Analysis, 39. Jg. 2004, S. 385-405.

Kester, W. C. (1984): Today's Options for Tomorrow's Growth. In: Harvard Business Review, 62. Jg. 1984, S. 153-160.

Kester, W. C. (1993): Turning Growth Options into Real Assets. In: Capital Budgeting Under Uncertainty: New and Advanced Perspectives, hrsg. von Aggarwal, R., Englewood Cliffs 1993, S. 187-207.

Kiani, R. (2009): Letzter Aufruf. In: WirtschaftsWoche 50/2009, S. 64-68.

Kiani-Kreß, R. / Seiwert, M. / Brück, M. / Hennersdorf, A. (2012): Alles auf eine Faser. In: WirtschaftsWoche 48/2011, S. 52-63.

Kiener, W. (2001): Unternehmensbewertung bei Neuemissionen innovativer Wachstumsunternehmen. Marburg 2001.

Kieser, A. / Walgenbach, P. (2010): Organisation. 6. Auflage, Stuttgart 2010.

Kim, K. / Gopal, A. / Hoberg, G. (2012): Product market competition and corporate venture capital investments. Working Paper, 2012.

Klaassen, P. (2002): Comment on "Generating Scenario Trees for Multistage Decision Problems". In: Management Science, 48. Jg. 2002, S. 1512-1516.

Klingebiel, R. (2012): Options in the Implementation Plan of Entrepreneurial Initiatives: Examining Firms' Attainment of Flexibility Benefit. In: Strategic Entrepreneurship Journal, 6. Jg. 2012, S. 307-334.

Klingebiel, R. / Adner, R. (2012): Real Options Logic Revisited: Disentangling Sequential Investment, Low-Commitment Strategies, and Resource Re-Allocation Reality. Working Paper, 2012.

Klingebiel, R. / Rammer, C. (im Erscheinen): Resource Allocation Strategy for Innovation Portfolio Management. Erscheint in: Strategic Management Journal.

Knight, F. H. (1921): Risk, Uncertainty, and Profit. Boston 1921.

Knill, A. (2009): Should Venture Capitalists Put All Their Eggs in One Basket? Diversification versus Pure-Play Strategies in Venture Capital. In: Financial Management, 38. Jg. 2009, S. 441-486

Knobloch, P. A. (2003): Bewertungsansätze und Arbitragegrenzen auf unvollständigen (Kapital-)Märkten. In: Neuere Finanzprodukte: Anwendung, Bewertung, Bilanzierung, hrsg. von Knobloch, P. A. / Kratz, N., München 2003, S. 157-190.

Knobloch, P. A. (2005): Optionspreise und optimale Portfolios auf unvollständigen Kapitalmärkten. Berlin 2005.

Koberg, C. S. / Detienne, D. R. / Heppard, K. A. (2003): An empirical test of environmental, organizational, and process factors affecting incremental and radical innovation. In: Journal of High Technology Management Research, 14. Jg. 2003, S. 21-45.

Kogut, B. (1991): Joint Ventures and the Option to Expand and Acquire. In: Management Science, 37. Jg. 1991, S. 19-33.

Kogut, B. / Kulatilaka, N. (1994a): Operating Flexibility, Global Manufacturing, and the Option Value of a Multinational Network. In: Management Science, 40. Jg. 1994, S. 123-139.

Kogut, B. / Kulatilaka, N. (1994b): Options Thinking and Platform Investments: Investing in Opportunity. In: California Management Review, 36. Jg. 1994, S. 52-71.

Kogut, B. / Kulatilaka, N. (2001): Capabilities as Real Options. In: Organization Science, 12. Jg. 2001, S. 744-758.

Kogut, B. / Kulatilaka, N. (2003): Strategy, Heuristics, and Real Options. In: Oxford Handbook of Strategy, hrsg. von Faulkner, D. O. / Campbell, A., Oxford 2003, S. 908-938.

Kogut, B. / Kulatilaka, N. (2004): Real Options Pricing and Organizations: The Contingent Risks of Extended Theoretical Domains. In: Academy of Management Review, 29. Jg. 2004, S. 102-110.

Kogut, B. / Zander, U. (1992): Knowledge of the Firm, Combinative Capabilities, and the Replication of Technology. In: Organization Science, 3. Jg. 1992, S. 383-397.

Kopel, M. (2006): Flexible Planung. In: Wirtschafts-Lexikon: Das Wissen der Betriebswirtschaftslehre, Band 4, Wiesbaden 2006, Sp. 1826-1833.

Korn, R. / Trautmann, S. (1999): Optimal control of option portfolios and applications. In: OR Spektrum, 21. Jg. 1999, S. 123-146.

Kort, P. M. / Murto, P. / Pawlina, G. (2010): Uncertainty and stepwise investment. In: European Journal of Operational Research, 34. Jg. 2010, S. 196-203.

Korteweg, A. / Sorensen, M. (2010): Risk and Return Characteristics of Venture Capital-Backed Entrepreneurial Companies. In: Review of Financial Studies, 23. Jg. 2010, S. 3738-3772.

Kortum, S. / Lerner, J. (1998): Does Venture Capital Spur Innovation? Working Paper, 1998.

Kortum, S. / Lerner, J. (2000): Assessing the contribution of venture capital to innovation. In: Rand Journal of Economics, 31. Jg. 2000, S. 674-692.

Krafft, M. / Rudolf, M. / Rudolf-Sipötz (2005): Valuation of Customers in Growth Companies: A Scenario Based Model. In: Schmalenbach Business Review, 57. Jg. 2005, S. 103-127.

Kreikebaum, H. (1997): Strategische Unternehmensplanung. 6. Auflage, Stuttgart 1997.

Kremer, J. (2006): Einführung in die Diskrete Finanzmathematik. Berlin 2006.

Kritzman, M. P. (1987): Incentive Fees: Some Problems and Some Solutions. In: Financial Analysts Journal, 43. Jg. 1987, S. 21-26.

Kruschwitz, L. (2004): Finanzierung und Investition. 4. Auflage, München 2004.

Kruschwitz, L. (2011): Investitionsrechnung. 13. Auflage, München 2009.

Krychowski, C. / Quelin, B. V. (2010): Real Options and Strategic Investment Decisions: Can They Be of Use to Scholars? In: Academy of Management Perspectives, 24. Jg. 2010, S. 65-78.

Krystek, U. / Herzhoff, M. (2006): Szenario-Technik und Frühaufklärung: Anwendungsstand und Integrationspotenzial. In: Controlling & Management, 50. Jg. 2006, S. 305-310.

Kulatilaka, N. (1995): Operating Flexibilities in Capital Budgeting: Substitutability and Complementarity in Real Options. In: Real Options in Capital Investment: Models, Strategies and Applications, hrsg. von Trigeorgis, L., London 1995, S. 121-132.

Kulatilaka, N. / Perotti, E. C. (1998): Strategic Growth Options. In: Management Science, 44. Jg. 1998, S. 1021-1031.

Kumar, R. L. (1999): Understanding DSS value: An options perspective. In: Omega, 27. Jg. 1999, S. 295-304.

Laamanen, T. (1999): Option Nature of Company Acquisitions Motivated by Competence Acquisition. In: Small Business Economics, 12. Jg. 1999, S. 149-168.

Laamanen, T. (2000): Options on the M Best of N Risky Assets. Working Paper, 2000.

Lai, H.-C. / Chiu, Y.-C. / Liaw, Y.-C. (2010): Can external corporate venturing broaden firm's technological scope? The role of complementary assets. In: Journal of Engineering & Technology Management, 27. Jg. 2010, S. 183-196.

Lai, T. L. / Lim, T. W. (2009): Option hedging theory under transaction costs. In: Journal of Economic Dynamics & Control, 33. Jg. 2009, S. 1945-1961.

Lander, D. M. / Pinches, G. E. (1998): Challenges to the practical implementation of modeling and valuing real options. In: Quarterly Review of Economics and Finance, 38. Jg. 1998, S. 537-567.

Lantz, J.-S. / Sahut, J.-M. / Teulon, F. (2011): What is the Real Role of Corporate Venture Capital? In: International Journal of Business, 16. Jg. 2011, S. 367-382.

Larrick, R. P. (2004): Debiasing. In: Handbook of Judgment and Decision Making, hrsg. von Koehler, D. J. / Harvey, N., Oxford 2004, S. 216-337.

Lauterbach, R. / Schweizer, D. (2006): Risikoanalyse von Totalausfällen bei Venture Capital-Firmen. In: Handbuch Alternative Investments, Band 2, hrsg. von Busack, M. / Kaiser, D. G., Wiesbaden 2006, S. 89-108.

Laux, C. (1993): Handlungsspielräume im Leistungsbereich des Unternehmens: Eine Anwendung der Optionspreistheorie. In: Zeitschrift für betriebswirtschaftliche Forschung, 45. Jg. 1993, S. 933-958

Laux, H. (1971): Flexible Investitionsplanung: Einführung in die Theorie der sequentiellen Entscheidungen bei Unsicherheit. Opladen 1971.

Lavie, D. (2007): Alliance portfolios and firm performance: A study of value creation and appropriation in the U.S. software industry. In: Strategic Management Journal, 28. Jg. 2007, S. 1187-1212.

Lavie, D. / Stettner, U. / Tushman, M. L. (2010): Exploration and Exploitation Within and Across Organizations. In: Academy of Management Annals, 4. Jg. 2010, S. 109-155.

Lee, M.-Y. / Yeh, F.-B. / Chen, A.-P. (2008): The generalized sequential compound options pricing and sensitivity analysis. In: Mathematical Social Sciences, 55. Jg. 2008, S. 38-54.

Leland, H. E. (1985): Option Pricing and Replication with Transaction Cost. In: Journal of Finance, 40. Jg. 1985, S. 1283-1301.

Leland, H. E. (2007): Financial Synergies and the Optimal Scope of the Firm: Implications for Mergers, Spinoffs, and Structured Finance. In: Journal of Finance, 62. Jg. 2007, S. 765-807.

Lerner, J. (1994): The Syndication of Venture Capital Investments. In: Financial Management, 23. Jg. 1994, S. 16-27.

Lerner, J. (2012): The Architecture of Innovation: The Economics of Creative Organizations. Oxford 2012.

Lerner, J. / Merges, R. P. (1998): The Control of Technology Alliances: An Empirical Analysis of the Biotechnology Industry. In: Journal of Industrial Economics, 46. Jg. 1998, S. 125-156.

Li, J. / Li, Y. (2010): Flexibility versus commitment: MNEs' ownership strategy in China. In: Journal of International Business Studies, 41. Jg. 2010, S. 1550-1571.

Li, Y. (2008): Duration analysis of venture capital staging: A real options perspective. In: Journal of Business Venturing, 23. Jg. 2008, S. 497-512.

Li, Y. / Chi, T. (2013): Venture Capitalists' Decision to Withdraw: The Role of Portfolio Configuration from a Real Options Lens. In: Strategic Management Journal, 34. Jg. 2013, S. 1351-1366.

Li, Y. / James, B. E. / Madhavan, R. / Mahoney, J. T. (2007): Real Options: Taking Stock and Looking Ahead. In: Real Options Theory, hrsg. von Reuer, J. J. / Tong, T. W., Oxford 2007, S. 31-66.

Li, Y. / Mahoney, J. T. (2006): A Real Options View of Corporate Venture Capital Investment Decisions: An Empirical Examination. Working Paper, 2006.

Li, Y. / Mahoney, J. T. (2011): When are venture capital projects initiated? In: Journal of Business Venturing, 26. Jg. 2011, S. 239-254.

Lin, S.-J. / Lee, J.-R. (2011): Configuring a corporate venturing portfolio to create growth value: Within-portfolio diversity and strategic linkage. In: Journal of Business Venturing, 26. Jg. 2011, S. 489-503.

Lin, W. T. / Lee, C.-F. / Duan, C.-W. (2006): Multistage Compound Real Options: Theory and Application. In: Encyclopedia of Finance, hrsg. von Lee, C.-F. / Lee, A. C., New York 2006, S. 855-884.

Lindsey, L. (2008): Blurring Firm Boundaries: The Role of Venture Capital in Strategic Alliances. In: Journal of Finance, 63. Jg. 2008, S. 1137-1168.

Link, A. N. / Rees, J. (1990): Firm size, university based research, and the returns to R&D. In: Small Business Economics, 2. Jg. 1990, S. 25-31.

Lint, O. / Pennings, E. (1998): R&D as an option on market introduction. In: R&D Management, 28. Jg. 1998, S. 279-287.

Lint, O. / Pennings, E. (2001): An option approach to the new products development process: A case study at Philips Electronics. In: R&D Management, 31. Jg. 2001, S. 163-172.

Lint, O. / Pennings, E. / Natter, M. (1999): Optionsmanagement in F&E: Eine Fallstudie. In: Zeitschrift für betriebswirtschaftliche Forschung, 51. Jg. 1999, S. 990-1006.

Liu, Y.-H. (2010): Valuation of compound option when the underlying asset is non-tradable. In: International Journal of Theoretical and Applied Finance, 13. Jg. 2010, S. 441-458.

Loch, C. H. / Bode-Greuel, K. (2001): Evaluating growth options as sources of value for pharmaceutical research projects. In: R&D Management, 31. Jg. 2001, S. 231-248.

Longstaff, F. A. (1990): Pricing Options with Extendible Maturities: Analysis and Applications. In: Journal of Finance, 45. Jg. 1990, S. 935-957.

Longstaff, F. A. (1995): How Much Can Marketability Affect Security Values? In: Journal of Finance, 50. Jg. 1995, S. 1767-1774.

Loshkin, B. (2013): CVC Investments and Technological Performance: Geographic Diversity and the Interplay with Technology Alliances. Working Paper, 2013.

Lucas, A. / Klaassen, P. (1998): Extreme Returns, Downside Risk, and Optimal Asset Allocation. In: Journal of Portfolio Management, 25. Jg. 1998, S. 71-79.

Ludowig, K. (2013): Der neue Handelskrieg. In: Handelsblatt vom 24.01.2013, S. 1, 4-5.

Luehrman, T. A. (1998): Strategy as a Portfolio of Real Options. In: Harvard Business Review, 76. Jg. 1998, S. 89-99.

Lupberger, D. R. (2002): Die Rolle von Corporate Venture Capital für das Unternehmenswachstum und die Erschließung neuer Kernkompetenzen. In: Wachstumsstrategien internationaler Unternehmungen, hrsg. von Glaum, M. / Hommel, U. / Tomaschewski, D., Stuttgart 2002, S. 351-391.

MacMillan, I. C. / McGrath, R. G. (2002): Crafting R&D Project Portfolios. In: Research-Technology ManagementResearch-Technology Management, 45. Jg. 2002, S. 48-59.

MacMillan, I. C. / Roberts, E. / Livada, V. / Wang, A. (2008): Corporate Venture Capital (CVC): Seeking Innovation and Strategic Growth. National Institute of Standards and Technology Report, June 2008.

Magee, J. F. (1964a): How to Use Decision Trees in Capital Investment. In: Harvard Business Review, 42. Jg. 1964, S. 79-96.

Magee, J. F. (1964b): Decisision Trees for Decision Making. In: Harvard Business Review, 42. Jg. 1964, S. 126-138.

Majd, S. / Pindyck, R. S. (1987): Time to build, option value, and investment decisions. In: Journal of Financial Economics, 14. Jg. 1987, S. 7-27.

Malik, T. (2011): Real option as strategic technology uncertainty reduction mechanism: Inter-firm investment strategy by pharmaceuticals. In: Technology Analysis & Strategic Management, 23. Jg. 2011, S. 489-507.

Manigart, S. / De Waele, D. / Wright, M. / Robbie, K. / Desbrières, P. / Sapienza, H. / Beekman, A. (2000): Venture capitalists, investment appraisal and accounting information: A comparative study of the USA, UK, France, Belgium and Holland. In: European Financial Management, 6. Jg. 2000, S. 389-403.

Mansfield, E. (1988): The Speed and Cost of Industrial Innovation in Japan and the United States: External vs. Internal Technology. In: Management Science, 34. Jg. 1988, S. 1157-1168.

Mansfield, E. / Schwartz, M. / Wagner, S. (1981): Imitation Costs and Patents: An Empirical Study. In: Economic Journal, 91. Jg. 1981, S. 907-918.

March, J. G. (1991): Exploration and Exploitation in Organizational Learning. In: Organization Science, 2. Jg. 1991, S. 71-87.

March, J. G. / Shapira, Z. (1987): Managerial Perspectives on Risk and Risk Taking. In: Management Science, 33. Jg. 1987, S. 1404-1418.

Margrabe, W. (1978): The Value of an Option to Exchange One Asset for Another. In: Journal of Finance, 33. Jg. 1978, S. 177-86.

Markides, C. C. / Williamson, P. J. (1994): Related Diversification, Core Competencies and Corporate Performance. In: Strategic Management Journal, 15. Jg. 1994, S. 149-165.

Markowitz, H. M. (1952): Portfolio Selection. In: Journal of Finance, 7. Jg. 1952, S. 77-91.

Mason, S. P. / Merton, R. (1985): The Role of Contingent Claims Analysis in Corporate Finance. In: Recent Advances in Corporate Finance, hrsg. von Altman, E. I. / Subrahmanyam, M. G., Homewood 1985, S. 7-54.

Masulis, R. W. / Nahata, R. (2009): Financial contracting with strategic investors: Evidence from corporate venture capital backed IPOs. In: Journal of Financial Intermediation, 18. Jg. 2009, S. 599-631.

Mathews, R. D. (2007): Optimal Equity Stakes and Corporate Control. In: Review of Financial Studies, 20. Jg. 2007, S. 1059-1086.

Mathews, S. (2009): Valuing risky projects with real options. In: Research-Technology Management, 52. Jg. 2009, S. 32-41.

Mathews, S. / Datar, V. / Johnson, B. (2007): A Practical Method for Valuing Real Options: The Boeing Approach. In: Journal of Applied Corporate Finance, 19. Jg. 2007, S. 95-104.

Matusik, S. F. / Fitza. M. A. (2012): Diversification in the venture capital industry: Leveraging knowledge under uncertainty. In: Strategic Management Journal, 33. Jg. 2012, S. 407-426.

Maula, M. V. J. (2001): Corporate Venture Capital and the value-added for technology-based firms. Helsinki 2001.

Maula, M. V. J. (2007): Corporate venture capital as a strategic tool for corporations. In: Handbook of Research on Venture Capital, hrsg. von Landström, H., Cheltenham 2007, S. 371-392.

Maula, M. V. J. / Autio, E. / Murray, G. C. (2005): Corporate Venture Capitalists and Independent Venture Capitalist: What do they know, Who do they know and should Entrepreneurs care? In: Venture Capital Journal, 7. Jg. 2005, S. 3-21.

Maula, M. V. J. / Autio, E. / Murray, G. C. (2006): How corporate venture capitalists add value to entrepreneurial young firms. In: Frameworks and Empirical Investigations from Forthcoming Leaders of European Research, hrsg. von Wiklund, J. / Dimov, D. / Katz, J. / Shepherd, D., Oxford 2006, S. 267-309.

Maula, M. V. J. / Keil, T. / Zahra, S. A. (2013): Top Management's Attention to Discontinuous Technological Change: Corporate Venture Capital as an Alert Mechanism. In: Organization Science, 24. Jg. 2013, S. 926-947 .

Maula, M. V. J. / Murray, G. (2000): Corporate venture capital and the exercise of the options to acquire. Working Paper, 2000.

Maula, M. V. J. / Murray, G. (2002): Corporate Venture Capital and the Creation of US Public Companies: The Impact of Sources of Venture Capital on the Performance of Portfolio Companies. In: Creating Value: Winners in the New Business Environment, hrsg. von Hitt, M. A. / Amit, R. / Lucier, C. E. / Nixon, R. D., New York 2002, S. 164-187.

Maurer, R. (1998): Risikoanreize bei der Gestaltung erfolgsabhängiger Entlohnungssysteme für Kapitalanlagegesellschaften. In: Zeitschrift für betriebswirtschaftliche Forschung, 50. Jg. 1998, S. 507-530.

McDonald, R. L. (2006): The Role of Real Options in Capital Budgeting: Theory and Practice. In: Journal of Applied Corporate Finance, 18. Jg. 2006, S. 28-39.

McDonald, R. / Siegel, D. (1984): Option Pricing when the Underlying Asset Earns a Below-Equilibrium Rate of Return: A Note. In: Journal of Finance, 39. Jg. 1984, S. 261-265.

McGill, J. P. / Santoro, M. D. (2009): Alliance Portfolios and Patent Output: The Case of Biotechnology Alliances. In: IEEE Transactions on Engineering Management, 56. Jg. 2009, S. 388-401.

McGrath, R. G. (1997): A Real Options Logic for Initiating Technology Positioning Investments. In: Academy of Management Review, 22. Jg. 1997, S. 974-996.

McGrath, R. G. (1999): Falling Forward: Real Options Reasoning and Entrepreneurial Failure. In: Academy of Management Review, 24. Jg. 1999, S. 13-30.

McGrath, R. G. (2001): Exploratory Learning, Innovative Capacity and Managerial Oversight. In: Academy of Management Journal, 44. Jg. 2001, S. 118-131.

McGrath, R. G. (2010): Business Models: A Discovery Driven Approach. In: Long Range Planning, 43. Jg. 2010, S. 247-261.

McGrath, R. G. (2011): Finding Opportunities in Business Model Innovation. In: European Financial Review, Jg. 2011, S. 14-17.

McGrath, R. G. (2012): How the Growth Outliers Do It. In: Harvard Business Review, 90. Jg. 2012, S. 110-116.

McGrath, R. G. / Ferrier, W. J. / Mendelow, A. L. (2004): Real Options as Engines of Choice and Heterogeneity. In: Academy of Management Review, 29. Jg. 2004, S. 86-101.

McGrath, R. G. / Keil, T. (2007): The Value Captor's Process: Getting the Most out of Your New Business Ventures. In: Harvard Business Review, 85. Jg. 2007, S. 128-136.

McGrath, R. G. / MacMillan, I. C. (1995): Discovery-driven Planning. In: Harvard Business Review, 73. Jg. 1995, S.44-54.

McGrath, R. G. / MacMillan, I. C. (2000a): The Entrepreneurial Mindset: Strategies for Continuously Creating Opportunity in an Age of Uncertainty. Boston 2000.

McGrath, R. G. / MacMillan, I. C. (2000b): Assessing technology projects using real options reasoning. In: Research-Technology Management, 43. Jg. 2000, S. 35-49.

McGrath, R. G. / Nerkar, A. (2004): Real Options Reasoning and a new Look at the R&D Investment Strategies of Pharmaceutical Firms. In: Strategic Management Journal, 25. Jg. 2004, S. 1-21.

McGrath, R. G. / Venkataraman, S. / MacMillan, I. C. (1992): Measuring Outcomes of Corporate Venturing: An Alternative Perspective. In: Academy of Management Proceedings 1992, S. 85-89.

McNally, K. (1995): Corporate Venture Capital: The financing of technology businesses. In: International Journal of Entrepreneurial Behaviour & Research, 1. Jg. 1995, S. 9-43.

McNally, K. (1997): Corporate Venture Capital: Bridging the Gap in the Small Business Sector. London 1997.

Meier, H. / Christofides, N. / Salkin, G. (2001): Capital Budgeting under Uncertainty: An Integrated Approach Using Contingent Claims Analysis and Integer Programming. In: Operations Research, 49. Jg. 2001, S. 196-206.

Meise, F. (1998): Realoptionen als Investitionskalkül: Bewertung von Investitionen unter Unsicherheit. Oldenburg 1998.

Meissner, P. / Wulf, T. (2013): Cognitive benefits of scenario planning: Its impact on biases and decision quality. In: Technological Forecasting and Social Change, 80. Jg. 2013, S. 801-814.

Mello, A. S. / Pyo, U. (2002): Real Options with Market Risk and Private Risk. In: Journal of Applied Corporate Finance, 15. Jg. 2002, S. 89-101.

Menezes, C. / Geiss, C. / Tressler, J. (1980): Increasing Downside Risk. In: American Economic Review, 70. Jg. 1980, S. 921-932.

Merton, R. C. (1973): Theory of Rational Option Pricing. In: Bell Journal of Economics and Management Science, 4. Jg. 1973, S. 141-183.

Merton, R. C. (1998): Applications of Option-Pricing Theory: Twenty-Five Years Later. In: American Economic Review, 88. Jg. 1998, S. 323-349.

Metrick, A. / Yasuda, A. (2011): Venture Capital and Other Private Equity: A Survey. In: European Financial Management, 17. Jg. 2011, S. 619-654.

Metz, V. (2007): Der Kapitalisierungszinssatz bei der Unternehmensbewertung: Basiszinssatz und Risikozuschlag aus betriebswirtschaftlicher Sicht und aus Sicht der Rechtsprechung. Wiesbaden 2007.

Metzger, S. (2012): Telekom-Chef Obermann spürt den Geist von Silicon Valley. In: Handelsblatt vom 05.06.2012, S. 20.

Meyer, M. / Grisar, C. / Kuhnert, F. (2011): The impact of biases on simulation-based risk aggregation: Modeling cognitive influences on risk assessment. In: Journal Management Control, 22. Jg. 2011, S. 79-105.

Michl, T. / Gold, B. / Picot, A. (2012): The spin-along-approach: Ambidextrous corporate venturing management. In: International Journal of Entrepreneurship and Small Business, 15. Jg. 2012, S. 39-56.

Miles, M. P. / Covin, J. G. (2002): Exploring the Practice of Corporate Venturing: Some Common Forms and Their Organizational Implications. In: Entrepreneurship: Theory & Practice, 26. Jg. 2002, S. 21-40.

Miller, K. D. (1998): Economic exposure and integrated risk management. In: Strategic Management Journal, 19. Jg. 1998, S. 497-514.

Miller, K. D. / Arikan, A. (2004): Technology search investments: Evolutionary, option reasoning, and option pricing approaches. In: Strategic Management Journal, 25. Jg. 2004, 473-485.

Miller, K. D. / Folta, T. B. (2002): Option value and entry timing. In: Strategic Management Journal, 23. Jg. 2002, S. 655-665.

Miller, K. D. / Reuer, J. J. (1996): Measuring Organizational Downside Risk. In: Strategic Management Journal, 17. Jg. 1996, S. 671-691.

Miller, K. D. / Shapira, Z. (2004): An empirical test of heuristics and biases affecting real option valuation. In: Strategic Management Journal, 25. Jg. 2004, S. 269-284.

Miller, K. D. / Waller, H. G. (2003): Scenarios, Real Options and Integrated Risk Management. In: Long Range Planning, 36. Jg. 2003, S. 93-107.

Miller, L. T. / Park, C. S. (2002): Decision Making Under Uncertainty: Real Options to the Rescue. In: Engineering Economist, 47. Jg. 2002, S. 105-150.

Miller, P. / O'Leary, T. (2005): Managing Operational Flexibility in Investment Decisions: The Case of Intel. In: Journal of Applied Corporate Finance, 17. Jg. 2005, S. 87-93.

Mirschel, S. (2008): Marktorientierte Optionsbewertung und Optionshandel bei gespaltenem Zinssatz: Eine dualitätstheoretisch gestützte Untersuchung des Einigungsbereichs für eine Kaufoption im einperiodigen Binomialmodell. In: Betriebswirtschaftliche Forschung und Praxis, 60. Jg. 2008, S. 538-555.

Modigliani, F. / Miller, M. H. (1958): The Cost of Capital, Corporation Finance and the Theory of Investment. In: American Economic Review, 48. Jg. 1958, S. 261-297.

Moel, A. / Tufano, P. (2002): When Are Real Options Exercised? An Empirical Study of Mine Closings. In: Review of Financial Studies, 15. Jg. 2002, S. 35-64.

Mölls, S. H. / Schild, K.-H. (2006): Einfluss der minimalen Investitionsrate in sequentiellen Projekten. In: Zeitschrift für Betriebswirtschaft, 76. Jg. 2006, 735-757.

Mölls, S. H. / Schild, K.-H. (2012): Decision-making in sequential projects: Expected time-to-build and probability of failure. In: Review of Quantitative Finance and Accounting, 39. Jg. 2012, S. 1-25.

Mölls, S. H. / Willershausen, T. / Krag, J. (2005): Bewertung von Forschung und Entwicklung mithilfe eines Compound-Option-Phasenmodells. In: Zeitschrift für Betriebswirtschaft, 75. Jg. 2005, S. 765-798.

Moser, U. / Goddar, H. (2007): Grundlagen der Bewertung immaterieller Vermögenswerte am Beispiel patentgeschützter Technologien. In: Finanz Betrieb, 9. Jg. 2007, S. 594-609.

Moxter, A. (1983): Grundsätze ordnungsmäßiger Unternehmensbewertung. 2. Auflage, Wiesbaden 1983.

Mun, J. (2006): Real Options Analysis: Tools and Techniques for Valuing Strategic Investments and Decisions. Hoboken 2006.

Murphy, M. (2012): Werkstoff im Wettbewerb. In: Handelsblatt vom 09.01.2012, S. 10.

Myers, S. C. (1977): Determinants of corporate borrowing. In: Journal of Financial Economics, 4. Jg. 1977, S. 147-175.

Myers, S. C. (1983): The Evaluation of an Acquisition Target. In: Midland Corporate Finance Journal, 1. Jg. 1983, S. 39-46.

Nagajaran, A. / Mitchell, W. (1998): Evolutionary diffusion: Internal and external methods used to acquire encompassing, complementary, and incremental technological changes in the lithotripsy industry. In: Strategic Management Journal, 19. Jg. 1998, S. 1063-1077.

Naik, V. / Uppal, R. (1994): Leverage Constraints and the Optimal Hedging of Stock and Bond Options. In: Journal of Financial and Quantitative Analysis, 29. Jg. 1994, S. 199-222.

Napp, J. J. / Minshall, T. (2011): Corporate venture capital investments for enhancing innovation: Challenges and solutions. In: Research-Technology Management, 54. Jg. 2011, S. 27-36.

Narayanan, V. K. / Yang, Y. / Zahra, S. A. (2009): Corporate venturing and value creation: A review and proposed framework. In: Research Policy, 38. Jg. 2009, S. 58-76

Nau, R. F. / McCardle, K. F. (1991): Arbitrage, Rationality, and Equilibrium. In: Theory and Decision, 31. Jg. 1991, S. 199-240.

Neher, D. V. (1999): Staged financing: An agency perspective. In: Review of Economic Studies, 66. Jg. 1999, S. 255-274.

Nelson, R. R. (1961): Uncertainty, Learning, and the Economics of Parallel Research and Development Efforts. In: Review of Economics and Statistics, 43. Jg. 1961, S. 351-364.

Neus, W. / Nippel, P. (1996): Was ist strategisch an strategischem Verhalten? Überlegungen zur Präzisierung eines inflatinär benutzen Begriffs am Beispiel von Investitionsentscheidungen. In: Zeitschrift für betriebswirtschaftliche Forschung, 48. Jg. 1996, S. 423-441.

Nichols, N. A. (1994): Scientific Management at Merck: An Interview with CFO Judy Lewent. In: Harvard Business, 72. Jg. 1994, S. 88-99.

Nippa, M. / Petzold, K. (2003): Zur Anwendbarkeit des Realoptionenansatzes als Instrument zur Unterstützung strategischer Entscheidungsprozesse: Indizien kontingenztheoretischer Bewertungsnotwendigkeiten. In: Managementforschung: Strategische Prozesse und Pfade, hrsg. v. Schreyögg, G. / Sydow, J., Wiesbaden 2003, S. 151-193.

Nippel, P. (1994): Stellungnahme zu: Die Behandlung von Optionen in der betrieblichen Investitionsrechnung, von Stefan Eble und Rainer Völker. In: Die Unternehmung, 48. Jg. 1994, S. 149-152.

Nishihara, M. (2012): Real options with synergies: Static versus dynamic policies. In: Journal of the Operational Research Society, 63. Jg. 2012, S. 107-121.

Norbäck, P.-J. / Persson, L. (2009): The Organization of the Innovation Industry: Entrepreneurs, Venture Capitalists and Oligopolists. In: Journal of the European Economic Association, 7. Jg. 2009, S. 1261-1290.

Norton, E. / Tenenbaum, B. H. (1993): Specialization versus diversification as a venture capital investment strategy. In: Journal of Business Venturing, 8. Jg. 1993, S. 431-442.

O'Brien, J. P. (2003): The Capital Structure Implications of Pursuing a Strategy of innovation. In: Strategic Management Journal, 24. Jg. 2003, S. 415-431.

O'Connor, C. G. (1998): Market Learning and Radical Innovation: A Cross Case Comparison of Eight Radical Innovation Projects. In: Journal of Product Innovation Management, 15. Jg. 1998, S. 151-166.

Omberg, E. (1987): A Note on the Convergence of Binomial-Pricing and Compound-Option Models. In: Journal of Finance, 42. Jg. 1987, S. 463-469.

Oriani, R. (2007): Technology Switching Option and the Market Value of the Firm: A Model and an Empirical Test. In: Real Options Theory, hrsg. von Reuer, J. J. / Tong, T. W., Oxford 2007, S. 429-458.

Oriani, R. / Sobrero, M. (2008): Uncertainty and Market Valuation of R&D within a Real Options Logic. In: Strategic Management Journal, 29. Jg. 2008, S. 343-361.

Ottoo, R. E. (1998): Corporate Growth Opportunities and Capital Structure of Emerging Firms: Theory and Empirical Evidence. New York 1998.

Ottoo, R. E. (2000): Valuation of Corporate Growth Opportunities: A Real Options Approach. New York 2000.

Ouimet, P. P. (2013): What Motivates Minority Acquisitions? The Trade-Offs between a Partial Equity Stake and Complete Integration. In: Review of Financial Studies, 26. Jg. 2013, S. 1021-1047.

Paddock, J. L. / Siegel, D. R. / Smith, J. L. (1988): Option Valuation of Claims on Real Assets: The Case of Offshore Petroleum Leases. In: Quarterly Journal of Economics, 103. Jg. 1988, S. 479-508.

Palich, L. E. / Cardinal, L. B. / Miller, C. C. (2000): Curvilinearity in the diversification-performance linkage: An examination of over three decades of research. In: Strategic Management Journal, 21. Jg. 2000, S. 155-174.

Panayi, S. / Trigeorgis, L. (1998): Multi-stage Real Options: The Cases of Information Technology Infrastructure and International Bank Expansion. In: Quarterly Journal of Economics and Finance, 38. Jg. 1998, S. 675-692.

Park, H. D. / Steensma, H. K. (2012): When does corporate venture capital add value for new ventures? In: Strategic Management Journal, 33. Jg. 2012, S. 1-22.

Patzelt, H. / Schweizer, L. / Behrens, J. (2012): Biotechnology Entrepreneurship. In: Foundations and Trends in Entrepreneurship, 8. Jg. 2012, S. 65-140.

Patzelt, H. / zu Knyphausen-Aufseß, D. / Arnoldt, I. (2006): How do venture capitalists spread risk by diversification within specialised life science portfolios? In: International Journal of Technology Management, 34. Jg. 2006, S. 105-125.

Paulson, A. / O'Connor, G. C. / Robeson, D. (2007): Evaluating Radical Innovation Portfolios. In: Research Technolgy Management, 50. Jg. 2007, S. 17-29.

Peemöller, V. H. / Beckmann, C. (2009): Der Realoptionsansatz. In: Praxishandbuch der Unternehmensbewertung, hrsg. von Peemöller, V. H., Herne 2009, S. 1045-1076.

Peemöller, V. / Beckmann, C. / Kronmüller, A. (2002): Empirische Erhebung zum aktuellen Stand der praktischen Anwendung des Realoptionsansatzes. In: Finanz Betrieb, 4. Jg. 2002, S. 561-565.

Peemöller, V. H. / Geiger, T. / Barchet, H. (2001): Bewertung von Early-Stage-Investments im Rahmen der Venture Capital-Finanzierung. In: Finanz Betrieb, 3. Jg. 2001, S. 334-344.

Pennings, E. / Sereno, L. (2011): Evaluating pharmaceutical R&D under technical and economic uncertainty. In: European Journal of Operational Research, 35. Jg. 2011, S. 374-385.

Perlitz, M. / Peske, T. / Schrank, R. (1999): Real options valuation: The new frontier in R&D project evaluation? In: R&D Management, 29. Jg. 1999, S. 255-269.

Phalippou, L. / Gottschalg, O. (2009): The Performance of Private Equity Funds. In: Review of Financial Studies, 22. Jg. 2009, S. 1747-1776.

Phillips, G. M. / Zhdanov, A. (2013): R&D and the Incentives from Merger and Acquisition Activity. In: Review of Financial Studies, 26. Jg. 2013, S. 34-78.

Picot, A. / Bortenlänger, C. / Röhrl, H. (1996): Börsen im Wandel: Der Einfluß von Informationstechnologie und Wettbewerb auf die Organisation von Wertpapiermärkten. Frankfurt a.M. 1996.

Pinches, G. E. (1998): Real options: Developments and applications. In: Quarterly Review of Economics and Finance, 38. Jg. 1998, S. 599-613.

Pindyck, R. S. (1991): Irreversibility, Uncertainty, and Investment. In: Journal of Economic Literature, 29. Jg. 1991, S. 1110-1148.

Plummer, J. L. (1987): QED report on venture capital financial analysis. QED Research Report, Palo Alto 1987.

Popov, A. / Rosenboom, P. (2012): Venture capital and patented innovation: Evidence from Europe. In: Economic Policy, 27. Jg. 2012, S. 447-482.

Popper, K. R. (1984): Logik der Forschung. 8. Auflage, Tübingen 1984.

Porter, M. E. (1991): Towards a dynamic theory of strategy. In: Strategic Management Journal, 12. Jg. 1991, S. 95-117.

Prahalad, C. K. / Bettis, R. A. (1986): The dominant logic: A new linkage between diversity and performance. In: Strategic Management Journal, 6. Jg. 1986, S. 485-501.

Pritsch, G. / Weber, J. (2001): Die Bedeutung des Realoptionsansatzes aus Controlling-Sicht. In: Realoptionen in der Unternehmenspraxis: Wert schaffen durch Flexibilität, hrsg. von Hommel, U. / Scholich, M. / Vollrath, R., Berlin 2001, S. 13-43.

Pyo, U. (2008): Real Option Pricing and Bounds in Incomplete Markets. In: Engineering Economist, 53. Jg. 2008, S. 4-41.

Quinn, J. B. (2000): Outsourcing innovation: The new engine of growth. In: Sloan Management Review, 41. Jg. 2000, S. 13-28.

Raffee, H. (1993): Gegenstand, Methoden und Konzepte der Betriebswirtschaftslehre. In: Vahlens Kompendium der Betriebswirtschaftslehre, Band 1, 2. Auflage, hrsg. von Bitz, M. / Dellmann, K. / Domsch, M. / Egner, H., München 1993, S. 1-46.

Rafiee, M. / Kianfar, F. (2011): A scenario tree approach to multi-period project selection problem using real-option valuation method. In: International Journal of Advanced Manufacturing Technology, 56. Jg. 2011, S. 411-420.

Rafii, F. / Kampas, P. J. (2002): How to Identify Your Enemies Before They Destroy You. In: Harvard Business Review, 80. Jg. 2002, S. 115-123.

Rams, A. (1999): Realsoptionsbasierte Unternehmensbewertung. In: Finanz Betrieb, 1. Jg. 1999, S. 349-364

Rao, R. K. S. (1981): Modern option pricing models: A dichotomous classification. In: Journal of Financial Research, 4. Jg. 1981, S. 33-44.

Raubitschek, R. (1988): Multiple scenario analysis and business planning. In: Advances in Strategic Management, 5. Jg. 1988, hrsg. von Lamb, P. / Shrivastava, P., London 1988, S. 181-205.

Rauser, I. (2002): Value added of corporate venture capital: How do CVC units benefit from their organizational core / case studies of the relationship between CVC-unit and business units. Bamberg 2002.

Reaume, A. (2003): Is Corporate Venture Capital a Prescription for Success in the Pharmaceutical Industry? In: Journal of Private Equity, 6. Jg. 2003, S. 77-87.

Reichardt, B. / Weber, C. (2006): Corporate venture capital in Germany: A comparative analysis of 2000 and 2003. In: Technological Forecasting and Social Change, 73. Jg. 2006, S. 813-834.

Reichling, P. / Spengler, T. / Vogt, B. (2006): Sicherheitsäquivalente, Wertadditivität und Risikoneutralität. In: Zeitschrift für Betriebswirtschaft, 76. Jg. 2006, 759-769.

Reimer, M. / Momsen, B. / Quauke, A. (2012): Was Gründer wollen – Deskriptive Ergebnisse einer empirischen Untersuchung zu den Entscheidungskriterien bei der Auswahl von Venture Capital-Gesellschaften. In: Betriebswirtschaftliche Forschung und Praxis, 63. Jg. 2011, S. 673-693.

Reimsbach, D. / Hauschild, B. (2012): Corporate venturing: An extended typology. In: Journal of Management Control, 23. Jg. 2012, S. 71-80.

Reimsbach, D. / Hauschild, B. (2013): Corporate Venturing-Aktivitäten etablierter Unternehmen: Motive und Ausgestaltungsformen. In: Wirtschaftswissenschaftliches Studium, 42. Jg. 2013, S. 394-396.

Remer, S. / Ang, S. H. / Baden-Fuller, C. (2001): Dealing with uncertainties in the biotechnology industry: The use of real options reasoning. In: Journal of Commercial Biotechnology, 8. Jg. 2001, S. 95-105.

Rendleman, R. J. / Bartter, B. J. (1979): Two-State Option Pricing. In: Journal of Finance, 34. Jg. 1979, S. 1093-1110.

Reuer, J. (2002): How real are real options? The case of international joint ventures. In: Creating Value: Winners in the New Business Environment, hrsg. von Hitt, M. A. / Amit, R. / Lucier, C. E. / Nixon, R. D., New York 2002, S. 61-85.

Reuer, J. J. / Leiblein, M. J. (2000): Downside Risk Implications of Multinationality and International Joint Ventures. In: Academy of Management Journal, 43. Jg. 2000, S. 203-214.

Reuer, J. J. / Tong, T. W. (2005): Real options in international joint ventures. In: Journal of Management, 31. Jg. 2005, S. 403-423.

Reuer, J. J. / Tong, T. W. (2007): How Do Real Options Matter? Empirical Research on Strategic Investments and Firm Performance. In: Real Options Theory, hrsg. von Reuer, J. J. / Tong, T. W., Oxford 2007, S. 145-173.

Revilla, A. J. / Fernandez, Z. (2012): The relation between firm size and R&D productivity in different technological regimes. In: Technovation, 32. Jg. 2012, S. 609-623.

Rigby, D. / Zook, C. (2002): Open Market Innovation. In: Harvard Business Review, 80. Jg. 2002, S. 80-89.

Rind, K. (1981): The Role of Venture Capital Corporate Development. In: Strategic Management Journal, 2. Jg. 1981, S. 169-180.

Ritchken, P. / Rabinowitz, G. (1988): Capital Budgeting Using Contingent Claims Analysis: A Tutorial. In: Futures and Options Research, 3. Jg. 1988, S. 119-143.

Riyanto, Y. E / Schwienbacher, A. (2006): The strategic use of corporate venture financing for securing demand. In: Journal of Banking & Finance, 30. Jg. 2006, S. 2809-2833.

Roberts, E. B. (1980): New ventures for corporate growth. In: Harvard Business Review, 58. Jg. 1980, S. 134-142.

Roberts, E. B. / Berry, C. A. (1985): Entering New Businesses: Selecting Strategies for Success. In: Sloan Management Review, 26. Jg. 1985, S. 3-17.

Röper, B. (2004): Corporate Venture Capital: Eine empirische Untersuchung des Beteiligungsmanagements deutscher und US-amerikanischer Corporate Venture Capital-Investoren. Bad Soden 2004.

Rosenberg, N. (1990): Why do firms do basic research (with their own money)? In: Research Policy, 19. Jg. 1990, S. 165-174.

Ross, S. A. (1978): A Simple Approach to the Valuation of Risky Streams. In: Journal of Business, 51. Jg. 1978, S. 453-475.

Ross, S. A. (2002): Neoclassical Finance, Alternative Finance and the Closed End Fund Puzzle. In: European Financial Management, 8. Jg. 2002, S. 129-137.

Ross, S. A. (2005): Neoclasscial Finance. Princeton 2005.

Rothschild, M. / Stiglitz, J. E. (1970): Increasing risk: I. A Definition. In: Journal of Economic Theory, 2. Jg. 1970, S. 225-243.

Rubinstein, M. (2005): Rubinstein on Derivatives: Futures, Options and Dynamic Strategies. London 2005.

Rubinstein, M. / Leland, H. E. (1995): Replicating Options with Positions in Stock and Cash. In: Financial Analysts Journal, 51. Jg. 1995, S. 113-121.

Rudolf, M. / Witt, P. (2002): Bewertung von Wachstumsunternehmen: Traditionelle und innovative Methoden im Vergleich. Wiesbaden 2002.

Ruhnka, J. C. / Feldman, H. D. / Dean, T. J. (1992): The "living dead" phenomenon in venture capital investments. In: Journal of Business Venturing, 7. Jg. 1992, S. 137-155.

Ruhnka, J. C. / Young, J. E. (1987): A venture capital model of the development process for new ventures. In: Journal of Business Venturing, 2. Jg. 1987, S. 167-184.

Ruhnka, J. C. / Young, J. E. (1991): Some hypotheses about risk in venture capital investing. In: Journal of Business Venturing, 6. Jg. 1991, S. 115-133.

Saenez-Diez, R. / Gimeno, R. (2008): Real Options Valuation: A Case Study of an E-Commerce Company. In: Journal of Applied Corporate Finance, 20. Jg. 2008, S. 129-143.

Sahaym, A. / Steensma, H. K. / Barden, J. Q. (2010): The influence of R&D investment on the use of corporate venture capital: An industry-level analysis. In: Journal of Business Venturing, 25. Jg. 2010, S. 376-388.

Sahlman, W. A. (1988): Aspects of Financial Contracting in Venture Capital. In: Journal of Applied Corporate Finance, 1. Jg. 1988, S. 23-36.

Sahlman, W. A. (1990): The structure and governance of venture-capital organizations. In: Journal of Financial Economics, 27. Jg. 1990, S. 473-521.

Sahu, A. P. / Kleiman, R. T. / Callaghan, J. (1998): The timing and stock selection abilities of bank funds: Evidence based on meta-analysis. In: Journal of Financial Services Research, 13. Jg. 1998, S. 137-152.

Samuelson, P. A. (1965): Proof That Properly Anticipated Prices Fluctuate Randomly. In: Industrial Management Review, 6. Jg. 1965, S. 41-49.

Schäfer, H. (2005): Unternehmensinvestitionen: Grundzüge in Theorie und Management. 2. Auflage, Heidelberg 2005.

Schäfer, H. / Schässburger, B. (2000): Realoptionsansatz in der Bewertung forschungsintensiver Unternehmen: Anwendung am Beispiel eines Biotech-Start-up. In: Finanz Betrieb, 2. Jg. 2000, S. 586-592.

Schall, L. D. (1972): Asset Valuation, Firm Investment, and Firm Diversification. In: Journal of Business, 45. Jg. 1972, S. 11-28.

Schefczyk, M. (2000): Erfolgsstrategien deutscher Venture Capital-Gesellschaften: Analyse der Investitionsaktivitäten und des Beteiligungsmanagement von Venture Capital-Gesellschaften. Stuttgart 2000.

Schefczyk, M. (2006): Finanzieren mit Venture Capital und Private Equity: Grundlagen für Investoren, Finanzintermediäre, Unternehmer und Wissenschaftler. 2. Auflage, Stuttgart 2006.

Scherer, F. M. / Harhoff, D. (2000): Technology policy for a world of skew-distributed outcomes. In: Research Policy, 29. Jg. 2000, S. 559-566.

Schildt, H. A. / Maula, M. V. J. / Keil, T. (2005): Explorative and Exploitative Learning from External Corporate Ventures. In: Entrepreneurship: Theory & Practice, 29. Jg. 2005, S. 493-515.

Schilling, M. A. (1998): Technological Lockout: An Integrative Model of the Economic and Strategic Factors Driving Technology Success and Failure. In: Academy of Management Review, 23. Jg. 1998, S. 267-284.

Schilling, M. A. (2002): Technology Success and Failure in Winner-Take-All Markets: The Impact of Learning Orientation, Timing, and Network Externalities. In: Academy of Management Journal, 45. Jg. 2002, S. 387-398.

Schirmeister, R. (1981): Modell und Entscheidung: Möglichkeiten und Grenzen der Anwendung von Modellen zur Alternativenbewertung im Entscheidungsprozeß der Unternehmung. Stuttgart 1981.

Schirmeister, R. (1990): Theorie finanzmathematischer Investitionsrechnungen bei unvollkommenem Kapitalmarkt. München 1990.

Schirmeister, R. (2006): Investitionsplanung. In: Wirtschafts-Lexikon: Das Wissen der Betriebswirtschaftslehre, Band 5, Wiesbaden 2006, Sp. 2691-2699.

Schirmeister, R. / Wippler, A. (1999): Die Bedeutung der Fimmzintermediation für informelle Wagniskapitalmärkte. In: Beteiligungskapital in der Unternehmensfinanzierung: Grundfragen, Konzepte, Erfahrungen, hrsg. von Amador, M. B. / Lohmann, K. / Pleschak, F., Wiesbaden 1999, S. 201-218.

Schlautmann, C. (2009): Wettbewerber hoffen auf Arcandor-Teile. In: Handelsblatt vom 09.06.2009, S. 13.

Schmidt, R. H. (1985): Venture-Capital aus Sicht der Finanzierungstheorie. In: Betriebswirtschaftliche Forschung und Praxis, 37. Jg. 1985, S. 421-437.

Schmidt, R. H. / Terberger, E. (1997): Grundzüge der Investitions- und Finanzierungstheorie. 4. Auflage, Wiesbaden 1997.

Schmiedeberg, C. (2008): Complementarities of innovation activities: An empirical analysis of the German manufacturing sector. In: Research Policy, 37. Jg. 2008, S. 1492-1503.

Schnabel, J. A. (2010): The Timing Option and the Interest Rate Sensitivity of Investment. In: Engineering Economist, 55. Jg. 2010, S. 52-59.

Schneider, D. (1971): Flexible Planung als Lösung der Entscheidungsprobleme unter Ungewißheit? In: Zeitschrift für betriebswirtschaftliche Forschung, 24. Jg. 1971, S. 831-851.

Schneider, D. (1972): "Flexible Planung als Lösung der Entscheidungsprobleme unter Ungewißheit?" in der Diskussion. In: Zeitschrift für betriebswirtschaftliche Forschung, 24. Jg. 1972, S. 456-476.

Schoemaker, P. J. H. (1991): When and How to Use Scenario Planning: A Heuristic Approach with Illustration. In: Journal of Forecasting, 10. Jg. 1991, S. 549-564.

Schoemaker, P. J. H. (1993): Multiple scenario development: Its conceptual and behavioural foundation. In: Strategic Management Journal, 14. Jg. 1993, S. 193-213.

Schoemaker, P. J. H. (1995): Scenario Planning: A Tool for Strategic Thinking. In: Sloan Management Review, 36. Jg. 1995, S. 25-40.

Schoemaker, P. J. H. (2004): Forecasting and Scenario Planning: The Challenges of Uncertainty and Complexity. In: Handbook of Judgment and Decision Making, hrsg. von Koehler, D. J. / Harvey, N., Oxford 2004, S. 274-296.

Schwartz, E. S. / Moon, M. (2000): Rational Pricing of Internet Companies. In: Financial Analysts Journal, 56. Jg. 2000, S. 62-75.

Schwartz, E. S. / Moon, M. (2001): Rational Pricing of Internet Companies: Revisited. In: Financial Review, 36. Jg. 2001, S. 7-26.

Schween, K. (1996): Corporate Venture Capital: Risikokapitalfinanzierung deutscher Industrieunternehmen. Wiesbaden 1996.

Schweitzer, M. (2004): Gegenstand und Methoden der Betriebswirtschaftslehre. In: Allgemeine Betriebswirtschaftslehre, Band 1: Grundfragen, hrsg. von Bea, F. X. / Dichtl, E. / Schweitzer, M., Stuttgart 2004, S. 23-82.

Scott, M. / Bruce, R. (1987): Five Stages of Growth in Small Business. In: Long Range Planning, 20. Jg. 1987, S. 45-52.

Seeliger, C. W. (2004): Corporate Venturing in der Praxis: Rolle im Rahmen des Innovationsmanagements und Ansätze für ein Konzept zur Beurteilung und Steuerung seiner Erfolgsbeiträge. Wiesbaden 2004.

Segler, T. (1981): Situative Organisationstheorie: Zur Fortentwicklung von Konzept und Methode. In: Organisationstheoretische Ansätze, hrsg. von Kieser, A., München 1981, S 222-272.

Semrau, T. (2007): Unternehmensentwicklung. In: Die Betriebswirtschaft, 67. Jg. 2007, S. 493-496.

Seppä, T. J. / Laamanen, T. (2001): Valuation of Venture Capital Investments: Empirical Evidence. In: R&D Management, 31. Jg. 2001, S. 215-230.

Shane, S. (2001): Technology Regimes and New Firm Formation. In: Management Science, 47. Jg. 2001, S. 1173-1190.

Shapira, Z. (2011): “I've Got a Theory Paper - Do You?”: Conceptual, Empirical, and Theoretical Contributions to Knowledge in the Organizational Sciences. In: Organization Science, 22. Jg. 2011, S. 1312-1321.

Sharma, P. / Chrisman, J. J. (1999): Toward a Reconciliation of the Definitional Issues in the Field of Corporate Entrepreneurship. In: Entrepreneurship: Theory & Practice, 23. Jg. 1999, S. 11-27.

Shavit, T. / Sonsino, D. / Benzion, U. (2002): On the Evaluation of Options on Lotteries: An Experimental Study. In: Journal of Psychology and Financial Markets, 3. Jg. 2002, S. 168-181.

Shockley, R. L. / Curtis, S. / Jafari, J. / Tibbs, K. (2003): The option value of an early-stage biotechnology investment. In: Journal of Applied Corporate Finance, 15. Jg. 2003, S. 44-55.

Shrader, R. C. / Simon, M. (1997): Corporate versus independent new ventures: Resource, strategy, and performance differences. In: Journal of Business Venturing, 12. Jg. 1997, S. 47-66.

Sick, G. (1995): Real Options. In: Finance: Handbooks in Operations Research and Management Science, 9. Bd., hrsg. von Jarrow, R. A. / Maksimovic, V. / Ziemba, W. T., Amsterdam 1995, S. 631-691.

Sieben, G. (1992): Wesen, Ermittlung und Funktionen des Substanzwertes als "vorgeleistete Ausgaben". In: Unternehmensakquisition und Unternehmensbewertung: Grundlagen und Fallstudien, hrsg. von Busse von Colbe, W. / Coenenberg, A. G., Stuttgart 1992, S. 67-88.

Sieben, G. / Diedrich, R. (1990): Aspekte der Wertfindung bei strategisch motivierten Unternehmensakquisitionen. In: Zeitschrift für betriebswirtschaftliche Forschung, 42. Jg. 1990, S. 794-809.

Siegel, R. / Siegel, E. / MacMillan, I. C. (1988): Corporate Venture Capitalists: Autonomy, Obstacles, and Performance. In: Journal of Business Venturing, 3. Jg. 1988, S. 233-247.

Silver, E. A. / Vidal, R. V. V. / Werra, D. (1980): A tutorial on heuristic methods. In: European Journal of Operational Research, 4. Jg. 1980, S. 153-162.

Sitkin, S. B. (1992): Learning through failure: The strategy of small losses. In: Research in Organizational Behavior, 14. Jg. 1992, S. 231-266.

Sleesman, D. J. / Conlon, D. E. / McNamara, G. / Miles, J. E. (2012): Cleaning Up the Big Muddy: A Meta-Analytic Review of the Determinants of Escalation of Commitment. In: Academy of Management Journal, 55. Jg. 2012, S. 541-562.

Smit, H. T. J. / Ankum, L. A. (1993): A Real Options and Game-Theoretic Approach to Corporate Investment Strategy Under Competition. In: Financial Management, 22. Jg. 1993, S. 241-250.

Smit, H. T. J. / Trigeorgis, L. (2004a): Strategic Investment: Real Options and Games. Princeton 2004.

Smit, H. T. J. / Trigeorgis, L. (2004b): Quantifying the Strategic Option Value of Technology Investments. Working Paper, 2004.

Smit, H. T. J. / Trigeorgis, L. (2006a): Strategic planning: Valuing and managing portfolios of real options. In: R&D Management, 36. Jg. 2006, S. 403-419.

Smit, H. T. J. / Trigeorgis, L. (2006b): Real options and games: Competition, alliances and other applications of valuation and strategy. In: Review of Financial Economics, 15. Jg. 2006, S. 95-112.

Smith, G. (1999): How Early Stage Entrepreneurs Evaluate Venture Capitalists. In: Journal of Private Equity, 4. Jg. 2001, S. 33-45.

Smith, G. V. / Parr, R. L. (2000): Valuation of intellectual property and intangible assets. New York 2000.

Smith, J. E. (1993): Moment Methods for Decision Analysis. In: Management Science, 39. Jg. 1993, S. 340-358.

Smith, J. E. / Nau, R. F. (1995): Valuing Risky Projects: Option Pricing Theory and Decision Analysis. In: Management Science, 41. Jg. 1999, S. 670-684.

Smith, J. L. / Thompson, R. (2005): Diversification and the Value of Exploration Portfolios. Working Paper, 2005.

Smith, J. L. / Thompson, R. (2008): Managing a Portfolio of Real Options: Sequential Exploration of Dependent Prospects. In: Energy Journal, Special Issue 2008, S. 43-61.

Smith, M. J. (2007): Accounting Conservatism and Real Options. In: Journal of Accounting, Auditing & Finance, 22. Jg. 2007, S. 449-467.

Smith, R. / Pedace, R. / Sathe, V. (2011): VC Fund Financial Performance: The Relative Importance of IPO and M&A Exits and Exercise of Abandonment Options. In: Financial Management, 40. Jg. 2011, S. 1029-1065.

Sorensen, M. (2007): How Smart Is Smart Money? A Two-Sided Matching Model of Venture Capital. In: Journal of Finance, 62. Jg. 2007, S. 2725-2762.

Sorensen, J. B. / Stuart, T. E. (2000): Aging, Obsolescence, and Organizational Innovation. In: Administrative Science Quarterly, 45. Jg. 2000, S. 81-112.

Sorrentino, M. / Williams, M. L. (1995): Relatedness and corporate venturing: Does it really matter? In: Journal of Business Venturing, 10. Jg. 1995, S. 59-73.

Spremann, K. (2010): Finance. 4. Auflage, München 2007.

Spremann, K. (2011): Unternehmenswert bei bivalenten Zahlungsüberschüssen. In: Corporate Finance, Heft 2/2011, S. 86-93.

Staehle, W. H. (1976): Der situative Ansatz in der Betriebswirtschaftslehre. In: Zum Praxisbezug der Betriebswirtschaftslehre, hrsg. von Ulrich, H., Bern/Stuttgart 1976, S. 33-50.

Staum, J. (2006): Incomplete Markets. In: Handbooks in Operations Research and Management Science, 15. Band, hrsg. von Birge, J. / Linetsky, V., Amsterdam 2007, S. 511-563.

Stein, J. S. (1997): Internal Capital Markets and the Competition for Corporate Resources. In: Journal of Finance, 52. Jg. 1997, S. 111-133.

Steiner, P. / Uhlir, H. (2001): Wertpapieranalyse. 4. Auflage, Heidelberg 2001.

Steinkühler, D. (2010): Delayed Project Terminations in the Venture Capital Context: An Escalation of Commitment Perspective. Köln 2010.

Stratmann, K. / Schlautmann, C. (2009): Politik streitet über Quelle-Kredit. In: Handelsblatt vom 25.06.2009, S. 9.

Stulz, R. M. (1982): Options on the Minimum or the Maximum of Two Risky Assets: Analysis and Applications. In: Journal of Financial Economics, 9. Jg. 1982, S. 161-185.

Suarez, F. F. / Utterback, J. M. (1995): Dominant Designs and the Survival of Firms. In: Strategic Management Journal, 16. Jg. 1995, S. 415-430.

Sull, D. N. (2003): Managing by commitments. In: Harvard Business Review, 81. Jg. 2003, S. 82-91.

Sundaresan, S. M. (2000): Continuous-Time Methods in Finance: A Review and an Assessment. In: Journal of Finance, 55. Jg. 2000, S. 1569-1622.

Sykes, H. B. (1986): Lessons from a new ventures program. In: Harvard Business Review, 64. Jg. 1986, S. S. 69-74.

Sykes, H. B. (1990): Corporate Venture Capital: Strategies for Success. In: Journal of Business Venturing, 5. Jg. 1990, S. 37-47.

Sykes, H. B. / Dunham, D. (1995): Critical assumption planning: A practical tool for managing business development risk. In: Journal of Business Venturing, 10. Jg. 1995, S. 413-424.

Tanriverdi, H. / Venkatraman, N. (2005): Knowledge relatedness and the performance of multibusiness firms. In: Strategic Management Journal, 26. Jg. 2005, S. 97-119.

Tegarden, L. F. / Hatfield, D. E. / Echols, A. E. (1999): Doomed from the start: What is the value of selecting a future dominant design? In: Strategic Management Journal, 20. Jg. 1999, S. 495-518.

Teisberg, E. O. (1995): Methods for Evaluating Capital Investment Decisions under Uncertainty. In: Real Options in Capital Investment: Models, Strategies and Applications, hrsg. von Trigeorgis, L., London 1995, S. 31-46.

Teng, B.-S. (2007): Corporate Entrepreneurship Activities through Strategic Alliances: A Resource-Based Approach toward Competitive Advantage. In: Journal of Management Studies, 44. Jg- 2007, S. 119-142.

Thießen, F. / Hahn, G. / Richter, M. (2008): Finanzmärkte und Stochastik in der Krise: Wie zeitgemäß sind stochastische Modelle in der Finanzwirtschaft? In: Wirtschaftswissenschaftliches Studium, 37. Jg. 2008, S. 643-648.

Thomassen, L. / Van Wouwe, M. (2001): The n-fold compound option. Working Paper, 2001.

Thornhill, S. / Amit, R. (2001): A dynamic perspective of internal fit in corporate venturing. In: Journal of Business Venturing, 16. Jg. 2001, S. 25-50.

Tian, X. (2011): The causes and consequences of venture capital stage financing. In: Journal of Financial Economics, 38. Jg. 2011, S. 132-159.

Tong, T. W. / Li, S. (2013): The Assignment of Call Option Rights between Partners in International Joint Ventures. In: Strategic Management Journal, 34. Jg. 2013, S. 1232-1243.

Tong, T. W. / Li, Y. (2011): Real Options and Investment Mode: Evidence from Corporate Venture Capital and Acquisition. In: Organization Science, 22. Jg. 2011, S. 659-674.

Toschi, L. / Munari, F. / Nithingale, P. (2012): Mix and Match: Corporate Diversification and CVC Portfolio Strategies. Working Paper, 2012.

Trang, N. T. / Takezawa, N. / Takezawa, N. (2002): Real options and the Evaluation of Research and Development Projects in the Pharmaceutical Industry: A Case Study. In: Journal of Operations Research, 45. Jg. 2002, S. 385-403.

Treptow, G. (2004): Realoptionen im Direktvertrieb: Implementierungsbeispiel anhand eines realen Investitionsprojektes. Wiesbaden 2004.

Triantis, A. (2005): Realizing the Potential of Real Options: Does Theory Meet Practice? In: Journal of Applied Corporate Finance, 17. Jg. 2000, S. 8-16.

Triantis, A. J. / Hodder, J. E. (1990): Valuing Flexibility as a Complex Option. In: Journal of Finance, 45. Jg. 1990, S. 549-565.

Trigeorgis, L. (1991): A Log-Transformed Binomial Numerical Analysis Method for Valuing Complex Multi-Option Investments. In: Journal of Financial and Quantitative Analysis, 26. Jg. 1991, S. 309-326.

Trigeorgis, L. (1993a): Real Options and Interactions With Financial Flexibility. In: Financial Management, Jg. 1993, S. 202-224.

Trigeorgis, L. (1993b): The Nature of Option Interactions and the Valuation of Investments with Multiple Real Options. In: Journal of Financial and Quantitative Analysis, 28 Jg. 1993 S. 1-20.

Trigeorgis, L. (1996): Real Options: Managerial Flexibility and Strategy in Resource Allocation. Cambridge 1996.

Trigeorgis, L. (2005): Making use of real options simple: An overview and applications in flexible/modular decision making. In: Engineering Economist, 50. Jg. 2005, S. 25-53.

Trigeorgis, L. / Mason, S. P. (1987): Valuing Managerial Flexibilty. In: Midland Corporate Finance Journal, 5. Jg. 1987, S. 14-21.

Tushman, M. L. / Anderson, P. (1986): Technological Discontinuities and Organizational Environments. In: Administrative Science Quarterly, 31. Jg. 1986, S. 439-465.

van Bekkum, S. / Pennings, E. / Smit, H. (2009): A real options perspective on R&D portfolio diversification. In: Research Policy, 38. Jg. 2009, S. 1150-1158.

van de Vrande, V. / Lemmens, C. / Vanhaverbeke, W. (2006): Choosing governance modes for external technology sourcing. In: R&D Management, 36. Jg. 2006, S. 347-363.

van de Vrande, V. / Vanhaverbeke, W. (2013): How Prior Corporate Venture Capital Investments Shape Technological Alliances: A Real Options Approach. In: Entrepreneurship Theory and Practice, 37. Jg. 2013, S. 1019-1043.

van de Vrande, V. / Vanhaverbeke, W. / Duysters, G. (2009): External technology sourcing: The effect of uncertainty on governance mode choice. In: Journal of Business Venturing, 24. Jg. 2009, 62-80.

van de Vrande, V. / Vanhaverbeke, W. / Duysters, G. (2011a): Additivity and Complementarity in External Technology Sourcing: The Added Value of Corporate Venture Capital Investments. In: IEEE Transactions on Engineering Management, 58. Jg. 2011, S. 483-496.

van de Vrande, V. / Vanhaverbeke, W. / Duysters, G. (2011b): Technology In-Sourcing and the Creation of Pioneering Technologies. In: Journal of Product Innovation Management, 28. Jg. 2011, S. 974-987.

van Rensburg, D. J. (2013): Strategic brand venturing: An intersectional idea. In: Management Decision, 51. Jg. 2013, S. 200-219.

Vanhaverbeke, W. / van de Vrande, V. / Chesbrough, H. (2008): Understanding the Advantages of Open Innovation Practices in Corporate Venturing in Terms of Real Options. In: Creativity and Innovation Management, 17. Jg. 2008, S. 251-258.

Varian, H. R. (1987): The Arbitrage Principle in Financial Economics. In: Journal of Economic Perspectives, 1. Jg. 1987, S. 55-72.

Vassolo, R. S. / Anand, J. / Folta, T. B. (2004): Non-additivity in portfolios of exploration activities: A real options-based analysis of equity alliances in biotechnology. In: Strategic Management Journal, 25. Jg. 2004, S. 1045-1061.

Vassolo, R. S. / Ravara, F. / Connor, J. M. (2005): Valuing strategic growth options: A portfolio approach. In: Management Research, 3. Jg. 2005, S. 87-99.

Verbeeten, F. H. M. (2006): Do organizations adopt sophisticated capital budgeting practices to deal with uncertainty in the investment decision? A research note. In: Management Accounting Research, 17. Jg. 2006, S. 106-120.

Vlaar, P. / De Vries, P. / Willenborg, M. (2005): Why Incumbents Struggle to Extract Value from New Strategic Options: Case of the European Airline Industry. In: European Management Journal, 23. Jg. 2005, S. 154-169.

Vollrath, R. (2003): Die Berücksichtigung von Handlungsflexibilität bei Investitionsentscheidungen: Eine empirische Untersuchung. In: Reale Optionen: Konzepte, Praxis und Perspektiven strategischer Unternehmensfinanzierung, hrsg. von Hommel, U. / Scholich, M. / Baecker, P., Berlin 2003, S. 341-373.

von Ahsen, A. / Heesen, M. (2009): Bewertung von Interdependenzen zwischen Innovationsprojekten: Anwendung eines modifizierten Analytic Hierarchy Process. In: Die Betriebswirtschaft, 69. Jg. 2009, S. 593-611.

von Ahsen, A. / Heesen, M. (2012): Prozessbegleitende Innovationsbewertung: Entscheidungssituationen und Auswirkungen auf die Anwendbarkeit des Realoptionsansatzes. In: Betriebswirtschaftliche Forschung und Praxis, 64. Jg. 2012, S. 444-464.

von Daniels, H. / Leker, J. / Seeliger, C. (2002): Corporate Venture Capital: Der Weg zur erfolgreichen Erschließung neuer Technologien? In: Perspektiven der Wirtschaftspolitik, 3. Jg. 2002, S. 303-316.

von Krogh, G. / Battistini, B. / Pachidou, F. / Baschera, P. (2012): The changing face of corporate venturing in biotechnology. In: Nature Biotechnology, 30. Jg. 2012, S. 911-915.

Voss, G. B. / Sirdeshmukh, D. / Voss, Z. G. (2008): The effects of slack resources and environmental threat on product exploration and exploitation. In: Academy of Management Journal, 51. Jg. 2008, S. 147-164.

Wadhwa, A. / Kotha, S. (2006): Knowledge creation through external Venturing: Evidence from the telecommunications equipment manufactoring industry. In: Academy of Management Journal, 49. Jg. 2006, S. 819-835.

Wadhwa, A. / Phelps, C. (2009): An Option to Ally: A Dyadic Analysis of Corporate Venture Capital Relationships. In: Academy of Management Proceedings 2009.

Wadhwa, A. / Phelps, C. (2011): Take a Chance on Me: An Examination of the Interdependence of Start-up Tie Formation Across Venture Capital and Alliance Networks. Working Paper, 2011.

Wagner, M. (2010): Acquisitions as a means of innovation sourcing by incumbents and growth of technology-oriented ventures. In: International Journal of Technology Management, 25. Jg. 2010, S. 118-134.

Wagner, M. (2011): To explore or to exploit? An empirical investigation of acquisitions by large incumbents. In: Research Policy, 40. Jg. 2011, S. 1217-1225.

Wallmeier, M. (2009): Kapitalmarktwirkungen der Berichterstattung zur Unternehmensleistung. In: Zeitschrift für betriebswirtschaftliche Forschung, 61. Jg. 2009, S. 212-224.

Walter, A. (2005): Technologietransfer. In: Handbuch Technologie- und Innovationsmanagement, hrsg. von Albers, S. / Gassmann, O., Wiesbaden 2005, S. 101-118.

Wasserman, N. (2008): Revisiting the Strategy, Structure, and Performance Paradigm: The Case of Venture Capital. In: Organization Science, 19. Jg. 2008, S. 241-259.

Wassmer, U. (2010): Alliance Portfolios: A Review and Research Agenda. In: Journal of Management, 36. Jg. 2010, S. 141-171.

Wassmer, U. / Dussauge, P. (2011): Value Creation in Alliance Portfolios: The Benefits and Costs of Network Resource Interdependencies. In: European Management Review, 8. Jg. 2011, S. 47-64.

Wassmer, U. / Dussauge, P. (2012): Network resource stocks and flows: How do alliance portfolios affect the value of new alliance formations? In: Strategic Management Journal, 33. Jg. 2012, S. 871-883.

Wassmer, U. / Dussauge, P. / Planellas, M. (2011): How to Manage Alliances Better Than One at a Time. In: Sloan Management Review, 51. Jg. 2010, S. 77-84.

Weber, B. / Weber, C. (2007): Corporate venture capital as a means of radical innovation: Relational fit, social capital, and knowledge transfer. In: Journal of Engineering and Technology Management, 24. Jg. 2007, S. 11-35.

Weber, C. (2005): Corporate Venture Capital als Beitrag zum Wissensmanagement: Eine vergleichende Langzeitstudie in Deutschland. Discussion Paper SP III 2005-107, Wissenschaftszentrum Berlin für Sozialforschung 2005.

Webster, F. A. (1976): A Model for New Venture Initiation: A Discourse on Rapacity and the Independent Entrepreneur. In: Academy of Management Review, 1. Jg. 1976, S. 26-37.

Weiber, R. / Mühlhaus, D. (2010): Strukturgleichungsmodellierung: Eine anwendungsorientierte Einführung in die Kausalanalyse mit Hilfe von AMOS, SmartPLS und SPSS. Heidelberg 2010.

Weingartner, H. M. (1966): Capital Budgeting of Interrelated Projects: Survey and Synthesis. In: Management Science, 12. Jg. 1966, S. 485-516.

Wernerfelt, B. / Karnani, A. (1987): Competitive strategy under uncertainty. In: Strategic Management Journal, 8. Jg. 1987, S. 187-194.

Wiese, J. (2006): Komponenten des Zinsfußes in Unternehmensbewertungskalkülen: Theoretische Grundlagen und Konsistenz. München 2006.

Willerhausen, T. / Mölls, S. H. / Schild, K.-H. (2007): Unsicherheit und der Wert realer Optionen. In: Zeitschrift für betriebswirtschaftliche Forschung, 59. Jg. 2007, S. 314-332

Williams, C. / Lee, S. H. (2009): Exploring the internal and external venturing of large R&D-intensive firms. In: R&D Management, 39. Jg. 2009, S. 231-246.

Williamson, O. E. (2002): The Theory of the Firm as Governance Structure: From Choice to Contract. In: Journal of Economic Perspectives, 16. Jg. 2002, S. 171-195.

Willner, R. (1995): Valuing Start-up Venure Growth Options. In: Real Options in Capital Investment: Models, Strategies and Applications, hrsg. von Trigeorgis, L., London 1995, S. 221-239.

Winters, T. E. / Murfin, D. L. (1988): Corporate Venture Capital investing for corporate development objectives. In: Journal of Business Venturing, 3. Jg. 1988, S. 207-222.

Wirl, F. / Dangl, T. (2000): Was Dixit und Pindyck bei der Analyse von Managementproblemen unter Unsicherheit verschweigen an Hand eines Beispiels der optimalen Wartung und Ausmusterung einer Maschine. In: Zeitschrift für Betriebswirtschaft, 70. Jg. 2000, S. 211-230.

Witt, P. (2005): Corporate Venture Capital. In: Entrepreneurial Finance: Kompendium der Gründungs- und Wachstumsfinanzierung, hrsg. von Börner, C. J. / Grichnik, D., Heidelberg 2005, S. 259-276

Witt, P. / Brachtendorf, G. (2002): Gründungsfinanzierung durch Großunternehmen. In: Die Betriebswirtschaft, 62. Jg. 2002, S. 681-692.

Witt, P. / Brachtendorf, G. (2006): Staged financing of start-ups. In: Financial Markets and Portfolio Management, 20. Jg. 2006, S. 185-203.

Woolley, S. / Cannizzo, F. (2005): Taking Real Options Beyond the Black Box. In: Journal of Applied Corporate Finance, 17. Jg. 2005, S. 94-98.

Wu, A. / Zumbo, B. (2008): Understanding and Using Mediators and Moderators. In: Social Indicators Research, 87. Jg. 2008, S. 367-392.

Xu, D. / Zhou, C. / Phan, P. H. (2010): A real options perspective on sequential acquisitions in China. In: Journal of International Business Studies, 41. Jg. 2010, 166-174.

Yamakawa, Y. / Yang, H. / Lin, Z. (2011): Exploration versus exploitation in alliance portfolio: Performance implications of organizational, strategic, and environmental fit. In: Research Policy, 40. Jg. 2011, S. 287-296.

Yang, Y. (2006): A Multi-Theoretic Analysis of Financial and Strategic Consequences of Corporate Venture Capital. Philadelphia 2006.

Yang, Y. / Narayanan, V. K. / Zahra, S. (2009): Developing the selection and valuation capabilities through learning: The case of corporate venture capital. In: Journal of Business Venturing, 24. Jg. 2009, S. 261-273.

Zacharakis, A. L. / Meyer, G. D. (2000): The potential of actuarial decision models: Can they improve the venture capital investment decision? In: Journal of Business Venturing, 15. Jg. 2000, S. 323-346.

Zacharakis, A. L. / Shepherd, D. A. (2001): The nature of information and overconfidence on venture capitalists' decision making. In: Journal of Business Venturing, 16. Jg. 2001, S. 311-332.

Zaheer, A. / Castaner, X. / Souder, D. (2013): Synergy Sources, Target Autonomy, and Integration in Acquisitions. In: Journal of Management, 39. Jg. 2013, S. 604-632.

Zahra, S. A. / Allen, S. A. (2007): Entrepreneur's perspective on corporate venture capital (CVC): A relational capital perspective. In: Handbook of Research on Venture Capital, hrsg. von Landström, H., Cheltenham 2007, S. 393-412.

Zahra, S. A. / Covin, J. G. (1995): Contextual influences on the corporate entrepreneurship-performance relationship: A longitudinal analysis. In: Journal of Business Venturing, 10. Jg. 1995, S. 43-58.

Zahra, S. A. / George, G. (2002): Absorptive Capacity: A Review, Reconceptualization, and Extension. In: Academy of Management Review, 27. Jg. 2002, S. 185-203.

Zapata, J. C. / Reklaitis, G. V. (2010): Valuation of project portfolios: An endogenously discounted method. In: European Journal of Operational Research, 34. Jg. 2010, S. 653-666.

Zardkoohi, A. (2004): Do Real Options Lead to Escalation of Commitment? In: Academy of Management Review, 29. Jg. 2004, S. 111-119.

Ziedonis, A. A. (2007): Real Options in Technology Licensing. In: Management Science, 53. Jg. 2007, S. 1618-1633.

zu Knyphausen-Aufseß, D. (2005): Corporate Venture Capital: Who Adds Value. In: Venture Capital Journal, 7. Jg. 2005, S. 23-49.

zu Knyphausen-Aufseß, D. / Zaby, A. / Kind, S. (2006): M&A and diversification strategies of VC-backed firms in the biotechnology industry: Towards understanding the perspectives of venture capitalists and their portfolio companies. In: Venture Capital and the

Changing World of Entrepreneurship, hrsg. von Butler, J. E. / Lockett, A. / Ucbasaran, D., Greenwich 2006, S. 199-221.

VENTURE CAPITAL UND INVESTMENT BANKING

Herausgegeben von Prof. Dr. Klaus Nathusius

Neue Folge, Band 13
Khaled Rifai
Bootstrap-Instrumente für Unternehmensgründungen
Lohmar – Köln 2009 • 336 S. • € 63,- (D) • ISBN 978-3-89936-807-9

Neue Folge, Band 14
Carlo Velten
Marktforschung als Erfolgsfaktor von VC-Gesellschaften – Ein transatlantischer Vergleich
Lohmar – Köln 2010 • 432 S. • € 68,- (D) • ISBN 978-3-89936-948-9

Neue Folge, Band 15
Dominik Steinkühler
Delayed Project Terminations in the Venture Capital Context – An Escalation of Commitment Perspective
Lohmar – Köln 2010 • 344 S. • € 63,- (D) • ISBN 978-3-89936-986-1

Neue Folge, Band 16
Judith Winand
Zusammenarbeit zwischen Venture Capital-Gesellschaften und Investmentbanken
Lohmar – Köln 2012 • 364 S. • € 64,- (D) • ISBN 978-3-8441-0135-5

Neue Folge, Band 17
Nikolaus Raupp
Das Entscheidungsverhalten japanischer Venture-Capital-Manager unter dem Einfluss der Risikowahrnehmung im Verbund mit anderen Faktoren
Lohmar – Köln 2012 • 252 S. • € 57,- (D) • ISBN 978-3-8441-0140-9

Neue Folge, Band 18
Bastian Hauschild
Sequenzielle Corporate Venture Capital-Investitionen – Ein realoptionsbasierter Ansatz
Lohmar – Köln 2013 • 296 S. • € 59,- (D) • ISBN 978-3-8441-0290-1